AF883313

Zirkuläre Wirtschaft und Nachhaltigkeit in der chemischen Industrie

Zirkuläre Wirtschaft und Nachhaltigkeit in der chemischen Industrie

Herausforderungen, Praxisbeispiele und Lösungsansätze

Herausgegeben von
Carsten Suntrop und Thomas Wagner

1. Auflage

WILEY VCH

Herausgeber

Prof. Carsten Suntrop
CMC^2 GmbH
Geschäftsführender Gesellschafter
Grimmelshausenstraße 14
50996 Köln
Germany

Dr. Thomas Wagner
CMC^2 GmbH
Grimmelshausenstraße 14
50996 Köln
Germany

Cover Design & Titelbild: Wiley Coverbild:
© malp/stock.adobe.com

Typesetting: Newgen KnowledgeWorks (P) Ltd., Chennai, India

Bibliografische Information der Deutschen Nationalbibliothek
Die Deutsche Nationalbibliothek verzeichnet diese Publikation in der Deutschen Nationalbibliografie; detaillierte bibliografische Daten sind im Internet über <http://dnb.d-nb.de> abrufbar.

Print ISBN: 978-3-527-35363-7
ePDF ISBN: 978-3-527-84640-5
ePub ISBN: 978-3-527-84641-2

© 2026 WILEY-VCH GmbH,
Boschstraße 12, 69469 Weinheim, Germany
Printed and bound by CPI Group (UK) Ltd, Croydon, CR0 4YY
C9783527353637_230226

Alle Rechte bezüglich Text und Data Mining sowie Training von künstlicher Intelligenz oder ähnlichen Technologien bleiben vorbehalten. Kein Teil dieses Buches darf ohne schriftliche Genehmigung des Verlages in irgendeiner Form reproduziert oder in eine von Maschinen, insbesondere von Datenverarbeitungsmaschinen, verwendbare Sprache übertragen oder übersetzt werden.

Die Wiedergabe von Warenbezeichnungen, Handelsnamen oder sonstigen Kennzeichen in diesem Buch berechtigt nicht zu der Annahme, dass diese von jedermann frei benutzt werden dürfen. Vielmehr kann es sich auch dann um eingetragene Warenzeichen oder sonstige gesetzlich geschützte Kennzeichen handeln, wenn sie nicht eigens als solche markiert sind.

Bevollmächtigte des Herstellers gemäß EU-Produktsicherheitsverordnung ist die WILEY-VCH GmbH, Boschstr. 12, 69469 Weinheim, Germany, e-mail: Product_Safety@wiley.com.

Der Verlag und die Autoren dieses Werks haben nach bestem Wissen und Gewissen gearbeitet, einschließlich einer gründlichen Überprüfung des Inhalts. Jedoch übernehmen weder der Verlag noch die Autoren Garantien oder Gewährleistungen hinsichtlich der Genauigkeit oder Vollständigkeit des Inhalts dieses Werks. Insbesondere schließen sie jegliche ausdrücklichen oder stillschweigenden Gewährleistungen aus, einschließlich Gewährleistungen der Handelsüblichkeit oder Eignung für einen bestimmten Zweck. Es kann keine Garantie durch Vertriebsmitarbeiter, schriftliche Verkaufsunterlagen oder Werbeaussagen übernommen oder erweitert werden. Der Verweis auf eine Organisation, Website oder ein Produkt als Quelle für weitere Informationen impliziert keine Unterstützung oder Empfehlungen durch den Verlag und die Autoren. Der Verkauf dieses Werks erfolgt unter der Voraussetzung, dass der Verlag keine professionellen Dienstleistungen erbringt. Die enthaltenen Ratschläge und Strategien sind möglicherweise nicht für Ihre Situation geeignet. Konsultieren Sie gegebenenfalls einen Spezialisten. Leser sollten sich darüber im Klaren sein, dass die in diesem Werk aufgeführten Websites zwischen dem Zeitpunkt der Erstellung und dem Zeitpunkt des Lesens geändert sein können oder nicht mehr existieren. Weder der Verlag noch die Autoren haften für entgangene Gewinne oder sonstige wirtschaftliche Schäden, einschließlich besonderer, zufälliger, Folgeschäden oder sonstiger Schäden.

Vorwort

Die Chemieindustrie steht an einem Wendepunkt: Klimawandel, Ressourcenknappheit, geopolitische Krisensituationen und gesellschaftliche Erwartungen fordern eine grundlegende Transformation hin zu nachhaltigen und zirkulären Wertschöpfungsketten. Kohlenstoff, als zentrales Element nahezu aller chemischen Produkte, muss künftig aus erneuerbaren Quellen stammen – sei es durch Biomasse, Recycling oder die Nutzung von CO_2 als Rohstoff. Die Umstellung auf eine Kreislaufwirtschaft ist dabei nicht nur eine ökologische Notwendigkeit, sondern eröffnet auch neue Innovations- und Wettbewerbschancen für die Chemie- und Pharmabranche.

Das vorliegende Fachbuch bietet einen umfassenden Überblick über die Herausforderungen, Zielbilder und praktischen Lösungswege für eine nachhaltige und grüne Chemieindustrie. Im ersten Teil werden die veränderten Anforderungen, Parameter für Nachhaltigkeit und Zirkularität sowie das ideale Zielbild chemischer nachhaltiger Unternehmen beleuchtet. Der zweite Teil illustriert anhand praxisnaher Beispiele, wie nachhaltige Prozesse, innovative Recyclingverfahren und der Einsatz biobasierter Rohstoffe bereits heute umgesetzt werden. Im dritten Teil werden Fähigkeiten, Methoden und Roadmaps vorgestellt, die Unternehmen auf ihrem Weg zur Transformation unterstützen.

Unser Ziel ist es, Studierenden, Fachkräften und Entscheidern in Chemie- und Pharmaunternehmen das notwendige Wissen und die Werkzeuge zu vermitteln, um aktiv an der Gestaltung einer zukunftsfähigen, klimaneutralen Chemie mitzuwirken. Denn nur durch gemeinsames Handeln und konsequente Umsetzung nachhaltiger Prinzipien kann die Chemieindustrie ihrer Verantwortung für Umwelt, Gesellschaft und kommende Generationen gerecht werden.

Die Beiträge dieses Buches zeigen eindrucksvoll, wie vielfältig die Ansätze und Lösungen für mehr Nachhaltigkeit in der Chemiebranche sind. Von der Entwicklung klimaneutraler Produktionsprozesse über innovative Recyclingtechnologien bis hin zur Integration nachwachsender Rohstoffe werden unterschiedliche Wege aufgezeigt, wie Unternehmen ihre Umweltauswirkungen reduzieren und gleichzeitig wirtschaftlich erfolgreich bleiben können. Praxisbeispiele aus der Industrie verdeutlichen, dass nachhaltiges Handeln nicht nur mit Herausforderungen, sondern auch mit erheblichen Chancen verbunden ist – etwa durch die Erschließung neuer

Märkte, die Steigerung der Ressourceneffizienz oder die Erfüllung wachsender regulatorischer Anforderungen.

Gleichzeitig wird deutlich, dass der Wandel zur nachhaltigen Chemieindustrie einen ganzheitlichen Ansatz erfordert. Es reicht nicht aus, einzelne Prozesse und Organisationsstrukturen zu optimieren – vielmehr müssen Unternehmen ihre Geschäftsmodelle, Lieferketten und Innovationsstrategien grundlegend überdenken. Klare Ziele, Transformationskonzepte, Nachhaltigkeitsreporting und die Entwicklung strategischer -Defossilisierungs Roadmaps sind ebenso wichtig wie die Förderung einer Unternehmenskultur, die ökologische und soziale Verantwortung als integralen Bestandteil des wirtschaftlichen Handelns begreift.

Die Wichtigkeit und strategische Breite der Transformation in Richtung nachhaltiges Chemie-Ökosystem spiegelt sich eindrucksvoll in der Beteiligung der Co-Autoren für dieses Buch wider. So formen Beiträge von produzierenden Chemie- und Pharmaunternehmen, Forschungseinrichtungen und Beratungsunternehmen ein gesamtheitliches und repräsentatives Bild und die Co-Autoren von Boehringer Ingelheim Pharmaceuticals, Inc., CBS University of Applied Science, Covestro Deutschland AG, CSC JÄKLECHEMIE GmbH & Co. KG, Cyclize GmbH, Deutsche Infineum GmbH & Co. KG, d-fine GmbH, Eidgenössische Technische Hochschule Zürich, FutureCamp Climate GmbH, Genentech, Golden Compound GmbH, INEOS Styrolution Group GmbH, Interzero Circular Solutions Germany GmbH, Novartis Pharma, Provadis Hochschule Frankfurt, Siemens AG, Technische Universität Dortmund, Universität Ulm und der Verband der Chemischen Industrie e.V. zeigen sehr praxisnah wie tiefgreifend der ökologische Wandel bereits voranschreitet.

Dieses Buch soll als Inspirationsquelle und praxisorientierter Leitfaden dienen. Es richtet sich an alle, die die Zukunft der Chemie aktiv mitgestalten wollen – sei es in Forschung, Lehre, Industrie oder Politik – und es soll dazu beitragen, den Wandel zu einer nachhaltigen und grünen Chemieindustrie weiter voranzutreiben und Impulse für innovative Lösungen, verantwortungsbewusstes Handeln und eine lebenswerte Zukunft zu geben.

Dr. Thomas Wagner und Prof. Dr. Carsten Suntrop, Köln

Inhaltsverzeichnis

Teil I

Veränderungen der Anforderungen an die Chemieindustrie, Parameter für Nachhaltigkeit und Zirkularität und Ideales Zielbild chemischer Unternehmen

1
Kohlenstoffkreisläufe für eine nachhaltige und zirkuläre Chemieindustrie

Dr. Jörg Rothermel

Verband der Chemischen Industrie e. V. (VCI)

Abstract

Die Chemie ist die Industrie, die am stärksten vom Element Kohlenstoff abhängt. Kohlenstoff spielt sowohl bei der Energiebereitstellung für die Produktionsprozesse als auch in den Produkten eine entscheidende Rolle. Darum kommt der chemischen Industrie eine besondere Rolle auf ihrem Weg zur Treibhausgasneutralität bis 2045 zu. In der Energieversorgung kann Treibhausgasneutralität durch konsequente Dekarbonisierung der Energieträger, d. h. durch Einsatz erneuerbarer Energien für die Strom- und Prozesswärmeversorgung, gelingen. Eine Dekarbonisierung der organischen Produkte, die auf Kohlenstoff aufbauen, ist nicht möglich. Hier ist nur eine Defossilisierung der Rohstoffe möglich, die wiederum nur durch eine vollständige Kreislaufführung des Kohlenstoffes im weitesten Sinne erreicht werden kann.

1.1 Einführung

Die chemische Industrie sieht sich mit zwei zentralen Herausforderungen bei der Transformation zu einer nachhaltigen Wirtschaftsweise konfrontiert. Zum einen muss sie sowohl in ihrer Produktion als auch mit ihren Produkten bis Ende des nächsten Jahrzehnts treibhausgasneutral werden. Die andere Herausforderung besteht in der weltweit wachsenden Menge an Kunststoffen, die hinsichtlich der Menge die größte Produktegruppe der chemischen Industrie ausmacht. Hier gilt es einen Weg zu finden, Kunststoffe so zu managen, dass sie nicht als Plastikmüll in Flüssen und Meeren enden und dort Umweltschäden verursachen.

Die Lösung für beide Herausforderungen ist eine vollständige Kreislaufführung des eingesetzten Kohlenstoffs als wichtigstem Element in der Chemie. Historisch wurde eine Kreislaufführung vor allem angestrebt, um Ressourcen zu schonen. Dieses Ziel war insbesondere wichtig in der Chemie, weil ihre Produktion und

Zirkuläre Wirtschaft und Nachhaltigkeit in der chemischen Industrie: 1. Aufl. C. Suntrop und T. Wagner (Hrsg.).
© 2026 Wiley-VCH GmbH. Alle Rechte vorbehalten, einschließlich derer für Text- und Data-Mining und Training von Technologien der Künstlichen Intelligenz oder ähnlichen Technologien.

Produkte auf endlichen kohlenstoffhaltigen Ressourcen (Erdöl, Erdgas) beruhen. Gegenwärtig ist das Argument des Ressourcenschutzes in den Hintergrund getreten, da vor dem Hintergrund des Ausstiegs aus der fossilen Energieerzeugung die vorhandenen Ressourcen für die stoffliche Nutzung in der Chemie noch sehr lange ausreichen würden.

Heute hat die Kreislaufführung vor allem zwei Zielrichtungen: Zum einen muss verhindert werden, dass Kunststoffe in die Umwelt gelangen, und die bereits ausgetragenen Kunststoffe müssen zurückgeholt und verwertet werden. Ein weiteres Anwachsen der Plastikberge in Flüssen und Meeren gilt es zu abzuwenden und schon vorhandene Müllberge müssen abgebaut werden, bevor durch Verwitterung und Abrieb noch mehr Mikroplastik entsteht und in die Umwelt und Nahrungsketten gerät.

Eine zweite zentrale Zielrichtung der Kreislaufführung ist der Klimaschutz. Die Chemie ist die einzige Industrie, die Kohlenstoff in ihre (organischen) Produkte einbaut. Dieser Kohlenstoff wiederum wird heute zum größten Teil noch am Ende des Produktlebens als (fossiles) CO_2 in die Atmosphäre entlassen und trägt damit zum Klimawandel bei. Die Herausforderung für die chemische Industrie besteht nun darin, den eingesetzten Kohlenstoff zurückzuholen und in einem ständigen Kreislauf zu halten, um zu verhindern, dass die Umwelt mit Kunststoffabfällen und die Atmosphäre mit fossilem CO_2 weiter belastet werden.

1.2 Kohlenstoff und CO_2-Emissionen in der Chemie

Kohlenstoff und seine Umwandlung in das Treibhausgas CO_2 nimmt in der Wertschöpfungskette der chemischen Industrie eine zentrale Rolle ein. Abbildung 1.1 gibt einen Überblick über die Chemiewertschöpfungskette und die Kettenglieder, bei denen Kohlenstoff über Roh- und Brennstoffe in die Wertschöpfungskette eingebracht wird und daraus CO_2-Emissionen entstehen.

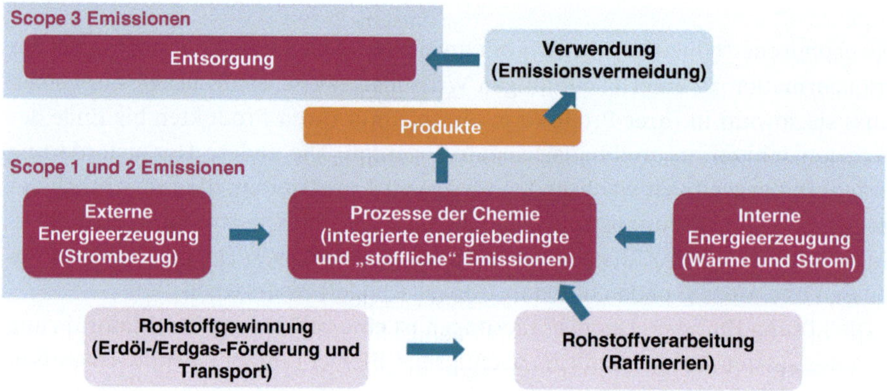

Abb. 1.1 CO_2-Emissionen in der Chemie-Wertschöpfungskette (Quelle: eigene Darstellung).

Nach aktuellen Zahlen des Verbandes der Chemischen Industrie [1, VCI, Energiestatistik, Feb. 2024] werden immer noch rund 85 Prozent des Rohstoffbedarfs in der organischen Chemie durch Erdöl und Erdgas gedeckt. Ebenso stammt der größere Teil der Energie für die Produktion aus fossilen (kohlenstoffhaltigen) Energieträgern. Bereits bei der Rohstoff- und Brennstoffgewinnung aus Erdöl- und Erdgasfeldern und vor allem auch bei der Aufbereitung (Raffination) des Erdöls entstehen erhebliche Mengen an Kohlendioxid. Deren Reduktion kann die Chemie selbst nur dadurch beeinflussen, indem sie deutlich weniger oder keine fossilen Roh- und Brennstoffe mehr einsetzt.

Ca. die Hälfte (2020 ca. 56 Mio. Tonnen, [2, VCI/VDI, Chemistry4Climate, Abschlussbericht 2023]) der direkt von der Chemie zu verantwortenden CO_2-Emissionen entstehen in der Produktion selbst: Chemieprozesse haben einen erheblichen Energiebedarf, dabei sind vor allem Prozesse zur Herstellung von Basischemikalien besonders energieintensiv. Diese Energie in Form von Prozesswärme und Strom wird entweder in eigenen Anlagen, vor allem in erdgasbefeuerten Kraft-Wärme-Kopplungsanlagen, selbst bereitgestellt oder der Strom wird aus dem Netz bezogen. Zudem entstehen in einigen Prozessen aus den kohlenstoffhaltigen Rohstoffen auch sogenannte Prozessemissionen.

Die Reduktion der energiebedingten CO_2-Emissionen gelang in der Vergangenheit vor allem durch erhebliche Effizienzsteigerungen in der Energiebereitstellung, z. B. indem die Primärenergieträger Kohle und Braunkohle durch Erdgas ersetzt wurden, aber auch durch Prozessoptimierungen. Die künftige weitere Reduktion bis zur Treibhausgasneutralität wird aber nur durch konsequente Dekarbonisierung der eingesetzten Energie gelingen. Hier bedarf es eines kontinuierlich steigenden Einsatzes an treibhausgasneutralen erneuerbaren Energien z. B. durch Einsatz erneuerbaren Stroms in Wärmepumpen für die Prozesswärmebereitstellung oder auch in direkt elektrisch „befeuerten" Anlagen. Für die Wärmebereitstellung vor allem in Hochtemperaturprozessen ist auch die Nutzung von treibhausgasneutralem Wasserstoff möglich. Die Prozessemissionen können jedoch aus grundsätzlichen Gründen nicht durch Dekarbonisierung vermindert oder ganz vermieden werden: Da die chemische Wertschöpfungskette auch weiterhin auf Kohlenstoff als Grundelement und damit auf kohlenstoffhaltige Rohstoffe angewiesen ist, entstehen bei chemischen Prozessen diese Emissionen. Treibhausgasneutralität lässt sich hier nur durch Maßnahmen erreichen, die auch bei der Entsorgung der kohlenstoffhaltigen Produkte entscheidend sind.

Bei der Entsorgung der kohlenstoffhaltigen Produkte entsteht die andere Hälfte der von der Chemie zu verantwortenden CO_2-Emissionen (2020 ca. 57 Mio. Tonnen [2, VCI/VDI, Chemistry4Climate, Abschlussbericht 2023]). Allein in den für die Produktion eingesetzten Rohstoffen (ohne Brennstoffe) sind nach Berechnungen des Verbandes der Chemischen Industrie bis zu 16 Mio. Tonnen Kohlenstoff enthalten. Am Produktlebensende wird dieser in den Produkten erhaltene Kohlenstoff entweder durch biologische und chemische Zersetzung in Kläranlagen oder in der Natur („kalte Verbrennung") oder durch normale Verbrennung in Müllverbrennungsanlagen als CO_2 freigesetzt.

Der kalten Verbrennung unterliegen vor allem Chemieprodukte wie Wasch- und Reinigungsmittel, Kosmetika, Arzneimittel, und sonstige Produkte, die in der Regel nicht zurückgeholt werden können. Diese Produkte machen ungefähr ein Drittel des Masseoutputs der chemischen Industrie aus. Der normalen Verbrennung unterliegen vor allem die Kunststoffe und Polymere (in Lacken, Farben und Klebstoffen). Diese Produkte lassen sich in der Regel gut einsammeln und einer geregelten Entsorgung (hier durch Verbrennung) zuführen. Kunststoffe bilden etwa zwei Drittel des Masseoutputs der chemischen Industrie.

Im Rahmen der allgemeinen Bemühungen zur Erreichung der Klimaneutralität in allen Bereichen wächst auch das Kundenbewusstsein für kohlenstoffhaltige Chemieprodukte. Kunden erwarten zunehmend Produkte mit geringerem CO_2-Footprint bzw. treibhausgasneutrale Produkte. Das setzt die chemische Produktion unter Druck, neben der Dekarbonisierung des Energiebedarfs auch das inhärente Problem des fossilen Kohlenstoffs in den Produkten zu lösen. Da die Chemie aber weiterhin auf Kohlenstoff als zentrales Element angewiesen ist, kann dieses Problem nicht durch Dekarbonisierung, sondern nur durch eine Defossilisierung der Rohstoffbasis gelingen.

1.3 Kohlenstoffkreislaufführung in der Chemie

Eine umfassende Defossilisierung der Rohstoffbasis kann nur dadurch funktionieren, wenn der für die Produkte erforderliche Kohlenstoff kontinuierlich im Kreis geführt wird und künftig nicht mehr als zusätzliches fossiles CO_2 zum Anstieg der CO_2-Konzentrationen in der Atmosphäre und damit zur Erwärmung beiträgt. Dabei ist zu beachten, dass Kreislaufwirtschaft im Zusammenhang mit Kohlenstoff in einem sehr breiten Sinne verstanden werden und deutlich über das heutige allgemeine Verständnis der Kreislaufwirtschaft hinausgehen muss.

1.3.1 Potenzielle Kohlenstoffkreisläufe

In Abbildung 1.2 sind die möglichen und erforderlichen Kohlenstoffkreisläufe im Überblick dargestellt. Die größte Herausforderung für die Kohlenstoffkreislaufwirtschaft ist das Schließen des Kohlenstoffkreislaufes auch für die Chemieprodukte, die nicht mehr eingesammelt und zurückgeholt werden können und sich bestimmungsgemäß in Kläranlagen oder der Natur biologisch und chemisch zersetzen. Die Herausforderung besteht darin, auch für das dabei entstehende CO_2, das gegenwärtig immer noch in die Atmosphäre freigesetzt wird, Kreislaufwege zu finden.

Eine effiziente Kreislaufführung setzt bereits bei der Produktion und beim Produktdesign selbst an. Durch eine effiziente Ressourcenverwendung bei der Produktion und einer intelligenten Produktgestaltung kann der Kohlenstoffeinsatz bereits am Anfang der Wertschöpfungskette minimiert werden. Der Kohlenstoff, der am

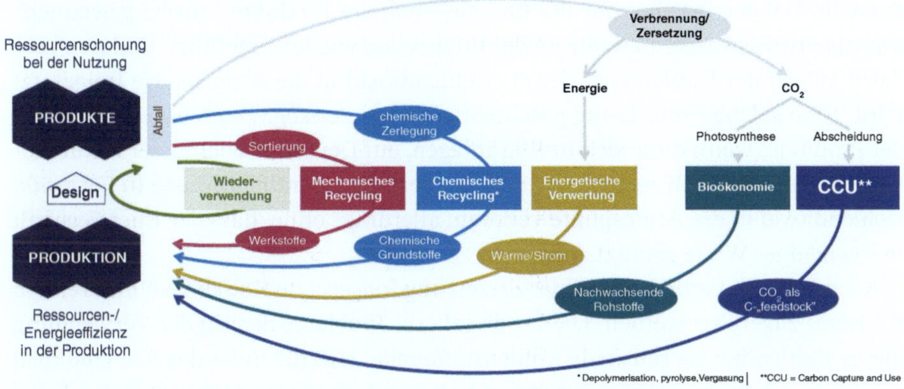

Abb. 1.2 Kohlenstoffkreisläufe in der Chemie (Quelle: eigene Darstellung).

Anfang eingespart und gar nicht erst in die Wertschöpfungskette eingebracht wird, muss später auch nicht in aufwändigen Kreislaufprozessen wiedergewonnen werden. So tragen z. B. immer intelligentere leichtgewichtigere Kunststoffmaterialien als Leichtbaumaterialien nicht nur zur Treibhausgasreduktion in der Anwendung bei, sondern reduzieren auch den Bedarf an Kohlenstoff und damit auch die Notwendigkeit der Kreislaufführung in der eigenen Wertschöpfungskette.

Selbstverständlich ist eine möglichst lange häufige Wiederverwendung von Produkten im Hinblick auf den Ressourcen- und Energieeinsatz der effizienteste Weg der Kreislaufführung. Hierfür steigen dann aber auch die Ansprüche an die Langlebigkeit insbesondere der Kunststoffprodukte. Eine solche Langlebigkeit und Beständigkeit kann jedoch wiederum zu einem Problem werden, wenn die Produkte nicht wiederverwendet bzw. nicht ordnungsgemäß (z. B. durch Verbrennung) entsorgt werden, sondern unsachgemäß in der Natur landen und sich dort ansammeln. Jede Optimierung der Produktbeständigkeit für eine eventuelle Wiederverwendung muss zwingend mit einem funktionierenden Entsorgungssystem verknüpft werden, und das weltweit.

Auch jedes wiederverwendete Produkt hat ein Lebensende und wird irgendwann zwangsläufig zu Abfall, der einem Kreislaufsystem zugeführt werden muss. Dabei ist das einfachste System das Einsammeln der Kunststoffprodukte und deren Zuführung zu einem klassischen Recycling. Hierbei ist zwischen einem mechanischen Recycling und einem chemischen Recycling zu unterscheiden. Beim mechanischen Recycling werden in der Regel sortenreine Produktfraktionen mit rein physikalischen Methoden behandelt, bei denen die Polymerstruktur der Kunststoffe nicht verändert wird und der Kunststoff als Material erhalten bleibt. Das chemische Recycling hat zum Ziel, nicht das Kunststoffmaterial als solches zu erhalten, sondern die Grundbaustoffe des Materials (Kohlenstoff bzw. Kohlenwasserstoffe) für eine neue Chemieproduktion zurückzugewinnen.

Der derzeit noch für den Großteil des kohlenstoffhaltigen Abfalls angewendete Entsorgungsweg ist die Verbrennung, die zumindest zum Teil eine Kreislaufführung darstellt. Dabei wird aber nur der Energiegehalt der Produkte „zurückgewonnen“ und als Prozesswärme bzw. Strom der Produktion wieder zugeführt. Verloren geht dabei jedoch der Kohlenstoff, der als Kohlendioxid in die Atmosphäre freigesetzt wird. Eine solche Freisetzung geschieht auch bei der sog. „kalten Verbrennung“ der Produkte, wenn diese sich in Kläranlagen, auf Deponien oder in der Natur biologisch oder chemisch zersetzen. Auch hier geht die eigentliche Masse in Form von Kohlendioxid in die Atmosphäre verloren, allerdings ohne, dass der Energiegehalt in irgendeiner Weise genutzt wird.

Auch der über Verbrennung oder Zersetzung freigesetzte Kohlenstoff muss einem Kreislauf zugeführt werden. Die Lösung dieses Problems liegt in der Verwendung dieses Kohlendioxids selbst als Kohlenstoffquelle. Hierfür muss das Kohlendioxid wieder aus der Atmosphäre eingesammelt werden. Dieses „Einsammeln“ kann einerseits auf höchst energieeffizientem Wege der Pflanzenwelt in der Natur überlassen werden, die permanent der Atmosphäre CO_2 entnimmt und daraus Biomasse aufbaut. Setzt jetzt die chemische Industrie Biomasse bzw. die sog. nachwachsenden Rohstoffe als Rohstoff ein, „recycelt“ sie in gewissem Maße den Kohlenstoff, der zuvor aus ihren Produkten freigesetzt worden ist. Im Rahmen der Bioökonomie setzt die chemische Industrie in Deutschland heute bereits rund 2,5 Mio. Tonnen nachwachsende Rohstoffe ein, was in etwa 15 Prozent des Rohstoffbedarfs abdeckt [1, VCI, Energiestatistik, Feb. 2024].

Eine alternative Möglichkeit der CO_2-Nutzung ist die direkte chemische Nutzung von CO_2 in sogenannten Carbon-Capture-and-Utilization-Prozessen (CCU). Dafür muss CO_2 mit hohem Energieaufwand entweder direkt aus der Atmosphäre (Direct Air Capture, DAC) oder aus anderen, in die Atmosphäre emittierenden Quellen abgeschieden werden. Auch das geschieht heute bereits, wenn auch in geringerem Maße in Prozessen wie der Harnstoffproduktion. Dort wird CO_2 als Rohstoff eingesetzt, das zuvor als Prozessemission in der Ammoniak-Produktion entstanden ist und dort durch Abscheidung aus dem Abgas gewonnen wurde.

1.3.2 Klassisches Recycling

Kunststoffe und andere polymere Materialien bilden etwa zwei Drittel des Produktoutputs der chemischen Industrie in Deutschland. Diese Materialen sind aufgrund ihrer Beständigkeit und ihrer Anwendungsgebiete grundsätzlich einsammelbar und können einer Wiederverwendung oder einem Recycling zugeführt werden. Gemäß der Conversio-Studie zum Stoffstrombild für Kunststoffe für das Jahr 2021 [3 Lindner et al., Conversio-Studie 2021] sind rund 6,3 Mio. Tonnen (Post Cosumer)-Kunststoffabfälle und Nebenprodukte aus den Herstellungs- und Verarbeitungsprozessen für Kunststoffe entstanden, die zu über 99 Prozent auch verwertet worden sind. Dabei geht immer noch der deutlich größere Anteil (rund 65 Prozent) in die energetische Verwertung (Verbrennung) und nur rund 35 Prozent in die stoffliche Verwertung mittels klassischem Recycling (im Wesentlichen mechanisches Recycling) im In- und Ausland.

Das klassische Recycling in der Chemie ist im Wesentlichen nur für die Kunststoffprodukte relevant. Dabei dient das zurückgeführte Kunststoffmaterial als Rohstoff für die Produktion von neuen Kunststoff- oder anderen Chemieprodukten. Das Recycling kann mit rein physikalischen Methoden (mechanisches Recycling) unter Erhalt der Materialeigenschaften oder mit chemischen Methoden (chemisches Recycling) unter chemischer Zersetzung des Materials in Monomere oder chemische Grundbausteine erfolgen. Gelegentlich wird, mehr von den Endprodukten des Recyclingprozesses kommend, auch mit den alternativen Begriffen „Werkstoffliches Recycling“ (anstelle von mechanischem Recycling) und „Rohstoffliches Recycling“ (anstelle von chemischem Recycling) gearbeitet [4 UBA, Chemisches Recycling, Hintergrund 2020]. Damit soll verdeutlicht werden, dass im mechanischen/werkstofflichen Recycling der Werkstoff im Wesentlichen erhalten bleibt, und im chemischen/rohstofflichen Recycling der Werkstoff chemisch wieder in verwertbare Rohstoffe zurückverwandelt wird.

1.3.2.1 Bedeutung des Mechanischen Recyclings

Voraussetzung für ein mechanisches Recycling ist eine größtmögliche Reinheit der zu recycelnden Kunststoffsorten, um entsprechende Qualitäten zu erhalten und ein Downcycling möglichst zu verhindern. Da insbesondere die Postconsumer-Abfälle aber normalerweise gemischt anfallen, muss dem mechanischen Recycling ein aufwendiges Sortier- bzw. Aufbereitungsverfahren vorgeschaltet werden. Diese Aufbereitungsverfahren haben ihre technischen und wirtschaftlichen Grenzen: Der Anteil von mechanisch recyceltem Kunststoff kann sicherlich noch weiterhin erhöht werden, wird aber trotzdem nur einen begrenzten Teil des Recyclings insbesondere der Postconsumer-Abfälle abdecken können. Ansonsten stellt das mechanische Recycling die am wenigsten energieintensive Art des Kunststoffrecyclings dar.

1.3.2.2 Bedeutung des Chemischen Recyclings

Von den heute anfallenden Kunststoffabfallmengen wird auch weiterhin nur ein begrenzter Teil durch ein mechanisches Recycling in den Produktionskreislauf zurückgeführt werden können. Der größere Rest des Abfalls in Deutschland wird mangels sonstiger Recycling-Möglichkeiten heute noch der energetischen Verwertung zugeführt, um wenigstens den Energiegehalt zu nutzen. Dabei geht allerdings der Kohlenstoff für den Kreislauf verloren. Hier setzen nun die chemischen Recyclingmöglichkeiten (Depolymerisation, Pyrolyse und Vergasung) an, um den Kohlenstoff in Form von Monomeren (für eine erneute Polymerisation), Synthesegas oder eines Pyrolyseöls (Ersatz für bisheriges Naphta aus Erdöl als Feedstock im Cracker) zurückzugewinnen, bevor er nach einer Verbrennung als CO_2 in der Atmosphäre landet. Die Verfahren für das chemische Recycling befinden sich überwiegend noch in der Entwicklung.

Allerdings ist das chemische Recycling insbesondere bei Vergasung und Pyrolyse deutlich energieintensiver als das mechanische Recycling. Das führt in der öffentlichen Diskussion immer wieder zu massiver Kritik. Das chemische Recycling bietet aber nicht nur die Möglichkeit, die Abfallfraktionen und damit die Kohlenstoffmengen, die ansonsten keinem anderen Recycling zugeführt werden können, stofflich zu verwerten. Es löst auch das insbesondere beim mechanischen Recycling immer wieder auftretende Problem der Akkumulation von unerwünschten Schadstoffen, die bei einer chemischen Umsetzung ausgeschleust bzw. eliminiert werden können.

1.3.2.3 Politische Diskussion der Recyclingverfahren

In der politischen Diskussion hat das chemische Recycling bislang noch keine richtige Anerkennung und damit auch noch keine ausreichende Verankerung in den gesetzlichen Regelungen gefunden. Hauptkritikpunkte sind der hohe notwendige Energieeinsatz für Vergasung und Pyrolyse und die mit diesen Verfahren verbundene vermeintliche „Materialzerstörung". Beide Kritikpunkte halten aber einer langfristigen Nachhaltigkeitsbetrachtung nicht stand. Der Energieeinsatz als solcher stellt langfristig kein Problem mehr da, wenn dieser wie in allen anderen Prozessen auch mit dekarbonisierter (erneuerbarer) Energie erfolgt. Auch Vergasungs- und Pyrolyseöfen werden aus Gründen der Treibhausgasneutralität auf Basis erneuerbarer Energien betrieben werden müssen. Das Argument der Materialzerstörung ist vor dem Hintergrund der Frage zu diskutieren, was das eigentliche „Material" ist, das aus Nachhaltigkeitsgründen im Kreislauf geführt werden muss. Und das ist für die chemische Industrie eindeutig der Kohlenstoff und nicht zwingend die daraus hergestellten Produkte selbst.

Eine kontroverse Diskussion über die zukünftige Bedeutung des chemischen Recyclings gab es auch lange Zeit zwischen der chemischen/Kunststoff-Industrie und der Entsorgungsindustrie. Hauptsorge der Entsorgungsindustrie dabei war, dass die chemischen Recyclingverfahren eine massive Konkurrenz für die bereits in der Entsorgungsindustrie etablierten mechanischen Recyclingverfahren darstellen könnten und der ohnehin begrenzte Kunststoffabfall in Deutschland langfristig vollständig von den chemischen Verfahren „aufgesaugt" werden und nicht mehr länger dem mechanischen Recycling zur Verfügung stehen könnte. Schon aus rein wirtschaftlichen Gründen sieht die chemische und die Kunststoff-Industrie das chemische Recycling ausschließlich als Ergänzung des mechanischen Recyclings und nicht als Ersatz. Es ist schlicht unwirtschaftlich, die Abfallmengen, die mechanisch recycelt werden können, chemisch zu recyceln. Inzwischen haben die chemische und Kunststoff-Industrie und die Entsorgungswirtschaft eine gemeinsame Sichtweise entwickelt, die sie in einem Positionspapier der entsprechenden Wirtschaftsverbände BDE, VCI und Plastics Europe Deutschland festgehalten haben [5 Gemeinsames Leitbild zur Kreislaufwirtschaft, BDE, PED, VCI, 2024].

1.3.3 Kohlenstoff-Recycling über CO_2

Theoretisch könnte der derzeitige Kohlenstoffbedarf von bis zu 16 Mio. Tonnen pro Jahr in der chemischen Produktion ausschließlich durch Zurückholen und durch klassisches Recycling der produzierten Chemieprodukte gedeckt werden. Dieser theoretischen Betrachtung stehen jedoch die praktischen Entwicklungen entgegen: Wie zuvor schon dargelegt, lässt sich nur ein begrenzter Teil der Chemieprodukte zurückgewinnen und damit einem Recycling zuführen. Ca. ein Drittel der Produkte verbleibt in der Umwelt und setzt den darin enthaltenen Kohlenstoff als CO_2 frei. Des Weiteren werden mehr Chemieprodukte exportiert als importiert, sodass auch hier ein Teil des Kohlenstoffs nicht im deutschen Abfall landet und deshalb nicht zurückgeholt werden kann. Zudem wird ein Teil der Chemieprodukte, vor allem Kunststoffe und Polymere, langfristig verbaut und die Menge, die jährlich aus der Verbauung zurückkommt, deckt nicht den Bedarf, der jährlich in die Verbauung geht. Diese Entwicklungen führen dazu, dass nur ein relativ geringer Teil des Kohlenstoffbedarfs der chemischen Industrie durch klassisches Recycling gedeckt werden kann. Berechnungen im Rahmen des Roadmap- und des Chemistry4Climate-Projektes von VDI und VCI [2, VCI/VDI, Chemistry4Climate, Abschlussbericht 2023 und 6, Dechema/FutureCamp, Roadmap Chemie 2050] sehen im optimistischen Falle unter Ausnutzung der maximalen Abfallmenge in Deutschland eine Abdeckung des Kohlenstoffbedarfs in der Größenordnung von bis zu 15 Prozent. Zur Abdeckung des restlichen Kohlenstoffbedarfs ist eine andere treibhausgasneutrale Kohlenstoffquelle erforderlich. Und diese Quelle kann nur CO_2 in Form von Biomasse oder CO_2 selbst sein.

1.3.3.1 Biomasse als Kohlenstoffquelle

Bevor Kohle, Erdöl und andere fossile Kohlenstoffträger großtechnisch die Rohstoffgrundlage für die chemische Industrie bildeten, dienten Biomasse bzw. daraus extrahierte nachwachsende Rohstoffe als Kohlenstofflieferant für die organische Chemie. Die Nutzung von Biomasse ging auch in der Boomphase der Erdölchemie nie ganz verloren und erlebte insbesondere in der Zeit nach den Ölkrisen in den siebziger Jahren des letzten Jahrhunderts eine gewisse Renaissance. Vor dem Hintergrund einer aus Klimaschutzgründen notwendigen Abkehr von fossilen Kohlenstoffträgern nimmt Biomasse wieder an Bedeutung zu.

Theoretisch ist denkbar, dass der Kohlenstoffbedarf der deutschen Chemie vollständig durch Biomasse gedeckt werden könnte. Erforderlich wären dazu ca. 40 Mio. Tonnen Trockenbiomasse bei einer rein theoretischen, stöchiometrischen Betrachtung und einer 100-prozentigen Ausnutzung des Kohlenstoffgehalts. Praktisch läge der Bedarf sicherlich eher bei dem Doppelten, also bei einer Menge, die aus verschiedenen Gründen nicht zur Verfügung steht. Biomasse ist zwar zunächst als (immer wieder) nachwachsender Rohstoff grundsätzlich unendlich verfügbar. Die tatsächlich absolute Verfügbarkeit ist jedoch limitiert, alleine schon aufgrund der Flächenbegrenztheit für nachhaltige Biomasse. Neben der absoluten Verfügbarkeit ist darüber hinaus auch die spezifische Verfügbarkeit für die einzelnen Anwendungsbereiche aufgrund der enormen Nutzungskonkurrenzen begrenzt. Die Nutzung von Biomasse für Nahrungs- und Futtermittel hat aus Nachhaltigkeitsgründen immer Vorrang vor allen technischen Nutzungsgebieten.

Aber auch zwischen den technischen Nutzungsbereichen existieren erhebliche Konkurrenzen. Biomasse wird sowohl als treibhausgasneutraler Brenn- und Treibstoff wie auch als treibhausgasneutraler Baustoff eingesetzt und kann auch als treibhausgasneutraler Rohstoff und Kohlenstofflieferant in der Chemie eingesetzt werden. Die im Chemistry4Climate-Prozess involvierten Stakeholder fordern deshalb auch eine politisch vorgegebene Nutzungshierarchie für Biomasse [2, VCI/VDI, Chemistry4Climate, Abschlussbericht 2023]: stoffliche Nutzung (in der Chemie) sollte Vorrang haben vor der energetischen Nutzung. Aber auch damit könnte eine Vollabdeckung des Kohlenstoffbedarfs nicht gewährleistet werden. Im Rahmen des Chemistry4Climate-Prozesses wurde als maximale verfügbare Menge ein Wert von knapp 30 Mio. Tonnen nachhaltiger Biomasse berechnet, die immer noch eine erhebliche Lücke bei der Deckung des Kohlenstoffbedarfs der Chemie hinterlässt. Diese Lücke kann schließlich nur über die Nutzung von CO_2 selbst als Kohlenstofflieferant geschlossen werden.

Die Möglichkeiten der Biomassenutzung in der Chemie sind vielfältig. Einerseits kann die bisherige Verwendung von Biomasse vornehmlich zur Herstellung von Fein- und Spezialchemikalien unter Ausnutzung der Syntheseleistungen der Natur noch weiter ausgebaut werden. Insbesondere die Möglichkeiten der industriellen Biotechnologie werden hier weitere Optionen eröffnen. Andererseits wird künftig vor allem unspezifische (Abfall)Biomasse auch stärkere Anwendung in der Basischemie finden müssen. Analog zu den Technologien beim chemischen Recycling wird durch Vergasung und Pyrolyse von Biomasse Synthesegas und Pyrolyseöl als Ausgangsprodukte für die Synthese von Basischemikalien zur Verfügung gestellt werden können.

1.3.3.2 CO_2 als Kohlenstoffquelle

Die chemische Industrie ist in der Lage zumindest einen Teil ihres Treibhausgasemissions-Problems dadurch zu lösen, dass sie eben dieses Treibhausgas als Rohstoff nutzt – also mit einem „CO_2-Recycling", das den Kohlenstoff-Kreislauf schließt und nicht mehr weiter zur Erhöhung der fossilen CO_2-Konzentration in der Atmosphäre beiträgt. Wie zuvor dargestellt, wird es nicht gelingen, den gegenwärtigen Kohlenstoffbedarf in der chemischen Produktion treibhausgasneutral über Recycling und/oder Biomassenutzung zu decken. Aus diesem Grunde wird auch die Nutzung von CO_2 selbst als Kohlenstoffträger erforderlich sein.

Das eingesetzte CO_2 muss zuvor aus Punktquellen, die bisher noch in die Atmosphäre emittieren, oder aus der Atmosphäre selbst abgeschieden werden. Bei den Punktquellen eignen sich derzeit noch alle Quellen, an denen kein Carbon Capture and Storage (CCS) betrieben wird, um das CO_2 dauerhaft in der Erde zu speichern. Dazu gehören auch Quellen wie die Zement- und Kalkindustrie, deren Verfügbarkeit aber mit zunehmender Anwendung von CCS zurückgehen wird, da das CO_2 aus diesen Quellen auch als fossil einzustufen ist. Treibhausgasneutralität wird mittel- bis langfristig nur durch die Punktquellen der Abfall- oder der Biomasseverbrennung in Verbrennungsanlagen zu gewährleiten sein, weil entweder der Kohlenstoff bei diesem CO_2 direkt aus den Chemieprodukten stammt (Abfallverbrennung) oder das CO_2 zuvor aus der Atmosphäre entnommen wurde (Biomasseverbrennung). Können diese Punktquellen den künftigen CO_2-Bedarf der chemischen Industrie nicht mehr abdecken, bleibt nur noch die direkte Entnahme von CO_2 aus der Atmosphäre (Direct Air Capture, DAC). Allerdings ist die Abscheidung aus der Luft aufgrund der äußerst geringen Konzentration von CO_2 von ca. 400 ppm eine äußerst energieintensive Maßnahme und kann aus wirtschaftlichen und Nachhaltigkeitsgründen nur die ultima ratio sein.

Der Rohstoff CO_2 wird dann in sogenannten CCU-Prozessen (Carbon Capture and Utilization) in der Regel mit Wasserstoff zu weiter verarbeitbaren Kohlenwasserstoffderivaten umgesetzt. Zu diesem Zweck stehen im Wesentlichen zwei Technologielinien zur Produktion von Basischemikalien zur Verfügung: die Methanolroute und die Cracker-Route. Für die Methanolroute wird aus CO_2 mit Wasserstoff Methanol (CH_3OH) produziert. Dieses wird anschließend über die MTO-(Methanol to Olefin) bzw. MTA-(Methanol to Aromatics)-Routen zu Basischemikalien (Olefine und Aromate) umgewandelt.

Die Cracker-Route nutzt die bestehende Produktionsstruktur über die Cracker als Grundeinheiten für die Basischemie. Hier wird das CO_2 zunächst mit Wasserstoff in einer Fischer-Tropsch-Synthese zu einem synthetischen Naphta umgesetzt, das dann als Ersatz für das bisherige erdölbasierte Naphta als Feedstock im Cracker eingesetzt wird. Die Crackerroute hat den Vorteil, dass die bisherige Produktionsstruktur und die Anlagen weitgehend erhalten bleiben können und zudem das Pyrolyseöl aus dem chemischen Recycling mitverwendet werden kann.

Wie zuvor beschrieben ist Wasserstoff der zentrale Co-Faktor für die Umsetzung von CO_2. Zum einen dient er dazu, den Sauerstoff aus dem CO_2-Molekül zu binden und den Kohlenstoff zu isolieren, und zum anderen ist er erforderlich, um aus dem Kohlenstoff entsprechende Kohlenwasserstoffe zu erzeugen. Der Wasserstoff hat hier also ebenfalls eine (roh)stoffliche und keine energetische Funktion wie in anderen industriellen Anwendungen. Der Bedarf an Wasserstoff hängt von den benötigten Mengen an CO_2 ab, die wiederum davon bestimmt werden, wieviel vom Kohlenstoffbedarf in der Chemieproduktion durch Recycling und Biomasse abgedeckt werden kann.

Auf jeden Fall muss der eingesetzte Wasserstoff ebenfalls treibhausgasneutral erzeugt werden, was langfristig nur über eine Wasserelektrolyse mit erneuerbarem Strom gewährleistet sein wird. Entsprechend steigt mit dem Bedarf an CO_2 als Rohstoff auch der Bedarf an erneuerbarem Strom. In dem im Chemistry4Climate-Prozess berechneten Maximalszenario der CO_2- und damit der Wasserstoffanwendung liegt der Wasserstoffbedarf der chemischen Industrie bei rund 280 Terrawattstunden (TWh) für ca. 8,5 Mio. Tonnen Wasserstoff und der Bedarf an erneuerbarem Strom bei rund 500 TWh, also ungefähr dem heutigen Gesamtbedarf an Strom in Deutschland. Diese Zahlen machen auch die Notwendigkeit neuer Infrastruktur (Strom- und/oder Wasserstoffnetze) für eine zirkuläre und treibhausgasneutrale chemische Industrie deutlich.

Die neuen zirkulären, insbesondere auf CO_2 basierenden Technologien werden kurzfristig gegenüber den konventionellen Produktionstechnologien auf Basis von fossilen Rohstoffen nicht wettbewerbsfähig sein, da die Produktionskosten deutlich höher liegen. Insofern ist zumindest für eine Anfangsphase eine Förderung dieser Technologien notwendig, z. B. durch das neue Instrument der Klimaschutzverträge. Für CCU-Technologien wäre eine Anerkennung und Gleichstellung mit CCS-Technologien im EU-Emissionshandel ein erster sinnvoller Schritt der Förderung.

1.3.4 Königsweg der Zirkularität in der chemischen Industrie

Nach der Beschreibung der komplexen Möglichkeiten der zirkulären Wirtschaft in der chemischen Industrie stellt sich die Frage, ob es einen Königsweg geben kann. Wie zuvor dargestellt kann vollständige Zirkularität und Treibhausgasneutralität nur durch eine Mischung aller drei Technologierouten (Recycling, Biomasse- und CO_2-Einsatz) erreicht werden. Auf jeden Fall ist anzustreben, den Recycling-Anteil und den Anteil an Biomasseeinsatz soweit wie möglich auszudehnen und damit den trotzdem noch notwendigen, aber äußerst energieintensiven CO_2-Einsatz zu minimieren. Wie im Chemistry4Climate Prozess [2, VCI/VDI, Chemistry4Climate, Abschlussbericht 2023] errechnet, spart jede Tonne recycelter Kunststoff rund 14 Megawattstunden (MWh) Strom und 0,5 t Wasserstoff und jede Tonne Holz/Stroh-Einsatz ca. 7 MWh Strom und ca. 0,1 t Wasserstoff im Gesamtprozess ein.

Um diese Prozesse voranzubringen, müssen noch etliche politische und gesetzgeberische Hürden überwunden werden. So braucht es z. B. dringend eine politische und gesetzgeberische Anerkennung des chemischen Recyclings. Des Weiteren muss über eine Fortentwicklung der Gesetzgebung zur grenzüberschreitenden Abfallverbringung nachgedacht werden, um dauerhaft auch größere Abfallmengen dem Recycling zugänglich zu machen. Bei der Biomasse ist zu diskutieren, wo sich diese am effizientesten und nachhaltigsten einsetzen lässt. Schließlich gilt es auch die Frage zu klären, wie in Deutschland die notwendige Wasserstoffwirtschaft und die dazugehörige Infrastruktur aufgebaut werden können, um eine entsprechende Versorgung der chemischen Industrie zu gewährleisten.

Literaturverzeichnis

1. Verband der Chemischen Industrie (VCI) (2024). Energiestatistik – Daten und Fakten, Stand. Abrufbar unter: https://www.vci.de/ergaenzende-downloads/energiestatistik-gesamt-2.pdf (Zugriff am 14. Dezember 2024).
2. Geres, R., Wehrl, A., Ausfelder, F. et al. (2023). Wie die Transformation der Chemie gelingen kann. *Abschlussbericht 2023 von Chemistry4Climate*. Frankfurt, Abrufbar unter: https://www.vci.de/vci/downloads-vci/publikation/broschueren-und-faltblaetter/final-c4c-broschure-langfassung.pdf (Zugriff am 14. Dezember 2024).
3. Lindner, C., Schmitt, J., Fischer, E. et al. (2022). Stoffstrombild Kunststoffe in Deutschland 2021: Zahlen und Fakten zum Lebensweg von Kunststoffen. *Conversio-Studie*

2021 Frankfurt, Stoffstrombild Kunststoffe in Deutschland 2021 – Plastics Europe DE. Abrufbar unter: https://plasticseurope.org/de/knowledge-hub/stoffstrombild-kunststoffe-in-deutschland-2021 (Zugriff am 14. Dezember 2024).

4. Vogel, J., Krüger, F. und Fabian M. (2020). *Chemisches Recycling*. Dessau-Roßlau Hintergrund. Hrsg. vom Umweltbundesamt. Abrufbar unter: https://www.umweltbundesamt.de/sites/default/files/medien/1410/publikationen/2020-07-17_hgp_chemisches-recycling_online.pdf (Zugriff am 14 Dezember 2024).

5. Bruckschen, A., Bühler, I. und Große Entrup, W. (2024). Kunststoffkreisläufe intelligent schließen – Gemeinsames Leitbild zu einer Kreislaufwirtschaft mit Kunststoffen von BDE, PlasticsEurope Deutschland e. V. und VCI. *Positionspapier.* Berlin/Frankfurt, Abrufbar unter: https://www.vci.de/themen/zirkulaere-wirtschaft/kunststoffkreislaeufe-intelligent-schliessen.jsp (Zugriff am 14 Dezember 2024).

6. Geres, R., Kohn, A., Lenz S. et al. (2019). *Roadmap Chemie 2050*: *Auf dem Weg zu einer treibhausgasneutralen chemischen Industrie in Deutschland*. München: hrsg. von FutureCamp Climate GmbH und DECHEMA Gesellschaft für Chemische Technik und Biotechnologie e. V.

2

Nachhaltigkeit und Zirkularität – das Zielbild der Chemie- und Pharma-Unternehmen

Prof. Dr. Carsten Suntrop, Dr. Thomas Wagner und Clara Hiemer

CMC[2] GmbH

Abstract

Die Chemie- und Pharmabranche unterstützt das Ziel, die Rohstoff- und Energieversorgung klimaverträglich, sicher, aber auch ökonomisch sinnvoll zu gestalten. Die Herstellung, Verarbeitung und Wiederverwertung von Rohstoffen mit energetisch optimierten Prozessen nimmt dabei eine fundamentale Rolle ein. Der Beitrag beschreibt den Weg zur Defossilisierung und Klimaneutralität von industriellen Prozessen und Produkten in der Chemie- und Pharmaindustrie mit ausgewählten strategischen Ansätzen und konkreten Bespielen aus verschiedenen Chemie-Sparten. Es wird ein Blick auf die Chemie-Branche gerichtet, der die neuen Rahmenbedingungen und Anforderungen einschließt und eine grundsätzliche Offenheit der Branche für neue Produktionsprozesse, neue Technologien und eine Innovationskultur, welche auf Nachhaltigkeit, Menschzentrierung und Resilienz in den Fertigungs- und Lieferketten setzt, aufzeigt. Es wird verdeutlicht, dass die Chemie- und Pharmabranche vor großen wirtschaftlichen, geopolitischen und technologischen Herausforderungen steht, aber auch motivierende ökologische und ökonomische Chancen, die eine enge Verknüpfung von Zirkularität der Wertstoffströme und Energiewirtschaft erfordern, bestehen. Der Beitrag wird mit daraus abgeleiteten Nachhaltigkeits-Zielbildern und strategischen Ansätzen zur ökologischen Wende in der Chemie- und Pharmaindustrie abgerundet.

2.1 Die ökologische Transformation in der Chemie- und Pharmaindustrie

Die Transformation zur vollständig zirkulären, klimaneutralen und auch ökonomisch nachhaltigen Chemie-Wirtschaft stützt sich auf zwei wesentliche Säulen: die grundlegende Veränderung der Rohstoff- und Materialströme, sowie den damit sehr eng verbundenen Wandel der Energiewirtschaft. Insbesondere im

Zirkuläre Wirtschaft und Nachhaltigkeit in der chemischen Industrie: 1. Aufl. C. Suntrop und T. Wagner (Hrsg.).
© 2026 Wiley-VCH GmbH. Alle Rechte vorbehalten, einschließlich derer für Text- und Data-Mining und Training von Technologien der Künstlichen Intelligenz oder ähnlichen Technologien.

Hinblick auf die globale Erwärmung durch einen steigenden CO_2-Anteil in der Atmosphäre prägen dabei zwei Begriffe die Diskussion: Dekarbonisierung und Defossilisierung. „Dekarbonisierung“ bedeutet formal die Befreiung der Umwelt von Kohlenstoff in der Form des Treibhausgases Kohlendioxid CO_2. Dies ist jedoch nicht vollständig korrekt, da das jetzige biologische Leben auf Kohlenstoff und Sauerstoff basiert. Zielführender ist der Begriff „Defossilisierung“, der die Beendigung des Ausstoßes von Kohlendioxid aus der Verbrennung fossiler Rohstoffe und den Übergang auf regenerative Rohstoffquellen beschreibt. Kohlendioxid als Rohstoff behält somit seine Bedeutung und kann zukünftig sogar ein wichtiger Baustein der ökologischen Transformation werden.

2.2 Die Transformation der Rohstoff- und Materialströme

Chemieunternehmen arbeiten mit Hochdruck an innovativen Produkten, Services und Geschäftsmodellen, die die Chancen der ökologischen Wende berücksichtigen und gleichzeitig ökonomisch machbar sind.

Für die Gewinnung, Umwandlung und Nutzung von Ressourcen, Rohstoffen und Energien muss im Rahmen einer erfolgreichen ökologischen Transformation ein Nachhaltigkeitszielbild entwickelt werden, das die folgenden Bausteine berücksichtigt [1]:

Minimierung von Verschwendung – chemische Prozesse sollen so ausgelegt werden, dass Rohstoffeinsatz und Abfallprodukte minimiert werden. Hierzu gehören die Einführung von Lean Management, energetisch optimierte Prozesse, sowie die volle Ausnutzung des Potentials von Digitalisierungslösungen.

Erhöhte Wiederverwendung – wenn Reste und nicht vermeidbare Abfallstoffe anfallen, müssen diese über einen geschlossenen Kreislauf wieder in den Prozess zurückgeführt werde. Dies schließt die Maximierung des Wertstoffrecyclings und der mechanischen, physikalischen und chemischen Wiederverwendung ein.

Erneuerung Produkte – Forschung und Entwicklung setzen bereits beim Produkt-Design auf Nachhaltigkeitsaspekte, ohne Verschwendung und mit maximierten Optionen zur Wiederverwendung. Die gesamte Produktentwicklung erfolgt auf Basis eines Zero-Waste Produkt-Lebenszyklus.

Defossilisierung – Elektrifizierung von industriellen Prozessen und minimaler Einsatz von fossilen Energieträgern. Umstellung auf erneuerbare Alternativen in einem zeitlich sinnvollen Zusammenspiel von Energiequellen und Energieträgern.

Transparente Wertschöpfungssysteme – Schaffung von Möglichkeiten, um messbare Nachhaltigkeitsziele zu erreichen und deren Erreichung zu steuern. Hierzu gehört die Erhöhung der Steuerbarkeit chemischer Ökosysteme (inkl. Lieferketten und Infrastrukturen).

Übergreifend liegt der Transformationsfokus somit auf einer geschlossenen Kreislaufwirtschaft und der energetischen Optimierung entlang der gesamten Wertschöpfungskette (siehe Abb. 2.1).

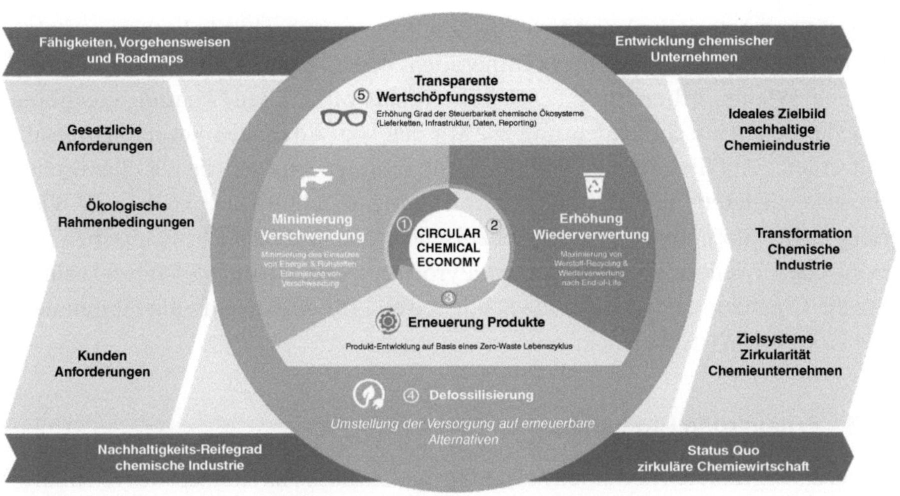

Abb. 2.1 Verknüpfung von 5 Bausteinen der zirkulären und klimaneutralen Chemie-Wirtschaft [1, 16] / mit freundlicher Genehmigung von John Wiley & Sons. Bildquelle: CMC[2] GmbH.

2.2.1 Minimierung von Verschwendung

Die Unternehmen der chemischen Industrie haben zahlreichen Projekte gestartet, die Minimierung der Verschwendung in allen Kern- und Teilprozessen realisieren sollen. Dazu zählt häufig eine durchgehende Digitalisierung der technischen und kaufmännischen Prozesse. Ebenso die Einführung von Lean Management und Ansätzen wie 5S zur Reduktion unnötiger Ressourcen. Die Reduktion des Energie- und Medienverbrauchs wird bereits bei der Herstellung der Produkte durch Nutzung moderner energieeffizienter Produktionsanlagen adressiert. Die Nutzung von grünen Medien und Energien für den Produktionsprozess, z. B. durch Nutzung von grünem Wasserstoff als Brennstoffersatz für Erdgas in energieintensiven Produktionsprozessen wird intensiv meist mit Partnernetzwerken vorangetrieben. Darüber hinaus gibt es zahlreiche ökonomisch interessante Projekte, bei denen bisherige Abfall- und Nebenprodukte als Reaktionspartner verwertet werden (z. B. die stoffliche Nutzung des „Abfallprodukts" CO_2 für die Herstellung von synthetischem Kerosin, das mittels Fischer-Tropsch-Synthese CO_2-neutral aus nicht fossilen Rohstoffen hergestellt werden kann [2]).

2.2.2 Erhöhte Wiederverwendung

Es ist davon auszugehen, dass der Begriff „Abfallentsorgung" zukünftig seine bisherige Bedeutung verlieren wird. Stattdessen wird der Begriff „Wertstoffwiederverwendung" an seine Stelle treten. Die bisherige thermische Nutzung durch Verbrennung widerspricht den Klimazielen der UN und daher wird die stoffliche Nutzung von Wertstoffen mit diversen Recyclingverfahren konsequent ausgebaut. Und dies nicht nur im Bereich der mechanischen Recyclingprozesse (bspw. bei

Verpackungsmaterialien), sondern auch mit innovativen physikalischen und chemischen Recyclingprozessen für Mineralien, Metalle und Kunststoffe. Der chemischen Wiederaufbereitung (z. B. von Kunststoffabfällen) kommt dabei eine besondere energetische Bedeutung zu. Mit den sog. Advanced Recycling Verfahren werden „Abfälle" zu nutzbaren Rohstoffen umgewandelt, die der chemischen Industrie wieder als Einsatzstoffe zur Verfügung gestellt werden können [3]. Viele erfolgreiche Pilotprojekte mit den spezifischen Varianten der physikalischen und chemischen Wiederaufbereitung (z. B. Pyrolyse, Gasifizierung, Solvolyse) zeigen, dass die Chemieindustrie hier eine Schlüsselrolle für eine nachhaltige, klimaneutrale zirkuläre Wirtschaft spielt.

2.2.3 Erneuerung Produkte

Bereits zu Beginn der Produktentwicklungsphase muss das Konzept des nachhaltigen Designs im Mittelpunkt stehen, welches die Entstehung von Abfällen vermeidet und vollständige Wiederverwertbarkeit ermöglicht. Auch hier spielt die Chemieindustrie eine essentielle Rolle (u. a. bei der designseitigen Sicherstellung von vollständiger Sortier- und Trennbarkeit von Komponenten in Endanwendungen wie TVs, Kühlschränken oder Möbelstücken), der Auslegung von Bauteilen mit Monomaterial anstatt Multiwerkstoffverbunden oder der gezielten Entwicklung von sortenrein aufschmelzbaren Kunststoffen wie bspw. Polycarbonat in CDs, DVDs und BluRay Disks. Hier wird oft der Endkunde über das ökonomisch Machbare in der Preisakzeptanz entscheiden.

2.2.4 Defossilisierung

Die Gewinnung, Herstellung, Verarbeitung und Wiederverwertung von Ressourcen und Rohstoffen muss unter einem völlig neuen Blickwinkel betrachtet werden. Die Abkehr von der Nutzung fossiler Energieträger in industriellen Prozessen erfordert Technologiesprünge, die die Wertschöpfungsketten sowie historisch gewachsene Strukturen grundlegend verändern werden. Die chemische Industrie investiert daher in neue Produktionsprozesse, neue Technologien, innovative Produkte und eine Innovationskultur, welche auf Nachhaltigkeit, Zentrierung auf den Menschen und Resilienz in den Fertigungs- und Lieferketten setzt.

Es steht außer Frage, dass die regenerative Primärenergieerzeugung (mit Solar, Wind etc.) die Grundlage bildet und die Chemiebranche zahlreiche Innovationen zur Umwandlung und Speicherung der Energie in Form chemischer Medien (wie Wasserstoff, Ammoniak und Methanol) beisteuert. Auch im Bereich der Prozessführung und Anlagentechnik gibt es zahlreiche Beispiele, die das Konzept der direkten Elektrifizierung als Substitution von klassischen Verbrennungsvorgängen verfolgen (z. B. elektrisch beheizte Steamcracker, die 90 % weniger CO_2-Emissionen verursachen, oder neue Wärmepumpensysteme, die mit erneuerbarem Strom betrieben werden und Dampf aus bislang ungenutzter Restwärme erzeugen).

2.2.5 Transparente Wertschöpfungssysteme

Vor allem durch Impulse aus der Politik hat sich die ökologische Verantwortung von Unternehmen im Laufe der letzten Jahre weit über die eigenen Prozesse hinaus erweitert. So wurde bspw. im Jahr 2021 das Sorgfaltspflichtengesetz für Lieferketten verabschiedet, welches Unternehmen dazu verpflichtet umweltbezogene Risiken in ihren Lieferketten zu bewerten. Vor diesem Hintergrund hat sich die ökologische Transformation auch weit bis in die Lieferkette ausgedehnt. Seit 2022 formalisiert die Corporate Sustainability Reporting Directive (CSRD) den Umfang und die Art der Nachhaltigkeitsberichterstattung von Unternehmen noch deutlicher, da z. B. auch die sog. Scope 1 bis Scope 3 CO_2-Emissionen entlang der Wertschöpfungskette berichtet werden müssen [4]. Die Wichtigkeit der Betrachtung des gesamten chemischen Ökosystems über die Unternehmensgrenzen hinaus ist ohne Zweifel. Allerdings muss diese Transparenz von Daten, Beteiligten, Abläufen zunächst geschaffen werden. Am besten direkt digital verfügbar, bewertbar und als Basis für die Steuerung und Einhaltung der Zielvorgaben nutzbar. Nachhaltigkeit ergibt sich nicht ohne messbare Kontrolle der erzeugten Emissionen entlang der logistischen und produzierenden Lieferkette.

2.2.6 Kreislaufwirtschaft als Schlüssel zur klimaneutralen Chemie-Wertschöpfungskette

Die Polymerchemie-Sparte ist ein besonders offensichtliches Beispiel für intensive Anstrengungen zur Etablierung einer geschlossenen Wertschöpfungskette. In der EU wurden im Jahr 2021 insgesamt ca. 57,2 Millionen Tonnen Kunststoffe hergestellt, wovon lediglich ein Anteil von 5,8 Millionen Tonnen aus Recycling-Kreisläufen stammt. Ca. 29,5 Millionen Tonnen wurden als Abfälle erfasst [5], wovon nur ca. 9,9 % Prozent über Recyclingverfahren wiederverwendet wurden. Von den 29,5 Millionen Tonnen Kunststoff-Abfall wurden 35 % wiederverwertet, 23 % deponiert und ein großer Anteil von 42 % verbrannt, was völlig gegenläufig zum Ziel der Reduzierung des CO_2 Footprints ist. Kunststoffe, die das Ende ihrer Nutzungsdauer erreicht haben, müssen daher zukünftig nicht mehr als Brennstoff, sondern als wertvoller chemischer Energieträger betrachtet werden. Eine Studie der Agora Industrie geht davon aus, dass verbessertes Recycling und höhere Materialeffizienz sowohl kurz- als auch langfristig sehr viel ungenutztes Potenzial für den Übergang zu einer CO_2-neutralen Herstellung von energieintensiven Produkten bergen. Allein im Bereich der Kunststoffherstellung könnten bis zum Jahr 2030 jährlich fossile Brennstoffe im Umfang von etwa 2,7 Milliarden Kubikmetern Gas und 149 Millionen Barrel Öl eingespart werden [6]. Dies zeigt sehr deutlich die große Bedeutung von chemischen Energieträgern für die Energie-Wertschöpfungskette der Zukunft auf.

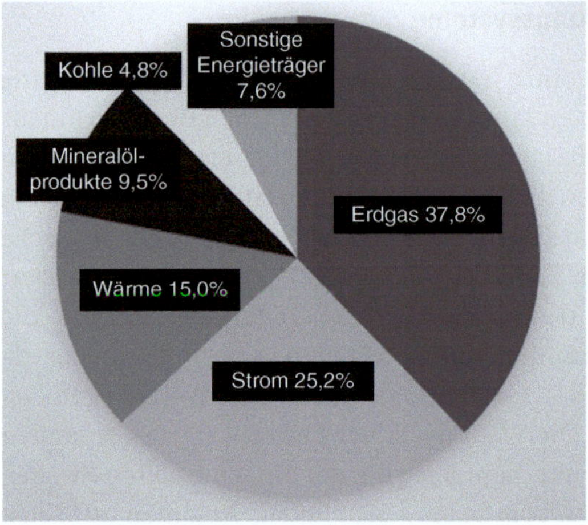

Abb. 2.2 Energetischer Verbrauch der Chemie- und Pharmaindustrie unterteilt nach Energieträgern im Jahr 2022 (ohne stoffliche Rohstoffnutzung). Datenquelle: VCI [7]; Bildquelle: CMC[2] GmbH.

2.2.7 Die Transformation der Energie-Wertschöpfungskette

Rund 8 % des gesamten deutschen Endenergieverbrauchs entfiel im Jahr 2022 auf die Chemie- und Pharmaindustrie. Noch höher war 2022 der Anteil, wenn nur die beiden wichtigsten Energieträger Erdgas und Strom betrachtet werden (~20 %) [7]. Die Abbildung 2.2 zeigt, dass Erdgas in der Chemie- und Pharma-Industrie mit deutlichem Abstand der wichtigste Energieträger zur energetischen (nicht stofflichen) Nutzung ist.

Wie in Abbildung 2.2 dargestellt hatte die Branche im Jahr 2022 einen Energiebedarf von ~200 TWh für die energetische Nutzung. Die besondere Bedeutung der stofflichen Nutzung von Erdgas und anderen fossilen Energieträgern für die Chemie- und Pharmaindustrie wird aus Abb. 2.3 ersichtlich. Sie zeigt, dass im Jahr 2022 insgesamt ~25 TWh Erdgas für die stoffliche Nutzung in Chemie-Prozessen benötigt wurden (chemische Reaktionen, Synthesen, Formulierungen, Blends, etc.).

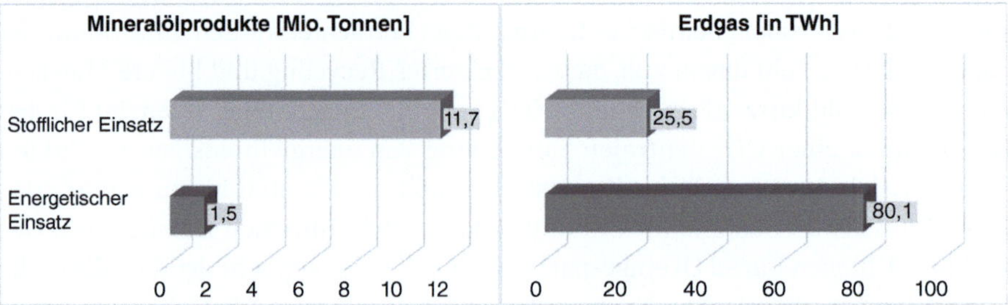

Abb. 2.3 Energetischer und stofflicher Einsatz von fossilen Mineralölprodukten und Erdgas in der Chemie- und Pharmaindustrie. Deutschland, im Jahr 2022. Datenquelle: VCI [7]; Bildquelle: CMC[2] GmbH.

Nicht nur die physische Verfügbarkeit von Erdgas und Strom, u. a. in Hinblick auf geopolitische Krisen, beeinflusst die Unternehmensstrategien, auch aus wirtschaftlichen Überlegungen muss nach Möglichkeiten zur Einsparung und Substitution von Erdgas gesucht werden [8]. Dies ist im Bereich Chemie und Pharma jedoch komplex, wie eine Untersuchung des BDEW zeigt. Erdgas wird in der Industrie überwiegend zur Erzeugung von Prozesswärme auf hohem Temperaturniveau benötigt, so dass die Substitution des fossilen Energieträgers Erdgas in der Regel nur durch Neuinvestitionen in alternative Prozesstechnologien möglich wird. So liegt das kurz- bis mittelfristige Substitutions- und Einsparpotenzial der BDEW-Studie zu Folge im Bereich Chemie lediglich bei 4 %, im Durchschnitt aller Industrien immerhin bei 8 % in Deutschland [9].

Neben Erdgas (rund 40 % des energetischen Verbrauchs der Branche) ist Strom (~25 %) der zweitwichtigste Energieträger der Chemie- und Pharmaindustrie [10]. Die stark durch geopolitische Krisen beeinflussten Börsenstrompreise sorgen zudem für eine sehr hohe Volatilität bei den Kosten. Die Forderung nach einer Entlastung staatlich induzierter Preisbestandteile (Steuern, Abgaben, Umlagen, Zertifikate) steht insbesondere bei den industriellen Spitzenverbänden ganz oben auf der Agenda, zumal die Entwicklung in Richtung Klimaneutralität zur Reduktion des Verbrauchs von fossilen Energieträgern, sowie zu einer Elektrifizierung von Prozessen und damit zu einem noch höheren Strombedarf führen wird [11].

Die durch den Ukraine-Krieg im Jahr 2022 ausgelöste Krisensituation unterstreicht, dass neben allen kurzfristigen Maßnahmen in Richtung Energie-Einsparung, Substitution fossiler Energieträger und Versorgungssicherheit vor allem der Umbau der industriellen Energiewirtschaft zum Kernthema geworden ist. Um den globalen Temperaturanstieg zu begrenzen, werden fossile Energieträger keine lange Zukunft mehr haben. Auch die Chemie- und Pharmabranche unterstützt das Ziel, die Energieversorgung klimaverträglich, sicher, letztlich aber auch bezahlbar zu gestalten.

Der Weg zur Defossilisierung und Klimaneutralität von industriellen Prozessen und Produkten wird eine sehr lange Zeit in Anspruch nehmen und erfordert eine Innovationskultur in Richtung „Industrie 5.0“. Mit der Verknüpfung unterschiedlicher Wertschöpfungsketten, der Sektorenkopplung, kommt gerade Chemie-Parks eine besondere Rolle zu. Sie verfügen über Schlüsselkompetenzen, wenn es um die Erweiterung um Zukunftstechnologien wie bspw. Carbon Capture and Utilization (CCU), Carbon Capture and Storage (CCS), Wasserstoff (H_2), etc. und einen Beitrag zur Flexibilisierung und Systemstabilität der industriellen Energiewirtschaft geht [12]. Um Wege und Lösungen zu finden haben VDI und VCI vor diesem Hintergrund beispielsweise die Plattform Chemistry4Climate ins Leben gerufen [13].

Durch den Umbau der industriellen Energieversorgung und der Substitution von fossilen Energieträgern wird sich der Strombedarf der Chemie- und Pharmabranche signifikant vervielfachen. Schätzungen gehen davon aus, dass der jährliche

Strombedarf bis 2050 auf 630 TWh ansteigen wird [14]. Dies wird unter ökologischen und ökonomischen Gesichtspunkten nur durch den massiven Ausbau der erneuerbaren Energien funktionieren. Die Elektrifizierung der Chemie-Industrie wird somit zu einem wichtigen Schlüssel zur Klimaneutralität.

Die Bundesregierung betrachtet die Wasserstoff-Technologie als zentralen Bestandteil ihrer Dekarbonisierungsstrategie [15]. Hierzu muss die gesamte Wertschöpfungskette (Technologien, Erzeugung, Speicherung, Infrastruktur, Logistik und Verwendung) in den Fokus genommen werden. Als zentrales Element einer erfolgreichen Energiewende liegen die Vorteile von grünen Medien (z. B. Wasserstoff, Ammoniak oder Methanol) insbesondere in der universellen Nutzbarkeit als Energieträger.

Die Transformation des Energie-Ecosystems hat längst begonnen und Chemie- und Pharmaunternehmen stehen vor grundlegenden strategischen Entscheidungen, die bis zum Jahr 2021 durch umweltpolitische Ziele motiviert waren und seit dem Ukraine-Krieg im Jahr 2022 zusätzlich politisch forciert werden.

Um die richtigen strategischen Entscheidungen treffen zu können, müssen Chemie-Unternehmen alle Handlungsoptionen entlang der Wertschöpfungskette im Ecosystem der nachhaltigen und klimaneutralen Energieverwendung bewerten (siehe Abb. 2.4). Alle Elemente der Wertschöpfungskette (Primär-Energieerzeugung, Energieumwandlung, Energiespeicherung und Energienutzung) sind miteinander verknüpft und müssen gesamtheitlich getrachtet werden. In der Abbildung 2.4 sind die beiden technologischen Pfade „Grüner Strom" und „Grüne Gase" dargestellt, die beide ausschließlich auf regenerativen Energiequellen aufbauen.

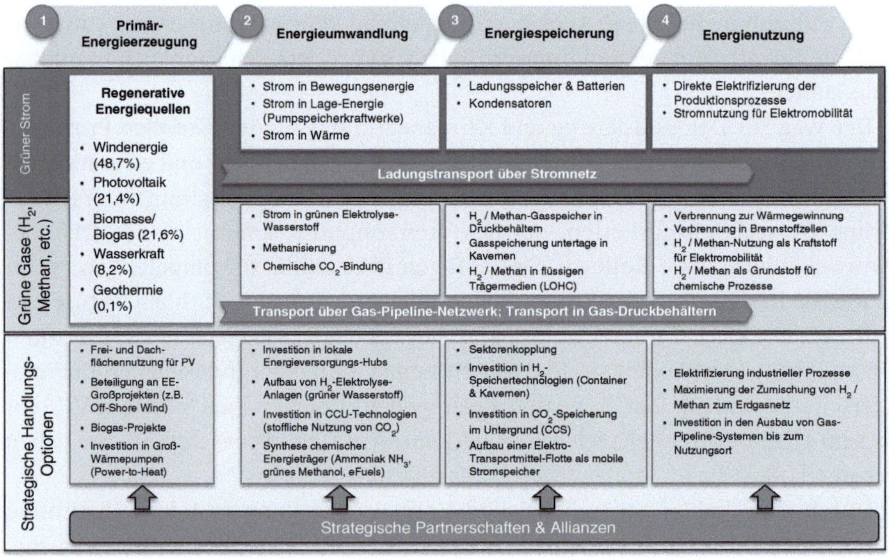

Abb. 2.4 EcoSystem der klimaneutralen Energieverwendung nach Suntrop, Neuhäuser und Wagner [16] / mit freundlicher Genehmigung von John Wiley & Sons . Bildquelle: CMC^2 GmbH.

Für die erste Stufe in der Energie-Wertschöpfungskette, der **Primär-Energieerzeugung**, ist der Ausbau der erneuerbaren Energien der zentrale Grund-Baustein des Ecosystems der Zukunft. Daraus ergeben sich diverse Handlungsoptionen für Unternehmen wie z. B. die Frei- und Dach-Flächennutzung für Photovoltaik-Systeme, die Beteiligung an EE-Großprojekten (z. B. Off-Shore Windparks), Biogas-Projekten oder die Investition in Groß-Wärmepumpen (Power-to-Heat).

Bei der zweiten Stufe, der **Energieumwandlung**, spielt die zunehmende Nutzung von neuen grünen Energieträgern (Gase wie Wasserstoff H_2, Ammoniak oder Methan) eine zunehmend bedeutsame Rolle. In den Bereichen, in denen Strom aus erneuerbaren Energien nicht direkt genutzt werden kann, können grüne Medien als Alternative dienen. Somit eröffnet sich ein weiteres Feld von Handlungsoptionen: Investitionen in lokale Energieversorgungs-Hubs, der Aufbau H_2-Elektrolyse-Anlagen, Investitionen in CCU-Technologien, sowie Forschungsausgaben für biotechnologische Energieumwandlungen sind nur einige Beispiele hierfür. Grüner Wasserstoff, der mittels Elektrolyse erzeugt wurde, lässt sich in zentrale Gasnetze einspeisen und kann dann beispielsweise zur Prozesswärme-Gewinnung genutzt werden (Power-to-Gas). Dies ist für bereits bestehende Produktionsanlagen besonders interessant, da die Wasserstoffzumischung in die lokale Erdgaszufuhr in vielen Fällen technisch umsetzbar ist. Als aktuelles Beispiel kann hier das Projekt HyGlass aufgeführt werden, das die Wasserstoffnutzung in der Glasindustrie adressiert [17].

Die Handlungsoptionen bei der **Energiespeicherung** sind ebenfalls sehr umfassend: Projekte zur Sektorenkopplung, die Investition in H_2-Speichertechnologien (Container und Kavernen), CO_2-Speicherung im Untergrund (CCS) oder der Aufbau einer Elektro-Transportmittel-Flotte als mobile Stromspeicher werden aktuell sehr intensiv nachverfolgt. Die CCS-Technologie hat im Jahr 2024 besonderen politischen Rückenwind bekommen und gilt als neuer zentraler Baustein der deutschen Carbon Management-Strategie [18].

Letztendlich ergeben sich auch bei der **Energienutzung** neue Handlungsoptionen, die auf den vorhergehenden Stufen aufsetzen: Wenn möglich, wird die direkte Elektrifizierung industrieller Prozesse angestrebt. Wenn es hierbei technologische Grenzen gibt, können die Maximierung der Zumischung von H_2 / Methan zum Erdgasnetz oder die Investition in den Ausbau von Gas-Pipeline-Systemen bis zum Nutzungsort zielführende Lösungen sein. Grüne Gase und Medien können als klimaneutrale Brennstoffe in Brennstoffzellen genutzt werden (Power-to-Power). Darüber hinaus ist Wasserstoff in zahlreichen industriellen Prozessen schon heute als chemischer Grundstoff und Reaktionspartner unabdingbar und kann daher für Folgeprozesse nutzbar gemacht werden (Power-to-Chemical). Sehr energieintensive Produktionsprozesse (z. B. die Stahlerzeugung) bieten dabei besonders hohes Potential zur Vermeidung von CO_2-Emissionen (siehe beispielsweise das Projekt H2Stahl, bei dem Wasserstoff statt Kohle im laufenden Betrieb eingesetzt wird) [19].

Auch im Wandel des Transportsektors (PKW, Lastkraft, Schifffahrt, Schienenverkehr) spielen grüne Medien eine bedeutsame Rolle bei der Substitution fossiler Kraftstoffe (eFuels und Power-to-Mobility).

Wenn Unternehmen zukünftig eine (oder mehrere) dieser Power-to-X Handlungsoptionen wählen, stellt sich die strategische Frage der Wirtschaftlichkeit einer Investition. Zur traditionellen „Make-or-Buy" Strategie, bei der zwischen der Inhouse Produktion und dem externen Zukauf unterschieden wird, ist hierbei eine bedeutsame dritte Option hinzugekommen: clevere Partnerschaften und Allianzen.

Alle Industrie-Branchen und die Energiewirtschaft haben längst erkannt, dass die Energiewende nur gelingen wird, wenn disruptive Ansätze mutig umgesetzt und neue risikobereite Partnerschaften und Allianzen geschmiedet werden. Eine Vielzahl von Leitprojekten des Bundesministeriums für Bildung und Forschung mit Beteiligung von Chemie-Unternehmen zeigt dies eindrucksvoll (u. a. die Kopernikus-Projekte):

Projekt P2X: Dieses Projekt untersucht und erprobt die Ansätze der sog. Power-to-X Technologien, die grünen Strom in andere Energieformen umwandeln. Zum Beispiel in chemische Rohstoffe, Kunststoffe oder in Prozess-Wärme [20].
TransHyDE: Diverse Transport-Technologien für Wasserstoff werden in diesem Verbundprojekt erforscht und weiterentwickelt (u. a. Gas-Hochdruckbehälter, Transport in bestehenden Gasleitungssystemen, sowie mittels flüssiger organischer H_2-Träger [LOHC]) [21].

Die Liste mit Energie-Zukunftsprojekten unter Beteiligung der Chemie-Industrie ist äußerst umfangreich und zeigt eindrucksvoll, dass die hier skizzierten strategischen Handlungsoptionen nicht mehr in ferner Zukunft liegen, sondern fest in Unternehmensstrategien und den zugehörigen strategischen Zielbildern verankert sind.

2.3 Strategische Nachhaltigkeitszielbilder und strategische Initiativen der Chemiesparten

2.3.1 Anorganika für e-Mobilitätsanwendungen

BASF, als führender Chemiekonzern möchte seine absoluten CO_2-Emissionen bis 2030 um 25 % senken und bis 2050 ein CO_2-neutrales Wachstum erzielen [22]. Das Ziel von BASF ist es, innovative Hochleistungsprodukte mit einem verringerten CO_2-Fußabdruck entlang der gesamten Wertschöpfungskette anzubieten. Im Rahmen der Transformation hin zur e-Mobilität kommt dabei dem Geschäft mit der nachhaltigen Entwicklung, Herstellung und auch dem Recycling von Batterien für Kraftfahrzeuge besondere strategische Bedeutung zu. Für BASF stehen hierbei diese Bereiche besonders im Fokus: die Kathodenmaterialien selbst, ihr Produktionsprozess und das Recycling von Batteriematerialien am Ende des Lebenszyklus der Batterie. Neuartige Kathodenmaterialien sind von zentraler Bedeutung für die Leistung, Sicherheit und Kosten moderner Lithium-Ionen-Batterien in Elektrofahrzeugen. BASF verfügt in der Forschung und Entwicklung über eine Vielzahl an Methoden, die einen wichtigen Einfluss auf die Eigenschaften der Batteriematerialien haben: von der Zusammensetzung der Materialien (über Partikelgrößen und

-verteilungen bis hin zu Anpassungen der Porosität und Oberflächeneigenschaften). Ein weiterer Ansatzpunkt ist es, durch einen speziell entwickelten Herstellungsprozess für Kathodenmaterialien den Anteil neu abgebauter Ausgangsmaterialien wie Nickel und Kobalt zu reduzieren, ohne dass sich die Leistungsfähigkeit der Batterie verringert. Zudem arbeitet BASF kontinuierlich daran, die Energie- und Ressourceneffizienz der einzelnen Prozessschritte zu verbessern und setzt zunehmend Energie aus erneuerbaren Quellen ein. Kunden aus der Automobilindustrie zeigen bereits sehr großes Interesse am Recycling der Batteriematerialien Lithium, Nickel, Kobalt und Mangan, die in einem hydrometallurgischen Prozess aus sog. „Schwarzer Masse" recycelt und wieder in den BASF-Produktionsprozess für Kathodenmaterialien zurückgeführt werden [23].

2.3.2 Anorganika für Baumaterialien

Die Herstellung von Baumaterialien, insbesondere Beton, gehört zu den besonders CO_2 intensiven Prozessen und klimaneutrales Bauen verlangt zukünftig innovative klimaneutrale Baustoffe. Insgesamt ist die Zementbranche für rund acht Prozent der globalen CO_2-Emissionen verantwortlich – fast dreimal so viel wie der globale Luftverkehr [24]. Das Kernproblem ist dabei, dass der Großteil der CO_2-Emissionen sich nicht durch die Nutzung von regenerativen Energiequellen vermeiden lässt. Er stammt aus dem kohlenstoffhaltigen Kalkstein selbst und wenn das Material im Zement-Herstellungsprozess erhitzt wird, setzt es die enthaltenen Treibhausgase in einer chemischen Reaktion frei. Vor diesem Hintergrund hat sich z. B. Heidelberg Materials selbst das Ziel gesetzt, spätestens 2050 klimaneutralen Beton am Markt anzubieten [25]. Im Rahmen der Unternehmens-Strategie „Beyond 2020" hat sich Heidelberg Materials daher ein ehrgeiziges Etappenziel gesetzt: Im Jahr 2030 soll die CO_2-Emission pro Tonne Zement 400 Kilogramm betragen. Im Jahr 2020 lag dieser Wert dagegen noch bei 576 Kilogramm CO_2 pro Tonne Zement. Bis zum Jahr 2030 sollen 50 % des Umsatzes von Heidelberg Materials mit nachhaltigen Produkten erzielt werden. Um das übergeordnete Net-Zero-Ziel bis zum Jahr 2050 erreichen zu können, arbeitet Heidelberg Materials darüber hinaus auch an Technologie-Konzepten zur CO_2-Speicherung in tiefen unterirdischen Gesteinsformationen. So realisiert Heidelberg Materials in Brevik, Norwegen, die weltweit erste Anlage zur CO_2-Abscheidung und -speicherung (CCS) im industriellen Maßstab in einem Zementwerk. Jährlich sollen 400 000 Tonnen CO_2 abgeschieden und zur dauerhaften Lagerung transportiert werden. Das Projekt zur CO_2-Abscheidung und -Lagerung in Norwegen ist somit ein essenzieller Baustein der Klimastrategie des Unternehmens [26].

2.3.3 Petrochemie

Die ökologische Transformation erfordert v. a. von Unternehmen der Petrochemie, die traditionell sehr umfassend fossile Energieträger als Feedstock und Energiequelle nutzen, gravierende strategische Neuausrichtungen. Mobilität und Transport brauchen CO_2-neutrale Kraftstoffe (eFuels) und neue Schmierstoffe und industrielle

Kohlenstoffkreisläufe, also zirkuläre anstelle linearer Wertschöpfungsketten, sind ein wesentlicher Baustein für eine Net-Zero-Wirtschaft. So will z. B. Shell bis spätestens 2050 ein Netto-Null-Emissionsunternehmen werden. Shell hat Anfang des Jahres 2021 bekannt gegeben, die Zahl der weltweiten Raffinerie-Standorte auf fünf zu reduzieren und diese in Shell Energy and Chemical Parks zu transformieren. Dadurch wird die weltweite Produktion fossiler Kraftstoffe bei Shell bis 2030 um 55 Prozent sinken [27]. Auch im Rheinland sollen künftig mehr nachhaltige Chemie- und Energieprodukte hergestellt werden. Als Rohstoffe für die Produktion werden dann grüner Wasserstoff, zirkuläre Abfallstoffe und Biomasse zum Einsatz kommen und der Einsatz von fossilem Erdöl wird signifikant reduziert. Dafür sollen alte Anlagen abgebaut, neue geschaffen und vorhandene umgerüstet oder umgewidmet werden. Synthetische Kraftstoffe gelten als Hoffnungsträger, um den Ausstoß von CO_2 vor allem in der Luftfahrt deutlich zu reduzieren. Daher befinden sich bei Shell zwei Projekte in einem fortgeschrittenen Planungsstadium (REFHYNE II/ Bau eines 100-Megawatt-PEM-Elektrolyseurs und Bio-LNG/ verflüssigtes Biomethan). Die Anlage zur Herstellung von Bio-LNG für den Schwerlastverkehr wurde bereits in die Bauphase überführt [28].

Die Unternehmen der Petrochemie-Sparte haben bereits erhebliche Anstrengungen zur Transformation unternommen, was beispielsweise in den Projekten Global Impact Coalition (GIC), IN4Climate.NRW, BioEconomy Cluster, Voltachem und Cracker of the Future deutlich wird.

2.3.4 Polymere

Die Hersteller von Kunststoffen messen dem Advanced Recycling eine besondere energetische Bedeutung für geschlossene Stoffkreisläufe zu. Mit den physikalischen und chemischen Verfahren des Advanced Recycling werden Kunststoffabfälle zu nutzbaren Rohstoffen umgewandelt, die der Chemieindustrie wieder als Neuware zur Verfügung gestellt werden können. Im sog. Pyrolyseprozess werden die Polymere thermisch zu kleinen Molekülen abgebaut und Störstoffe und Verunreinigungen können abgetrennt werden. Dies ist eine ideale Ergänzung zum bislang dominierenden mechanischen Recycling und somit lässt sich eine deutlich höhere Produktqualität erzielen. Der Energiebedarf um ein Polymer aufzuheizen, thermisch zu spalten und die Pyrolyseprodukte zu verdampfen, liegt unter zehn Prozent des Heizwertes des Kunststoffes. Dies ermöglicht eine exzellente Energiebilanz, denn die wertvolle chemische Energie verbleibt zum größten Teil im Produkt und kann dem Gesamt-Wertstoffstrom erneut zugeführt werden [29].

Beispielhaft für die zahlreichen Anwendungen des Kunststoff-Recyclings kann die Kooperation von Evonik und der REMONDIS-Gruppe genannt werden, die das Ziel verfolgt, den Stoffkreislauf in der Polyurethan-Industrie zu schließen [30]. Durch die Kooperation mit REMONIS wird die Lieferkette an entsorgten Matratzenschäumen sichergestellt, die bisher in die Abfallwirtschaft fließen. Damit kann

Evonik sein selbst entwickeltes, chemisches Recyclingverfahren im nächstgrößeren Maßstab durchführen. Das Hydrolyseverfahren ermöglicht es, die Hauptbestandteile des Polyurethan-Schaums zurückzugewinnen und zu hochwertigen Bausteinen für neue PU-Matratzen aufzuarbeiten. Dies wird derzeit in einer Pilot-Anlage in Hanau erprobt. In einem nächsten Schritt soll das Recycling in einer größeren Demonstrations-Anlage getestet werden [31]. Durch ihre Kooperation können Evonik und REMONDIS somit dazu beitragen, dass weniger fossile Rohstoffe in der PU-Wertschöpfungskette eingesetzt werden müssen, da wertvolle Materialien wieder in den Rohstoffkreislauf zurückgeführt werden. Laut EUROPUR (Europäischer Verband der Hersteller von Polyurethan-Weichschaumblöcken) werden allein in Europa jedes Jahr etwa 40 Millionen Matratzen entsorgt, was einer Abfallmenge von rund 300 Kilotonnen entspricht. Von dieser Abfallmenge werden bislang 49 % in der Europäischen Union deponiert, 33 % thermisch verwertet (verbrannt) und lediglich 17 % recycelt [32]. Wenn diese Abfallmenge zukünftig als Rohstoffquelle genutzt werden kann, wird klar, dass Advanced Recycling nicht nur ökologisch, sondern auch ökonomisch vorteilhaft für die Kunststoff-Industrie werden wird.

Das hier beschriebene Recycling-Verfahren für Polyurethan ist ein wichtiges strategisches Element in der übergreifenden Nachhaltigkeitsstrategie von Evonik, die eine Reduktion der absoluten Treibhausgasemissionen (Scope 1 und 2) um 50 % bis zum Jahr 2025, Reduktion der absoluten Treibhausgasemissionen (Scope 3) um 15 % bis zum Jahr 2025 und Reduktion des Energieverbrauchs um jährlich 5 % bis zum Jahr 2025 vorsieht.

2.3.5 Beschichtungen, Farben und Lacke

Die Chemie-Sparte für Farben und Lacke ist ganz besonders von dem Zusammenspiel von Chemie-Produkten und deren Anwendung mit angepasster Prozesstechnik abhängig. Wenn z. B. neue nachhaltige Rezepturen für die Lackierung von Fahrzeugen entwickelt werden, ist dies für sich alleine nicht ausreichend. In der Regel muss die zugehörige Prozesstechnik zum Aufbringen des Lacks ebenfalls weiterentwickelt und auf Nachhaltigkeit getrimmt werden, was dazu geführt hat, dass diese Sparte besonders stark Nachhaltigkeits-Innovationen im gesamten Ecosystem der Lackchemie vorantreibt. Akzo Nobel, der umsatzstärkste Farben- und Lackhersteller in Europa, hat diese Notwendigkeit erkannt und klare Nachhaltigkeitsziele für sich und seine gesamte Wertschöpfungskette definiert. Zu den Nachhaltigkeits-Zielen des Unternehmens bis zum Jahr 2030 gehören [33]:

- eine 30-prozentige Senkung des Energieverbrauchs
- die Nutzung von 100 % erneuerbare Energien
- 100 %ige Wiederverwendung von Wasser an den Standorten mit dem höchsten Wasserverbrauch
- die vollständige Vermeidung von Einwegmüll
- Halbierung der Kohlenstoffemissionen über die gesamte Wertschöpfungskette hinweg

Ako Nobel verknüpft seine Nachhaltigkeits-Ziele somit mit den Produkten und Prozessen seiner Partner in der Supply Chain, aber auch mit der Anwendung beim Kunden. Hierfür wurde der hauseigene „CO_2e RepairCalculator" als digitales Hilfsmittel entwickelt, um Kunden dabei zu helfen, ihren CO_2-Fußabdruck bei der Verwendung der Reparaturlackprodukte des Unternehmens zu verbessern. Dies ist Teil einer neuen globalen Initiative bei Akzo Nobel, die darauf abzielt Karosseriewerkstätten zu ermutigen, ebenfalls nachhaltiger zu denken und zu handeln. Bei der Verwendung des Tools werden die Emissionen und der Energieverbrauch auf der Grundlage einer kontrollierten Zwei-Panel-Reparatur in einer Spritzkabine nach den Rechnungslegungsstandards des Greenhouse Gas Protocol berechnet. Die Ergebnisse werden in einem Online-Dashboard dargestellt, aus dem die Kunden von Akzo Nobel (z. B. Lackierbetriebe) nun deutlich einfacher Maßnahmen ableiten können, um ihre Nachhaltigkeits- und Emissionsreduktionsziele zu erreichen [34].

2.3.6 Pharmazeutische Produkte

Auch die Sparten Pharma, Health Care und Life Science setzen sich klare Ziele, um ihre Produkte und Services in Richtung Nachhaltigkeit zu optimieren. Als bedeutsamer Vertreter setzt beispielsweise die Merck KGaA auf eine Unternehmensstrategie, die die Ziele der UN für nachhaltige Entwicklung (Sustainable Development Goals, SDGs) als festen Bestandteil integriert hat und zudem das volle Potential der Digitalisierung in der Pharma-Industrie nutzt. So hat sich Merck zahlreiche ökonomische, ökologische und soziale Ziele gesetzt, u. a. soll bis zum Jahr 2030 durch nachhaltige Wissenschaft, Technologien und Fortschritt mehr als eine Milliarde Menschen mit Merck Produkten und Services erreicht werden. Ebenfalls bis 2030 soll Nachhaltigkeit in allen Wertschöpfungsketten des Unternehmens verankert sein und bis zum Jahr 2040 wird Klimaneutralität bei deutlich reduziertem Ressourcenverbrauch angestrebt [35]. Merck legt großen Wert auf Transparenz und Messbarkeit der Nachhaltigkeitsziele und setzt dabei auf die Effizienz und Effektivität von selbst entwickelten digitalen Lösungen für das Nachhaltigkeitsmanagement. Zu diesen digitalen Lösungen gehören z. B. das „Sustainable Business Value (SBV)" Tool, „GreenSpeed" und das Online-Tool DOZN [36].

Im Mittelpunkt der **SBV-Bewertungsanalyse** stehen vor allem drei Dimensionen (Umweltaspekte, Kundennutzen und der sozio-ökonomische Wert). Die Umweltdimension umfasst dabei alle Emissionen, Ressourcen, Wassernutzung sowie die Auswirkungen von Abfall über verschiedene Recyclingwege. Die datenbasierte SBV-Methode ermöglicht es, die Auswirkungen der Merck-Produkte einheitlich zu bestimmen und es können sowohl positive als auch negative Auswirkungen der betrachteten Produkte errechnet werden.

Mit „**GreenSpeed**" bewertet Merck automatisiert die Nachhaltigkeit der Produkte während des Herstellungsprozesses, was effiziente und nachhaltige Produktionsmethoden ermöglicht. Das Tool erfasst u. a. Kennzahlen wie Wasserintensität,

Lösungsmittelintensität, Energieverbrauch und Treibhausgasemissionen. Die Schätzung der Treibhausgasemissionen basiert dabei auf der Prozessmassenintensität (Process Mass Intensity, PMI), d. h. der Gesamtmenge an Ressourcen, die für die Herstellung von einem Kilogramm des Endprodukts verbraucht wird.

Mithilfe des Online-Tools **DOZN** kann beurteilt werden, wie bestimmte Produkte in den drei Kategorien „verbesserte Ressourcennutzung", „effizienterer Energieeinsatz" und „minimierte Gefahren für Mensch und Umwelt" abschneiden. Das System berechnet Punktzahlen, die auf verschiedenen Daten basieren, beispielsweise auf dem globalen Einstufungssystem für Chemikalien (Globally Harmonized System of Classification and Labelling of Chemicals, GHS). So kann erkannt werden, welche Stoffe im jeweiligen Produkt für einen großen ökologischen Fußabdruck sorgen und gezielt nach Alternativen gesucht werden. DOZN ist mittlerweile branchenweit zur quantitativen Bewertung Grüner Chemie im Einsatz und ermöglicht es den Nutzern des Tools ihre eigenen Produkte und Prozesse bewerten und umweltfreundlichere Entscheidungen treffen zu können.

Natürlich unterstützen solche digitalen Tools die Forschung und Entwicklung an neuen Chemikalien und Wirkstoffen. So spielen beispielsweise organische Lösungsmittel auf Erdölbasis in der industriellen Reinigung, als Reagenzien für chemische Reaktionen und bei der Herstellung von Chemie- und Pharma-Produkten bislang eine große Rolle. In diesem Entwicklungs-Bereich hat Merck mit dem Produkt Cyrene (Dihydrolevoglucosenone) eine umweltfreundlichere, biobasierte Alternative zu konventionellen Lösungsmitteln entwickelt, welche zur Defossilisierung der Branche beitragen kann [37]. Cyrene wird in einem zweistufigen Verfahren aus Zelluloseabfällen gewonnen, der Herstellungsprozess ist fast komplett energieneutral und gibt Wasser an die Umwelt ab. Das grüne Lösungsmittel Cyrene ist prozessseitig auf den wachsenden Bedarf an umweltfreundlicheren Alternativen zu Dimethylformamid (DMF) und N-Methyl-2-pyrrolidon (NMP) ausgerichtet und ist somit nicht nur ökologisch, sondern auch ökonomisch attraktiv.

2.4 Zusammenfassung

Mit diesem Beitrag wird deutlich, dass die Chemie- und Pharmaindustrie eine echte Jahrhundertaufgabe für Nachhaltigkeit und Klimaneutralität vor sich hat. Und das zusätzlich zu den ohnehin schon weit fortgeschrittenen Transformationen in den Bereichen Digitalisierung und Resilienz-Steigung der Lieferketten. Zur Erfüllung der ambitionierten und auch politisch priorisierten strategischen Nachhaltigkeitsziele hat die Chemieindustrie bereits vielversprechende technologische Fortschritte in der Prozesstechnik erzielt, die Vorteile von digitalen Lösungen entlang der Wertschöpfungskette erkannt, ihre Zulieferer und Netzwerkpartner positiv motiviert und auch ihre Kunden von der Notwendigkeit zum ökologischen Wandel überzeugt. Dies bildet die solide Basis für (hoffentlich übergangsweise) Kostensteigerungen für nachhaltige Prozesse, Produkte und Services in der chemischen Industrie, insbesondere am Standort Deutschland mit hohem Lohn-, Steuer- und Energiepreisniveau. Die stetig wachsende Anzahl von Verbundprojekten über alle Industriezweige hinweg zeigt eindeutig, dass Chemie- und Pharmaunternehmen Nachhaltigkeit und Zirkularität in ihrer langfristigen strategischen Ausrichtung beachten und die Chancen der innovativen ökologischen Transformation aktiv nutzbar machen wollen. Die Autoren dieses Beitrags hoffen, dass die ausgewählten Beispiele aus den Chemie-Sparten aufzeigen, dass sich in der Zukunft durchaus strategische Wettbewerbsvorteile bieten, wenn die voranschreitende Nachhaltigkeitstransformation in den Führungsetagen zunehmend nicht mehr als kostenintensives Risiko, sondern als ökonomische Chance betrachtet wird.

2.5 Abkürzungsverzeichnis

BDEW	Bundesverband der Energie- und Wasserwirtschaft e. V.
CCS	Carbon dioxide Capture and Storage
CCU	Carbon Capture and Utilization
CSRD	Corporate Sustainability Reporting Directive
DVD	Digital Versatile Disc
EnSiG	Energiesicherungsgesetz
LOHC	Liquid Organic Hydrogen Carrier
P2X	Power-to-X Technologie
PMI	Process Mass Intensity
PTL	Power-to-Liquid
SDG	Sustainable Development Goals der UN

Literaturverzeichnis

1. Hiemer, C., Wagner, T. und Suntrop, C. (2023). Erfolgreiche Defossilisierung. Abrufbar unter: https://www.chemanager-online.com/news/erfolgreiche-defossilisierung (Zugriff am 14. Dezember 2024).
2. Kreysing, J. Bau der weltweit größten Power-to-Liquid-Pionieranlage im Industriepark Höchst. Abrufbar unter: https://www.infraserv.com/de/unternehmen/nachhaltigkeit/power-to-liquid-pionieranlage (Zugriff am 14. Dezember 2024).
3. Krause, L., Carus, M., Raschka, A. et al. (2022). Mapping of advanced recycling technologies for plastics waste.
4. Bundesministerium für Arbeit und Soziales (BMAS). Referat „CSR" Abrufbar unter: https://www.csr-in-deutschland.de/DE/CSR-Allgemein/csr-allgemein.html (Zugriff am 14. Dezember 2024).
5. Plastics Europe (2022). Plastics – the Facts 2022.
6. AGORA Industrie (2022). Mobilisierung der Kreislaufwirtschaft für energieintensive Materialien.
7. Kellermann, C. und VCI Verband der chemischen Industrie e. V. (2024). *Daten und Fakten – Energiestatistik*. Frankfurt a. M.

8. Teuffer, M. (2022). *Chemieindustrie ächzt unter hohen Gaspreisen, in Energate Messenger.* Essen.
9. BDEW Bundesverband der Energie- und Wasserwirtschaft e. V. (2022). *Kurzfristige Substitutions- und Einsparpotenziale Erdgas in Deutschland.* Berlin.
10. VCI Verband der chemischen Industrie e. V. (2022). *Krieg in der Ukraine, Energieversorgung.* Frankfurt a. M.
11. VIK Verband der industriellen Energie- und Kraftwirtschaft e. V. (2022). *Stellungnahme des VIK zum Krieg in der Ukraine und den Schlussfolgerungen für die deutsche Industrie.* Berlin.
12. VIK Verband der industriellen Energie- und Kraftwirtschaft e. V. (2017). *Unsere gemeinsame Jahrhundertaufgabe – Dekarbonisierung von Industrie und Gesellschaft.* Berlin.
13. Chemistry4Climate (2022). Abrufbar unter: https://www.vci.de/themen/energie-klima/klimaschutz/ueber-chemistry4climate-klimaschutzplattform.jsp (Zugriff am 14. Dezember 2024).
14. future:fuels (2021). Wie kann die Chemieindustrie klimaneutral werden, Interview mit Dr. Christian Hartel, VV Wacker Chemie AG.
15. Bundesministerium für Wirtschaft und Energie (2020). *Die Nationale Wasserstoffstrategie.* Berlin: Bundesministerium für Wirtschaft und Energie (BMWi), 3.
16. Neuhäuser, K., Suntrop, C. und Wagner, T. (2022). Strategische Optionen zum Umbau der Energieversorgung. Abrufbar unter: https://www.chemanager-online.com/news/strategische-optionen-zum-umbau-der-energieversorgung (Zugriff am 14. Dezember 2024).
17. Islami, B., Giese, A. und Biebl, M. (2021). Wasserstoffnutzung in der Glasindustrie als Möglichkeit zur Reduzierung von CO_2-Emissionen und des Einsatzes erneuerbarer Gase – Untersuchung der Auswirkungen auf den Glasherstellungsprozess und Analyse der Potenziale in NRW (Projekt: HyGlass), Abschlussbericht.
18. Bundesministerium für Wirtschaft und Klimaschutz (2024). Abrufbar unter: https://www.bmwk.de/Redaktion/DE/Pressemitteilungen/2024/02/20240226-habeck-will-den-einsatz-von-ccs-ermoeglichen.html (Zugriff am 14. Dezember 2024).
19. Energiesystem-Forschung (2022). Abrufbar unter: https://www.energiesystem-forschung.de/forschen/projekte/reallabor-der-energiewende-h2-stahl (Zugriff am 14. Dezember 2024).
20. Bundesministerium für Bildung und Forschung. Strom „haltbar" machen – zum Beispiel in Form von eFuels. Abrufbar unter: https://www.kopernikus-projekte.de/projekte/p2x (Zugriff am 14. Dezember 2024).
21. Bundesministerium für Bildung und Forschung. Wie TransHyDE eine Wasserstoff-Infrastruktur entwickeln will. Abrufbar unter: https://www.wasserstoff-leitprojekte.de/leitprojekte/transhyde (Zugriff am 14. Dezember 2024).
22. BASF SE. (2024). Nachhaltigkeit. Abrufbar unter: https://catalysts.basf.com/de/industries/automotive-transportation/batteriematerialien/nachhaltigkeit (Zugriff am 14. Dezember 2024).
23. Günnel, T. (2023). BASF Schwarzheide: Batterierecycling und Materialproduktion vor Ort. Abrufbar unter: https://www.automobil-industrie.vogel.de/basf-schwarzheide-kathodenmaterialien-produktion-a-c991c01a2bb468905bb796479b420161 (Zugriff am 14. Dezember 2024).

24. Witsch, K. (2020). Klimakiller Beton: So will die deutsche Zementindustrie CO_2-neutral werden. Abrufbar unter: https://www.handelsblatt.com/unternehmen/energie/klimaschutz-klimakiller-beton-so-will-die-deutsche-zementindustrie-co2-neutral-werden-/26652040.html (Zugriff am 14. Dezember 2024).

25. Heidelberg Materials. Strategie und Ziele. Abrufbar unter: https://www.heidelbergmaterials.com/de/unternehmen/strategie-und-ziele (Zugriff am 14. Dezember 2024).

26. Heidelberg Materials. Das Brevik-CCS-Projekt. Abrufbar unter: https://www.heidelbergmaterials.com/de/co2-abscheidung-und-speicherung (Zugriff am 14. Dezember 2024).

27. Wolber, C. (2021). Inbetriebnahme von Europas größter PEM-Wasserstoff-Elektrolyse. Abrufbar unter: https://www.shell.de/ueber-uns/newsroom/zur-sache/inbetriebnahme-von-europas-groesster-pem-wasserstoff-elektrolyse.html (Zugriff am 14. Dezember 2024).

28. Shell (2022). Abrufbar unter: https://www.shell.de/ueber-uns/standorte/rheinland/medieninfos-und-downloads/nachster-meilenstein-beim-bau-der-deutschlandweit-grobten-bio-lng-anlage-fur-co2-neutralen-lkw-kraftstoff-erreicht.html (Zugriff am 14. Dezember 2024).

29. Stapf, D. BKV GmbH: Thinktank und Kompetenzcenter der Kunststoffindustrie, Report 2021/2022, Seite 22.

30. Albach, N. und EVONIK (2023). Abrufbar unter: https://corporate.evonik.com/de/evonik-kooperiert-mit-remondis-zum-nachhaltigen-polyurethan-recycling-217947.html (Zugriff am 14. Dezember 2024).

31. Recycling Magazin (2023). Evonik und Remondis recyceln PU-Matratzen. Abrufbar unter: https://www.recyclingmagazin.de/2023/09/14/evonik-und-remondis-recyceln-pu-matratzen (Zugriff am 14. Dezember 2024).

32. EUROPUR (2021). The End-Of-Life Of Flexible Polyurethane Foam From Mattresses And Furniture. Abrufbar unter: https://europur.org/wp-content/uploads/2021/10/EoL-Brochure-2021-EUROPUR.pdf (Zugriff am 14. Dezember 2024).

33. Akzo Nobel Sikkens. Akzo Nobel Nachhaltigkeitsstrategie. Abrufbar unter: https://www.sikkens.de/content/dam/akzonobel-painters/sikkens/de/de/akzonobel-nachhaltigkeitsstrategie/nachhaltigkeit_akzonobel_stand092020.pdf (Zugriff am 14. Dezember 2024).

34. Akzo Nobel (2022). AkzoNobel bringt branchenweit erstes Tool auf den Markt, um die Nachhaltigkeit von Karosseriewerkstätten voranzutreiben. Abrufbar unter: https://www.akzonobel.com/en/countries/germany/news-presse/akzonobel-bringt-branchenweit-erstes-tool-auf-den-markt (Zugriff am 14. Dezember 2024).

35. Merck (2024). Nachhaltigkeit – Unser strategischer Ansatz. Abrufbar unter: https://www.merckgroup.com/de/sustainability/sustainability-strategy.html (Zugriff am 14. Dezember 2024).

36. Merck (2024). Nachhaltigkeit messen – Unsere Tools. Abrufbar unter: https://www.merckgroup.com/de/sustainability/measuring-sustainability/our-tools.html (Zugriff am 14. Dezember 2024).

37. University of York, Department of Chemistry (2021). Cyrene production to increase. Abrufbar unter: https://www.york.ac.uk/chemistry/research/green/news/newsarchive/2021/cyrene-production (Zugriff am 14. Dezember 2024).

3

„Net-Zero" als Ziel einer nachhaltigen und wettbewerbsfähigen Chemieindustrie

Dr. Janine Heck[1,3], Prof. Dr. Michael Hiete[2] und Prof. Dr. Hannes Utikal[3]

[1]*Universität Münster, Institut für Betriebswirtschaftliches Management im Fachbereich Chemie und Pharmazie*

[2]*Universität Ulm, Professur für Wirtschaftschemie, Institut für Theoretische Chemie*

[3]*Provadis School of International Management and Technology AG, Zentrum für Industrie und Nachhaltigkeit*

Abstract

Die chemische Industrie wird mit ihren innovativen Produkten und Lösungen zur Erreichung der UN-Nachhaltigkeitsziele benötigt und ist damit ein zentraler Akteur für die Nachhaltigkeitstransformation der Gesellschaft. Sie trägt aber auch maßgeblich zu Problemen wie beispielsweise dem Klimawandel bei. Die direkten Treibhausgasemissionen der chemischen Industrie in Deutschland aus der Produktion von Chemikalien betrugen im Jahr 2020 rund 38,9 Millionen Tonnen CO_2-Äquivalente [1] und damit rund 21 Prozent aller industriellen Treibhausgasemissionen [2]. Gemäß der jüngsten Novellierung der Emissionshandelsrichtlinie müssen diese Emissionen bis ca. 2040 auf (Netto-)Null reduziert werden [3], d. h. die in die Atmosphäre freigesetzten und entnommenen Mengen an Treibhausgasen halten sich die Waage. Wie dieses „net-zero" in der chemischen Industrie erreicht werden kann, wird im folgenden Kapitel beleuchtet. Nach einer allgemeinen Einführung wird der Industriepark Höchst als Fallbeispiel für Klimaneutralität vorgestellt.

3.1 Das Ziel „net-zero" und der politische Rahmen

In dem Übereinkommen von Paris, das 2015 verabschiedet und 2016 in Kraft trat, haben sich 196 Staaten verpflichtet, die globale Erwärmung auf deutlich unter 2 °C und möglichst unter 1,5 °C gegenüber dem vorindustriellen Niveau zu beschränken [4]. Hintergrund ist, dass ein Temperaturanstieg oberhalb von 1,5 °C bzw. 2 °C mit hohem bzw. sehr hohem Risiko für das Überschreiten von Kipppunkten des Systems Erde in Verbindung gebracht wird mit dann möglicherweise gravierenden Auswirkungen für die Menschheit, die dann den sogenannten Safe Operating Space

Zirkuläre Wirtschaft und Nachhaltigkeit in der chemischen Industrie: 1. Aufl. C. Suntrop und T. Wagner (Hrsg.).
© 2026 Wiley-VCH GmbH. Alle Rechte vorbehalten, einschließlich derer für Text- und Data-Mining und Training von Technologien der Künstlichen Intelligenz oder ähnlichen Technologien.

verlassen könnte [5, 6]. Anhand dieser Obergrenzen für die globale Erwärmung wurden noch als tragbar angesehene Emissionshöchstmengen sowie Minderungspfade für Treibhausgasemissionen abgeleitet. Für das Erreichen des 1,5 °C-Ziels ist eine globale Treibhausgasneutralität um 2050 notwendig [7]. Auf dieser Basis haben bis Ende 2023 bereits 145 Staaten, die zusammen 89 % der globalen Emissionen auf sich vereinen, „Net-Zero“-Ziele angekündigt oder überlegen, dies zu tun [8], darunter Deutschland mit dem Ziel einer Netto-Treibhausgasneutralität bis 2045 [9] und die EU mit Klimaneutralität bis 2050 [10].

Die Ziele unterscheiden sich nicht nur zeitlich, sondern auch hinsichtlich der berücksichtigten Treibhausgase und der verwendeten Termini wie „carbon neutral“, „climate neutral“, „net-zero CO_2“ und „net-zero greenhouse-gas emissions“, die häufig synonym verwendet werden, aber nicht immer [11]. So bezieht sich „carbon“ streng genommen nur auf Kohlendioxid, meint häufig aber alle Treibhausgase, die dann entsprechend ihrer Klimawirksamkeit über einen Betrachtungszeitraum, meist 100 Jahre, gewichtet als CO_2-Äquivalente ausgedrückt werden. Die Gewichtungsfaktoren haben sich über die Zeit leicht verändert und unterscheiden sich deutlich zwischen einem 20 Jahre und 100 Jahre Betrachtungshorizont [12]. „Climate-neutral“ schließt per se alle Treibhausgase ein und kann darüber hinaus bedeuten, dass derzeit schwer oder nicht vermeidbare Emissionen neutral gestellt wurden (sog. Offsetting), z. B. durch Klimaschutzprojekte, mit denen anderweitig Emissionen vermieden oder Treibhausgase aus der Atmosphäre entfernt wurden, z. B. über Abscheidung von CO_2 aus der Atmosphäre und langfristige Speicherung in geologischen Lagerstätten oder durch langfristige Bindung in Böden oder Holzbiomasse [13, 14]. Der Begriff „net-zero“ bedeutet, dass in die Atmosphäre emittierte Mengen und entfernte Mengen ausgeglichen sind [15]. Insofern geht „net-zero“ über „climate neutral“ hinaus, da die Vermeidung von Emissionen an anderer Stelle nicht mit „net-zero“ kompatibel ist.

Auch Unternehmen sehen sich vielfach in der Verantwortung und orientieren ihre Emissionsziele an dem 1,5 °C Ziel und den Zielen aus der Politik. Multi-Stakeholder-Initiativen von Unternehmen, Nichtregierungs- und Regierungsorganisationen wie das Greenhouse Gas Protocol (GHG Protocol) und die Science Based Target Initiative (SBTi) unterstützen die Unternehmen durch Standards, Werkzeuge und Leitfäden bei der Bilanzierung ihrer Treibhausgasemissionen bzw. bei der Festlegung wissenschaftlich fundierter Emissionsminderungsziele in Übereinstimmung mit den Paris-Zielen [16, 17].

Das Carbon Disclosure Project (CDP) und die Global Reporting Initative (GRI), letztere übernimmt Anforderungen des GHG Protocol, unterstützen ebenfalls die Berichterstattung der Treibhausgasemissionen von Unternehmen und Organisationen durch Bereitstellung von Standards, Werkzeugen und Leitfäden.

Während Staaten bspw. aufgrund ihrer Mitgliedschaft in der UN-Klimarahmenkonvention UNFCCC (und EU-Mitgliedstaaten zusätzlich gegenüber der EU-Kommission) verpflichtet sind, ihre Treibhausgasemissionen zu bilanzieren, ergeben sich für Unternehmen Bilanzierungspflichten sowohl durch nationale als

Abb. 3.1 Treibhausgasemissionen in Scope 1, Scope 2 und Scope 3 Bereichen nach dem GHG Protocol.

auch EU-Gesetzgebung, wie z. B. durch die Richtlinie zur Nachhaltigkeitsberichterstattung von Unternehmen (Non-Financial Reporting Directive 2014/95/EU) und seit 2024 die CSR-Richtlinie (Corporate Sustainability Reporting Directive (CSRD), 2022/2464). Die Berichtspflicht wird sukzessive auf kleinere Unternehmen (in Bezug auf Mitarbeiteranzahl, Bilanzsumme und Nettoumsatz) bis 2026 ausgeweitet, wobei bei kleinen und mittelgroßen Unternehmen nur „Unternehmen von öffentlichem Interesse“ berichtspflichtig werden. Die sog. European Sustainability Reporting Standards (ESRS) der CSR-Richtlinie umfassen im Bereich Klima (ESRS E1) Berichtspflichten u. a. in den Bereichen Anpassung an den Klimawandel, Energieverbrauch und -mix sowie Treibhausgasemissionen, differenziert nach den drei Bereichen (Scope, wie im Greenhouse Gas Protocol) [18] (vgl. Abb. 3.1):

- Scope 1: direkte Treibhausgasemissionen, wie sie auch im Europäischen Emissionshandelssystem (EU Emission Trading System [ETS]) berücksichtigt sind
- Scope 2: indirekte Treibhausgasemissionen aus der Bereitstellung von Energie, die von dem Unternehmen extern bezogen wurde,
- Scope 3: indirekte Treibhausgasemissionen, die sich durch das Unternehmen in der Wertschöpfungskette (upstream und downstream) ergeben.

Das Europäische Emissionshandelssystem (EU ETS-1) wurde mit der EU-Richtlinie 2003/87 eingerichtet und sieht, wie erwähnt, Berichtspflichten für Unternehmen für direkte Treibhausgasemissionen vor. Zudem müssen Unternehmen für diese Emissionen Emissionszertifikate halten. Das ETS ist über die Jahre mehrfach nachjustiert und auf weitere Treibhausgase und Industrieanlagen und Sektoren erweitert worden, zuletzt über die Richtlinien 2023/958 und 2023/959 sowie die Verordnung 2023/435 [3].

Von besonderer Relevanz für die chemische Industrie ist bei den neuerlichen Anpassungen die Erhöhung des Ambitionsniveaus über eine Erhöhung des jährlichen Reduktionsfaktors von 2,2 % auf 4,3 % ab 2024 und 4,4 % ab 2028 und die Verringerung der Emissionsobergrenze (Cap) für den stationären Sektor um 90 Mio. t in 2024 und 27 Mio. t in 2026, wodurch sich rechnerisch ein 2039 ein Cap von null ergäbe und danach nur noch Emissionen durch die Nutzung bislang ungenutzter und entsprechend zurückgehaltener Zertifikate (sog. Backloading) oder wieder eingespeister Zertifikate aus der Marktstabilitätsreserve[1] möglich wären [3]. Demnach müsste die Industrie bereits 2039 „net-zero“ erreicht haben.

Da die Emissionszertifikate seit der 2. Handelsperiode (2008–2012) in Auktionen am Markt veräußert werden können (vgl. Auktionsverordnung 1031/2010 und aktuell 2023/2830), und Deutschland von dieser Möglichkeit seit 2010 Gebrauch macht [19], entstehen Unternehmen Kosten, die Emissionszertifikate kaufen müssen. Teilweise befreit sind energieintensive Unternehmen, wobei der Anteil kostenlos zugewiesener Emissionszertifikate zukünftig sinken wird. Für die Unternehmen, die am ETS-1 teilnehmen müssen, führt das zu Wettbewerbsnachteilen im Vergleich zu Unternehmen, die keinem vergleichbarem Zertifikatehandel unterliegen, weil sie bspw. in einem Staat produzieren, in dem kein Emissionshandel etabliert ist und auch keine CO_2-Steuern erhoben werden. Um diese Nachteile für Importe in den europäischen Markt auszugleichen und zu verhindern, dass Unternehmen aufgrund der CO_2-Bepreisung abwandern (sog. Carbon Leakage), hat die EU das europäische CO_2-Grenzausgleichssystem (Cross Border Adjustment Mechanism, CBAM) entwickelt (vgl. Verordnung 2023/956 zur Schaffung eines CO_2-Grenzausgleichssystems), das beim Import aus solchen Ländern entsprechende Ausgleichszölle vorsieht. Für CBAM wurden zunächst Sektoren identifiziert, die durch hohe kumulierte Treibhausgasemissionen gekennzeichnet sind und ein starkes Risiko für Carbon Leakage aufweisen: Eisen und Stahl, Raffinerien, Zement, Aluminium, organische Grundchemikalien und Düngemittel. Organische Grundchemikalien und Raffinerien wurden aufgrund der Herausforderungen bei der Berechnung der genauen Emissionen (CO_2-Fußabdruck) im CBAM ausgeklammert, Wasserstoff aufgrund der steigenden Bedeutung hinzugenommen. Ammoniak ist unter Düngemittel mit einbezogen.

3.2 Treibhausgasbilanz der chemischen Industrie

3.2.1 Direkte (Scope 1) Treibhausgasemissionen

Die chemische Industrie nutzt Erdöl und daraus gewonnene Produkte wie Naphta, Erdgas und Kohle sowohl als Energieträger als auch als Kohlenstoffquelle und damit als Rohstoff. Weltweit entfallen 10 % des Gesamt- und 30 % des industriellen

1 Die Marktstabilitätsreserve wurde 2018 eingerichtet, um den Markt für Emissionszertifikate durch Entnahme von Zertifikaten zu stabilisieren.

Endenergiebedarfs auf die chemische Industrie, wobei nur 40 % des Energieeinsatzes von fossilen Energieträgern, Biomasse und Elektrizität für Energiezwecke erfolgt und 60 % rohstofflich (IEA zit. in [20]). Insgesamt summiert sich der rohstoffliche Einsatz auf 15 % der Erdöl-, 5 % der Erdgas- und unter 1 % der Kohleproduktion, so dass global in der chemischen Industrie Erdöl als Rohstoff mit 70 % gegenüber Erdgas mit 25 % und Kohle mit 5 %, die vor allem noch in China eingesetzt wird, dominiert [20].

Die direkten (Scope 1) Emissionen der europäischen chemischen Industrie (EU27) haben sich von 1990 bis 2021 von 250 Mio. t CO_2-äq. auf 125 Mio. t CO_2-äq praktisch halbiert. Ursächlich war hierbei der starke Rückgang bei den Emissionen von Lachgas und fluorierten Gasen [21]. In Deutschland betrug der Rückgang sogar 80 % [22]. Da die Treibhausgasemissionen um 52 %, der Endenergieverbrauch aber nur um 20 % gesunken sind, hat sich auch das Verhältnis zwischen Prozess- und energiebedingten Emissionen von ehemals ca. 60:40 auf 45:55 verschoben (vgl. [21]). Der starke Rückgang bei den Lachgasemissionen ist auf die Installation katalytischer Abgasbehandlung zurückzuführen, was bspw. zu Rückgängen bei den Lachgasemissionen aus der Salpetersäureproduktion um 88,1 % und der Adipinsäureproduktion um 99,6 % zwischen 1990 und 2021 in Deutschland führte [22]. Auch konnten bspw. die flüchtigen Schwefelhexafluoridemissionen um 99,4 % gemindert werden.

Eine Analyse der wesentlichen Verursacher für die globalen Treibhausgasemissionen der chemischen Industrie in 2010 zeigt, dass auf 18 Basischemikalien 80 % des Energiebedarfs und 75 % der Treibhausgasemissionen entfielen, und davon 25 % auf allein auf Ammoniak [23].

Für die Chemieunternehmen gewinnen die Treibhausgasbilanzierung ihrer Produkte und niedrige Produkt-CO_2-Fußabdrücke (Product Carbon Footprint, PCF) an Bedeutung. Viele, gerade auch kundennahe Hersteller, versuchen, über Nachhaltigkeitsthemen eine Produktdifferenzierung zu erzielen und haben entsprechend auch z. T. ambitionierte Treibhausgasminderungsziele formuliert. Ein niedrigerer CO_2-Fußabdruck ist bereits vielfach eine Entscheidungsgröße beim Einkauf und wird mit einem entsprechenden Preis hinterlegt (internal carbon pricing) [24].

3.2.2 Treibhausgasemissionen auf Scope 2 und Scope 3 Ebene

Mit dem GHG Protocol und der CSR-Directive gewinnt die Berichterstattung der indirekten Treibhausgasemissionen durch eingekaufte Energie (Scope 2) sowie upstream aus vorgelagerten Ketten eingekaufter Rohstoffe und Vorprodukte wie auch downstream aus der Nutzung der hergestellten Produkte und deren End-of-Life sowie weiteren Quellen (vgl. Abb. 3.1) an Bedeutung. Einige Übersichtsarbeiten zeigen die hohe Bedeutung der Scope 2 und 3 Emissionen, auch für die chemische Industrie: Zwar differieren die Quellen ein wenig, doch zeigt sich jeweils deutlich, dass die direkten Emissionen eher 20 % bis ein Drittel der Gesamtemissionen ausmachen, wobei die Autoren nur Upstream-Scope-3 Emissionen betrachten, also bspw. Emissionen, die bei der Verbrennung von Kunststoffen an deren

Lebenszyklusende entstehen, unberücksichtigt bleiben. Bei BASF SE, die sowohl Upstream- als auch Downstream-Emissionen ausweisen, stehen diese in einem Verhältnis von 2:1, und die End-of-Life Emissionen machen rund 28 % der Scope 3-Emissionen aus [25]. Der Anteil der Upstream-Scope 3 variiert zwischen einem Drittel und drei Viertel der Gesamtemissionen [25–29]. Diese hohen Anteile der Scope 2 und Scope 3 Emissionen zeigen deutlich, dass ein Fokus auf die direkten Emissionen zu eng ist und die Unternehmen Verantwortung auch für die Upstream- und Downstream-Lieferkette übernehmen sollten, auch weil nur so andere Sektoren eine Treibhausgasneutralität erreichen können [30]. Diese Autoren fürchten gar, dass ohne Treibhausgasneutralität auf Scope 1, 2 und 3 Ebene die chemische Industrie in Japan von internationaler Finanzierung und Lieferketten ausgeschlossen werden könnte. Durch Auswahl von Lieferanten und Rohstoffen haben die Unternehmen hier die Möglichkeit Einfluss zu nehmen [31].

3.3 Transformation in eine „net-zero“ chemische Industrie

Eine Transition beschreibt den Übergang von einem dynamischen Gleichgewichtszustand eines Systems in einen anderen. Bei einer technologischen Transition handelt es sich um eine größere technologische Transformation, die die Erfüllung einer gesellschaftlichen Funktion, z. B. den Personenverkehr, beeinflusst [32]. Damit das soziotechnische System die Transportfunktion erfüllen kann, braucht es ein komplexes System aus Transportmittel, Verkehrswegen, Nutzer, Produzenten, Werkstätten, Mobilitätsdienstleistern, Regeln, kulturelle Elemente usw. Bei der Analyse der industriellen Revolution in Großbritannien beschreibt der ungarische Ökonom Karl Polany (1944), dass diese erst durch die „Einbettung (...) in Rechtsstaat, Demokratie und Wohlfahrtsstaatliche Arrangements gelang, also durch Emergenz eines neuen Gesellschaftsvertrags“ [33]. Entsprechend wird meist von einer soziotechnischen Transition oder sozial-ökologischen Transformation gesprochen, da die Technologien einerseits gesellschaftliche Veränderungen mit sich bringen, andererseits aber auch auf die Akzeptanz und Unterstützung durch die Gesellschaft angewiesen sind, um sich zu etablieren. Der Übergang wird häufig über ein Multi-Level- und Multi-Actor-Modell beschrieben, in der sich Wandel zunächst auf der Mikro-Ebene in verschiedenen technologischen Nischen zeigt, die sich nachfolgend auf der Meso-Ebene verbinden, so dass sie unter Ausnutzung eines Gelegenheitsfensters ggf. auf der Makro-Ebene zu einer Regimeveränderung des soziotechnischen Systems führen können [32, 34]. Beim Übergang spielen politische Rahmenbedingungen eine bedeutende Rolle, aber auch Visionen oder Szenarien, da sie mögliche Zukünfte entwerfen, kommunizieren und zur Koordinierung von Akteuren beitragen können, z. B. beim Übergang zu einer nachhaltigen Chemie [35].

Für die chemische Industrie in Mitteleuropa sind Transitionen und Transformationen nichts Neues. Die bestehende Chemieindustrie ist das Ergebnis mehrfacher grundlegender Umwälzungen, z. B. durch wechselnde Standortmodelle bei der

Ablösung von Kohle als Feedstock durch Erdöl und später teilweise Erdgas, der transportbedingten Arbeitsteilung zwischen küstennahen Standorten mit World Scale petrochemischen Anlagen und Spezialchemie im Hinterland, verbunden durch ein Ethen-Pipelinenetz. Weitere Beispiele sind das Ende konzerninterner Verbundstandorte infolge der Fokussierung auf Shareholder Value und Kernkompetenzen und die Aufspaltung von Unternehmen wie Hoechst, ICI und Sandoz nach dem Business Unit Modell und infolge des Zusammenbruchs der DDR [36, 37].

Das Chemieparkkonzept hat sich hierbei als flexibel genug erwiesen, diese extern getriggerten Änderungen aufzufangen, wobei sich unterschiedliche Parktypen herausgebildet haben, um den Herausforderungen vor Ort bestmöglich begegnen zu können [38]. Bei der anstehenden Transformation hin zu einer „Net-Zero-Chemieindustrie“ spielen Industrieparks und die Clusterstruktur erneut eine bedeutende Rolle. So zeigen Janipour et al. am Beispiel von Chemelot, dass die in einem Cluster vorhandenen physischen und organisatorischen Abhängigkeiten zu Lock-In Effekten führen können, die inkrementelle Verbesserungen begünstigen, die nicht in die Struktur eingreifen [39]. Andererseits bieten Industrieparks mit ihren spezialisierten Betreibergesellschaften das für eine Transition notwendige Know-How, Kapital und eine Größe, die es erlauben, Effekte einer Größendegression auszunutzen. Auch kann vermutet werden, dass die Heterogenität eines Industrieparks für das Entstehen und die Aufnahme von Innovationen im Park förderlich ist. Schließlich ist ein Industriepark ein Ort, in dem es immer auch zu Veränderungen der Prozesse und der ansässigen Unternehmen kommen kann.

Generell ist die „Net-Zero-Umsetzung“ in der chemischen Industrie aber mit größeren Herausforderungen verbunden als in anderen Branchen. So müssen Erdöl, Erdgas und Kohle sowohl als Energieträger als auch als Kohlenstoffquelle ersetzt werden, weswegen man hier für die chemische Industrie nur von einer Defossilisierung und nicht von einer Dekarbonisierung sprechen sollte. Auch können die langen Nutzungsdauern chemischer Anlagen über teils mehrere Jahrzehnte zu Stranded Assets führen, wenn diese in einer „Net-Zero-Chemieindustrie“ obsolet werden sollten. Die für Effizienz stehende Verbundstruktur macht es auch schwierig, einzelne Anlagen, z. B. für die energieintensive Produktion von Basischemikalien herauszulösen und bspw. in Regionen anzusiedeln, in denen die Standortfaktoren günstiger sind, bspw. Preise und Angebot von erneuerbarer Elektrizität und grünem Wasserstoff in der Nähe von Offshore-Windparks oder in Hafennähe für den Import „net-zero“ kompatibler Rohstoffe. Hier besteht die Gefahr, dass das gesamte Verbundkonzept seine Basis verliert. Es mögen diese Herausforderungen sein, die Chemieverbände eher als Bremser der Transformation erscheinen lassen (vgl. Kloo et al. [40]).

3.4 Konzepte für eine „Net-Zero-Chemieindustrie“

Mittlerweile existiert eine ganze Reihe an Studien, die analysieren, wie eine „Net-Zero“-Chemieindustrie aussehen kann. Kloo et al. [40] allein vergleichen 14

Roadmaps mit 28 Minderungspfaden für die europäische chemische Industrie, wobei sie sich auf englischsprachige beschränken. Weitere, wie z. B. von Caviezel et al. [41] vom Büro für Technikfolgen-Abschätzung beim Deutschen Bundestag oder von Agora Industrie, wurden seither veröffentlicht.

Die Maßnahmen, die für eine „Net-Zero-Chemieindustrie“ kombiniert werden, sind meist ähnlich. Für die Elektrifizierung der Prozesswärme werden Wärmepumpen für geringere Temperaturen vorgeschlagen (bis ca. 500 °C, die Studien unterscheiden sich beim Temperaturniveau) und für höhere Temperaturen eine direkte elektrische Beheizung (vgl. auch die Demonstrationsanlage für einen elektrisch beheizten Steamcracker-Ofen am BASF-Standort Ludwigshafen) oder eine Beheizung mit grünem Wasserstoff. Das Verhältnis des Einsatzes von Elektrizität gegenüber grünem Wasserstoff wird dabei stark durch die Preisrelation der beiden Energieträger beeinflusst (vgl. [42]). Während eine treibhausgasneutrale Energiebereitstellung technisch in der Regel ohne Probleme möglich ist, ist eine Defossilisierung beim Feedstock, also der Kohlenstoffquelle, die die organische Chemie benötigt, schwieriger. Als Optionen gibt es hier: recycelter Feedstock, z. B. aus dem insbesondere chemischen Kunststoffrecycling, Biomasse-Feedstock oder synthetischer Feedstock (vgl. Kloo et al. [40]). Unter synthetischem Feedstock wird Methanol, Ethanol, Syngas etc. verstanden, die aus Kohlendioxid, welches aus Punktquellen wie Zementwerken oder Müllverbrennungsanlagen (Carbon Capture) oder aus der Luft (Direct Air Capture, DAC) abgeschieden wurde, und grünem Wasserstoff synthetisiert wurden (Carbon Capture and Use, CCU). Treibhausgasneutralität wird hier nur erzielt, wenn es sich um einen geschlossenen Kreislauf handelt, ohne Eintrag von Kohlendioxid aus Zement-/Kalkwerken oder fossilen Energieträgern, oder wenn die Produkte langfristig Kohlenstoff speichern, was bei Produkten der organischen Chemie wie Kunststoffen eher fraglich ist. Ansonsten handelt es sich nur um verzögerte Emissionen. Kloo et al. [40] kritisieren, dass die untersuchten Roadmaps tiefergehende technologische Veränderungen häufiger vernachlässigen, ebenso wie mögliche Veränderungen auf der Nachfrageseite. Bei Biomasse bleibt unberücksichtigt, dass die energetische Verwendung von Biomasse, z. B. in Biokraftstoffen, zugunsten einer höherwertigen rohstofflichen Verwertung reduziert werden könnte. Die so ohne zusätzlichen Flächendruck frei werdenden Kohlenstoffmengen sind enorm. Dadurch wird deutlich, dass sektorübergreifende Systemanalysen, auch unter Einbeziehung der Nachfrageseite, notwendig sind, um belastbare Net-Zero-Strategien für die chemische Industrie zu entwickeln.

3.5 Fallstudie: Transformation eines Industrieparks am Beispiel des Industrieparks Höchst

Der Industriepark Höchst ist ein Chemie- und Pharmastandort mit rund 90 Unternehmen im Rhein-Main-Gebiet, etwa 10 Kilometer von der Stadt Frankfurt am Main entfernt. Mit einer Fläche von 460 Hektar ist er derzeit der achtgrößte von rund 40 Chemiestandorten in Deutschland [43]. Gemessen an der Zahl der Beschäftigten liegt er mit rund 22 000 Mitarbeitern an dritter Stelle [44].

3.5.1 Industriepark Höchst: Gegründet 1863 – Ziel klimaneutral und ökonomisch erfolgreich 2045

Die Ursprünge des Industrieparks Höchst liegen in der großtechnischen Produktion von Steinkohlenteerfarbstoffen durch die Teerfarbenfabrik Meister Lucius & Co. ab 1863 – mit dem roten Farbstoff Alazarin als erfolgreichstem Produkt des Unternehmens [45]. Von diesem Ausgangspunkt bis zum heutigen Multi-User-Standort hat das Gelände eine Reihe von Veränderungen durchlaufen. Die pharmazeutische Produktion begann im Jahr 1883. Bekannt wurde der Standort vor allem durch die Produktion von Insulin, das 1923 erstmals verkauft wurde. Der Standort ist auch heute noch wichtig für die Versorgung von Diabetikern, auch wenn das Insulin heute in einem anderen Herstellungsverfahren produziert wird [46]. Im Jahr 1925 fusionierte das Unternehmen mit anderen zur I.G. Farbenindustrie AG. Nach dem Zweiten Weltkrieg wurden die Farbwerke Hoechst AG neu gegründet und Erdöl ersetzte Kohle als Hauptrohstoff für die Produktion. In den folgenden Jahren wurde mit der Produktion von Kunstfasern (z. B. einer Polyesterfaser, die unter dem Namen Trevira verkauft wurde) und Kunststoffen begonnen, während die Bereiche Farben, Pharmazeutika und Pflanzenschutzmittel beibehalten wurden und weiter wuchsen. [45]. Der heutige Industriepark Höchst ist der damalige Hauptstandort des gleichnamigen Unternehmens. Es war aber auch an anderen Standorten und international tätig und hat sich durch innovative Produkte und Akquisitionen zu einem der leistungsfähigsten Chemieunternehmen der Welt entwickelt. So wurde beispielsweise 1974 das französische Pharmaunternehmen Roussel-Unclaf übernommen. Gleichzeitig wurde das Unternehmen in Hoechst AG umbenannt. Zu Beginn der 1990er Jahre beschäftigte die Hoechst AG rund 180 000 Mitarbeiter. In den folgenden Jahren verschlechterte sich jedoch die Wettbewerbssituation des Konzerns, und 1994 wurde das Unternehmen umstrukturiert. Die Idee, die Hoechst AG in ein Life-Science-Unternehmen umzuwandeln, führte schließlich zur Zerschlagung des Unternehmens, wobei Teile davon von Wettbewerbern übernommen wurden [47]. Der Hauptstandort der Hoechst AG wurde zum Industriepark Höchst, einem Multi-User-Standort mit rund 90 Unternehmen, der vom Parkbetreiber Infraserv gemanagt wird.

Der Industriepark Höchst ist ein Verbundstandort mit gegenwärtig rund 120 Produktionsanlagen, an dem die Produktionsprozesse eng miteinander verzahnt sind. Wasserstoff, Essigsäure und Salzsäure sind besonders relevante Nebenprodukte vor Ort. Darüber hinaus werden Zwischenprodukte (z. B. SO_3) und Produkte (z. B. Vinylacetat) eines Unternehmens von anderen Unternehmen als Ausgangsstoffe genutzt. Innerhalb des Industrieparks sind alle produzierenden Unternehmen über die Energieversorgung miteinander verbunden: Ein Großteil des Energiebedarfs (69 % Wärme; 61 % Strom [48]) wird durch ein Heizkraftwerk mit Kraft-Wärme-Kopplung gedeckt. Die Energie wird überwiegend in Form von Wärme

Tab. 3.1 Zusammensetzung der Energieversorgung, alle Zahlen stammen aus dem öffentlich zugänglichen „Update Carbon Footprint“ verändert nach [48].

Anlage	Input	Wärme	Strom
Heizkraftwerk mit Kraft-Wärme-Kopplung [49, 50]	Erdgas und während der Energiekrise wurde auch Heizöl verbrannt	69 %	61 %
Ersatzbrennstoffverbrennungsanlage mit Kraft-Wärme-Kopplung [51]	Heizwertreiche Fraktionen von Gewerbe- und Siedlungsabfall, die nicht mehr deponiert werden dürfen	23 %	5 %
Abwärme und Abwärmestrom von Produktionsanlagen			< 1 %
Abwärme der Klärschlammverbrennungsanlage [52]	Industrielle und kommunale Klärschlämme	8 %	–
Abwärme der Rückstandsverbrennungsanlage [53]	Produktionsrückstände		–
Biogasanlage [54]	Biogene Abfälle		–
Fremdbezug [48]		–	34 %
	Insgesamt:	3400 GWh	1679 GWh

benötigt und durch Dampf bereitgestellt (Wärme 3400 GWh; Strom 1679 GWh [48]). Der Hauptenergieträger ist derzeit (fossiles) Gas, da der Kohleausstieg bereits 2020 vollzogen wurde. Darüber hinaus wird Abwärme aus Verbrennungs- und Produktionsanlagen genutzt. Hauptenergieerzeuger ist der Energieparkbetreiber, aber auch Unternehmen am Standort speisen Abwärme, z. B. aus der Schwefelsäureproduktion, in das Versorgungsnetz ein (weitere Informationen zur Energieversorgung siehe Tab. 3.1).

Auch die Abfallentsorgung ist unternehmensübergreifend organisiert und mit der Energieversorgung verknüpft, da Abfälle (z. B. Klärschlamm, Produktionsrückstände) thermisch verwertet werden. Biologische Abfälle werden zur Biogaserzeugung genutzt. Insgesamt optimiert dieses System die Energienutzung und minimiert ungenutzte Abwärme. Ebenfalls zentral organisiert sind die Wasserver- und -entsorgung (Industriekläranlage) sowie die Versorgung mit Kälte (Ammoniak-Kälte) und technischen Gasen (Sauerstoff, Stickstoff und Argon). Die Unternehmen profitieren zudem von der guten Anbindung des Parks (z. B. Wasserstraßenanschluss, Bahnanschluss, LKW-Anschluss, Nähe zum Frankfurter Flughafen, Ethylen-Pipeline) und der logistischen Infrastruktur innerhalb des Parks (z. B. Gefahrstofflager, firmenübergreifende Pipelines, Schienennetz, Mitarbeiterbusse). Eine Reihe von Dienstleistungen wie Brandbekämpfung, Werkschutz und betriebliches Gesundheitsmanagement wird vom Parkbetreiber angeboten und muss daher nicht von einzelnen Unternehmen erbracht werden. Auch der Einkauf von Rohstoffen, die in großen Mengen benötigt werden, wie z. B. Methanol, ist gebündelt.

3.5.2 Herausforderung: Koordinierte Transformation von 90 Unternehmen

Eine Vielzahl der ansässigen Unternehmen hat für ihre Aktivitäten weltweit geltende Klimastrategien mit spezifischen CO_2-Reduktionszielen bis 2030 und 2045/2050 entwickelt. Einige der Unternehmen haben ihre Konzernzentralen im Ausland – Sanofi in Frankreich, Celanese in den USA und Kuraray in Japan – und konkretisieren die global geltenden Reduktionsziele in unterschiedlicher Weise für ihre jeweiligen Produktionsstandorte.

Diesen standortspezifischen Zielen der Unternehmen stehen die Erwartungen der regionalen Stakeholder in Stadt, Land, Bund (Abb. 3.2) und EU gegenüber (z. B. Stadt Frankfurt mit dem erklärten Ziel der Klimaneutralität bis 2035). Zwischen den Klimastrategien der Unternehmen bestehen auf lokaler Ebene potenzielle Wechselwirkungen – wenn alle Unternehmen kurzfristig auf Strom aus erneuerbaren Quellen oder auf grünen Wasserstoff setzen, sollten Versorgung und Infrastruktur entsprechend angepasst werden. Auch Veränderungen bei den Produkten können über die Verbundsstruktur am Standort Auswirkungen auf andere Akteure haben.

Auf Initiative des Industrieparkbetreibers Infraserv Höchst hat die Provadis-Hochschule das vom Land Hessen und der EU geförderte Projekt „Process4Sustainability: Cluster für eine klimaneutrale Prozessindustrie in Hessen" initiiert und führt es in Kooperation mit mehreren im Industriepark ansässigen Unternehmen und weiteren wichtigen Innovationspartnern. Process4Sustainability unterstützt Unternehmen bei ihrem Transformationsprozess zur Klimaneutralität. Ziel ist es,

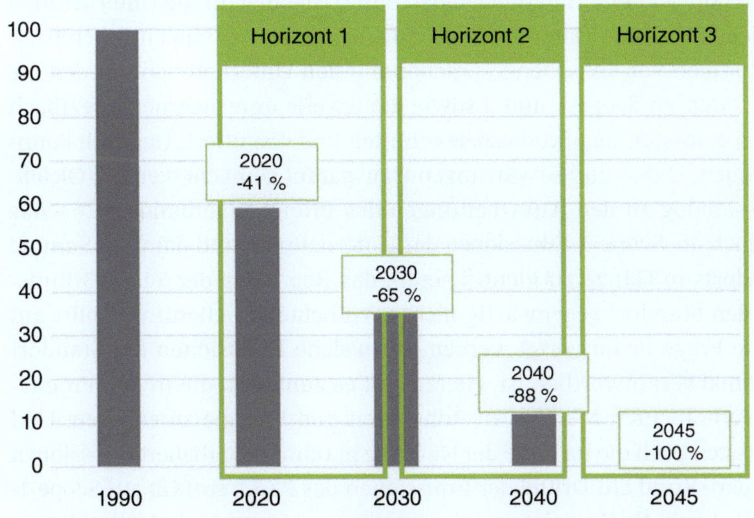

Abb. 3.2 CO_2-Emissionsminderungsziele in Deutschland in %.

geeignete technische Lösungen zur Reduktion von CO_2-Emissionen zu identifizieren, die gleichzeitig wirtschaftlich umsetzbar sind und die Wettbewerbsfähigkeit der chemisch-pharmazeutischen Industrie in Deutschland stärken. Nachhaltigkeit und Klimaschutz in der Prozessindustrie bergen auch Chancen für neue Geschäftsmodelle. Es ist eine weitere Aufgabe des Clusters, diese Chancen aufzuzeigen und Innovationspartner zusammenzubringen.

Die Differenzierung nach Aufgaben in unterschiedlichen Zeithorizonten ist von entscheidender Bedeutung: Bis zum Jahr 2030 gilt es, neben den operativen Aufgaben auch die Meldung der Bedarfe an Infrastruktur jenseits des Industrieparks im Fokus zu behalten. Dies umfasst beispielsweise erneuerbaren Strom, Stromnetze und Wasserstoff. Gleichzeitig ist es erforderlich, Entwicklungen bei Technologien zu beobachten, die erst zu späteren Zeitpunkten umfassend realisiert werden können. Dazu zählen beispielsweise Carbon Capture and Storage (CCS) sowie Carbon Capture and Utilization (CCU).

3.5.3 Vorgehen zur Erarbeitung von Transformationspfaden

Die Nutzung von Chancen sowie die Vermeidung von Engpässen im Rahmen der Transformation des Standortes erfordert ein koordiniertes Vorgehen der Unternehmen. Eine solche Abstimmung erfolgt im Cluster Process4Sustainability: Cluster für eine klimaneutrale Prozessindustrie in Hessen mit Sitz am Industriepark Höchst.

3.5.3.1 Schritt 1: Ermittlung des CO_2-Fußabdrucks des Standorts

In einem ersten Schritt ist ein gemeinsames Verständnis vom CO_2-Fußabdruck des Standorts zu erlangen. Die Ermittlung der Scope 1 (Direktemissionen) und 2 (indirekte Emissionen aus der Energiebereitstellung) ist dabei für die Unternehmen bereits verpflichtend. Diese Daten fließen in die unternehmensspezifischen CO_2-Reports. Im Rahmen von Expertengesprächen mit den Unternehmen wurden die vorhandenen Daten zu Scope 1 und 2 sowie die jeweils unternehmensspezifisch unterschiedlich gefassten Reduktionsziele ermittelt und diskutiert. Dadurch konnten die Annahmen, Daten und Erwartungen transparent gemacht werden. Gleichzeitig wurde – analog zu den Ausarbeitungen des Branchenverbands VCI – das Ziel verfolgt, auch die Scope-3-Emissionen der Unternehmen und damit in Summe auch des Standorts in Gänze zu identifizieren, das Reporting der Scope-3-Emissionen ist für den Standort gegenwärtig nicht verpflichtend. Allerdings sollte auf diese Weise die Frage beantwortet werden, für welche Emissionen der Standort in Gänze maximal verantwortlich ist. Hierzu galt es zunächst, die in den Produktionsanlagen verbrauchten Mengen an Rohstoffen und Energie zu erheben. Und schließlich mussten auch die im Zuge der Nutzung maximal möglichen Emissionen berechnet werden. Rund ein Drittel der Emissionen des Parks entfällt auf Scope-1-Emissionen, die durch die Energieerzeugung vor Ort verursacht werden, und etwa zwei Drittel auf Scope-3-Emissionen, die durch den Einkauf von Rohstoffen und die End-of-Life-Emissionen von Produkten entstehen. Die Scope-2-Emissionen sind gering und werden hauptsächlich durch den Einkauf von Strom verursacht. Bei einer Zuordnung der Emissionen zu bestimmten Rohstoffen entfallen 87 % der CO_2-Emissionen auf vier Rohstoffe: Methan, Ethylen, Methanol und Essigsäure. Methan wird hauptsächlich, aber nicht ausschließlich, für die Energieerzeugung verwendet. Der Anteil der Unternehmen an den Emissionen ist je nach Produkt und Produktpalette sehr unterschiedlich. Die Optimierungsüberlegungen müssen sich daher mit der Frage auseinandersetzen, mit welchen Stellhebeln diese vier Emissionsquellen beeinflusst werden können.

Erfolgsfaktoren: Die Gewinnung und Validierung der Daten ist mit einigen Herausforderungen verbunden. Abgrenzungen und Annahmen variieren zwischen den Unternehmen. Die Festlegung der Systemgrenze muss diskutiert und entschieden werden. Allerdings können einige der Daten zu den eingesetzten Rohstoffen und damit zu den potenziellen Scope-3-Emissionen aus den operativen Emissionsberichten abgeleitet werden, die jährlich an das Regierungspräsidium übermittelt werden müssen. Die Werte wurden durch das Cluster erstmalig strategisch mit Blick auf die CO_2-Relevanz ausgewertet.

3.5.3.2 Schritt 2: Identifikation von Stellhebeln und Entwicklung von Szenarien

Nach Kenntnisnahme des CO_2-Fußabdrucks sowie der potenziell relevanten Stellhebel wurden in einem zweiten Schritt gemeinsam mit den Experten der DECHEMA Szenarien für die Transformation zur CO_2-Neutralität erarbeitet. Im Ergebnis wurden Szenarien für die Kombination unterschiedlicher Technologien (zunächst v. a. erneuerbarer Strom, grüner Wasserstoff und Wärmepumpen) jeweils isoliert und in einem Technologiemix ausgeleuchtet. Im Rahmen der Untersuchungen wurde deutlich, dass insbesondere die erforderliche Menge an grüner Energie sowie die entsprechenden Abhängigkeiten bei den Infrastrukturen von entscheidender Bedeutung sind. Darüber hinaus wurde ersichtlich, in welchem Umfang zu welchem Zeitpunkt in welche Technologien investiert werden müsste.

Im nächsten Schritt wurden die Szenarien detailliert und unter Berücksichtigung von Literatur und aktuellen technischen Entwicklungen weiter spezifiziert. Ein wesentliches Ergebnis war die Identifikation von zwölf spezifisch für den Standort relevanten Stellhebeln (siehe Tab. 3.2). Fünf der zwölf Stellhebel sind auf den Ersatz von fossilem Erdgas bei der Energieerzeugung im Park ausgerichtet. Bei diesen Hebeln handelt es sich um erneuerbare Elektrizität, Elektrifizierung von Wärme, synthetisches Methan, Wasserstoff und Biogas. Synthetisches Methan wird durch die Umwandlung von CO_2 mit grünem Wasserstoff erzeugt [55].

Erfolgsfaktoren: Die Auswahl der zu beleuchtenden Stellhebel zur CO_2-Reduktion ist in Abhängigkeit von der Anzahl der CO_2-Quellen unterschiedlich komplex. Die Anzahl der zu betrachtenden Quellen hat einen direkten Einfluss auf die Komplexität der Analyseaufgabe. Im Rahmen der Analyse des Clusters Process4Sustainability wurden letztlich zwölf Stellhebel identifiziert, die mit hoher Sicherheit eine vollständige Liste für den Standort abbilden.

Tab. 3.2 Wichtige Stellhebel für die Reduktion von CO_2-Emissionen am Industriepark Höchst.

Stellhebel für den Ersatz von fossilem Erdgas	Erneuerbarer Strom Elektrifizierung von Wärme Synthetisches Methan aus CO_2 (CCU) Kohlenstofffreies Brenngas (H_2) Biogas/biogenes Methan
Stellhebel für den Ersatz von fossilem Ethylen	Grünes Ethylen aus CO_2 (über Ethanol) (CCU) Recycling und Cracken von Kunststoffen
Stellhebel für den Ersatz von fossilem Methanol	Synthetisches Methanol aus CO_2 oder Biomasse (CCU) Methanol über grünes Ethanol
Stellhebel für den Ersatz von fossiler Essigsäure	Synthetische Essigsäure aus CO_2 (über Methanol)
Weitere Stellhebel, die in verschiedenen Bereichen anwendbar sind.	CCS Recycling

3.5.3.3 Schritt 3: Analyse der Stellhebel und Sicherstellung von Leadership

Im dritten Schritt erfolgt nun eine Betrachtung der prinzipiell relevanten Stellhebel durch die Unternehmen unter Nutzung verschiedener Bewertungsfilter. Dabei geht es um folgende Fragen: Wie ist der technologische und regulatorische Reifegrad verschiedener Technologien? Welche Technologien sollten priorisiert werden? Welche Konsortien sind von Relevanz? Welche Technologien können in welchem Zeitraum einen Beitrag zur Erreichung der CO_2-Reduktionsziele leisten? Darüber hinaus ist von Interesse, welche Clusterunternehmen bei welcher Technologie welche Interessen verfolgen. Ebenso ist von Belang, welche Rolle die einzelnen Clusterunternehmen bei der Bearbeitung einzelner Stellhebel einnehmen möchten. Hierbei ist zunächst zu prüfen, ob der jeweilige Stellhebel für das spezifische Unternehmen von Relevanz ist. Zudem ist zu eruieren, ob ein Unternehmen die Rolle des Challenge Owner einnimmt, der ein Thema vorantreibt, oder ob es sich als Unterstützer sieht.

Erfolgsfaktoren: Die Untersuchung der Stellhebel ist ein iterativer Prozess, der sowohl die bilaterale Abstimmung zwischen den Unternehmen und der Cluster-Geschäftsstelle erfordert als auch die unmittelbare Diskussion zwischen den verschiedenen Clusterpartnern. Hier gilt es insbesondere das Wissen aus den Zentralbereichen der Unternehmen mit den lokalen Standortspezifika zu verbinden. Zu den Entwicklungsperspektiven der verschiedenen Stellhebel gibt es auf europäischer Ebene eine Vielzahl sehr guter Ausarbeitungen (z. B. von A. SPIRE[2]).

2 A.SPIRE ist ein europäischer Verband mit dem Ziel, die Entwicklung von Technologien zu fördern, die zu einer ressourceneffizienten Prozessindustrie beitragen. Mehr Informationen unter: https://www.aspire2050.eu/aspire/the-association.

3.5.3.4 Schritt 4: Koordinierte Umsetzung

Im nächsten Schritt müssen die definierten Themen in konkrete Arbeitspläne überführt werden. Die Bearbeitung erfolgt durch die Cluster-Geschäftsstelle, einzelne Unternehmen bzw. Cluster-Partner oder in Projektteams. Von entscheidender Bedeutung ist hierbei die enge Verzahnung der Aktivitäten, da sich die unterschiedlichen Projekte sowie die Netzwerke gegenseitig gut befruchten können. Dies gilt insbesondere auch für die Positionierung des Clusters in öffentlich geförderten Projekten, welche für die Finanzierung von Technologien mit vergleichsweise niedrigen technologischen Reifegraden von Bedeutung ist. Die neuen Technologien können an etablierten Industrieparks innerhalb kurzer Zeit ein Upscaling erfahren. Durch die Nutzung dieser Technologien kann dann zugleich in den Industrieparks das erforderliche Wissen zum Umbau der Infrastruktur gewonnen werden.

Erfolgsfaktoren: In dieser Phase ist eine stringente Projektorganisation wichtig. Diese ist unter Effizienzgesichtspunkten auszugestalten und projektübergreifend zu vernetzen. Alle Beteiligten müssen sich darüber im Klaren sein, dass bei innovativen Technologien das Feld sich noch in der Entwicklung befindet. Dies kann dazu führen, dass einzelne Ansätze und Unternehmen, die heute vielversprechend erscheinen, wieder vom Markt verschwinden. Es ist daher empfehlenswert, nicht ausschließlich auf eine einzige Karte zu setzen.

3.5.4 Multi-Stakeholder-Management zur Weiterentwicklung eines Standortes

Im Industriepark Höchst gibt es eine Reihe von Stakeholdern, die in unterschiedlicher Weise Einfluss auf Entscheidungen zur Erreichung der Treibhausgasneutralität nehmen. Diese Stakeholder lassen sich grob in fünf Gruppen einteilen: Unternehmen, Nichtregierungsorganisationen (NGOs), Forschungseinrichtungen, regionale Regierungsakteure und Industrieverbände. Die Entscheidungen dieser Akteure können auf zwei Arten koordiniert werden: Zum einen können die Aktivitäten informell durch Informationsaustausch und gemeinsames Lernen verzahnt werden. Zum anderen gibt es die Möglichkeit der formellen Koordination durch gemeinsame Entscheidungen über Prioritäten und Ressourcenverwendungen.

- Unternehmen: Da ist zum einen der Parkbetreiber Infraserv, der mehrheitlich den Nachfolgern der Hoechst AG gehört: Celanese, Clariant und Sanofi. Einen kleinen Anteil hält auch Basell Polyolefine. Aus Sicht des Parkbetreibers sind diese vier Unternehmen also Kunden und Eigentümer zugleich. Die übrigen Unternehmen im Industriepark Höchst sind keine Eigentümer, sondern stehen in einer Kunden-Lieferanten-Beziehung zu Infraserv. Eigentümer und Kunden können Mitglieder des Clusters Process4Sustainability sein. Die zahlenden Mitglieder des Clusters entscheiden gemeinsam über die strategischen Schwerpunkte des Clusters. Während die Standortleiter der einzelnen Unternehmen vor Ort für die Umsetzung der standortspezifischen Ziele verantwortlich sind, entscheidet die jeweilige Unternehmenszentrale über die unternehmensweiten Strategien

zur Reduktion von CO_2. Da viele Unternehmen an mehreren Standorten tätig sind, kommt als weiterer Akteur die Unternehmenszentrale hinzu, die sich teilweise im Ausland befindet. Schließlich gibt es die Lösungsanbieter. Das sind Unternehmen, die im Industriepark Höchst neue Technologien erproben und weiterentwickeln. Als informelle Koordination zwischen den Unternehmen im Industriepark kann das gemeinsame Lernen durch gemeinsame Cluster-Workshops und Vorträge angesehen werden.
- Forschungseinrichtungen: Das Zentrum für Industrie und Nachhaltigkeit an der Provadis Hochschule ist als Geschäftsstelle auch Moderator des Clusters Process4Sustainability. In dieser Funktion ist die Provadis-Hochschule auch in die gemeinsamen Entscheidungsprozesse des Clusters und in gemeinsame Nachhaltigkeits-Lernprozesse mit lokalen Unternehmen eingebunden. Weitere Forschungseinrichtungen (z. B. DECHEMA, TU Darmstadt) sind über gemeinsame Studien und Vorträge auf gemeinsamen Veranstaltungen mit dem Cluster verbunden.
- Industrieverbände: Der Cluster pflegt den Austausch mit dem Verband der Chemischen Industrie (VCI), dem Branchenverband der chemischen Industrie in Deutschland. Das Cluster ist auch Mitglied im Verband der europäischen Prozessindustrie (A.SPIRE). Der Austausch hilft bei der Bewertung kohlenstoffarmer Technologien und erleichtert die Bildung von Konsortien zur Beantragung von EU-Fördermitteln. Doppelarbeit bei der Bewertung von Technologien soll durch den engen Austausch vermieden werden.
- Regionale Regierungsakteure: Wichtige regionale Akteure sind das Land Hessen und die Stadt Frankfurt. Mit ihnen steht der Cluster in einem informellen Dialog zu Fragen der regulatorischen Entwicklung, der politischen Ziele und Erwartungen sowie der wirtschaftlichen Machbarkeit. Infrastrukturbedarfe der Unternehmen (z. B. Wasserstoff) werden u. a. mit der Landesenergieagentur diskutiert.
- NGOs: Nicht zuletzt beeinflussen NGOs wie Greenpeace, German Watch und der WWF die öffentliche Meinung über die Bedeutung und Dringlichkeit von Klimaschutzmaßnahmen.

Insgesamt soll durch das Management der verschiedenen Akteure ein Innovationsökosystem für den Industriepark Höchst und das Land Hessen auf- und ausgebaut werden, das eine wirtschaftlich erfolgreiche Transformation des Standortes unterstützt und gleichzeitig Arbeitsplätze für die Region sichert und schafft (Abb. 3.3). Dabei steht neben der Defossilisierung des bestehenden Geschäfts insbesondere die Ansiedlung neuer wirtschaftlicher Aktivitäten im Vordergrund. Aufgrund der vorhandenen Infrastruktur können Industrieparks auch neue Geschäftsfelder erschließen und grüne Technologien hochskalieren. Im Fokus stehen dabei nicht die „early-stage Start-ups“, sondern vielmehr die bewährten Scale-up-Unternehmen, die ihre neuen Technologien nun außerhalb des Labors in einem industriellen Umfeld in Demonstrations- und Pilotprojekten hochskalieren wollen. Für diese Wachstumsunternehmen können Industrieparks erhebliche Kosten-, Zeit-,

Abb. 3.3 Akteure des Innovationsökosystem.

Tab. 3.3 Industrieparks als Ort zum Upscaling neuer Technologien.

	Angebot der Industrieparks (Beispiele)	Nutzen für Scale-ups
1	Infrastrukturen und Medien (Energie, Wasser)	Kostenvorteil und Sicherheit: Funktionierende Infrastruktur, Unterstützung
2	Zugang zu Rohstoffen (z. B. CO_2, H_2)	Sicherheit: Stabile Versorgung gewährleistet
3	Site Services	Fokus auf Kerngeschäft
4	Bildung	Zugang zu Fachkräften
5	Vorhandene Kundenstruktur (im Industriepark und darüber hinaus)	Umsatz: Kunden direkt vor Ort oder in der Region
6	Behördenmanagement	Kosten- und Zeitvorteil ggü. einem Ansatz auf der grünen Wiese

Sicherheits- und Umsatzvorteile gegenüber einer Ansiedlung auf der grünen Wiese bieten (Tab. 3.3).

Ein aktuelles Beispiel ist die Skalierung der Produktion von klimafreundlichen e-Fuels durch das Karlsruher Start-up INERATEC im Industriepark Höchst. Im Jahr 2023 haben die Bauarbeiten für die bisher weltweit größte Power-to-Liquid-Anlage begonnen, die ab 2025 jährlich bis zu 7000 Tonnen CO_2 in e-Fuels umwandeln soll [56]. E-Fuels, auch synthetische Kraftstoffe genannt, sind flüssige Kraftstoffe, die fossile Kraftstoffe in herkömmlichen Verbrennungsmotoren ersetzen können. Sie sind daher vor allem für die Defossilisierung der Schifffahrt und des Luftverkehrs interessant, können aber auch im Straßenverkehr eingesetzt werden. Die Pionieranlage wandelt Strom aus erneuerbaren Energiequellen (z. B. Wind- oder Solarenergie) mit Wasserstoff und CO_2 in e-Fuels um. Die Umwandlung basiert auf der Fischer-Tropsch-Synthese. Dabei wird im ersten Schritt Synthesegas, ein Gemisch aus Kohlenmonoxid (CO) und Wasserstoff (H_2), erzeugt, das anschließend in verschiedene Kohlenwasserstoffverbindungen umgewandelt werden kann. Synthesegas kann auf verschiedene Weise erzeugt werden, und die CO_2-Emissionen des Prozesses hängen stark von der Art der Erzeugung ab. Die gängigste Methode ist die Dampfreformierung von fossilem Erdgas. Wird stattdessen CO_2 aus Biomasse, Punktquellen oder der Luft verwendet, schließt sich der CO_2-Kreislauf und zusätzliche CO_2-Emissionen werden vermieden.

Ein weiteres Leuchtturmprojekt nutzt Wasserstoff aus dem Industriepark Höchst für den emissionsfreien Nahverkehr [57, 58]. Seit Dezember 2022 ersetzen im Taunus-Netz mit Wasserstoff betriebene Brennstoffzellen-Personenzügen dieselbetriebene Züge auf Strecken, auf denen eine Elektrifizierung mit Oberleitung nicht zeitnah oder aus technischen Gründen nicht möglich ist. Die Brennstoffzellenzüge geben nur Wasserdampf und Wärme an die Umwelt ab und sind zudem genauso leise wie elektrische Triebfahrzeuge. Mit 27 Zügen ist die Flotte die bisher größte weltweit und hilft, Erfahrungen mit alternativen Antrieben im Nahverkehr zu sammeln. Betankt wird sie im Industriepark Höchst, wo Wasserstoff als Nebenprodukt der Chlor-Alkali-Elektrolyse anfällt. Zusätzlich wurde ein Elektrolyseur zur Herstellung von Wasserstoff errichtet.

3.5.5 Ausblick: Was bringt die Zukunft für Industrieparks in Deutschland?

Industrieparks in Deutschland stehen vor der doppelten Herausforderung, sich im internationalen Wettbewerb zu behaupten und gleichzeitig die Transformation zur CO_2-Neutralität vorzubereiten und umzusetzen. Die Bedeutung von Industrieparks und Clustern für die Reduzierung der Umweltauswirkungen der Industrie ist in der Literatur gut dokumentiert. Auch die Frage, welche Rolle Industrieparks und Cluster bei der Defossilisierung spielen können, stößt auf wachsendes Interesse [39, 59, 60]. Industrieparks sind jedoch individuell. Unterschiede in den Produktionsprozessen/Produkten, in der Energieversorgung, in der Governancestruktur, in der vorhandenen Infrastruktur oder in der geographischen Lage (Küste vs. Binnenland) führen dazu, dass für verschiedene Industrieparks unterschiedliche Ansätze zur Defossilisierung geeignet sind. Technologien stellen jedoch nur einen Teil des sozio-technischen Systems dar, in das Industrieparks eingebettet sind. Der Übergang zu einer nachhaltigeren industriellen Produktion erfordert zahlreiche Veränderungen in miteinander verknüpften Bereichen. Insbesondere die Abhängigkeit der industriellen Defossilisierung vom nationalen und europäischen Infrastrukturausbau und dessen Finanzierung stellt eine Herausforderung dar, ebenso wie die oft noch fehlende Wettbewerbsfähigkeit klimafreundlicher Alternativen. In der Praxis besteht daher noch eine große Unsicherheit, wie sich der Prozess der Defossilisierung entwickeln wird. Der Industriepark Höchst ist heute vor allem Produktions- und Forschungsstandort der chemischen und pharmazeutischen Industrie. Gleichzeitig bietet er aufgrund der vorhandenen Infrastruktur eine Plattform, um neue Technologien in den industriellen Maßstab zu skalieren. Zukünftig sind verschiedene Geschäftsmodelle für den Industriepark Höchst denkbar: Neben der Defossilisierung der bestehenden Produktion könnte sich der Park zu einem Hub für zirkuläre Wirtschaft entwickeln und neue Geschäftspotenziale z. B. im Bereich des chemischen Recyclings oder der CCU erschließen. Auch die symbiotischen Beziehungen zur Region könnten ausgebaut werden, indem die heute noch ungenutzte industrielle Abwärme als Fernwärme genutzt wird und der Industriepark so zum Heizkraftwerk für die Region wird.

Literaturverzeichnis

1. VCI (2023). Chemiewirtschaft in Zahlen. Abrufbar unter: https://www.vci-nord.de/fileadmin/vci-nord/Bilder/publikationen/chemiewirtschaft_in_zahlen/chemiewirtschaft-in-zahlen-2023.pdf (Zugriff am 14. Dezember 2024).
2. Agora Industrie (2023). Chemie im Wandel: Die drei Grundpfeiler für die Transformation chemischer Wertschöpfungsketten. Abrufbar unter: https://www.agora-industrie.de/fileadmin/Projekte/2022/2022-02_IND_Climate_Positive_Chemistry_DE/A-EW_299_Chemie_im_Wandel_DE_WEB.pdf (Zugriff am 14. Dezember 2024).
3. Umweltbundesamt (2023). Ausrichtung des EU-ETS-1 auf das neue EU-Klimaschutzziel für 2030 und Reform der Marktstabilitätsreserve (MSR-1), Übersicht zur überarbeiteten Emissionshandelsrichtlinie, Dessau-Roßlau. Abrufbar unter: https://www.umweltbundesamt.de/sites/default/files/medien/11850/publikationen/factsheet_cap_msr_v2.pdf (Zugriff am 14. Dezember 2024).
4. United Nations Climate Change (o.J.). The Paris Agreement. Abrufbar unter: https://unfccc.int/process-and-meetings/the-paris-agreement (Zugriff am 14. Dezember 2024).
5. Rockström, J., Steffen, W., Noone, K. et al. (2009). Planetary Boundaries: Exploring the Safe Operating Space for Humanity Ecology and Society. *Ecology and Society* 14(2): 32. Abrufbar unter: www.jstor.org/stable/26268316 (Zugriff am 14. Dezember 2024).
6. Rockström, J., Gupta, J., Qin, D. et al. (2023). Safe and just Earth system boundaries. *Nature* 619: 102–111. Abrufbar unter: https://doi.org/10.1038/s41586-023-06083-8 (Zugriff am 14. Dezember 2024).
7. IPCC (2018). Global Warming of 1.5 °C, an IPCC special report on the impacts of global warming of 1.5 °C above pre-industrial levels and related global greenhouse gas emission pathways, in the context of strengthening the global response to the threat of climate change, sustainable development, and efforts to eradicate poverty, 3–24. Cambridge University Press. Abrufbar unter: https://doi.org/10.1017/9781009157940.001 (Zugriff am 14. Dezember 2024).
8. Climate Action Tracker (o.J.). CAT net zero target evaluations. Abrufbar unter: https://climateactiontracker.org/global/cat-net-zero-target-evaluations (Zugriff am 14. Dezember 2024).
9. Bundes-Klimaschutzgesetz (KSG) (o.J.). Abrufbar unter: https://www.gesetze-im-internet.de/ksg (Zugriff am 14. Dezember 2024).
10. EU-Verordnung 2021/1119 (o.J.). Abrufbar unter: https://eur-lex.europa.eu/legal-content/EN/TXT/PDF/?uri=CELEX:32021R1119 (Zugriff am 14. Dezember 2024).

11. Rogelj, J., Geden, O., Cowie, A. et al. (2021). Three ways to improve net-zero emissions targets. *Nature* 591: 365–368.
12. Greenhouse Gas Protocol (2016). Global Warming Potential Values. Abrufbar unter: https://ghgprotocol.org/sites/default/files/ghgp/Global-Warming-Potential-Values%20%28Feb%2016%202016%29_1.pdf (Zugriff am 14. Dezember 2024).
13. South Pole (2021). A simple guide to climate neutral, net zero and climate positive. Abrufbar unter: https://www.southpole.com/blog/guide-to-climate-neutral-net-zero-climate-positive (Zugriff am 14. Dezember 2024).
14. United Nations Climate Change (2021). A Beginner's Guide to Climate Neutrality. Abrufbar unter: https://unfccc.int/news/a-beginner-s-guide-to-climate-neutrality (Zugriff am 14. Dezember 2024).
15. Jeudy-Hugo, S., Lo Re, L. und Falduto C. (2021). *Understanding countries' net-zero emissions targets*. Paris: OECD Publishing. Abrufbar unter: https://doi.org/10.1787/8d25a20c-en (Zugriff am 14. Dezember 2024).
16. Greenhouse Gas Protocol (o.J.). We set the standards to measure and manage emissions. Abrufbar unter: https://ghgprotocol.org (Zugriff am 14. Dezember 2024).
17. Science Based Targets initiative (2024). SBTi corporate net-zero standard. Abrufbar unter: https://sciencebasedtargets.org/resources/files/Net-Zero-Standard.pdf (Zugriff am 14. Dezember 2024).
18. EFRAG (2022). Draft European Sustainability Reporting Standards, ESRS E1 Climate Change. Abrufbar unter: https://www.efrag.org/Assets/Download?assetUrl=/sites/webpublishing/SiteAssets/08%20Draft%20ESRS%20E1%20Climate%20Change%20November%202022.pdf (Zugriff am 14. Dezember 2024).
19. DEHSt (o.J.). Versteigerung. Abrufbar unter: https://www.dehst.de/DE/Europaeischer-Emissionshandel/Versteigerung/versteigerung_node.html (Zugriff am 14. Dezember 2024).
20. Kapsalyamova, Z. und Paltsev, S. (2020). Use of natural gas and oil as a source of feedstocks. *Energy Econ* 92: 104984. Abrufbar unter: https://doi.org/10.1016/j.eneco.2020.104984 (Zugriff am 14. Dezember 2024).
21. CEFIC, Environmental Performance (o.J.). Abrufbar unter: https://cefic.org/a-pillar-of-the-european-economy/facts-and-figures-of-the-european-chemical-industry/environmental-performance (Zugriff am 14. Dezember 2024).
22. Dessau-Roßlau, Umweltbundesamt (2023). *Berichterstattung unter der Klimarahmenkonvention der Vereinten Nationen und dem Kyoto-Protokoll*. Dessau-Roßlau, Germany: Umweltbundesamt.
23. IEA, ICCA, DECHEMA (2013). Technology Roadmap, Energy and GHG Reductions in the Chemical Industry via Catalytic-Processes. Abrufbar unter: https://dechema.de/dechema_media/Downloads/Positionspapiere/IndustrialCatalysis/Chemical_Roadmap_2013_Final_WEB.pdf (Zugriff am 14. Dezember 2024).
24. Bodendorf, F., Dimitrov, G. und Franke, J. (2022). Analyzing and evaluating supplier carbon footprints in supply networks. *J Clean Prod* 372: 133601. Abrufbar unter: https://doi.org/10.1016/j.jclepro.2022.133601 (Zugriff am 14. Dezember 2024).
25. BASF (2022). Scope 3 GHG Inventory Report.
26. Bauer, F., Tilsted, J.P., Pfister, S. et al. (2023). Mapping GHG emissions and prospects for renewable energy in the chemical industry. *Curr Opin Chem Eng* 39: 100881. Abrufbar unter: https://doi.org/10.1016/j.coche.2022.100881 (Zugriff am 14. Dezember 2024).

27. Bauer, F., Kulionis, V., Oberschlep, C. et al. (2022). *Petrochemicals and climate change: Tracing globally growing emissions and blind spots in a fossil-based industry.* Lund, Sweden: Lund University. Abrufbar unter: https://portal.research.lu.se/en/publications/petrochemicals-and-climate-change-tracing-globally-growing-emissi (Zugriff am 14. Dezember 2024).

28. Huang, Y.A., Weber, C.L. und Matthews, H.S. (2009).Categorization of Scope 3 Emissions for Streamlined Enterprise Carbon Footprinting. *Environ Sci Technol* 43: 8509–8515. Abrufbar unter: https://doi.org/10.1021/es901643a (Zugriff am 14. Dezember 2024).

29. Schmidt, M., Nill, M. und Scholz, J. (2022). Determining the Scope 3 Emissions of Companies. *Chem Eng Technol* 45: 1218–1230. Abrufbar unter: https://doi.org/10.1002/ceat.202200181 (Zugriff am 14. Dezember 2024).

30. Kanazawa, D., Wagner, A. und Kremer, A.B. et al. (2024). Scope 1, 2, and 3 Net Zero Pathways for the Chemical Industry in Japan. *Journal of Chemical Engineering of Japan* 57: 2360900. Abrufbar unter: https://doi.org/10.1080/00219592.2024.2360900 (Zugriff am 14. Dezember 2024).

31. Li, M., Wiedmann, T., Hadjikakou, M. et al. (2020). Enabling full supply chain corporate responsibility: scope 3 emissions targets for ambitious climate change mitigation. *Environ Sci Technol* 54: 400–411. Abrufbar unter: https://doi.org/DOI:10.1021/acs.est.9b05245 (Zugriff am 14. Dezember 2024).

32. Geels, F.W. (2002). Technological transitions as evolutionary reconfiguration processes: a multi-level perspective and a case-study. *Res Policy* 31: 1257–1274. Abrufbar unter: https://doi.org/10.1016/S0048-7333(02)00062-8 (Zugriff am 14. Dezember 2024).

33. Wissenschaftlicher Beirat der Bundesregierung Globale Umweltveränderungen (2011). *Welt im Wandel: Gesellschaftsvertrag für eine Große Transformation.* 2., veränd. Aufl. Berlin: Wiss. Beirat der Bundesregierung Globale Umweltveränderungen (WBGU). Abrufbar unter: https://www.wbgu.de/fileadmin/user_upload/wbgu/publikationen/hauptgutachten/hg2011/pdf/wbgu_jg2011.pdf (Zugriff am 14. Dezember 2024).

34. Derk, A. und Loorbach A. (2013). Transition perspective on sustainable chemistry: the need for smart governance? In: *Management Principles of Sustainable Industrial Chemistry: Theories, Concepts and Industrial Examples for Achieving Sustainable Chemical Products and Processes from a Non-Technological Viewpoint* (eds. G.L.L. Reniers, K. Sörensen und K. Vrancken). Weinheim, Germany: Wiley-VCH.

35. Falcone, P.M. und Hiete, M. (2019). Exploring green and sustainable chemistry in the context of sustainability transition: The role of visions and policy. *Curr Opin Green Sustain Chem* 19: 66–75. Abrufbar unter: https://doi.org/10.1016/j.cogsc.2019.08.002 (Zugriff am 14. Dezember 2024).

36. Matthies, C. (2016). Chemiekomplexe in ihrer historischen Entwicklung und Trends in der Entwicklung von Chemiestandorten. In: *Chemiestandorte*, 1st e (ed. C. Suntrop), 61–82. Weinheim, Germany. Abrufbar unter: https://onlinelibrary.wiley.com/doi/10.1002/9783527681341.ch3 (Zugriff am 14. Dezember 2024).

37. Wildemann, H. (2016). Das Chemieparkkonzept – Ein Modell mit Zukunft? In: *Chemiestandorte*, 1st e (ed. C. Suntrop), 33–59. Weinheim, Germany: Wiley-VCH. Abrufbar unter: https://onlinelibrary.wiley.com/doi/10.1002/9783527681341.ch2 (Zugriff am 14. Dezember 2024).

38. Mittelviefhaus, C., Kramer, P. und Marowski D. (2016). InfraServ Knapsack – durch Wachstum und Wandel vom Standortbetreiber zum Industriedienstleister. In: *Chemiestandorte*, 1st e (ed. C. Suntrop), 117–140. Weinheim, Germany: Wiley-VCH. Abrufbar unter: https://onlinelibrary.wiley.com/doi/10.1002/9783527681341.ch5 (Zugriff am 14. Dezember 2024).

39. Janipour, Z. de Gooyert, V. Huijbregts, M. et al. (2022). Industrial clustering as a barrier and an enabler for deep emission reduction: a case study of a Dutch chemical cluster. *Climate Policy* 22: 320–338. Abrufbar unter: https://doi.org/10.1080/14693062.2022.2025755 (Zugriff am 14. Dezember 2024).

40. Kloo, Y. Nilsson, L.J. und Palm, E. (2024). Reaching net-zero in the chemical industry – A study of roadmaps for industrial decarbonisation. *Renewable and Sustainable Energy Transition* 5: 100075. Abrufbar unter: https://doi.org/10.1016/j.rset.2023.100075 (Zugriff am 14. Dezember 2024).

41. Caviezel, C., Achternbosch, M. und Grünwald, R. (2024). *Alternative Technologiepfade für die Emissionsreduktion in der Grundstoffindustrie*. Berlin, Germany: Büro für Technikfolgen-Abschätzung beim Deutschen Bundestag.

42. Scharf, H., Sauerbrey, O. und Möst, D. (2024). What will be the hydrogen and power demands of the process industry in a climate-neutral Germany? *J Clean Prod* 466: 142354. Abrufbar unter: https://doi.org/10.1016/j.jclepro.2024.142354 (Zugriff am 14. Dezember 2024).

43. Menzel, N. (2025). Die größten Chemieparks in Deutschland. *Chemietechnik*. Abrufbar unter: https://www.chemietechnik.de/service-standorte/die-groessten-chemieparks-in-deutschland-311.html (Zugriff am 14. Dezember 2024).

44. CHEManager (2023). Deutschlands größte Chemiestandorte. Abrufbar unter: https://www.chemanager-online.com/news/deutschlands-groesste-chemiestandorte (Zugriff am 14. Dezember 2024).

45. Stühler, M. (o.J.). Industriepark Höchst – Historie. Abrufbar unter: https://www.industriepark-hoechst.com/de/stp/standort/historie (Zugriff am 14. Dezember 2024).

46. Schäder, B. (2023). 100 Jahre Insulin aus Frankfurt, Frankfurter Allgemeine Zeitung. Abrufbar unter: https://www.faz.net/aktuell/rhein-main/wirtschaft/diabetes-100-jahre-insulin-aus-frankfurt-hoechst-19042992.html (Zugriff am 14. Dezember 2024).

47. Schäder, B. (2023). Bitterer Jahrestag für „Hoechster", Frankfurter Allgemeine Zeitung. Abrufbar unter: https://www.faz.net/aktuell/rhein-main/wirtschaft/ende-der-hoechst-ag-trauriges-jubilaeum-fuer-hoechster-19354899.html (Zugriff am 14. Dezember 2024).

48. Infraserv Höchst (2022). Update Carbon Footprint der Infraserv Höchst 2022. Abrufbar unter: https://www.infraserv.com/media/content/unternehmen/nachhaltigkeit/carbon-footprint.pdf (Zugriff am 14. Dezember 2024).

49. Infraserv Höchst (2021). Gasturbinen ermöglichen Kohleausstieg. Abrufbar unter: https://www.infraserv.com/de/unternehmen/nachhaltigkeit/gasturbinen (Zugriff am 14. Dezember 2024).

50. Göbelbecker, J. (2022). Industriepark Höchst setzt im Heizkraftwerk nun auch Heizöl ein, Chemietechnik. Abrufbar unter: https://www.chemietechnik.de/energie-utilities/industriepark-hoechst-setzt-im-heizkraftwerk-nun-auch-heizoel-ein-351.html (Zugriff am 14. Dezember 2024).

51. Infraserv Höchst (o.J.). Waste-to-energy plant. Abrufbar unter: https://www.industriepark-hoechst.com/en/stp/site/site-services/disposal/rdf-combustion (Zugriff am 14. Dezember 2024).
52. Infraserv Höchst (o.J.). Sewage sludge incineration. Abrufbar unter: https://www.industriepark-hoechst.com/en/stp/site/site-services/disposal/sewage-sludge-incineration/ (Zugriff am 14. Dezember 2024).
53. Infraserv Höchst (o.J.). Residue incineration. Abrufbar unter: https://www.industriepark-hoechst.com/en/stp/site/site-services/disposal/residue-incineration/ (Zugriff am 14. Dezember 2024).
54. Infraserv Höchst (o.J.). Biogas generation. Abrufbar unter: https://www.industriepark-hoechst.com/en/stp/site/site-services/disposal/biogas-generation/ (Zugriff am 14. Dezember 2024).
55. Sun, D. und Simakov, D.S.A. (2017). Thermal management of a Sabatier reactor for CO_2 conversion into CH4: Simulation-based analysis. *Journal of CO_2 Utilization* 21: 368–382. Abrufbar unter: https://doi.org/10.1016/j.jcou.2017.07.015 (Zugriff am 14. Dezember 2024).
56. INERATEC (2023). Fueling Future Mobility – e-Fuels made in Germany. Abrufbar unter: https://www.ineratec.de/de/fueling-future-mobility-e-fuels-made-germany (Zugriff am 14. Dezember 2024).
57. Infraserv Höchst (2022). Größte Wasserstoffzug-Flotte der Welt tankt bald in Höchst. Abrufbar unter: https://www.industriepark-hoechst.com/de/stp/nachbarn/presse/groesste-wasserstoffzug-flotte-der-welt-tankt-bald-in-hoechst.html (Zugriff am 14. Dezember 2024).
58. Infraserv Höchst (o.J.). Wasserstoffversorgung für Brennstoffzellenzüge. Abrufbar unter: https://www.infraserv.com/de/unternehmen/nachhaltigkeit/wasserstoffversorgung-brennstoffzellenzuege/ (Zugriff am 14. Dezember 2024).
59. Sovacool, B.K., Geels, F.W. und Iskandarova, M. (1979). Industrial clusters for deep decarbonization. *Science* 378 (2022): 601–604. Abrufbar unter: https://doi.org/10.1126/science.add0402 (Zugriff am 14. Dezember 2024).
60. World Economic Forum (2023). Transitioning Industrial Clusters towards Net Zero. Abrufbar unter: https://www.weforum.org/publications/transitioning-industrial-clusters-towards-net-zero/ (Zugriff am 14. Dezember 2024).

4

Nachhaltigkeitsreporting in der Praxis

Lara Kämmerer, Dr. Jevgeni Vihharev und Denis Ludwig

d-fine GmbH

Abstract

Der Beitrag adressiert Themen rund um die praktische Umsetzung der Nachhaltigkeitsberichterstattung in Unternehmen unter besonderer Berücksichtigung der erforderlichen IT-Infrastruktur. Untersucht werden zuerst Regulatorik, interne Anforderungen und Ziele sowie Marktstandards und Best Practices im Bereich der Nachhaltigkeitsberichterstattung. In der Folge werden in der Praxis auftretende Herausforderungen wie Datenheterogenität, -qualität und -verfügbarkeit, aber auch Aspekte im Umfeld Methodiken, Prozessen und Governance-Strukturen erläutert. Ein spezieller Fokus liegt schließlich auf der Ableitung passgenauer IT-Infrastrukturen zur Adressierung der Anforderungen an die Nachhaltigkeitsberichterstattung. Dabei wird sowohl auf mögliche Architekturmodelle als auch auf wesentliche Tools und IT-Einzelkomponenten eingegangen. Abschließend werden zukünftige Trends in der IT-seitigen Aufstellung diskutiert.

4.1 Nachhaltigkeitsberichterstattung: Quantifizierung und strategische Ausrichtung

In den letzten Jahrzehnten hat das Thema Nachhaltigkeit einen stetig wachsenden Stellenwert in gesellschaftlichen und politischen Debatten eingenommen. Ein umfassender Nachhaltigkeitsbegriff deckt dabei, neben der allgegenwärtigen Dimension der Umwelt, auch die Aspekte Soziales und Unternehmensführung (vgl. Abb. 4.1) ab. Chemieunternehmen haben aufgrund ihrer frühen Position in der Wertschöpfung eine besonders hohe Relevanz und einen großen Einfluss auf zahlreiche Wertschöpfungsketten. Gleichzeitig ergibt sich aus dem traditionell energie- und ressourcenintensiven Chemiegeschäft eine hohe

Zirkuläre Wirtschaft und Nachhaltigkeit in der chemischen Industrie: 1. Aufl. C. Suntrop und T. Wagner (Hrsg.).
© 2026 Wiley-VCH GmbH. Alle Rechte vorbehalten, einschließlich derer für Text- und Data-Mining und Training von Technologien der Künstlichen Intelligenz oder ähnlichen Technologien.

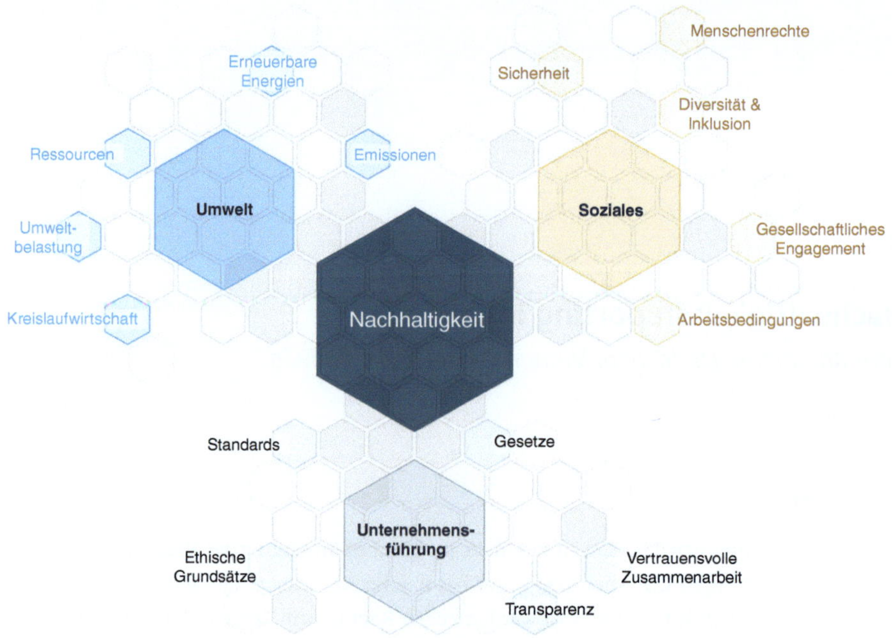

Abb. 4.1 Dimensionen der Nachhaltigkeit mit ausgewählten Beispielen.

Komplexität im Hinblick auf die Vielfältigkeit der Nachhaltigkeitsthemen, die zu bearbeiten sind.

Für Unternehmen aller Größen und Sektoren ist dieser Trend global spürbar geworden und schlägt sich direkt in unterschiedlichen Aktivitäten und Handlungsbedarfen nieder. Während sich Großunternehmen zum Teil bereits aktiv mit der Messung und Steuerung von Key Performance Indikatoren (KPIs) im Nachhaltigkeitsumfeld des eigenen Unternehmens beschäftigen, sehen sich vor allem kleinere und mittelständische Unternehmen, insbesondere aufgrund steigender Nachfragen von Geschäftspartnern wie Kunden und Investoren, zunehmend damit konfrontiert, das Thema Nachhaltigkeit ebenfalls verstärkt anzugehen. Darüber hinaus bilden ambitionierte klimapolitische Ziele, insbesondere im europäischen Wirtschaftsraum, die Grundlage für eine umfassende Nachhaltigkeits-Regulatorik und Berichterstattung, die eine Vielzahl von Unternehmen zukünftig dazu verpflichten wird, Nachhaltigkeitsinformationen offen zu legen und einer Prüfung zu unterziehen.

4.1.1 Regulatorische Anforderungen

Im europäischen Wirtschaftsraum sind umfangreiche Vorschriften und Gesetze zur Zulassung, Verwendung, zum Transport und zur Deklaration von Chemikalien etabliert. Mit dem europäischen Green Deal hat sich die EU darüber hinaus dazu verpflichtet, im gesamten europäischen Wirtschaftsraum bis 2050 klimaneutral zu werden [1]. Damit hat sich die Europäische Union auch im direkten internationalen

Vergleich ambitionierte Ziele gesetzt, zu deren Erreichung in den letzten Jahren eine Reihe von Aktionsplänen, Richtlinien, Regularien und Delegierten Verordnungen erlassen wurden. Dabei geht es neben der Erreichung der Klimaneutralität bis 2050 auch um weitere Nachhaltigkeitsaspekte wie Soziales und Unternehmensführung, die den Handlungsbedarf und den Wirkungskreis der Vorgaben sehr umfassend gestalten.

Für Chemieunternehmen ergibt sich damit auf Basis zahlreicher neuer europäischer, aber auch internationaler Vorschriften, Regularien und Standards, welche zum Teil auch in nationales Recht umgesetzt werden, Handlungsbedarf in allen Säulen der Nachhaltigkeit. Dieser Handlungsbedarf wird zusätzlich durch Anfragen von externen Stakeholdern wie Kunden, Banken und Geschäftspartnern sowie internen Stakeholdern wie dem Management und der Strategieabteilung gesteigert. Vor allem intern werden Nachhaltigkeitsinformationen zunehmend auch für die Steuerung, die Entwicklung von Anreizsystemen und die Weiterentwicklung der Unternehmensstrategien genutzt.

In Tabelle 4.1 sind wesentliche Regularien und Initiativen gelistet, die sich zum einen aus dem Green Deal ableiten und zum anderen Handlungsbedarf bei Chemieunternehmen fordern.

4.1.2 Initiativen, Standards und Zertifizierungspartner

Zusätzlich zu der oben beschriebenen regulatorischen Welle haben sich in den letzten Jahrzehnten bereits einige Marktstandards und Initiativen entwickelt, denen sich Chemieunternehmen anschließen können, um verschiedene Nachhaltigkeitsaspekte gezielt und strukturiert anzugehen. Die Teilnahme an solchen Initiativen kann für Chemieunternehmen aus unterschiedlichen Gründen gewinnbringend und wertvoll sein:

- *Transparenz durch freiwillige Berichterstattung*: Einige europäische und internationale Initiativen entwickeln Standards und Rahmenwerke zur freiwilligen Berichterstattung. Die Global Reporting Initiative (GRI), das Carbon Disclosure Project (CDP) und der United Nations Global Compact (UNGC) sowie der Voluntary SME-Standard (VSME) der EU, bieten einen vergleichsweise niederschwelligen Einstieg in unterschiedliche Nachhaltigkeitsthemen, indem sie über Frage- und Erhebungsbögen strukturiert Nachhaltigkeitsinformationen von Unternehmen konsolidieren und bewerten. Gerade für Unternehmen, die aktuell erst beginnen, sich mit Nachhaltigkeitsberichterstattung zu beschäftigen, und die nicht unter Regularien wie CSRD und EU-Taxonomie fallen, bieten diese Regelwerke eine gute Option, Glaubwürdigkeit und Transparenz hinsichtlich ihrer Nachhaltigkeitsbestrebungen gegenüber Geschäftspartnern zu schaffen.
- *Erhöhung der Glaubwürdigkeit durch Zertifizierungen*: Unternehmen können durch die Zertifizierung zum einen Sicherheit bezüglich der Korrektheit ihrer etablierten Methodiken gewinnen und zum anderen die Glaubwürdigkeit gegenüber Geschäftspartnern erhöhen. Zahlreiche Institutionen und Organisationen

Tab. 4.1 Auswahl derzeit aufkommender und relevanter Regularien im Umfeld Nachhaltigkeit für Chemieunternehmen zum Zeitpunkt der Verfassung dieses Artikels. Kriterien für die betroffenen Unternehmen und die Anwendbarkeit sind teilweise simplifiziert.

Regularie / Initiative / Action Plan	Geltungsbereich	Betroffene Unternehmen	Status	Anzuwenden ab
Corporate Sustainability Reporting Directive Directive (EU) 2022/2464	Europäischer Wirtschaftsraum	Unternehmen, die zwei von drei Kriterien erfüllen[a]: • Mindestens 250 Mitarbeitende • Bilanzsumme ≥ 25 Mio. EUR • Nettoumsatz ≥ 50 Mio. EUR	Umsetzung in deutsches Recht ausstehend; Überarbeitung im Rahmen der Omnibus-Initiative der Europäischen Kommission	Ab 2027 für Unternehmen, die mindestens zwei der drei genannten Kriterien erfüllen[a]
EU-Taxonomie Verordnung Regulation (EU) 2020/852	Europäischer Wirtschaftsraum	Unternehmen, Investoren	in Kraft und anzuwenden	Ab 2025 für alle KPIs[b]
Corporate Sustainability Due Diligence Directive Directive (EU) 2024/1760	Europäischer Wirtschaftsraum	große EU-Unternehmen (1000+ Mitarbeiter, weltweiter Umsatz von 450+ Mio. EUR), Nicht-EU-Unternehmen mit 450+ Mio. EUR Umsatz in der EU	Umsetzung in deutsches Recht ausstehend; Überarbeitung im Rahmen der Omnibus-Initiative der Europäischen Kommission	Stufenweise Anwendung je nach Unternehmens- größe[c]: • 26.07.2027 für Unternehmen mit 5000+ Mitarbeitenden und 1,5+ Mrd. EUR Umsatz • 26.07.2028 für Unternehmen mit 3000+ Mitarbeitenden und 900+ Mio. EUR Umsatz • 26.07.2029 für weitere betroffene Unternehmen
Lieferkettensorgfalts-pflichtengesetz	Deutschland	Unternehmen mit Sitz oder Niederlassung in Deutschland und mehr als 1000 Mitarbeitenden sowie Up- und Downstream-Unternehmen	in Kraft und anzuwenden; Aufhebung als Teil des Koalitionsvertrages in Diskussion	• 01.01.2023 für Unternehmen mit mehr als 3000 Beschäftigten • 01.01.2024 für Unternehmen mit mehr als 1000 Beschäftigten[d]

Tab. 4.1 (Fortsetzung)

Regularie / Initiative / Action Plan	Geltungsbereich	Betroffene Unternehmen	Status	Anzuwenden ab
Ecodesign for Sustainable Products Regulation Regulation (EU) 2024/1781	Europäischer Wirtschaftsraum	Anforderungen aus der Verordnung sollen sowohl für Produkte aus der EU, als auch für ausländische Produkte gelten	in Kraft und anzuwenden, ersetzt die bestehende Ökodesign-Richtlinie 2009/125/EC	schrittweise Detaillierung über Delegated Acts; Gültigkeit detaillierter Vorgaben an Digitalen Produktpass voraussichtlich erst nach 2026
Carbon Border Adjustment Mechanism Regulation (EU) 2023/956	Europäischer Wirtschaftsraum	Unternehmen, welche die folgenden energieintensiven Güter in die EU importieren: Aluminium, Eisen/Stahl, Düngemittel, Wasserstoff, Strom und Zement	in Kraft und in Teilen anzuwenden; Überarbeitung im Rahmen der Omnibus-Initiative der Europäischen Kommission	Stufenweise Einführung: • 01.10.2023 (Berichterstattung) • 01.06.2026 (CBAM-Zertifikate müssen erworben werden)
European Deforestation Regulation Regulation (EU) 2023/1115	Europäischer Wirtschaftsraum	Unternehmen, die relevante Produkte produzieren oder in die EU importieren (auch Downstream-Unternehmen)	in Kraft und in Teilen anzuwenden	1. Quartal 2025 (bzw. 3. Quartal für kleine Unternehmen)
Critical Raw Materials Act Regulation (EU) 2024/1252	Europäischer Wirtschaftsraum	Unternehmen, welche auf kritische Rohstoffe (CRMs) angewiesen sind	in Kraft und anzuwenden	Keine expliziten Reporting-Anforderungen an Unternehmen
Chemicals Strategy for Sustainability	EU	Entwicklung/Forschung, Produktion, Arbeiter, weitere Verbraucher, Logistik, etc.	Strategie veröffentlicht[e)]	–
Circular Economy Action Plan	EU	Auswirkungen in vielen Bereichen	veröffentlicht	–

(Fortsetzung)

Tab. 4.1 (Fortsetzung)

Regularie / Initiative / Action Plan	Geltungsbereich	Betroffene Unternehmen	Status	Anzuwenden ab
Safe and Sustainable by Design	EU	die Empfehlung richtet sich an EU-Länder, Industrie, Forschungs- und Technologie-organisationen und Hochschulen	veröffentlicht	Freiwillig
IFRS S1: General Requirements for Disclosure of Sustainability-related Financial Information	Europäischer Wirtschaftsraum + weitere Länder	alle börsennotierten Unternehmen, deren Wertpapiere auf einem EU-Markt gehandelt werden	veröffentlicht; in der EU nicht verpflichtend	01.01.2024. Aufgrund der CSRD kein Endorsement in der EU vorgesehen; Sicherstellung der Interoperabilität mit CSRD laufend
IFRS S2: Climate-related Disclosures	Europäischer Wirtschaftsraum + weitere Länder	alle börsennotierten Unternehmen, deren Wertpapiere auf einem EU-Markt gehandelt werden	veröffentlicht; Überarbeitung durch das ISSB angestoßen; in der EU nicht verpflichtend	01.01.2024. Aufgrund der CSRD kein Endorsement in der EU vorgesehen; Sicherstellung der Interoperabilität mit CSRD laufend
Packaging and Packaging Waste Regulation Regulation (EU) 2025/40	Europäischer Wirtschaftsraum	Unternehmen, die verschiedene Einwegprodukte in Umlauf bringen/produzieren	in Kraft	Voraussichtlich 18 Monate nach Inkrafttreten

a) Abweichend hiervon kann die CSRD auch in weiteren Konstellationen gültig und ggf. auf abweichenden Zeitleisten umzusetzen sein, z. B. für Unternehmen von öffentlichem Interesse (PIE) oder kleine kapitalmarktorientierte Unternehmen. Im Rahmen der Omnibus-Initiative der Europäischen Kommission erfolgt ggf. eine Erhöung der Mitarbeitenden-Schwelle auf 1000 Mitarbeitende

b) Im Detail sind die Phase-In-Regeln komplex. Die o. g. Angabe gilt für nichtfinanzielle Kapitalgesellschaften, zu denen typischerweise auch Chemieunternehmen zählen.

c) Zusätzlich ist die Direktive auch für Drittstaatenunternehmen gem. der entsprechenden Umsatzschwellen anzuwenden.

d) Berichtspflicht ist für deutsche Unternehmen gem. Gesetzesentwurf CSRD-UG Berichtspflicht voraussichtlich ersetzbar durch CSRD.

e) Bisher noch keine Gesetzesvorschläge für Änderungen an REACH (Regulation [EC] No. 1907/2006) und CLP (Regulation [EC] No. 1272/2008) veröffentlicht.

bieten die Zertifizierung von Nachhaltigkeitsmetriken, -maßnahmen, -zielen und -prozessen an. Dafür stehen neben diversen ISO-Zertifizierungen auch zahlreiche weitere, teils kommerzielle Zertifizierungen zur Verfügung. Diese Zertifizierungen umfassen neben spezifischen Umwelt- und Sozialthemen wie Treibhausgasbilanzierungen (ISO 14044/14067) und der Einhaltung sozialer Mindeststandards auch die Begleitung und Zertifizierung von unternehmenseigenen Prozessen, Zielen und Maßnahmen unter Berücksichtigung von internationalen Klimazielen. Da in den letzten Jahren diverse Zertifizierungsanbieter am Markt hinzugekommen sind, sollten Unternehmen auf eine sorgfältige Auswahl auch hinsichtlich der Reputation und Glaubwürdigkeit achten.

- *Wissensaufbau und Austausch mit Peers*: Insbesondere Branchenverbände wie der Verband der Chemischen Industrie, das European Chemical Industry Council oder das International Council of Chemical Associations bieten Seminare, Arbeitsgruppen und Workshops zu nahezu allen regulatorischen Themen an, bei denen Chemieunternehmen sich einen Überblick zur aktuellen Gesetzeslage schaffen und einen Überblick zu den konkreten Anforderungen an ihr Unternehmen erhalten können. Neben dem Wissensaufbau ist hier insbesondere der Austausch mit Kolleginnen und Kollegen aus der Branche ein wertvoller Aspekt der Teilnahme.

4.1.3 Nachhaltigkeitsanforderungen und Marktumfeld

Nachhaltigkeit spielt für viele Chemieunternehmen auch abseits der neuen regulatorischen Anforderungen eine wesentliche Rolle. Produktionsprozesse möglichst ressourcen- und energieeffizient zu betreiben, liegt ganz offensichtlich im wirtschaftlichen Interesse aller Chemieunternehmen. In dem durch steigende Regulierung und hohen Kostendruck sehr herausfordernden Marktumfeld steigt der Druck auf Chemieunternehmen, das Thema Nachhaltigkeit immer stärker in die Entwicklung von Strategien, Zielen und Maßnahmen zur Transformation zu integrieren. Dahingehend ist eine steigende Nachfrage von Kunden, Lieferketten- und Geschäftspartnern zur Offenlegung von Nachhaltigkeitsinformationen zu spüren. Insbesondere die Auskunftsfähigkeit gegenüber Banken und Versicherungen, welche für die Absicherung gegenüber Unfällen und Ausfällen von Personal und Produktionskapazitäten sowie für die Refinanzierung der eigenen Geschäftsaktivitäten von großer Bedeutung ist, stellt hier einen zentralen Beweggrund dar. Perspektivisch ist außerdem zu erwarten, dass Nachhaltigkeitsaspekte auch hinsichtlich des Erhalts der Wettbewerbsfähigkeit eine zunehmend wichtigere Rolle spielen werden.

Viele Chemieunternehmen haben entsprechend bereits damit begonnen interne Prozesse, Maßnahmen und Ziele im Nachhaltigkeitskontext zu definieren. Im nächsten Schritt sind effektive Methoden zur Quantifizierung und für das Monitoring von Nachhaltigkeitsinformationen zu etablieren, wobei hohe Anforderungen an die Granularität und Qualität der Datenerhebung zu berücksichtigen sind. Zum

Beispiel, um die Ressourceneffizienz oder Treibhausgasintensität von verschiedenen Unternehmensbereichen auch unterjährig überwachen und steuern zu können. Dazu sind Unternehmen auf entsprechende Prozesse, Systeme und die Definition sinnvoller KPIs angewiesen. Bei dem Aufbau solcher Strukturen, Prozesse und KPIs kann der Datenfundus, der zur Berichterstattung gemäß CSRD [2] und EU-Taxonomie erforderlich ist, ein guter Startpunkt sein. Mehr über den Aufbau solcher Strukturen und Prozesse findet sich in den nachfolgenden Abschnitten 4.2 und 4.3.

Insgesamt ist zu erwarten, dass Chemieunternehmen ihre Nachhaltigkeitsstrategien und -ziele zunehmend als zentrale Bestandteile in ihre Unternehmensstrategie integrieren, um die nachhaltige Transformation aktiv zu gestalten.

4.2 Herausforderungen der Nachhaltigkeitsberichterstattung

Zur Erfüllung der aktuell und zukünftig für Unternehmen relevanten Anforderungen an die Nachhaltigkeitsberichterstattung ist eine Reihe verschiedener Herausforderungen zu adressieren, die insbesondere auf die drei Themenblöcke „Methodik", „Strukturen und Prozesse" sowie „Daten und Systeme" zurückzuführen sind (siehe Abb. 4.2).

4.2.1 Methodik

4.2.1.1 Detailtiefe der Anforderungen

Während die Umsetzung der nachhaltigen Transformation die meisten Unternehmen der chemischen Industrie schon seit vielen Jahren in unterschiedlichen Facetten begleitet, sind die Konkretisierung der detaillierten regulatorischen Vorgaben sowie die Herausbildung von Marktstandards aktuell noch laufend. Konkret zu nennen wäre beispielsweise die eingangs beschriebene CSRD, deren Überarbeitung im Rahmen der Omnibus-Initiative der Europäischen Kommission zur Simplifizierung der Nachhaltigkeitsberichterstattung zum Zeitpunkt der Verfassung dieses Artikels noch ausstehend ist. Ein anderes Beispiel ist das Carbon Border Adjustment Mechanism (CBAM)-Reporting, in dessen Rahmen die Einbeziehung weiterer Chemikalien in Zukunft zu erwarten

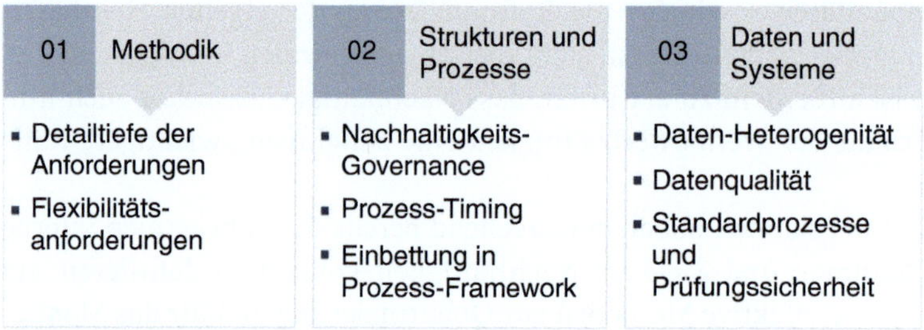

Abb. 4.2 Unternehmen haben drei zentrale Herausforderungen in der Nachhaltigkeitsberichterstattung zu bewältigen.

ist. Und auch bei überwiegend freiwilliger Berichterstattung wie jener zu Product Carbon Footprints gibt es zwar Vorgaben[1] – im Detail bestehen aber weiterhin Interpretationsspielräume oder Wahlrechte. In vielen Unternehmen entwickeln sich zudem gerade Vorstellungen und Anforderungen, welche Nachhaltigkeitsinformationen in welchen Frequenzen perspektivisch – im Einklang mit den eigenen Zielen und Strategien – für eine effektive Nachhaltigkeitssteuerung und -transformation benötigt werden.

4.2.1.2 Flexibilitätsanforderungen

Demenentsprechend sind die genauen Anforderungen in ihrer Breite mitunter noch nicht im Detail bekannt, sodass Unternehmen beim Aufbau ihrer Reporting-Frameworks auf Flexibilität und Erweiterbarkeit zu achten haben. Darüber hinaus sind z. B. im Rahmen des European Green Deal weitere und neue, heute noch nicht im Detail abzusehende Berichtsanforderungen denkbar.

Hinzu kommt die Herausforderung, dass der Erfahrungsschatz mit der regulatorischen Nachhaltigkeitsberichterstattung oft natürlicherweise beschränkt ist, was insbesondere auf die Neuheit vieler Anforderungen zurückzuführen ist. Dies bezieht sich sowohl auf die eigentliche Umsetzung der fachlich-regulatorischen Anforderungen in den Unternehmen der chemischen Industrie als auch auf die Prüfungspraxis von Auditoren und Zertifizierern. Vorhandene Erfahrungen im Umgang mit etablierten Anforderungen im Nachhaltigkeitskontext wie bspw. REACH helfen zumindest fachlich-inhaltlich nur bedingt.

4.2.2 Strukturen und Prozesse

4.2.2.1 Nachhaltigkeits-Governance

Zur Gestaltung der nachhaltigen Transformation sowie zur dauerhaften Verankerung der Thematik in der Aufbau- und Ablauforganisation ist die Nachhaltigkeits-Verantwortung sinnvoll im Unternehmen zu etablieren. In der Industrie sind dabei unterschiedliche Modelle anzutreffen. Während die Gesamtverantwortung typischerweise beim Leitungsorgan liegt, ist die Operationalisierung unterschiedlich ausgestaltet – und kann von einer Verortung direkt auf Vorstandsebene über eine Corporate-Zentralfunktion unterhalb des Vorstands bis hin zur vollständigen Dezentralisierung in verschiedenen Geschäftsbereichen reichen. Dabei ist teils zu beobachten, dass sich Unternehmen noch in einer Findungsphase befinden; insbesondere dann, wenn Nachhaltigkeitsagenden noch nicht vollumfänglich in der Unternehmensstrategie abgebildet sind.

Zusätzlich erfordert die thematische Breite der zu erfüllenden Nachhaltigkeitsanforderungen die Zusammenarbeit verschiedenster Einheiten innerhalb des Unternehmens und damit entsprechende Zulieferungsvereinbarungen sowie aktive abteilungs- und geschäftsbereichsübergreifende Kooperation. Weitere

1 Im konkreten Fall wären hier zum Beispiel das Greenhouse Gas Protocol bzw. die Vorgaben seitens der Together for Sustainability Initiative zu nennen.

Komplexitäten können dabei durch verflochtene Unternehmensstrukturen mit verschiedensten Tochterunternehmen entstehen: So sind unter CSRD beispielsweise auch nicht-europäische Töchter von europäischen, berichtspflichtigen Unternehmen mit zu berücksichtigen und dementsprechend in die Strukturen und Prozesse der regelmäßigen Nachhaltigkeitsberichterstattung einzubeziehen.

4.2.2.2 Prozess-Timing

Darüber hinaus ist sicherzustellen, dass nötige Informationen zeitgerecht zur Verfügung stehen. Zum Beispiel könnte ein möglicherweise managementseitig gefordertes monatliches CO_2-Reporting zeitnah nach Monatsende gewünscht sein, was hohe Anforderungen an die Verfügbarkeit der entsprechenden Daten und die Qualität der unterliegenden Prozesse stellt. Ähnliches gilt für das jährlich zu erstellende CSRD-Reporting, welches aufgrund der geforderten Integration in den zu auditierenden Jahresabschlussbericht einer ambitionierten Zeitleiste unterliegt und nicht zuletzt wegen der äußerst hohen Komplexität und Heterogenität der benötigten Daten stabile, leistungsstarke Prozesse erfordert.

4.2.2.3 Einbettung in Prozess-Framework

Schließlich ist die Nachhaltigkeitsberichterstattung sinnvoll in das bestehende Framework an Verantwortlichkeiten und Regelprozessen einzubetten. Als kritische Faktoren sind dabei beispielsweise Konsistenzaspekte, die Einhaltung bestehender interner Richtlinien sowie Anforderungen an die Prüfungsfestigkeit zu nennen.

4.2.3 Daten und Systeme

4.2.3.1 Daten-Heterogenität

Im Umfeld der Nachhaltigkeitsberichterstattung wird eine Reihe verschiedenster, heterogener Daten benötigt, um alle internen sowie externen Anforderungen abdecken zu können. Dabei werden die zugrunde liegenden Daten typischerweise in verschiedensten, auf den jeweiligen Anwendungsfall spezialisierten Applikationen, erfasst und verwaltet. So liegen zum Beispiel Personaldaten meist in anderen Systemen als Energieverbräuche, Finanzdaten oder Produktzusammensetzungen. Meist haben diese unterschiedlichen Systeme verschiedene Logiken der Datenablage, unterschiedliche Einheiten sowie heterogene Export-Formate. Sollen die Daten zentral zusammengeführt werden, wie es zum Beispiel im Rahmen des CSRD-Reportings erforderlich ist, so stellt diese systemseitige Heterogenität einen nicht zu unterschätzenden Aufwandstreiber dar: Zuerst sind die Disparitäten zwischen den verschiedenen Datenquellen umfänglich zu durchdringen, was aufgrund oft lückenhafter Dokumentation teils umfangreiche Nachforschungen und „Reverse Engineering“ erfordert. Die unterschiedlichen Datenformate sind durch eine entsprechende Normalisierung oder leistungsstarke Datenmanagement-Lösungen zu adressieren. Unterschiedliche Maßeinheiten – zum Beispiel könnte ein System Finanzdaten in Millionen USD, das andere in Tausend EUR angeben – sind durch entsprechende Normalisierungen und Datentransformationen anzugleichen.

4.2.3.2 Datenqualität

Darüber hinaus zeigen sich in der Praxis oft Datenqualitätsprobleme. So könnten Daten inhaltlich fehlerhaft oder lückenhaft vorliegen, was entsprechende Datenvalidierungs- und Korrekturprozesse nötig macht. Solche Prozesse erfordern oft komplexe Algorithmen oder Heuristiken, die mit entsprechendem Aufwand initial aufzusetzen und regelmäßig zu validieren sind. Werden Datenkorrekturen durchgeführt, so ist auf eine entsprechende Dokumentation zu achten, um die Nachvollziehbarkeit zum Beispiel für Wirtschaftsprüfer zu gewährleisten. In diesem Kontext ist auch zu klären, in welchen Systemen entsprechende Korrekturen durchgeführt werden sollen – dies kann beispielsweise in der originären Datenquelle erfolgen, oder in entsprechenden Abnehmersystemen. Während in ersterem Fall sicherzustellen ist, dass die korrigierten Daten auch zu den Abnehmersystemen weiter kaskadieren, stellen in zweiterem Fall ggf. divergierende Daten im originären System und den Abnehmersystemen eine große Herausforderung dar.

4.2.3.3 Standardprozesse und Prüfungssicherheit

In der Praxis sind zudem sogenannte Individuelle Datenverarbeitungslösungen (IDV) weit verbreitet, die typischerweise durch die Fachbereiche, zum Beispiel in Form von Microsoft Excel oder Access Applikationen, aufgebaut und weiterentwickelt werden. Diese Lösungen sind unter anderem aufgrund fehlender flankierender IT-Standardprozesse besonders anfällig für Datenqualitätsherausforderungen und bieten in der Regel wenig bis gar keine Nachvollziehbarkeit gegenüber Änderungen an Daten und deren Verarbeitungslogiken. Gerade letzteres stellt vor dem Hintergrund der teilweise erforderlichen Auditierung von Nachhaltigkeitsinformationen eine große Herausforderung dar.

Im nächsten Abschnitt soll nun darauf eingegangen werden, wie wesentliche in diesem Kapitel aufgezeigte Herausforderungen mittels passgenauer IT-Infrastrukturen adressiert werden können.

4.3 IT-Infrastruktur und Nachhaltigkeit

Die Adressierung wesentlicher vormals genannter Herausforderungen erfordert eine solide IT-Infrastruktur, die es ermöglicht, umfangreiche und komplexe Daten zu erfassen, zu verarbeiten und zu berichten. Die IT-Infrastruktur spielt eine entscheidende Rolle dabei, Transparenz und Effizienz im Nachhaltigkeitsmanagement zu gewährleisten. Sie unterstützt Unternehmen dabei, die wachsenden regulatorischen Anforderungen zu erfüllen und ihre Nachhaltigkeitsziele zu erreichen. In diesem Kapitel werden nun der mögliche Aufbau einer effektiven IT-Infrastruktur erläutert und die wesentlichen Komponenten einer solchen Infrastruktur beschrieben.

4.3.1 Spezialisierte Tools für das Nachhaltigkeitsreporting

Mit den wachsenden regulatorischen, marktgetriebenen und internen Anforderungen an Nachhaltigkeit steigt die Nachfrage nach effektiven, spezialisierten Tools und Software-Lösungen für das Nachhaltigkeitsreporting stetig. Dies ist vor allem auf die wachsende Komplexität der Datenanforderungen und die Detailtiefe zurückzuführen, die den Einsatz solcher Tools für das Nachhaltigkeits-Management unerlässlich machen. So kann beispielsweise ein CSRD-Bericht über 1100 Datenpunkte umfassen [3]. Ein Datenpunkt im Kontext des Nachhaltigkeitsreportings kann dabei eine Vielzahl komplexer Informationen beinhalten, zum Beispiel quantitative Daten wie „Scope 3 Emissionen" oder auch qualitative Informationen zum Beispiel zu „Strategien zum Umgang mit dem Klimawandel".

Die Wahl geeigneter Software-Lösungen hängt von verschiedenen Faktoren ab, nicht nur von der Unternehmensgröße, sondern auch von dem Geschäftsmodell und der bestehenden IT-Landschaft. Diese Faktoren beeinflussen maßgeblich den Umfang der Berichterstattung sowie die damit verbundene Komplexität. Beispielsweise kann ein kleiner Chemieparkbetreiber aufgrund der spezifischen Geschäftsanforderungen eine höhere Komplexität im Nachhaltigkeitsreporting aufweisen als ein großer Konzern mit einem sehr fokussierten Geschäftsmodell. Abbildung 4.3 zeigt typische Anforderungen an die IT-Landschaft zur Nachhaltigkeitsberichterstattung, die natürlich unternehmensspezifisch auszugestalten sind.

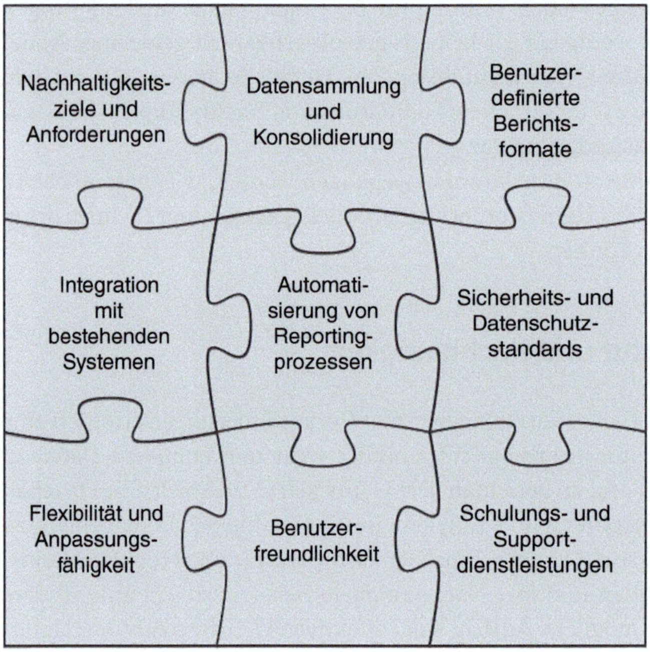

Abb. 4.3 Wesentliche unternehmensspezifische Anforderungen an das Reporting-Tool.

Die definierten und priorisierten Anforderungen bilden den Startpunkt für die Identifikation und die spätere Eingrenzung der relevanten IT-Lösungen. Dabei kann sowohl auf am Markt verfügbare Standard-Software als auch auf Eigenentwicklungen oder eine Kombination aus Beidem zurückgegriffen werden.

Standard-Lösungen werden sowohl von globalen Technologiekonzernen wie Microsoft, IBM und SAP, als auch von Startups und spezialisierten Anbietern angeboten. Dabei bieten einige Anbieter eine Testphase an, in der die Funktionalitäten der Software getestet werden können, um eine fundiertere Einschätzung für die Integrationsfähigkeit in die bestehende IT-Landschaft zu treffen.

Zusätzlich zu den verfügbaren Standardlösungen besteht die Möglichkeit, bei spezifischen Anforderungen des Unternehmens maßgeschneiderte Softwarelösungen zu entwickeln. Oftmals bietet es sich dabei an, bestehende Module in die IT-Landschaft für das Nachhaltigkeits-Reporting zu integrieren, anstatt von Grund auf neu zu implementieren. Diese Vorgehensweise ermöglicht eine effiziente Nutzung vorhandener Infrastruktur und Ressourcen sowie eine schnellere Umsetzung der Reporting-Ziele, während gleichzeitig die Anforderungen an regulatorische Konformität erfüllt werden.

Einige Tools bieten die Möglichkeit zur Integration von Low-Code- oder No-Code-Lösungen, wodurch Unternehmen schnell neue Metriken definieren und ins KPI-Monitoring einbinden können. Diese Flexibilität erlaubt es Unternehmen, auf veränderte Anforderungen zu reagieren, indem sie neue Leistungsindikatoren hinzufügen oder vorhandene Metriken anpassen, ohne auf hochkomplexe IT-Entwicklungen angewiesen zu sein.

4.3.2 Aufbau einer effektiven IT-Infrastruktur

Die zunehmende Komplexität der Berichtsanforderungen, die sich aktuell zudem noch weiterentwickeln, erfordert eine durchdachte IT-Architektur. So liegen die für das Nachhaltigkeits-Reporting erforderlichen Daten meist in verschiedenen Systemen, zum Beispiel internen Systemen wie Enterprise-Resource-Planning (ERP) und Customer-Relationship-Management (CRM) Systemen sowie in externen Quellen wie Umwelt- und Klimadatenbanken. Darüber hinaus werden ähnliche Daten oft für verschiedene Reporting-Anforderungen benötigt, sodass eine zentrale Datenbasis dabei hilft, Konsistenz und Transparenz zu gewährleisten. Eine passende IT-Infrastruktur muss daher in der Lage sein, die für die Berichterstattung nötigen Daten nahtlos zu konsolidieren und zu verarbeiten.

Für ein effizientes und automatisiertes Nachhaltigkeits-Reporting sind Datensammlung, -verarbeitung, -berichterstattung und -analyse sinnvoll miteinander zu verbinden. Dabei sind mehrere Aspekte zu berücksichtigen.

Zum Beispiel muss eine technologische Umsetzung in der Praxis meist sowohl automatische als auch manuelle Prozesse berücksichtigen, um eine reibungslose Datenverarbeitung und -analyse zu gewährleisten. Die automatische Extraktion und Weiterverarbeitung von Daten reduziert zwar den manuellen Aufwand und minimiert Fehler oder Inkonsistenzen bei der Datenerfassung. Auf der anderen Seite sind Automatisierungen immer mit entsprechenden Kosten verbunden, die gegen anfallende manuelle Aufwände abzuwägen sind.

Darüber hinaus können sowohl lokale wie auch Cloud-Ressourcen sowie Hybrid-Lösungen für die Nachhaltigkeitsdatenverarbeitung genutzt werden. In einem hybriden Ansatz könnten zum Beispiel kritische Daten lokal gespeichert, standardisiert sowie ggf. anonymisiert und aggregiert werden, während die Berechnung relevanter Kennzahlen sowie die Berichterstellung in der Cloud erfolgen kann. Dieser Ansatz bietet Flexibilität und Skalierbarkeit, erfordert allerdings durch die Cloud-Verarbeitung auch eine Auseinandersetzung mit der Frage, für welche Daten vor dem Hintergrund des Datenschutzes eine Übertragung in die Cloud denkbar ist.

Welche IT-Landschaft für das Nachhaltigkeits-Reporting am sinnvollsten ist, muss daher im jeweiligen Einzelfall betrachtet werden. Im nächsten Kapitel werden einige grundsätzliche Ideen und Strategien vorgestellt, wie diese Integration konkret umgesetzt werden kann.

4.3.3 Wesentliche Komponenten einer IT-Infrastruktur für das Nachhaltigkeits-Reporting

Die wesentlichen Komponenten einer IT-Infrastruktur für das Nachhaltigkeits-Reporting umfassen verschiedene Schichten und Prozesse, die miteinander interagieren, um eine effektive Datensammlung und -verarbeitung sowie Berichtserstattung zu gewährleisten (siehe Abb. 4.4).

Ein zentrales Element für die effiziente Verwaltung nachhaltigkeitsrelevanter Daten ist der Sustainability Data Hub. Dieser Hub dient als zentrale Plattform für die Sammlung, Speicherung und Verarbeitung von Daten aus verschiedenen Quellen und in unterschiedlichen Formaten. Er umfasst mehrere Schlüsselkomponenten, die eine nahtlose Integration und Verarbeitung ermöglichen. Schematisch kann dies wie folgt dargestellt werden.

4.3.3.1 Datensammlung

Für die Nachhaltigkeitsberichterstattung werden typischerweise Daten aus diversen Fachdomänen und Konzernentitäten benötigt, wodurch eine Vielzahl an verschiedenen Systemen mit teils sehr heterogenen Ablageformaten anzubinden ist.

Darüber hinaus beziehen sich verschiedene Reporting-Anforderungen oft auf die gleichen Informationen. Beispielsweise benötigen sowohl das CSRD- als auch das CBAM Reporting Informationen zu Treibhausgasemissionen in unterschiedlichen Granularitäten.

Um Konsistenz, Nachvollziehbarkeit und Effizienz in der Datenverarbeitung sicherzustellen, ist daher der Aufsatz auf einer gemeinsamen Datenbasis empfehlenswert, die technisch im eingangs eingeführten Sustainability Data Hub abgelegt wird. Inwieweit die Daten bei der Einleitung in den Sustainability Data Hub bereits für die Weiterverarbeitung transformiert werden, hängt von der gewählten

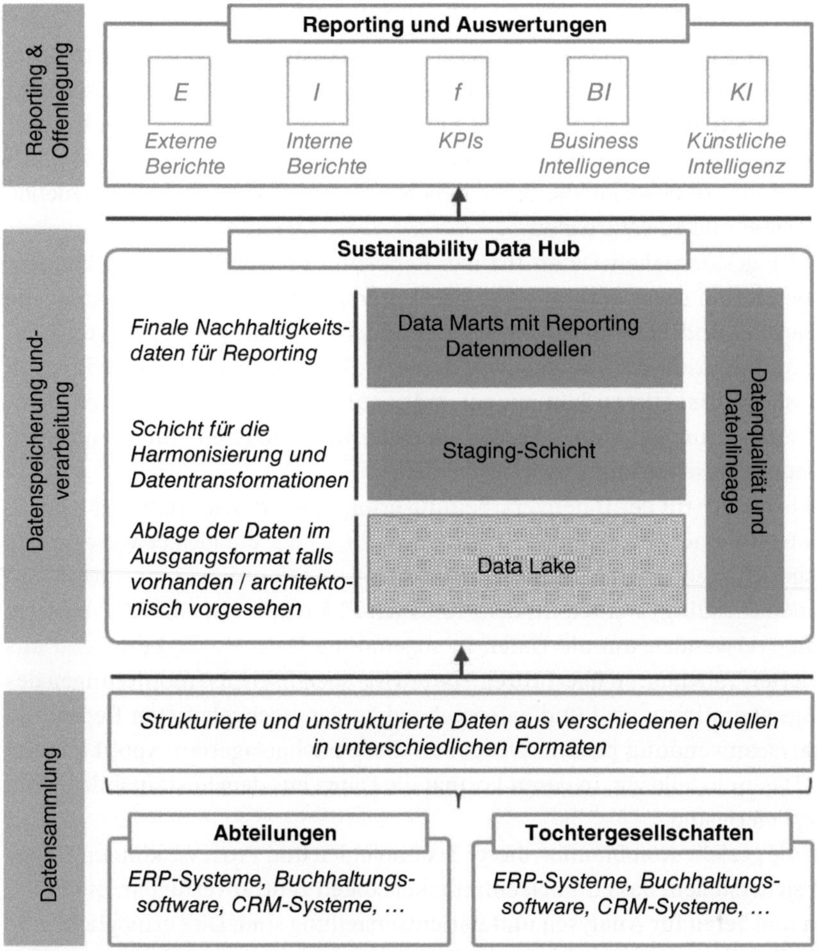

Abb. 4.4 Wesentliche Komponenten einer IT-Infrastruktur für das Nachhaltigkeitsreporting.

Architektur für diesen Data Hub ab. Ist im Unternehmen bereits ein Data Lake vorhanden oder vorgesehen und soll dieser auch für die Nachhaltigkeitsberichterstattung genutzt werden, so erfolgt die Einleitung der benötigten Daten im Format der Quellsysteme. Bei Nutzung eines Data Warehouses erfolgen bereits bei der Einleitung entsprechende Transformationsschritte. Im Folgenden soll nun insbesondere auf den Data Lake Ansatz eingegangen werden.

4.3.3.2 Datenspeicherung und -verarbeitung

Ein oft genutzter Ansatz für die Ablage von Daten aus unterschiedlichen Quellen und in verschiedenen Formaten ist der Einsatz eines Data Lakes, der es ermöglicht, Daten in ihrem nativen Format zu speichern, ohne sie vorher zu transformieren. Viele Unternehmen haben bereits einen Data Lake im Einsatz, der mitunter bereits eine Teilmenge der für die Nachhaltigkeitsberichterstattung erforderlichen Daten enthalten kann. Entsprechend kann dieser Data Lake um weitere nachhaltigkeitsrelevante Daten ergänzt werden. Hierzu kann der Datenfluss mit Technologien zur Datenintegration und -automatisierung wie Talend oder Apache Nifi verwaltet werden. Cloud-Service-Provider wie Amazon, Google oder Microsoft bieten ebenfalls Datenintegrationsdienste an, die es ermöglichen, Daten aus verschiedenen Quellen zu extrahieren und zu verarbeiten.

Bevor die gesammelten Daten für das Reporting verwendet werden können, sollten sie qualitätsgesichert werden. Die Datenqualitätssicherung umfasst die Identifizierung und Bereinigung von Datenfehlern, die Sicherstellung von Konsistenz und Integrität der Daten sowie deren Validierung gegenüber definierten Qualitätsstandards. Hierzu können entweder auf dem Markt verfügbaren Standardsoftware-Lösungen genutzt werden oder alternativ benutzerdefinierten Datenqualitätsroutinen selbst implementiert werden.

Im nächsten Schritt der Datenverarbeitung erfolgt die Transformation der benötigten Daten in einer sogenannten Staging-Schicht, in der die idealerweise bereits qualitätsgesicherten Daten extrahiert (Extraction), transformiert (Transformation) und geladen (Loading) werden. In der Praxis wird hierfür meist eine SQL-basierte Umgebung verwendet, um die Daten in sogenannte Data Marts, bestehend aus strukturierten Tabellen, zu überführen, die auf die spezifischen Anforderungen des Reportings abgestimmt sind und entsprechend zu den nachgelagerten Reporting- und Analyseanwendung passen. Oft geben diese nachgelagerten Applikationen nämlich Datenmodelle vor, in deren Format die Daten aus dem Sustainability Data Hub anzuliefern sind.

Durch die gezielte Kombination dieser Technologien und Prozesse können Unternehmen sicherstellen, dass ihre Nachhaltigkeitsdaten zentral verfügbar, qualitätsgesichert und bereit für Analysen und Berichtserstellung sind. Dies ermöglicht eine effiziente Erfüllung der verschiedenen Reporting-Standards und Rahmenwerke, während gleichzeitig Transparenz und Konsistenz der Daten gewährleistet werden. Dabei sei an dieser Stelle nochmals betont, dass die Architektur des Sustainability Data Hubs stark von den individuellen IT-Gegebenheiten und Zielbildern im Unternehmen abhängig ist und dementsprechend individuell gestaltet werden sollte.

4.3.3.3 Reporting und Auswertungen

Für die Berichterstattung und Analyse von Nachhaltigkeitsdaten steht eine Vielzahl von Software-Lösungen zur Auswahl, die die Berichtserstellung nach externen und internen Standards unterstützen. Ferner bieten die meisten Softwarelösungen für Nachhaltigkeitsberichterstattung bereits implementierte Dashboards und vordefinierte Metriken, die es ermöglichen, wichtige Leistungsindikatoren (KPIs) zu überwachen und zu analysieren. Sie enthalten häufig grafische Darstellungen wie Diagramme, Graphen und Scorecards, um die Daten visuell ansprechend und leicht verständlich darzustellen. Abbildung 4.5 zeigt eine beispielhafte Darstellung eines Nachhaltigkeits-Dashboards.

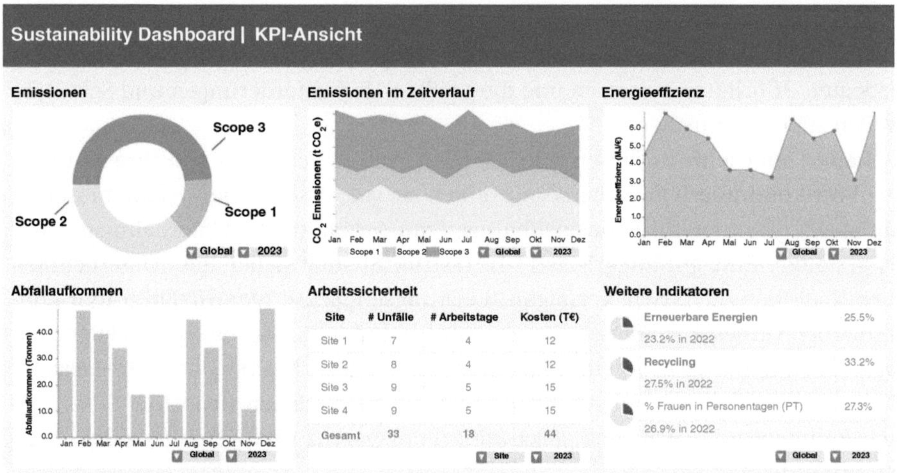

Abb. 4.5 Beispielhafte Darstellung eines Sustainability Dashboard.

Während viele dieser vordefinierten Metriken und Dashboards nützlich sein können, müssen sie möglicherweise an die spezifischen Anforderungen und Ziele eines Unternehmens angepasst werden. Dies kann die Anpassung bestehender Dashboards, das Hinzufügen neuer Metriken oder die Änderung von Berechnungsmethoden umfassen. Zudem sollte es möglich sein, die aktuellen KPIs mit den historischen Werten vergleichen zu können. Dadurch können Unternehmen Fortschritte in Bezug auf ihre Nachhaltigkeitsziele verfolgen, Leistungsengpässe identifizieren und Entscheidungen treffen, um ihre Nachhaltigkeitsleistung kontinuierlich zu verbessern und gegen Zielsetzungen zu benchmarken.

Wie bereits im vorherigen Abschnitt erwähnt, sollten diese spezialisierten Software-Lösungen jeweils auf den Daten aus dem Sustainability Hub aufsetzen. Durch eine ggf. entsprechend systemspezifische finale Datenaufbereitung kann dabei sichergestellt werden, dass alle Systeme mit passgenauen Daten beliefert werden, die jedoch auf einem konsistenten gemeinsamen Datenpool basieren.

4.3.3.4 Ausblick

Die vorgestellte Referenzarchitektur ist ein Idealbild, auf das Unternehmen hinarbeiten können, um eine effiziente und integrierte IT-Infrastruktur für die Nachhaltigkeitsberichterstattung zu erreichen. In der Praxis ist jedoch kritisch zu hinterfragen, für welche Kennzahlen sich eine automatisierte, konsistente Datenverarbeitung mit professionellem IT-Setup auch wirtschaftlich lohnt. Dabei sind neben rein finanziellen Erwägungen auch weitere Aspekte wie die Fehleranfälligkeit möglicher manueller Workarounds, die Frequenz der Berichterstattung sowie die Prüfungssicherheit zu beachten. Auch wird ein Aufbau einer Datenverarbeitungsstruktur für Nachhaltigkeitsindikatoren typischerweise stufenweise erfolgen, sodass weiterhin manuelle Prozesse notwendig sein können.

Unternehmen sollten sich daher fokussieren und insbesondere die wichtigsten, aufwändigsten und fehleranfälligsten Reporting-Stränge zuerst digitalisieren. Dies bedeutet, Prioritäten zu setzen und die größten Herausforderungen und Schwachstellen zuerst anzugehen.

Wenn Unternehmen diesen schrittweisen Ansatz verfolgen und ihre IT-Infrastruktur kontinuierlich verbessern, werden sie sukzessive eine Systemlandschaft aufbauen, die ihnen hilft, die nachhaltige Transformation des Unternehmens aktiv zu gestalten. Eine gut integrierte IT-Infrastruktur stellt sicher, dass Unternehmen ihre Nachhaltigkeitsziele verfolgen, Leistungsengpässe identifizieren und kontinuierlich verbessern können. Ferner werden dadurch Nachhaltigkeitsdaten zentralisiert, qualitätsgesichert und für Analysen und Berichtserstellung bereitgestellt. Dies ermöglicht eine effiziente Erfüllung der verschiedenen Reporting-Standards und Rahmenwerke, während gleichzeitig Transparenz und Konsistenz der Daten gewährleistet werden.

Literaturverzeichnis

1. European Commission (2021). Website on the European Green Deal and its Targets. Abrufbar unter: https://ec.europa.eu/stories/european-green-deal (Zugriff am 14. Dezember 2024).
2. European Sustainability Reporting Standards (2022). ESRS 1 General Requirements, EFRAG.
3. EFRAG (2023). List of ESRS Data Points – Implementation Guidance.

Teil II

Erläuterung der nachhaltigen und zirkulären Chemiewirtschaft anhand von Praxisbeispielen

5

Styrolpolymere im Kunststoffrecycling

Dr. Norbert Nießner und Dr. Frank Eisenträger

INEOS Styrolution

Abstract

Die Kreislaufwirtschaft setzt die verstärkte Nutzung qualitativ hochwertiger Recyclingmethoden voraus. Während die Anfänge des Kunststoffrecycling tatsächlich vom „Downcycling" zu weniger anspruchsvollen Anwendungen gekennzeichnet waren, verlangen die Märkte heutzutage Rezyklat-Qualitäten, die sich von klassischen, „fossilen" Produkten kaum noch unterscheiden.

Dies setzt Kunststoffe voraus, die nicht nur thermisch stabil sind und eine Reihe von Recyclingprozessen unbeschadet überstehen, es setzt auch Produkte voraus, die sich einwandfrei sammeln, detektieren, sortieren und aufreinigen lassen. Hier ragen Styrolpolymere – und insbesondere Polystyrol – heraus. Zusammen mit seinen hervorragenden mechanischen, thermischen und optischen Eigenschaften zeichnet sich Polystyrol als ideal für die Erreichung anspruchsvollster Recyclingziele aus.

Der Beitrag adressiert Themen rund um Nachhaltigkeit und zirkuläre Wirtschaft. Es werden zahlreiche Beispiele beschrieben, die die aktuellen Vorteile von Styrolpolymeren rund um die Recycling-Wertschöpfungskette aufzeigen.

5.1 Styrolpolymere entlang der Wertschöpfungskette

Styrolpolymere, und hier vor allem das Polystyrol, gehören zu den großen Kunststoff-Arten. Global wurden in 2022 rund 400 Millionen t Kunststoffe produziert, davon 58.7 Millionen t in Europa [1], siehe auch Abb. 5.1.

Hinter Polyolefinen (PE, PP) sowie PET und PVC bildet Polystyrol eine wichtige Klasse effizienter Werkstoffe, die vor allem im Bereich der Verpackung eingesetzt wird, aber beispielsweise auch als expandiertes („PS-E") oder expandierbares PS zur thermischen Isolierung im Baubereich [2], siehe auch Abb. 5.2.

Im Jahr 2020 wurden 29,5 Millionen t Post-Consumer-Kunststoffabfälle in der EU27+3 gesammelt [2]. Aus Sammlungen von Haushalts- und kommunalen

Zirkuläre Wirtschaft und Nachhaltigkeit in der chemischen Industrie: 1. Aufl. C. Suntrop und T. Wagner (Hrsg.).
© 2026 Wiley-VCH GmbH. Alle Rechte vorbehalten, einschließlich derer für Text- und Data-Mining und Training von Technologien der Künstlichen Intelligenz oder ähnlichen Technologien.

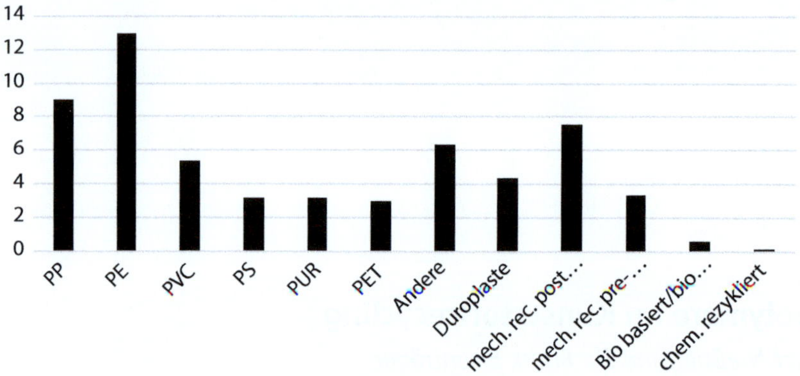

Abb. 5.1 EU-Kunststoffproduktion 2022 in % der Gesamtproduktion (58,7 Millionen t). Im Vergleich dazu: 57,2 Millionen t in 2021) [1, 2].

Abfällen konnten nur 5 % der eingesammelten Kunststoffabfälle wieder für das Recycling eingesetzt werden – der Rest landete auf der Halde oder wurde energetisch verwertet. Dagegen konnten beim Sammeln vorsortierter Kunststoffabfälle – z. B. „gelber Sack" und „WEEE", d. h. Elektro- und Elektronik-Altgeräte – rund 65 %

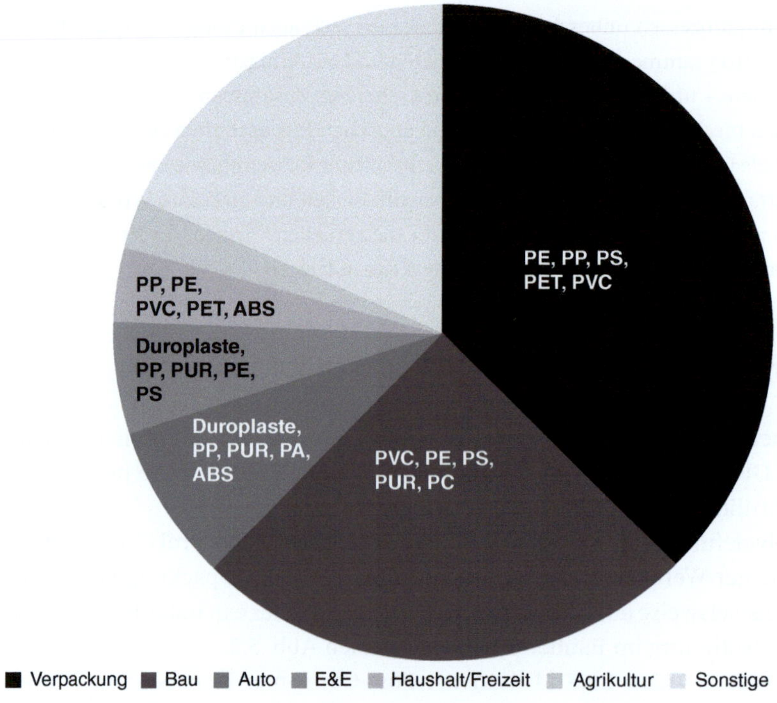

Abb. 5.2 Übersicht der von europäischen Verarbeitern eingesetzten Kunststoffe – insgesamt 50,3 Millionen t in 2021 – nach den jeweils 5 bedeutenden Polymerklassen per Industrie verändert nach [2].

wieder rezykliert worden. D. h. die Effizienz von Sammlungen vorsortierter Kunststoffe war um den beachtlichen Faktor von 13 höher [2].

Die Implikation für eine funktionierende Kreislaufwirtschaft ist daher klar: Kunststoffe sollten weitestgehend getrennt gesammelt und sortiert werden. Dies setzt große, separate Recycling-Kreisläufe (wie für PET im Bereich der Getränkeflaschen oder für PVC im Bereich der Fenster/Türrahmen) voraus, in Verbindung mit guter Detektierbarkeit und hoher thermischer Stabilität für die Mehrfachnutzung ohne nennenswerte Eigenschaftsverluste.

Dies trifft auf Styrolpolymere weitestgehend zu. Polystyrol wird zu rund 50 % im Bereich der Lebensmittelverpackung (Becher für Molkereiprodukte, Deckel) eingesetzt, der Rest im Bereich von Schaumfolien (Verpackung, Isolierung), von Kühlschrank-Inlinern und diversen Elektronik-Geräten. Neben Polystyrol existieren weitere Styrol-basierte Polymere, von denen vor allem die ABS-Polymere zu nennen sind, welche u. a. im Bereich Automobil (z. B. als Komponente in hochwärmeformbeständigen Blends für Automobilinnenteile und lackierten Automobil-Außenteilen), Kühlschrank-Inliner und Gehäusen von Haushalts- und sonstigen elektronischen Geräten eingesetzt werden. Eine Übersicht über die verschiedenen Styrol-Polymeren findet sich in Abb. 5.3.

Die Sortierbarkeit von Styrolpolymeren ist aufgrund der bislang entwickelten Spektroskopie-Methoden sehr gut. Dies bedeutet, dass es selbst bei einem Anteil von nur ca. 1 % Polystyrol in der Sammlung gemischter Kunststoff-Abfälle sinnvoll und machbar ist, Styrolpolymere zu sortieren und sortenrein anzubieten. Voraussetzung hierfür ist jedoch eine entsprechende Nachfrage. Durch erfolgreiche Entwicklungen in diesem Bereich – z. B. die Möglichkeit des Recyclings von Polystyrol mit Lebensmittelqualität (Abb. 5.4) und die Herstellung qualitativ sehr hochwertiger Produkte

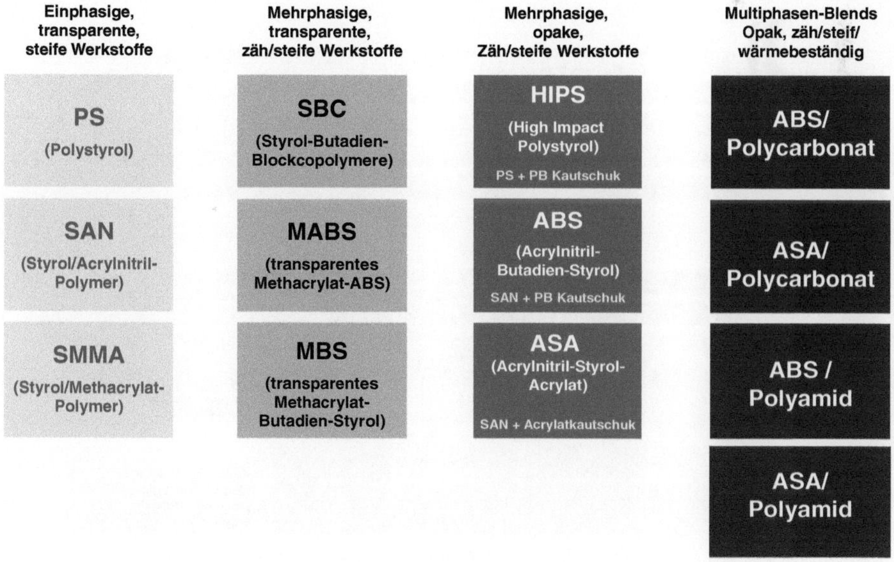

Abb. 5.3 Übersicht der wichtigsten Styrolpolymer-Klassen.

Abb. 5.4 Anwendung aus Post-Consumer rezykliertem Polystyrol. Mit freundlicher Genehmigung von INEOS Styrolution.

auf Basis von ABS-Rezyklat – steigt die Nachfrage kontinuierlich und übersteigt das Angebot heute deutlich.

5.2 Verschiedene Recyclingverfahren für Styrolpolymere (Abb. 5.5)

Mit der Diskussion um geeignete Materialien für die Kreislaufwirtschaft wurden viele bereits bekannte Eigenschaften der Styrolpolymere wiederentdeckt. So war bereits seit den 40er Jahren des letzten Jahrhunderts bekannt, dass sich Polystyrol thermisch in hohen Ausbeuten de-polymerisieren lässt [4]. Von den großen Kunststoffprodukte-Linien lassen sich nur noch PMMA und Polykondensate wie PET mit hoher Selektivität chemisch in Monomere spalten. Der Vorteil liegt auf der Hand: im Vergleich zur fossilen Route (Erdöl => Naphtha => Monomere => Polymere) erhält

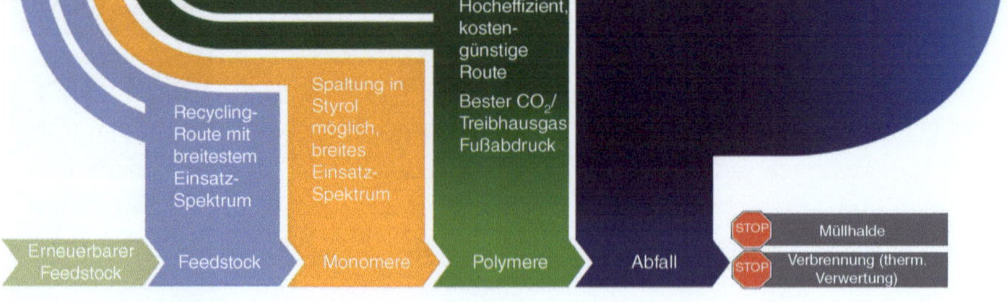

Abb. 5.5 Polystyrol ist mit den wichtigsten, bekannten Methoden rezyklierbar. Mit freundlicher Genehmigung von INEOS Styrolution.

Abb. 5.6 Herstellung von Polystyrol-Rezyklaten aus einer Sammlung von Verpackungsbechern. Mit freundlicher Genehmigung von INEOS Styrolution.

man nach sorgfältiger Aufreinigung direkt diejenigen Monomere, die in bestehende Polymerisationsanlagen eingespeist werden können.

Daneben spielen Lösungs-Recyclingversuche eine zunehmende Rolle. Viele EU-geförderte F&E Programme beschäftigen sich mit der Frage, wie beispielsweise Elektronik/Elektrik-Gehäuse aus PS oder ABS über geeignete Lösungsverfahren aufgereinigt und für die erneute Nutzung in hochqualitativen Anwendungen vorbereitet werden können [5, 6]. Die verwendete, sogenannte „Dissolution" Recycling-Technologie ist anspruchsvoll, weshalb es bis dato keine größeren, kommerziell arbeitenden Dissolution-Recycling-Anlagen für Styrolpolymere gibt.

Die für Styrolpolymere bedeutendste Recyclingtechnologie ist das sogenannte „mechanische Recycling". Hierbei wird – basierend auf einer Sammlung von Verpackungsbechern – durch eine Folge von Sortierung, Waschen und „Super Cleaning" – eine Rezyklatqualität erhalten, die eine Reinheit von > 99.5 % hat und somit vergleichbar ist zu herkömmlich hergestellten „virgin" Polystyrol (Abb. 5.6).

5.3 Die Bedeutung des Post-Consumer Abfalls und der Detektierung

Wie in den vorherigen Kapiteln bereits erwähnt, ist eine der wichtigsten Voraussetzungen für hoch-qualitative Rezyklate die selektive Sammlung von definierten Kunden-Produkten. Die Sammlung von Leichtverpackungen wie Joghurtbecher, Trinkflaschen, Folien und Deckeln, als auch die Sammlung elektrischer und elektronischer Geräte (WEEE) beispielsweise erlaubt die selektive Aufarbeitung zu hochwertigen Produkten.

Dieser praktische Qualitätsstandard führt zu einigen interessanten Konsequenzen [7]:

- Anders als bei Produkten mit sehr langer Lebenszeit sorgt die kurze Lebenszeit von beispielsweise Lebensmittelverpackungen dafür, dass keine sogenannten „Legacy Additives" aus vergangenen Zeiten enthalten sind, welche heutzutage aus regulatorischen Gründen möglicherweise nicht mehr akzeptabel sind
- Weiterhin ist sehr vorteilhaft, dass die Zusammensetzung der Molkereiverpackungen fast immer ähnlich ist. Somit ergibt sich kein Problem durch Mehrschichtverbünde unterschiedlicher Polymere => reiner Rohstoffstrom, wenig Sortierbedarf

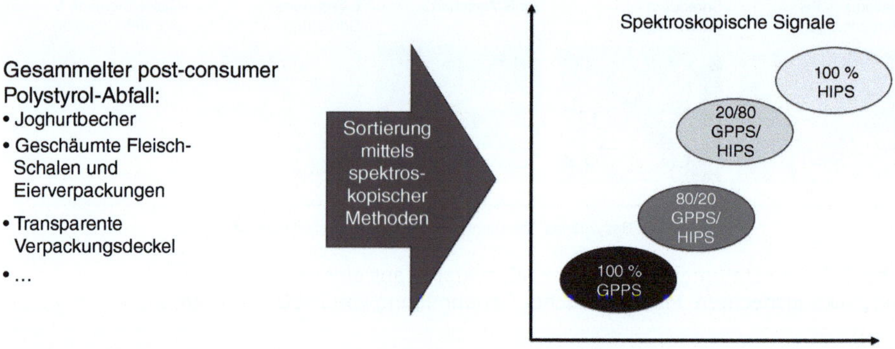

Abb. 5.7 Die Detektion beeinflusst die Qualität des sortierten Rezyklats [8]/European Networking Group.

- Dieser praxisnahe Standard bildet die Grundlage für das „Closed-Loop-Recycling“: durch Rückführung in gleiche Anwendungen werden technische und kontaminationsbedingte Bedenken irrelevant.
- In Kombination mit „Design for Recycling“-Maßnahmen – wie sie seit vielen Jahren bei PET-Flaschen praktiziert werden – werden solche effektiven Standardisierungen weiter vorangetrieben

Neben dieser Auswahl geeigneter Abfall-Sammlungen spielt die Detektierung eine große Rolle. Bereits die standardmäßige NIR (Nah-Infrarot) Spektroskopie erlaubt eine präzise Differenzierung zwischen den verschiedenen Polymeren, als Basis für eine anschließende effiziente Sortierung. Darüber hinaus arbeiten Firmen wie TOMRA an der Weiterentwicklung der Detektion; ein Beispiel ist die Erkennung von Additiven wie Flammschutzmitteln und sogar die Differenzierung zwischen verschiedenen Polystyroltypen: HIPS kann von HIPS/GPPS und wiederum von GPPS unterschieden werden, was die Grundlage für höchstmögliche Rezyklatqualität legt (Abb. 5.7).

5.4 Die Vorteile von Polystyrol im Recycling zu hochqualitativen Anwendungen

Während die Vielseitigkeit von Polystyrol im Recycling bereits erwähnt wurde, wollen wir im Folgenden auf weitere Vorteile dieses Materials beim Recycling eingehen – immer mit dem Ziel, die finale Qualität des Rezyklats auf dem gleichen Level zu halten wie das Ausgangsmaterial [8].

5.4.1 Hohe Taktzeiten

Die amorphe (nicht-kristalline) Natur von Styrolpolymeren hat mehrfache Vorteile: Beim Plastifizieren muss keine Zusatzenergie für das Aufschmelzen teilkristalliner Segmente aufgebracht werden. Dies sorgt „ceteris paribus“ für erhöhten Extruder-Durchsatz. Beim Abkühlen aus der Schmelze muss wiederum keine Re-Kristallisations-Enthalpie entfernt werden. Beides führt gegenüber teilkristallinen Werkstoffen bei ansonsten gleichen Maschinenparametern zu einem erhöhten Durchsatz, zu niedrigerem Energieeinsatz und somit besserem CO_2 Fußabdruck.

5.4.2 Leichte Verarbeitbarkeit

Durch das Fehlen eines Schmelzpunkts ist das Erweichungsverhalten von Styrolpolymeren sehr gutmütig; der Temperatur-Verarbeitungsbereich ist sehr breit und damit „verzeihender“, sofern geringe Schwankungen bei der Temperaurkontrolle auftreten. Gleichzeitig sorgen die Polymerketten und Kautschukpartikel in den vielfach verwendeten HIPS/GPPS Mischungen für eine hohe eingefrorene Orientierung. Dieser „BOPS-Effekt“ (BOPS = biaxially oriented Polystyrene) bewirkt eine deutliche Erhöhung von Steifigkeit und Duktilität.

5.4.3 Multipack-Vereinzelung

Durch die Steifigkeit/Zähigkeitsbalance von HIPS/GPPS gelingt es bei dieser Materialklasse, Multipacks durch leichten Druck zu vereinzeln.

5.4.4 Gute CO_2 Permeabilität

Speziell bei der Verpackung von Molkereiprodukten, die ggf. lebende Kulturen enthalten, ist eine hohe Durchlässigkeit für CO_2 essentiell. Dies ist bei Verpackungsbechern aus HIPS/GPPS der Fall.

5.4.5 Exzellente weitere Eigenschaften – „tiefe“ Diffusivität

Für Polymere, die zurück zum Nahrungsmittelkontakt recycelt werden sollen, ist eine niedrige Diffusivität entscheidend. Diese Materialeigenschaft bedeutet, dass eventuelle Kontaminanten im Abfall nicht oder nur langsam in das Polymer eindringen können. Dadurch sind eventuelle Kontaminationskonzentrationen in solchen Polymeren geringer. Analog ist dann auch die Migration solcher Verunreinigungen aus dem Kunststoff heraus ins Nahrungsmittel stark gebremst. Hier sind beim Polystyrol zusätzlich Anwendungen in gekühlten Molkereiverpackungen ideal, weil es eventuelle Migrationen noch weiter verlangsamt als zum Beispiel bei einer Wasserflasche, die bei Raumtemperatur gelagert wird.

Abbildung 5.8 zeigt die Diffusivität unterschiedlicher Polymere wie von Störmer et al beschrieben [9].

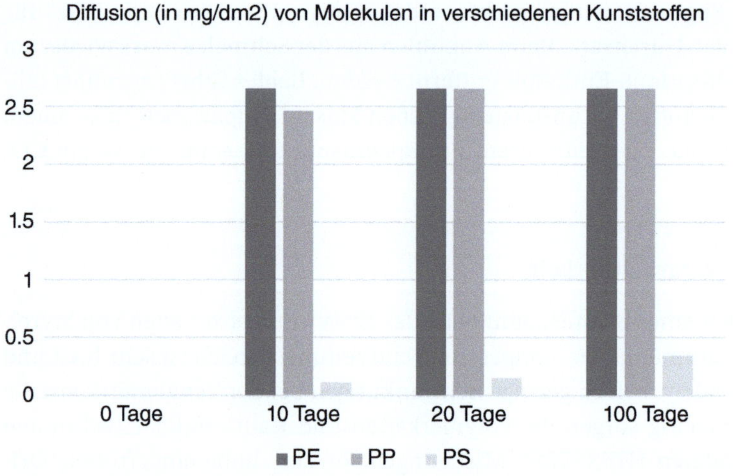

Abb. 5.8 Schematische Darstellung einer kinetischen Modellierung der Diffusion von Molekülen durch Kunststoff-Folien. verändert nach Nach Störmer et al. [9].

5.4.6 Exzellente weitere Eigenschaften – Geringe Aufnahme von Verunreinigungen

Polystyrol (PS) hat eine geringe Aufnahme von Verunreinigungen, was es zu einem vorteilhaften Material für Verpackungen macht, insbesondere im Lebensmittelbereich. Hier sind die Hauptgründe für die geringe Aufnahme von Verunreinigungen bei Polystyrol-Verpackungen:

1. Niedrige Diffusionseigenschaften => wie vorstehend erläutert
2. Intrinsische Materialeigenschaften

Dichte und Struktur: Die molekulare Struktur von Polystyrol ist dichter und weniger porös als die von vielen anderen Kunststoffen. Diese dichte Struktur trägt dazu bei, dass weniger Verunreinigungen in das Material eindringen können.

Chemische Beständigkeit: Polystyrol ist chemisch relativ inert und reagiert nicht leicht mit vielen Substanzen, was die Aufnahme von Verunreinigungen weiter reduziert.

3. Reinigungseffizienz im Recyclingprozess

Mechanische Recyclingtechnologien: Neue mechanische Recyclingtechnologien für Polystyrol haben gezeigt, dass sie sehr effektiv bei der Entfernung von Verunreinigungen aus dem Abfallstrom sind. Dies führt zu einem recycelten Polystyrol (*r*-PS) mit hoher Reinheit. Der Grund hierfür liegt in der vorteilhaften Glasübergangstemperatur (Tg) von Polystyrol, die mit rund 100 °C deutlich oberhalb der üblichen Gebrauchstemperaturen liegt. Unterhalb Tg sind die Polymerketten in einem glasartigen Zustand „eingefroren". Die Segment-Mobilität der Polymerketten ist extrem gering; dementsprechend sind eventuell enthaltene Fremdmoleküle gleichermaßen eingefroren und werden in ihrer Migration gehindert. Dies ist sehr vorteilhaft, da Polystyrol somit eine effektive Barriere gegen die Migration möglicher Spuren von Verunreinigungen darstellt.

Weitere Beispiele für Polymere mit hoher Tg und damit guter Barriere gegen Migration von Verunreinigungs-Spuren sind PET, und z. T. auch Polyamid. Polyolefine haben typischerweise eine niedrige Tg, so dass die Polymersegmente bei Raumtemperatur in Bewegung geraten und damit eine weniger effiziente Barriere gegen die Migration von Verunreinigungen darstellen.

Beispiel: Ein Test zur Reinigungseffizienz zeigte, dass die verwendete Technologie exzellente Reinheitsgrade des recycelten Polystyrols erreicht, was durch die intrinsischen Eigenschaften von Polystyrol als Polymer mit niedriger Diffusion unterstützt wird. Die hohe Inertheit von Polystyrol gegenüber Kontaminanten ist dabei entscheidend [10].

5.4.7 Exzellente weitere Eigenschaften – Geringe Misuse-Inzidenz

Ein wesentlicher Punkt beim Nahrungsmittelkontakt: Recycling ist an die „Historie" des Materials gebunden – wie oft eine Verpackung für andere Zwecke missbraucht wird und welche durchschnittliche Kontamination darauf beruht. PET Flaschen werden im Haushalt zur Aufbewahrung aller möglichen Flüssigkeiten von Speiseöl bis Motoröl verwendet und gelangen danach in den Recyclingstrom. Die daraus resultierende anzunehmende Kontamination wurde aus Inzidenz und gefundenen Konzentrationen auf 3 ppm festgelegt.

Bei Joghurtbechern, die nicht mehr verschließbar sind, ist ein solcher Missbrauch deutlich seltener. Aggressive Lösungsmittel würden darüber hinaus den Becher auflösen und so dem Recycling entziehen. Eine vom Fraunhofer IVV durchgeführte Studie kommt zu dem Schluss, dass „post-consumer Rezyklat" aus Polystyrol für den Einsatz im direkten Kontakt mit Lebensmitteln geeignet ist [11]. Das Rezyklat ist also sehr rein (Abb. 5.9)!

5.5 Das Konzept der Bio-Attribution

Erneuerbare „Feedstocks" helfen, den CO_2-Fußabdruck von Styrolpolymeren signifikant zu reduzieren. Dabei werden nach einem zertifizierten System Bio-Rohstoffe zum konventionellen, fossilen Rohstoff zugesetzt. Die anschließende Verarbeitung der Rohstoffe (z. B. Naphtha + Bio-Naphtha) zu Folgeprodukten wie Styrol und Polystyrol wird streng – u. a. unter Berücksichtigung von Ausbeuteverlusten – verfolgt und Bio-Moleküle den Kunststoff-Endprodukten exakt zugeordnet (Abb. 5.10).

Durch diese „Bio-Attribution" können die existierenden Großanlagen höchst effizient von 100 % fossilem „Feedstock" sukzessive auf Bio-Feedstock umgestellt werden. Es bedarf gemäß dieser Route keiner neuen „Bio-Polymeren", die typischerweise deutlich andere Eigenschaften als Styrolpolymere haben und somit für viele Anwendungen nicht in Frage kommen.

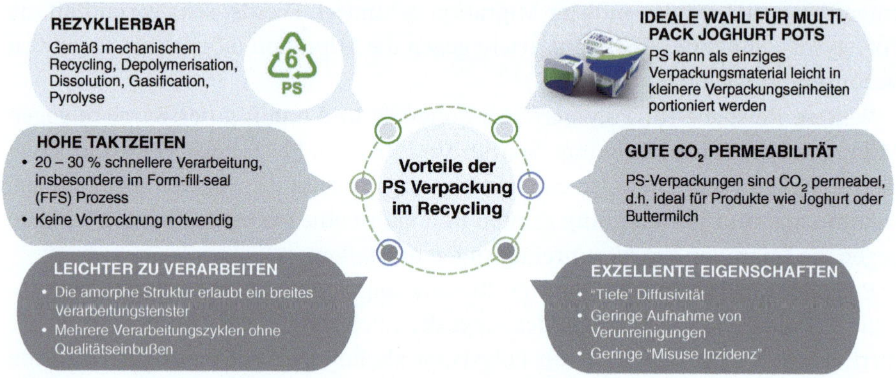

Abb. 5.9 Zusammenfassung der spezifischen Vorteile von Polystyol im Zusammenhang mit Recycling zu hochqualitativen Anwendungen. Mit freundlicher Genehmigung von INEOS Styrolution.

Abb. 5.10 Das Konzept der Bio-Attribution.

Dadurch gelingt es – bei Verwendung hoher Anteile an Bio-Feedstock – den CO_2-Fußabdruck von Styrolpolymeren gegen Null, bzw. sogar in den negativen Bereich zu bringen. Ein sehr erfolgreiches Konzept, welches sich z.Zt. einer hohen Nachfrage erfreut.

5.6 Ausblick

Die Zukunft des Styrolpolymer-Recyclings ist vielversprechend, da technologische Fortschritte und zunehmendes Umweltbewusstsein die Entwicklung und Implementierung effizienterer Recyclingmethoden vorantreiben. Hier sind einige wichtige Aspekte und Trends, die die Zukunft des Styrolpolymer-Recyclings prägen könnten:

1. Technologische Innovationen

Erweiterte mechanische Recyclingtechnologien: Neue mechanische Recyclingtechnologien verbessern die Effizienz und Reinheit des recycelten Polystyrols (*r*-PS). Diese Technologien nutzen darüber hinaus eine bessere Sortierung und Reinigung, was zu hochwertigeren Rezyklaten führt.

Chemisches Recycling: Fortschritte im chemischen Recycling, wie die Depolymerisation von Polystyrol zu Monomeren, bieten das Potenzial, Polystyrolabfälle in ihre ursprünglichen Bausteine zurückzuführen. Dies ermöglicht die Herstellung von neuem Polystyrol mit nahezu identischen Eigenschaften wie das ursprüngliche Material.

Lösung-basiertes Recycling („Dissolution"): Diese Methode zeigt vielversprechende Potenziale bei der Aufreinigung von Styrolpolymer-Rezyklaten.

2. Nachhaltigkeit und Kreislaufwirtschaft

Geschlossene Kreislaufsysteme: Die Entwicklung von geschlossenen Kreislaufsystemen für Polystyrol, bei denen das Material wiederholt recycelt und wiederverwendet wird, wird immer wichtiger. Dies reduziert die Abhängigkeit von fossilen Rohstoffen und minimiert Abfall.

Erhöhte Recyclingquoten: Um die Ziele der Kreislaufwirtschaft zu erreichen, müssen die Recyclingquoten für Polystyrol weiter erhöht werden. Dies erfordert die Implementierung effizienterer Sammel- und Sortiersysteme sowie die Förderung des Bewusstseins und der Beteiligung der Verbraucher.

3. Industrielle Zusammenarbeit und Investitionen

Partnerschaften und Kooperationen: Industrie-Unternehmen, Institute und Hochschulen arbeiten zusammen, um fortschrittliche Recyclinganlagen zu entwickeln und zu betreiben. Solche Kooperationen sind entscheidend, um die Skalierung und Kommerzialisierung neuer Recyclingtechnologien zu beschleunigen.

Investitionen in Recyclinginfrastruktur: Die Investition in moderne Recyclinganlagen und -technologien ist notwendig, um die Kapazitäten zu erweitern und die Effizienz des Polystyrolrecyclings zu verbessern.

4. Regulatorische Unterstützung und politische Maßnahmen

Gesetzgebung und Vorschriften: Regierungen und Regulierungsbehörden spielen eine entscheidende Rolle bei der Förderung des Recyclings durch die Einführung von Gesetzen und Vorschriften, die das Recycling von Polystyrol unterstützen und Anreize bieten.

Erweiterte Produzentenverantwortung (EPR): Programme zur erweiterten Produzentenverantwortung können Hersteller dazu verpflichten, die Verantwortung für die Sammlung und das Recycling ihrer Produkte zu übernehmen, was die Recyclingquoten erhöhen kann.

5. Forschung und Entwicklung

Materialforschung: Die kontinuierliche Forschung zur Verbesserung der Eigenschaften von recycelten Styrolpolymeren und zur Entwicklung neuer, leichter recycelbarer Styrolpolymere wird die Effizienz und Akzeptanz des Recyclings weiter steigern.

Lebenszyklusanalyse: Studien zur Lebenszyklusanalyse (LCA) helfen dabei, die Umweltauswirkungen verschiedener Recyclingmethoden zu bewerten und die besten Praktiken zu identifizieren.

Die Zukunft des Styrolpolymer-Recyclings wird durch technologische Innovationen, nachhaltige Praktiken, industrielle Zusammenarbeit, regulatorische Unterstützung und kontinuierliche Forschung geprägt sein. Diese Entwicklungen werden dazu beitragen, die Effizienz und Rentabilität des Polystyrolrecyclings zu verbessern und die Umweltauswirkungen zu minimieren, was letztlich zu einer nachhaltigeren Nutzung von Ressourcen führt. Das dies nicht nur ein „frommer Wunsch" ist, belegt die kurz vor der endgültigen Fertigstellung dieses Beitrags veröffentlichte Pressenachricht [12, 13]: INEOS Styrolution gab im Dezember 2024 den erfolgreichen Abschluss eines ersten Projekts mit mechanisch recyceltem Polystyrol für Lebensmittelverpackungen bekannt. Kernelement dieses Erfolges ist der INEOS Styrolution „Super Clean" Prozess, der gemäß EU-Verordnung 2022/1616 als neue Technologie registriert wurde. Er besteht aus mehreren Schritten: von der Sortierung der Kunststoff-Abfälle (tiefe NIR-Sortierung inklusive Objekterkennung) über die Heißwäsche und Flake-Sortierung bis hin zur Schmelzefiltration und Pelletierung. Mit diesem Verfahren wird eine Lebensmittelkontaktqualität erreicht, die bisher nur von PET-Flaschen-Rezyklaten bekannt waren. Das recycelte Material bietet die gleichen physikalischen Eigenschaften wie konventionell hergestelltes Polystyrol und ermöglicht so eine perfekte Kreislauflösung. Becher für die Abfüllung von Joghurt werden in Zusammenarbeit mit der Unternehmensgruppe Theo Müller hergestellt; die ersten Joghurts werden in dieser Verpackung Anfang 2025 in den LIDL Supermärkten angeboten.

5.7 Glossar

ABS	Acrylnitril-Butadien-Styrol Kunststoff
E&E	Elektro- und Elektronik-Sektor
EPR	Erweiterte Produzentenverantwortung (*extended producer responsibility*)
EPS; PS-E	Expandiertes / expandierbares Polystyrol
GPPS	Polystyrol (*general purpose polystyrene*)
HIPS	Schlagfestes Polystyrol (*high impact polystyrene*)
ISCC	Internationales Zertifizierungssystem für die Bilanzierung von bio-basiertem Kohlenstoff (*international sustainability and carbon certification*)
LCA	Lebenszyklusanalyse (*life cycle analysis*)
PA	Polyamid
PE	Polyethylen
PE-HD	Polyethylen hoher Dichte (*high density polyethylene*)
PE-LD	Polyethylen niedriger Dichte (*low density polyethylene*)
PE-MD	Polyethylen mittlerer Dichte (*medium density polyethylene*)
PET	Polyethylenterephthalat
PMMA	Polymethylmethacrylat
PP	Polypropylen

PS	Polystyrol
PUR	Polyurethan
PVC	Polyvinylchlorid
Tg	Glasübergangstemperatur
WEEE	Elektro- und Elektronik-Altgeräte (*waste electrical and electronic equipment*)

Literaturverzeichnis

1. https://plasticseurope.org/de/knowledge-hub/plastics-the-fast-facts-2023.
2. https://plasticseurope.org/knowledge-hub/plastics-the-facts-2022.
3. INEOS Styrolution Pressemitteilung 19.10.2022.
4. VS 2,345,829 (Allied Chemical & Dye Corp), 14,1
5. https://plast2bcleaned.eu (Datum: 18.06.2024).
6. https://absoleu.univ-cotedazur.eu (Datum: 18.06.2024).
7. van Roost, H. (2022). *„Recycling of Plastics“*, S. 333 ff., HANSER, München.
8. Niessner, N. (2024). *13th ENG Innovation Summit*, Amsterdam.
9. Störmer, A. (2023). *Vortrag bei der Tagung „Konformität von Lebensmittelverpackungen 2023“ der Industrievereinigung für Lebensmitteltechnologie und Verpackung e.V.*, IVLV mit Sitz in Freising, Deutschland
10. Welle, F. (2010). *„Recycling von Kunststoffverpackungen – PET Getränkeflaschen und andere Anwendungen“ 9. BfR Forum Verbraucherschutz*, Berlin.
11. Welle, F. (2023). „Recycling of post-consumer polystyrene packaging waste into new food packaging applications – part 1:direct food contact“. *Recycling* 8: 26. https://doi.org/10.3390/recycling8010026.
12. Eisenträger, F. und Lembach, L. (2024). Dresdner Verpackungstage.
13. Presseveröffentlichung der INEOS Styrolution Group GmbH, 19.12.2024.

6

Plasma als Schlüssel zur Kohlenstoffkreislaufwirtschaft – Startup Cyclize als Anwendungsbeispiel

Dr. Stephan Renninger

Cyclize GmbH

Abstract

Ein Blick in die Arbeitsweise der chemischen Industrie offenbart, dass deren CO_2-Emissionen hauptsächlich aus deren Energieverbrauch und der Verbrennung ihrer Produkte am Lebenszyklusende stammen. Der folgende Beitrag zeigt auf, dass die zirkuläre Nutzung von Abfällen als Einsatzstoff durch ihre gute Verfügbarkeit und hohen Energiegehalt die beste Alternative zu fossilen Ressourcen darstellt. Die Elektrizität aus regenerativen Quellen ist die vielversprechendste nachhaltige Energiequelle. Die Plasmatechnologie ist eines von drei Technologiefeldern, welche großtechnische Prozesse elektrifizieren können, und bietet dabei besondere Vorzüge. Das Startup Cyclize verwendet daher Plasmatechnologie, um zirkuläre Einsatzstoffe durch elektrische Energie nutzbar zu machen. So lassen sich verschiedene Produktströme der chemischen Industrie defossilisieren und die Verbrennung oder Deponierung schwer nutzbarer Abfälle vermeiden. Durch die steigenden Kosten für fossile Energieträger im Vergleich zu erneuerbaren und durch die Umsetzung von Emissionshandelsabkommen kann dieser Ansatz wirtschaftlich konkurrenzfähig umgesetzt werden. Auch bei Berücksichtigung indirekter Emissionen sind die Lebenszyklusemissionen deutlich geringer als beim Status quo, doch der Weg vom Labor in die industrielle Anwendung ist lang, daher sind frühzeitige Anstrengungen notwendig, um Lösungen zur Marktreife zu entwickeln. Vor diesem Hintergrund zeigt der Beitrag, dass insbesondere Startups durch ihren Fokus und ihre agilen Strukturen einen großen Beitrag leisten können, um diesen Weg schnell zu durchschreiten und die chemische Industrie nachhaltig und zirkulär zu prägen.

Zirkuläre Wirtschaft und Nachhaltigkeit in der chemischen Industrie: 1. Aufl. C. Suntrop und T. Wagner (Hrsg.).
© 2026 Wiley-VCH GmbH. Alle Rechte vorbehalten, einschließlich derer für Text- und Data-Mining und Training von Technologien der Künstlichen Intelligenz oder ähnlichen Technologien.

6.1 Woher die Emissionen der Chemieindustrie stammen

Die chemische Industrie hat durch ihre Arbeit mit neuartigen Stoffen am Zahn der Zeit so manche Emission getätigt, deren Tragweite erst im Laufe der Zeit zutage kam, wie z. B. FCKW oder PFAS. An dieser Stelle soll jedoch nur auf die CO_2-Emissionen eingegangen werden, ein Problem, das sie sich mit den meisten anderen Industriezweigen teilt und dessen Tragweite schon seit Jahrzehnten bekannt, jedoch leider erst neuerlich unmittelbar spürbar ist.

CO_2-Emissionen der Chemieindustrie lassen sich in direkte, also solche bei denen ein Prozess CO_2 bildet, und indirekte aus der Energie- und Einsatzstoff-Gewinnung trennen. Die Energiewende schreitet zwar voran, die weltweite Chemieindustrie gewinnt ihre Energie trotzdem noch großteils aus Kohle (3,3 EJ p.a.) und Gas (5 EJ p.a.) [1], wohingegen elektrische Energie nur 0,66 EJ pro Jahr ausmacht. Die resultierenden indirekten Emissionen übertreffen die direkten. Die benötigte Energiemenge, entsprechend ca. 2500 TWh, aus erneuerbaren Quellen bereit zu stellen entspricht einem Ausbau der weltweit verfügbaren erneuerbaren Energien um 30 %.

Zusätzliche Emissionen entstehen durch die Produkte der Industrie am Ende ihres Lebenszyklus durch die Entsorgung, vor allem durch die Verbrennung. Die weltweit anfallende Menge an Plastikabfall zu verbrennen, würde jährlich 600 Millionen Tonnen an CO_2 ausstoßen. Die Entsorgung durch Deponierung ist allerdings auch keine Alternative, da dadurch Grundwasser, Böden und Meere mit Giftstoffen belastet werden.

Diese Probleme und ihre Lösungen sind eng miteinander verknüpft, da Kohle, Gas und Erdöl nicht nur als Energieträger, sondern auch als Kohlenstoffquellen für die Industrie dienen und Kohlenstoff aus den Produkten selbst nicht wegzudenken ist. Fossile Ressourcen müssen also als Energiequelle und auch als Kohlenstoffquelle ersetzt werden.

6.2 Zirkuläre Einsatzstoffe als alternative Kohlenstoffquelle

Die chemische Industrie verwendet Kohlenstoff zur Herstellung von 3 grundlegenden Kategorien von Stoffen: Olefine (Ethylen, Propylen), Aromaten (Benzol, Toluol, Xylol), Synthesegas (Kohlenmonoxid und Wasserstoff). Aromaten und Olefine werden aus Naphta gewonnen, eine Fraktion bei der Kraftstoffherstellung. Alternative Quellen erlangen also durch die Abschaffung von Verbrennungsmotoren einen wirtschaftlichen Vorteil.

Biomasse kann auf neuartigen Routen theoretisch alle Kategorien bedienen, konkurriert dabei allerdings mit der Nahrungsmittelproduktion und trägt zur Überlastung des weltweiten Phosphat-, Nitrat- und Wasserhaushaltes bei. Ein Beispiel: Die Welt produziert jährlich 1,15 Milliarden Tonnen Mais. Im Vergleich dazu liegt der Bedarf der Industrie an Kohlenstoff bei 450 Millionen Tonnen pro Jahr [2]. Bei einem Kohlenstoffgehalt des Mais von 35 % genügt die Weltproduktion also nicht, diesen Bedarf zu decken.

Eine Alternative, an die viele Erwartungen geknüpft werden, ist Carbon Capture. Diese Route ist jedoch sehr energieintensiv. So verwendet z. B. Climeworks, ein führender Anbieter, 7 GJ/t (CO_2) [2] entsprechend 26 GJ/t (C) Kohlenstoff an Energie. Um diesen Kohlenstoff nutzbar zu machen, sollte CO_2 mindestens zu Kohlenmonoxid reduziert werden, ein zusätzlicher Energieaufwand von optimistisch berechnet, 34 GJ/t (C). Der benötigte Energieaufwand um die 450 Millionen Tonnen pro Jahr [3] an Kohlenstoff bereitzustellen, den die chemische Industrie jährlich stofflich nutzt, läge also bei 27 EJ – dem Fünffachen des heutigen Primärenergieverbrauchs. In den Einheiten der Elektrotechnik ausgedrückt ergibt das 7400 TWh. Dieser zusätzliche Energieverbrauch entspricht der gesamten weltweit verfügbaren erneuerbaren Elektrizität zum Stand 2020 [4].

Kunststoffabfälle lassen sich ebenfalls zur Gewinnung von allen Kategorien von Zwischenprodukten nutzen. Werden sie stofflich genutzt, erübrigt sich darüber hinaus das Problem der Emissionen durch ihre bisherige Verbrennung. Weltweit fallen jährlich 350 Millionen Tonnen an Abfall an [5]. Mit dieser Menge ließen sich 60 % des Kohlenstoffbedarfs der chemischen Industrie decken. Eine Herausforderung ist jedoch die Inhomogenität der Abfallstoffe: Sie enthalten anorganische Zuschläge, Faserverstärkungen, Halogene, Schwefel, Brandhemmer, Metalle und vieles mehr. Die Inhomogenität erschwert das mechanische Recycling, Halogene und Schwefel stellen Herausforderungen an Depolymerisation oder andere katalytische chemische Recyclingverfahren.

Um auf fossilen Kohlenstoff verzichten zu können, werden alle Alternativen benötigt werden. In Hinblick auf die Konkurrenz zur Nahrungsmittelproduktion und den Energiebedarf zur Nutzung von CO_2 erscheint die Nutzung von Abfällen jedoch als die Option, die zuerst ausgeschöpft werden sollte.

6.3 Elektrizität als alternativer Energieträger

Neben alternativen Einsatzstoffen und dem Verzicht auf die Verbrennung von Abfällen, bleibt als dritter großer Faktor die benötigte Energie. Die Elektrifizierung stellt für viele Verfahren die einzige Alternative dar. Drei Ansätze bieten große Möglichkeiten: Elektrolyse, elektrische Prozesswärme und die Plasmatechnologie [6] schematisch sind sie in Abb. 6.1 dargestellt. In Nischen können außerdem z. B. Photochemie, Tribochemie, oder andere Prozesswärmequellen wie Solarthermie verwendet werden.

Die Elektrolyse wird als Zukunftstechnologie gehandelt. Etabliert hat sie sich eigentlich schon im 19. Jahrhundert als Schmelzflusselektrolyse zur Aluminiumherstellung oder Chloralkali-Elektrolyse zu Chlorerzeugung. Beide Prozesse sind heute noch der jeweilige Standard auf ihrem Gebiet.

Im Rahmen der Defossilisierung ist die Wasserelektrolyse eine Schlüsseltechnologie. Auch sie stellt in großtechnischen Anwendungen keine Neuheit dar: Bereits in den 1930ern waren große Systeme in Betrieb, z. B. ein 140 MW-Elektrolyseur betrieben in Rjukan, Norwegen von BASF bzw. Norsk Hydro [7]. Wie auch heute war der Betrieb nur durch günstig verfügbare erneuerbare Energien wirtschaftlich; in diesem Beispiel ein Wasserkraftwerk.

Unabhängig vom hohen Energiebedarf bietet die Elektrolyse bisher nur begrenzte Anwendung bei der Herstellung von kohlenstoffhaltigen Chemikalien. Im Gegensatz zu Wasserstoff kann Kohlenstoff in vielen verschiedenen Verbindungen vorliegen, was die Selektivität von elektrochemischen Prozessen mindert. Die Produktion von Kohlenmonoxid und einfachen organischen Produkten aus CO_2 stellt eine mögliche Anwendung für die zirkuläre Chemie dar.

Elektrisch beheizte Reaktoren können für thermochemische Prozesse verwendet werden, aktuell ist z. B. E-Cracking eine angestrebte Anwendung. Typischerweise sind elektrische Heizelemente 1- oder 2-dimensional, Reaktoren aber 3-dimensional. Dadurch wird die Skalierung von Reaktoren im Hinblick auf die Wärmeverteilung erschwert. Verfügbare Materialien begrenzen die erreichbare Raum-Zeit-Ausbeute und Prozesstemperatur.

Die Plasmatechnologie blickt wie die Elektrolyse auf eine lange Historie zurück. Ein bekanntes Beispiel ist das Birkeland-Eyde-Verfahren zur Gewinnung von Salpetersäure aus Luftplasmen ab 1905. Etabliert wurde es im zuvor bereits erwähnten Chemiepark in Rjukan. Somit konnte an diesem Standort bereits vor über 100 Jahren Nitratdünger aus Luft und Wasser gewonnen werden – bis fossile Einsatzstoffe in Kombination mit dem Ostwald-Verfahren zur Nitrat-Gewinnung sie vom Markt verdrängten.

Lichtbogenöfen sind eine weitere Anwendung von Plasma. Sie wurden historisch zur Herstellung von Calcium-Carbid aus Kalk und Kohle verwendet. Eine heute noch verbreitete Anwendung in der Chemie ist die Zerlegung (oft „Pyrolyse“ oder „Cracking“) von Kohlenwasserstoffen zur Ethin-Erzeugung. Darüber hinaus werden sogenannte „Plasmafackeln“, als Prozesswärmequelle oder Zündbrenner verwendet. Plasmareaktoren sind komplexer als elektrisch beheizte Reaktoren, bieten aber das Potenzial höherer Temperaturen, Leistungsdichten und Raumzeitausbeuten.

Plasmafackeln und Lichtbogenöfen erzeugen ein „heißes“ Plasma, die Gastemperaturen können 10 000 °C überschreiten. Eine neuere Entwicklung sind „kalte“ oder „warme“ Plasmen, die Reaktionen bei Temperaturen unter 5000 °C Energie zuführen. Da die Energie dem Gas über Elektronenstöße zugeführt wird, lassen sich theoretisch Ausbeuten oberhalb des thermischen Gleichgewichts der jeweiligen Gastemperatur erreichen. Die Leistungsdichte und Raum-Zeit-Ausbeute für kalte Plasmen sind jedoch geringer. Ein historisches Beispiel ist die Ozon-Gewinnung.

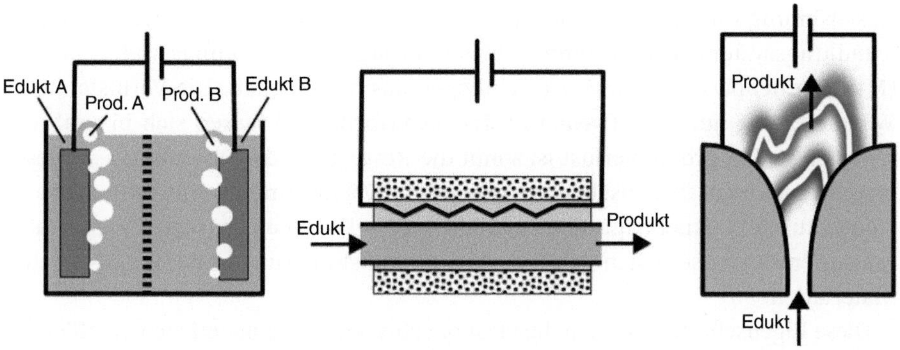

Abb. 6.1 Elektrifizierung der chemischen Industrie: Elektrochemie, elektrische Prozesswärme und Plasmatechnologie.

Die Plasmatechnologie bietet in der großtechnischen Chemie also vor allem dann das größte Potenzial, wenn einem großtechnischen Prozess bei hohem Temperaturniveau Energie zugeführt werden soll. Beispiele sind die Ethin- und Ethen-Gewinnung, Reformierungsreaktionen, oder die Zerstörung unerwünschter organischer Moleküle.

6.4 Die Plasmatechnologie und ihre Vorzüge

Ein wichtiger Vorteil ist, dass Energie einer Reaktion im Volumen des Reaktors statt über die Reaktorwand übertragen wird. Daher ist die Skalierung sehr gut machbar. Damit steht die Plasmatechnologie im Gegensatz zu elektrisch beheizten Reaktoren, bei denen Wärme über die Wände eingetragen wird, oder zu elektrochemischen Prozessen: Diese sind bedingt durch die begrenzte Stromdichte im Elektrolyten und das Erfordernis durch Membran getrennter Kammern in aller Regel zweidimensional, skalieren also nur als Stapel (Stack).

Außerdem ist eine Passivierung des Reaktors bei Plasmareaktoren, z. B. durch Oberflächenveränderung oder Verkokung, weniger wahrscheinlich.

Plasmareaktoren können mit einem Katalysator kombiniert werden, der in- oder nach der Plasmazone angebracht werden kann. Die Plasmakatalyse, die sich mit der Wechselwirkung von Plasmen und katalytisch aktiven Oberflächen befasst, ist ein aktives Forschungsfeld. Durch diese Kombination lassen sich z. B. in der Methan-Reformierung hohe Ausbeuten erreichen. Ein Katalysator ist jedoch nicht zwingend erforderlich. Plasmen erzeugen neben hohen Temperaturen auch Radikale, die einige Reaktionen beschleunigen können.

Nachteil ist die hohe Komplexität. Der Wirkungsgrad eines Plasmaprozesses ist abhängig vom Temperaturniveau, der Verweildauer der Gase, der Geometrie und

Gasströmung im Reaktor, den Wärmeverlusten und dem verwendeten Energiewandlungssystem. Vom Stromnetz bis ins Plasma sind Wirkungsgrade von 75 % (Mikrowellenplasma) bis 95 % (Lichtbogenplasma) möglich. Die Verluste durch Wärmeleitung aus dem Plasma in den Reaktormantel lassen sich bis auf 5 % reduzieren. Der größte Verlust ist somit die Restwärme des Produktgases. Dieser erreicht z. B. beim thermischen Reformieren >50 % des Energieeinsatzes. Sie kann jedoch durch Wärmeintegration genutzt werden. Durch die extremen Temperaturen der Produktgase stellen sich dabei neue Herausforderungen an die eingesetzten Materialien.

Diese Eigenschaften machen die Plasmatechnologie zu einer effizienten Möglichkeit zur Umsetzung chemischer Grundprozesse, besonders dann, wenn katalytische Prozesse nicht in Frage kommen. Interessante Einsatzstoffe sind daher neben anderen Biomasse, Biogas, Klärschlamm, feste und flüssige Abfallstoffe aus der Industrie oder Siedlungsabfälle.

6.5 Kurze Historie von Cyclize

Aufgrund ihrer Vorzüge setzt das Team von Cyclize auf die Plasmatechnologie. Ihren Anfang nahm diese Reise an der Universität Stuttgart am Lehrstuhl von Prof. Kai-Peter Birke mit dem Thema der CO_2-Spaltung. Dabei wird ein nicht-thermisches, also kaltes, Plasma verwendet, um CO_2 in Kohlenmonoxid (CO) und Sauerstoff zu spalten. Durch schnelles Abkühlen (Quenchen) des Produktgases kann bei einem Wirkungsgrad von über 40 % CO gewonnen werden [8]. Der hohe Energieeinsatz und die geringe Ausbeute machen den Prozess jedoch momentan großtechnisch uninteressant. Außerdem ist problematisch, dass der entstandene Sauerstoff von Produktgas getrennt werden muss, was technisch anspruchsvoll ist.

$$CO_2 \rightarrow CO + \frac{1}{2}\,O_2 \mid \Delta H = 282\ \text{kJ mol}^{-1}$$

Während dieser Zeit entwickelte der heutige Kern des Cyclize-Teams Plasmareaktoren und Treiber, die sich vielfältig z. B. für die Methan-Reformierung einsetzen ließen. Die Trockenreformierung von Methan (trocken, da kein Dampf verwendet wird) benötigt weniger Energie als die CO_2-Spaltung und ist ein beliebtes Forschungsthema mit begrenzter industrieller Verbreitung:

$$CO_2 + CH_4 \rightarrow 2\,CO + 2\,H_2 \mid \Delta H = 60\ \text{kJ mol}^{-1}\ \text{(Produktgas)}$$

Ein Treiber ist die Elektronik, die das Plasma mit Strom versorgt. Bei der Verwendung von „kalten“ oder „warmen“ Plasmen ist ihre Entwicklung eine Schlüsselherausforderung, da die Aufrechterhaltung von Lichtbogenplasmen einzigartige Anforderungen stellt: Spannungen im ein- bis zweistelligen Kilovolt-Bereich, Kurzschlussfestigkeit, ein hoher Wirkungsgrad und geringe Kosten.

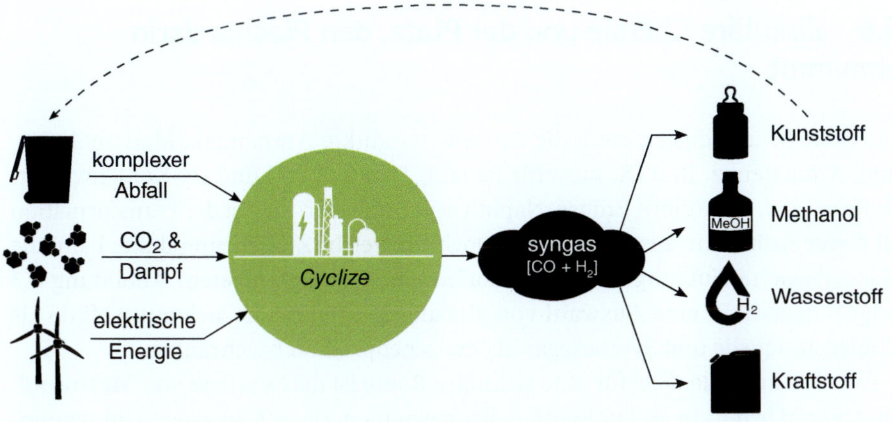

Abb. 6.2 Der Cyclize-Prozess erzeugt aus komplexen Abfällen mithilfe von elektrisch erzeugtem Plasma Synthesegas mit variablem Mischungsverhältnis. Verwendet werden außerdem CO_2 und Wasserdampf. So kann die bestehende Wertschöpfungskette der Chemieindustrie weiterbestehen, und Kohlenstoff wiederverwendet werden.

Da die Hürde des Reaktor- und Treiberdesigns bereits genommen war, konnten verschiedene Prozesse umgesetzt und auf ihre Wirtschaftlichkeit und Nachhaltigkeit hin bewertet werden, um den auszuwählen, der mittelfristig das größte wirtschaftliche Potenzial bietet: die Reformierung von Kunststoffabfällen zu Synthesegas, einem Gemisch aus CO und H_2, schematisch dargestellt in Abb. 6.2. Am Beispiel von Polyethylen:

$$[-CH_2-] + H_2O \rightarrow CO + 2\,H_2 \mid \Delta H \approx 91\ \text{kJ mol}^{-1}\ \text{(Produktgas)}$$

Der Energieeinsatz ist zwar höher als bei der Nutzung von Methan. Im Gegensatz sind jedoch keine fossilen oder biogenen Einsatzstoffe erforderlich. Außerdem kann eine hohe Kohlenstoffausnutzung erreicht werden (über 90 %). End-of-Life Kunststoffe sind weitreichend gut verfügbar und Synthesegas wird bereits in zahlreichen Prozessen genutzt.

Zwar ist die Vergasung von Abfall keine neue Idee, doch stand in den meisten Fällen die energetische Nutzung des Produktgases im Vordergrund, da Synthesegas mit geringer Reinheit erzeugt wurde. Beispiele sind die Festbett- und Flugstromverfahren des Sekundärrohstoff-Verwertungszentrums Schwarze Pumpe oder die Plasmavergasung von Westinghouse / Alter NRG. Eine umfassende Liste findet sich in einem Bericht des Umweltbundesamtes [9].

Die wirtschaftlichen und gesellschaftlichen Bedingungen für die Kreislaufwirtschaft standen nie günstiger. Darüber hinaus konnte Cyclize Innovationen im Bereich der Standzeit und des Wirkungsgrads der Reaktorsysteme sowie in der Wärmenutzung hervorbringen, die weitere wirtschaftliche Vorteile bieten. Bisherige Ansätze zielten auf die direkte Vergasung der Abfälle mittels Sauerstoff oder Luft ab. Cyclize dagegen nutzt eine Kombination aus Vergasung und Reformierung, um Synthesegas höherer Qualität bei geringerem Energieeinsatz zu erzeugen.

6.6 Zirkuläre Chemie und der Platz, den Plasma darin einnimmt

Die chemische Industrie stellt die Zwischenprodukte Ammoniak, Methanol, Olefine, Aromaten (z. B. BTX, kurz für Benzol, Toluol, Xylol) und C4-Kohlenwasserstoffe aus den Vorläufern Erdgas, Naphta und Kohle her. Ziel ist die Transformation all dieser Ströme hin zur Zirkularität. Doch für welche Zwischenprodukte kann die plasmabasierte Nutzung von Abfallstoffen eine Lösung anbieten? Abbildung 6.3 zeigt schematisch eine Auswahl von zirkulären Routen, die sich auf Abfälle als Kohlenstoffquelle und Synthesegas als Zwischenprodukt beschränken.

Ein naheliegendes Ziel für eine zirkuläre Route ist die Synthese von **Methanol**. Dieses wird bereits heute aus Synthesegas gewonnen. Das gilt zwar auch für Ammoniak, doch da darin kein Kohlenstoff enthalten ist, disqualifiziert sich der Stoff für einen Kohlenstoffkreislauf. Methanol dient als Grundstoff für die Gewinnung von Essigsäure. Daraus wird der Kunststoff Polyvinylacetat (PVA) gewonnen. Außerdem ist Methanol der Grundstoff für die Gewinnung von Formaldehyd. Dieses ist wesentlicher Bestandteil von Polyoxymethylen (POM), Phenoplasten und Aminoplasten. Methanol kann außerdem katalytisch zu **Olefinen** umgesetzt werden. Die Methanol-zu-Olefin Route wird zum Beispiel in China bereits heute als Bindeglied zwischen der Kohlevergasung und Kunststoffherstellung eingesetzt [10]. Olefine werden bisher vor allem durch Cracking von Naphta gewonnen. Durchgeführt wird die Herstellung nach Destillation des Rohöls in Raffinerien, womit Olefine

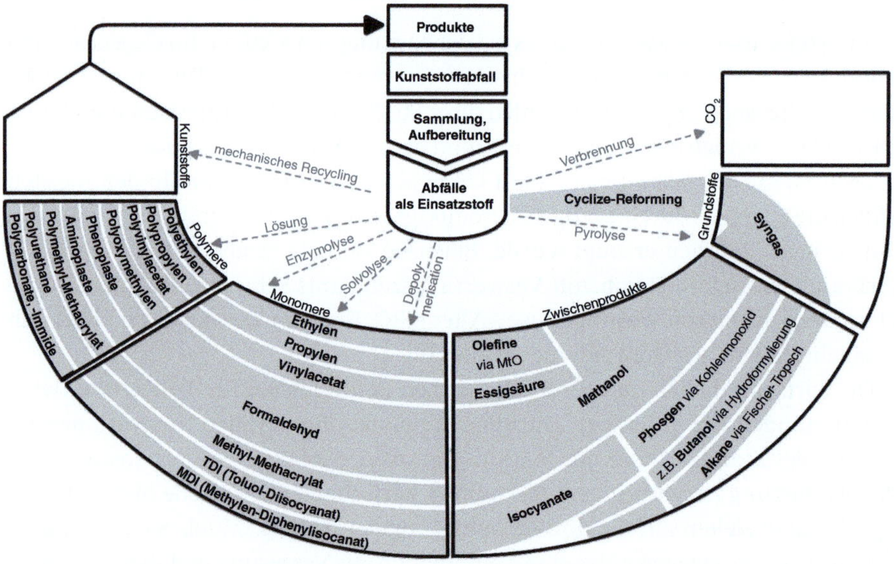

Abb. 6.3 Auswahl an etablierten Wertschöpfungsketten basierend auf Synthesegas, die eine zirkuläre Nutzung erlauben, Grundkonzept der Graphik verändert nach [10], https://renewable-carbon.eu/publications/product/die-vielfalt-des-advanced-recycling-2024/

im weiteren Sinne ein Nebenprodukt der Kraftstoffherstellung sind. Das gleiche gilt für Aromaten und C4-Kohlenwasserstoffe. Als Nebenwirkung der bevorstehenden Elektrifizierung des Verkehrs ergibt sich somit, zusätzlich zu bestehenden Nachhaltigkeitszielen, ein wirtschaftlicher Nachteil für die Gewinnung dieser Stoffe aus Erdöl, der Methanol-zu-Olefin Verfahren auch in Europa wirtschaftlich machen könnte. In Konkurrenz tritt die Vergasung in einer zirkulären Wirtschaft zur Pyrolyseölgewinnung gekoppelt mit dem Cracking, die ebenfalls Olefine bereitstellen kann. Bei der Methanol-zu-Olefin Route fällt eine Mischung aus Propylen und Ethylen an. Nachdem diese separiert werden, dienen sie als Grundstoffe für Polyethylen (PE), Polypropylen (PP) sowie eine weitreichende Palette an anderen Grundchemikalien.

Die Synthese von **BTX** und **C4-Kohlenwasserstoffen** ist basierend auf Olefinen möglich, sie können allerdings ebenfalls direkt aus Pyrolyseöl destilliert werden.

Über die **Hydroformylierung** wird Synthesegas zur Funktionalisierung von Polymeren verwendet. Ein wichtiges Zwischenprodukt ist z. B. Butanol.

Durch die **Fischer-Tropsch-Synthese** lassen sich langkettige Alkane gewinnen. Neben Kraftstoffen können auch Wachse gewonnen werden.

Bei der **Phosgenisierung** wird Kohlenmonoxid aus Synthesegas mit Chlor umgesetzt. Phosgen dient zur Funktionalisierung von Polymeren, z. B. bei der Herstellung von Isocyanaten. Nennenswerte Beispiele sind die Herstellung von Toluol-Diisocyanat (TDI) und Methylen-Diisocyanat (MDI), aus denen Polyurethane (PU) und Polyimide (PI) gebildet werden.

Die plasmabasierte Synthesegasgewinnung kann also ein einzigartiges Bindeglied zwischen Entsorgern und Produzenten von Grundchemikalien darstellen – vor allem bei Stoffströmen, die von anderen Recyclingverfahren nicht abgedeckt werden können. Im zirkulären Chemiepark der Zukunft stellt die Synthesegasgewinnung als letzte Instanz vor der Verbrennung von Abfällen aller Art einen zentralen Prozess dar.

6.7 Techno-ökonomische Analyse

Eine Technologie, die die Welt verändern will, muss nicht nur technisch überzeugen, sondern auch adaptiert werden. Treiber dafür sind die Produktkosten (LCOP, engl. levelized cost of production). Der Staat steuert über Anreize die Ergebnisse des Marktwettbewerbs. Zirkuläre Ansätze können z. B. von einer Bepreisung von CO_2-Emissionen und nicht-recyclebaren Kunststoffabfällen profitieren. Doch sie müssen sich auch mit einer global etablierten, mächtigen Industrie messen, deren Anlagen schon seit Jahren, oder auch Jahrzehnten abgeschrieben sind.

Kostentreiber der großtechnischen Herstellung von Grundchemikalien sind Einsatzstoffe und Energie, in der EU darüber hinaus CO_2-Emissionen. Betriebspersonal und Wartung können für einen ersten Vergleich vernachlässigt werden.

Tab. 6.1 Vergleich des Energie- und Ressourcenbedarfs für die Synthesegas-Prozesse SMR (engl. Steam Methan Reforming), Kohlevergasung (inkl. Elektrischer Energie für Sauerstoffgewinnung), elektrische Abfallreformierung (E-WTS) und Elektrolyse je Kubikmeter 2:1-Synthesegas.

	Kohlenstoffquelle	Hauptenergieträger	direkte CO_2-Emissionen
SMR	Erdgas, ca. 3 kWh	Erdgas, ca. 1 kWh	0,15 kg
Kohlevergasung	Kohle, ca. 2 kWh	Kohle, ca. 2,5 kWh; Elektrizität, ca. 0,21 kWh	0,9 kg
E-WTS	Kunststoffabfall, 0,2...0,5 kg	Elektrizität, ca. 1,1 kWh	0...0,13 kg
Elektrolyse	CO_2	Elektrizität, ca. 4,3 kWh	−0,6 kg

Die Anlagenkosten sind schwer vergleichbar und stark von der Größe der Anlage abhängig. Sie werden daher auch vernachlässigt. Damit ergibt sich ein realitätsnaher einfacher Vergleich für große, zentralisierte Synthesegasanalgen, die den Großteil der Weltproduktion ausmachen. Tabelle 6.1 zeigt eine Schätzung für den Energie- und Ressourcenbedarf verschiedener Synthesegas-Prozesse bei der Herstellung von 2:1-Synthesegas.

Wichtig zu erwähnen ist hier, dass die Produktgasreinigung nicht berücksichtigt wird. Diese ist beim Einsatz von Kohle oder Abfall aufwändiger, als es bei Erdgas der Fall ist. Unter Betrachtung von weltweiten Preisen für Erdgas [11, 12], Kohle [12], Abfälle (falls keine Daten vorhanden sind, wird ein Preis von 0 angenommen), Elektrizität [13, 12] und CO_2-Emissionen [14] im Jahre 2024, kann der Preis für die Synthesegas-Herstellung für die verschiedenen Technologien weltweit wie in Abb. 6.4 verglichen werden. Die betrachteten Standorte stellen einige der größten Produzenten von Synthesegas dar.

Dank staatlicher Anreize für das Recycling und dem daraus entstehenden Negativpreis für Abfälle, ergibt sich in Deutschland (und im Weiteren der EU) die Chance, Synthesegas günstiger als aus fossilen Einsatzstoffen herzustellen. Eine Bepreisung für CO_2 in Form des europäischen Emissionshandels hat ebenfalls einen Einfluss. Darüber hinaus kann der Standort Europa sogar, sollte erneuerbarer Strom weiterhin ausgebaut werden, wieder international konkurrenzfähig werden. Grund dafür sind die steigenden Preise für Erdgas und Kohle.

Im internationalen Vergleich zeigt sich, dass die verwendeten Einsatzstoffe trotz Globalisierung stark von den lokal verfügbaren Ressourcen abhängen. So ist zu erklären, wieso die USA den Großteil ihres Synthesegases aus Erdgas gewinnen, während China stärker auf Kohlevergasung setzt. Unter den betrachteten Standorten bietet jedoch keiner die Mischung aus teuren CO_2-Zertifikaten und günstiger elektrischer Energie, bei der sich die Elektrolyse durchsetzen kann. Als Resultat werden Elektrolyseanlagen für Zeiten der Überproduktion von erneuerbaren

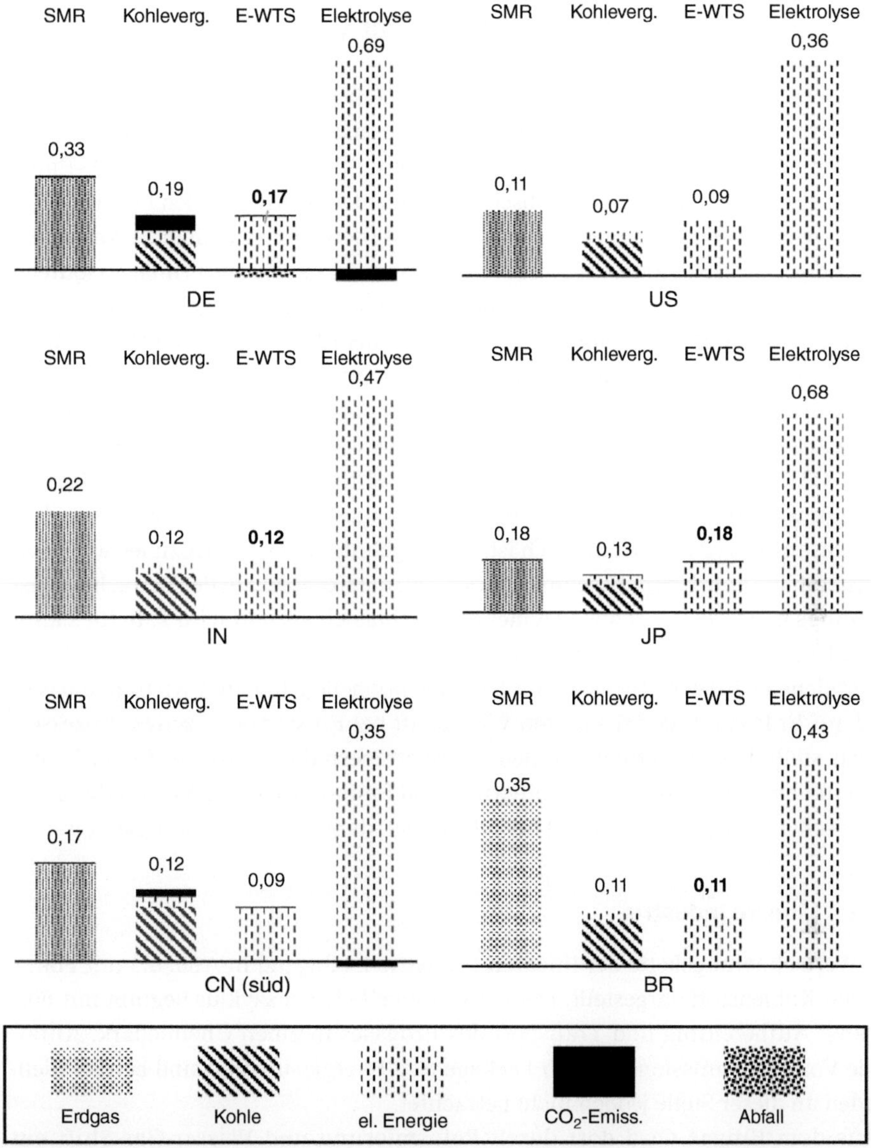

Abb. 6.4 Energie- und Einsatzstoffkosten der Synthesegaserzeugung in US$/Nm^3 an den Beispielstandorten Deutschland, USA, Indien, Japan, China und Brasilien.

Energien ausgelegt statt für die Grundlast, die nationale Wasserstoffstrategie des BMWE sieht etwa 4000 Jahresbetriebsstunden vor [15].

Die Plasmavergasung von Abfällen kann sich jedoch bereits heute in Hinblick auf Ressourcenkosten fast weltweit gegen die fossile Konkurrenz behaupten und bietet darüber hinaus Grundlastfähigkeit. Bedingung dafür ist, dass die Technologie eine vergleichbare Robustheit und Skala erreichen muss, wie die fossile Konkurrenz.

6.8 Lebenszyklusemissionen – linear vs. zirkuläre

Zahlreiche Gründe sprechen für eine zirkuläre Wirtschaftsform: Ressourcenschonung, strategische Unabhängigkeit von fossilen Einsatzstoffen, die Vermeidung von Abfällen – aber keine trifft den Zeitgeist so sehr wie die Vermeidung von CO_2-Emissionen, auf die sich der folgende Abschnitt konzentriert. Alle Größen lassen sich in einem sogenannten Life Cycle Assessment (LCA) bewerten. Der übliche Ansatz ist, den Energie- und Ressourcenverbrauch inklusive Transport auf Primärressourcen und Energieträger rückzurechnen und eine Bilanz über den gesamten Lebenszyklus zu ziehen. Das Ergebnis ist präzise, aber abstrakt. Außerdem werden durch geschickte Wahl der Systemgrenzen oft Aussagen wie CO_2-Negativität abgeleitet, die kaum der Realität entsprechen. Deshalb folgt an dieser Stelle eine einfach nachvollziehbare Betrachtung anhand eines Beispieleinsatzstoffs. Polyoxymethylen, kurz POM, eignet sich für diese Betrachtung sehr gut: Es ist zwar kein Massenprodukt, wird aber zu 100 % aus Synthesegas hergestellt, so dass eine vollständige Betrachtung des Kreislaufs möglich ist. Das Ergebnis lässt sich prinzipiell auf jeden Kunststoff bei ähnlichem Ergebnis übertragen, die Komplexität der Betrachtung ist allerdings höher. POM ist das Polymer des Formaldehyds und wird z. B. für Zahnräder, Isolatoren und Beschläge verwendet.

Verglichen wird der Lebenszyklus der konventionellen, linearen Wirtschaft basierend auf Erdgas mit der zirkulären Wirtschaft bei Einsatz des Cyclize-Prozesses. Erdgas stellt dabei unter den fossilen Energieträgern das Best-Case-Szenario dar. Vorkettenemissionen der Erdgasförderung und Emissionen durch Verwendung von elektrischer Energie werden nicht berücksichtigt, da sie sehr standortabhängig sind.

6.8.1 Lineare Industrie

Die Wertschöpfungskette der linearen Industrie ist folgend in Abb. 6.5 mit Fokus auf den Kohlenstoff dargestellt. Der konventionelle Lebenszyklus beginnt mit Förderung, Aufbereitung und Transport des Erdgases in einen Chemiepark. Anfallende Vorkettenemissionen durch Leckage und Energieaufwand sind beträchtlich, werden an dieser Stelle jedoch nicht betrachtet.

Aus dem Erdgas wird dort durch Reformierung und Wasser-Gas-Shift ein 2:1-Synthesegas hergestellt. Verschiedene Verfahren kommen dazu in Frage, am gängigsten ist die Dampfreformierung. Da es ein Best-Case-Szenario sein soll, wird hier die effizientere autotherme Reformierung betrachtet. Bei dieser reagiert Erdgas mit reinem Sauerstoff bei hohen Temperaturen und Drücken in Gegenwart eines Katalysators direkt zu Kohlenmonoxid und Wasserstoff. Aus dem Synthesegas wird anschließend Methanol gewonnen. Formaldehyd wird durch die Reaktion von Methanol und Sauerstoff hergestellt. Das Formaldehyd wird polymerisiert, um POM zu gewinnen. Das POM wird z. B. im Spritzgussverfahren zu einem Zahnrad in einem Kunststoffgetriebe verarbeitet und perspektivisch viele Jahre genutzt. Am Ende des Lebenszyklus ist die Rückführung aufgrund

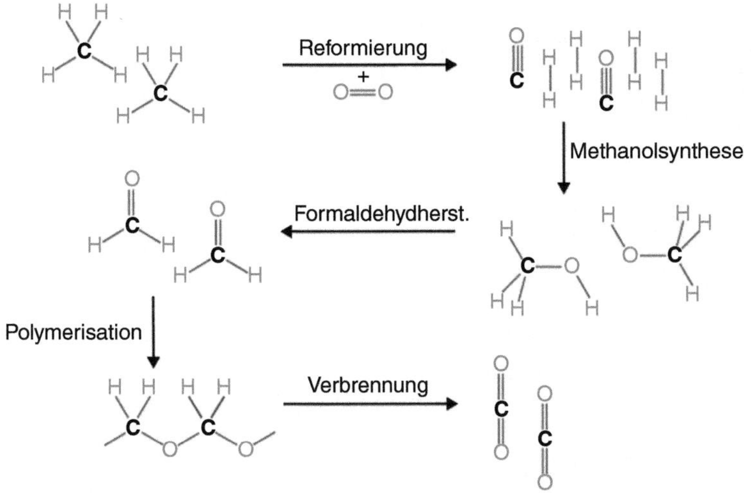

Abb. 6.5 Der Weg des Kohlenstoffs durch die lineare Wertschöpfungskette am Beispiel von POM.

der Verwendung in Kleinteilen in Produkten schwierig, daher wird es in der Regel verbrannt.

In Summe wird also für jedes Kohlenstoffatom, das als POM genutzt wird, ebenfalls ein Molekül CO_2 ausgestoßen. Dieses Ergebnis kann mit dem zirkulären Ansatz verglichen werden.

6.8.2 Zirkuläre Industrie durch Cyclize-Prozess

Die Wertschöpfungskette der zirkulären Industrie ist folgend in Abb. 6.6 mit Fokus auf den Kohlenstoff dargestellt. Der Lebenszyklus beginnt und endet hier am selben Punkt: Der Herstellung von Synthesegas aus Abfällen. Das POM-Zahnrad wird mitsamt dem Getriebe geschreddert und das Schreddergut nach Dichte sortiert. Die nicht-metallische Fraktion wird dem Cyclize-Prozess zugeführt. Bei der Vergasung bleibt nur eine vernachlässigbare Menge an Kohlenstoff zurück, der Rest wird zu Synthesegas. Bei der Gewinnung von 2:1-Synthesegas aus POM wird durch den Wasser-Gas-Shift CO_2 emittiert.

Die Gewinnung des Polymers aus Synthesegas erfolgt auf derselben Route wie zuvor.

In Summe wurden zwei Kohlenstoffatome zu POM verarbeitet während eines als CO_2 ausgestoßen wurde; ein Verhältnis von 2:1. Diese Bilanz lässt sich weiter verbessern: Durch den zusätzlichen Einsatz von Elektrolysewasserstoff statt Wasser-Gas-Shift ließe sich die CO_2-Emission in diesem Beispiel auf null reduzieren. Die direkten Lebenszyklusemissionen sind also höchstens halb so hoch wie bei der linearen Nutzung. Die Vorkettenemissionen bei der Rohstoffförderung bleiben aus. Dieselbe Rechnung kann für beinahe alle Kunststoffe mit ähnlichem Ergebnis vorgenommen werden.

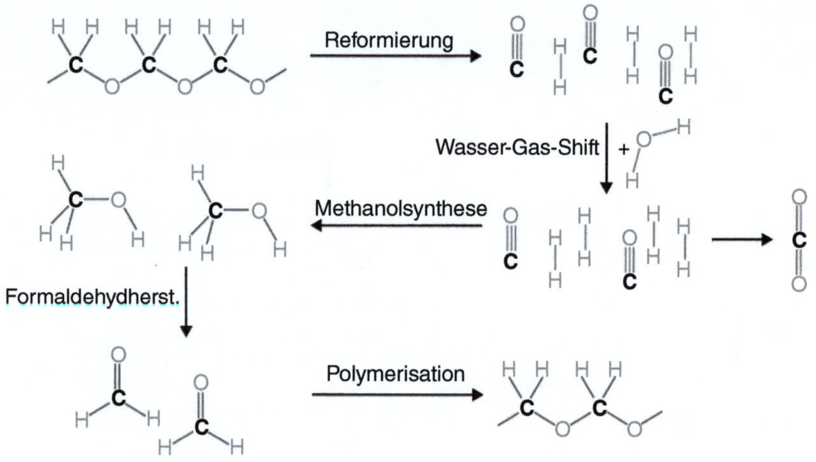

Abb. 6.6 Der Weg des Kohlenstoffs durch die zirkuläre Wertschöpfungskette am Beispiel von POM.

6.9 Wie eine neue Technologie die Industrie verändert

Kaum eine Industrie stellt so große Anforderungen an die Skalierung wie die Grundstoffchemie. Die wirtschaftliche Mindestgröße der Technologien leitet sich von der hohen Komplexität der Produktion und dem Commodity-Status der meisten Produkte ab; Skalierungsfaktoren der Anlagenkosten relativ zur Kapazität liegen oft im Bereich 0,6 ... 0,8. Das bedeutet, eine Anlage mit 10-facher Kapazität kostet das $10^{0,6...0,8}$-fache, also 4- bis 6-fache. Zusätzlich ist der Personalaufwand zum Anlagenbetrieb beinahe größenunabhängig. Der Wirkungsgrad einer Anlage steigt außerdem durch die Verringerung von Wärmeverlusten in der Regel mit der Größe.

Alles in allem bedeutet das, das selbst eine überlegene Technologie bei den Produktkosten erst mithalten kann, wenn sie eine ähnliche Größenordnung erreicht wie die etablierten Vorgänger.

Für Grundchemikalien bedeutet das eine Kapazität von wenigstens einigen Kilotonnen pro Jahr. Im Falle Cyclize entspricht eine elektrische Anschlussleistung des Reformers von 1 MW einem Durchsatz von grob 3000 Tonnen Abfall pro Jahr.

Doch wie sieht die Skalierungsreise von einigen Millilitern pro Minute bis hin zu einigen Kilotonnen pro Jahr aus? Die Einheiten lassen die Lösung bereits vorausahnen.

> Minute → Jahr: Möglichst lange kontinuierliche Betriebsdauer bzw. hohe Verfügbarkeit

Üblich ist ein unterbrechungsfreier 24/7-Betrieb mit einer höchstens jährlichen Revision, so dass mindestens 8000 Jahresbetriebsstunden gesammelt werden. Laboranlagen werden selten länger als einige Stunden betrieben, Technikumsanlagen oft über mehrere Tage.

Milliliter → Kilotonne: Skalierung der Anlagenkapazität,

im Fall Cyclize um den Faktor 100000 vom ersten Laborreaktor zur Massenproduktion. Jeder Skalierungsschritt erfordert eine neue Anlage mit ebenfalls wachsender Infrastruktur, Sicherheitsanforderungen und Komplexität. Ein Kompromiss muss zwischen schneller Skalierung und damit kurzer Entwicklungszeit, und Risikominimierung gefunden werden.

Technische Herausforderungen sollten an möglichst kleinen und damit günstigen Anlagen identifiziert und gelöst werden, um Kosten zu sparen: Derselbe Fehler kostet beim Bau einer größeren Anlage ein Vielfaches mehr Geld, dieselbe Zeitverzögerung kostet bei einem größeren Projektkonsortium mehr kollektive Arbeitszeit.

Ein typischer Kompromiss ist ein Skalierungsfaktor von 10. Wie die meisten neuen Technologien, die im Reagenzglas beginnen, erzeugten auch die ersten Reaktoren des Cyclize-Teams lediglich Milliliter an Produkt pro Minute. Somit muss Cyclize vom frühesten Versuch (engl. „Proof of principle") bis zum kommerziellen Produkt insgesamt fünf dieser Skalierungszyklen durchlaufen. Drei davon sind bereits abgeschlossen, der 4. in Arbeit.

Die tatsächliche Kerntechnologie muss dabei nicht zwangsläufig um denselben Faktor wachsen, wie die Gesamtleistung einer Anlage. Ein sinnvoller Mittelweg zwischen Skalierung und Parallelisierung stellt das ökonomische Optimum dar. Das eine Extrem sind dabei elektrochemische Reaktoren, bei denen tausende von Zellen in jeder Anlage verschalten werden. Der hohe Grad der Parallelisierung wird dabei nur gewählt, weil die Elektrochemie keine andere Wahl lässt: Die Zellspannung bei der Elektrolyse ist fundamental eine konstante Größe. Der Strom hängt von der Größe der Elektrolytmembran ab, welche begrenzte mechanische Stabilität aufweist. Daher kann die Anlagenleistung nur durch den Einsatz mehrerer Zellen erhöht werden. Das andere Extrem stellen thermochemische Hochtemperatur-Reaktoren dar, deren Fokus die Minimierung von Wärmeverlusten darstellt – typischerweise wird nur ein Reaktor verwendet; soll Redundanz erzielt werden können 2–3 Reaktoren parallelisiert werden.

Gründe für Skalierung:

- Kostenreduktion CAPEX mit Skalierungsfaktor 0,6...0,8
- Geringer Aufwand bei der Integration vor Ort durch Verrohrung und Instrumentierung
- Geringerer Aufwand für die Steuerung
- Weniger Wärmeverluste
- Geringerer Wartungsaufwand

Gründe für Parallelisierung:

- Modularität kann Entwicklungsaufwand und -zeit beim Bau mehrerer Anlagen verringern
- Kleinere Anforderungen an Infrastruktur bei der Entwicklung und dem Test der Komponenten ermöglichen den frühzeitigen Test von Anlagenkomponenten

- (Klein-) Serienproduktion erreicht günstigere Stückpreise
- Passive Redundanz möglich
- Kürzere Dauer bis zum Markteintritt (Time-to-Market)

Die Plasmatechnologie und insbesondere das Lichtbogenplasma ist zwischen den beiden beschriebenen Extremen anzusiedeln: Wie in der Elektrochemie, begrenzen Strom und Spannung die Leistung jeder Plasma-Einheit. Trotzdem handelt es sich fundamental auch um thermochemische Reaktoren. Daher sollten Plasmareaktoren auch so weit wie möglich skaliert werden. Im Fall von kalten Plasmareaktoren, die z. B. dielektrische Entladungen verwenden, liegt diese Grenze im kW-Bereich. Für „heiße" Plasmen wurden bereits Plasmaquellen mit Leistungen jenseits der 5 MW erreicht [16]. Rabinovich et al. nennen als physikalisches Limit für „warme" Plasmen, die im Übergangsbereich zwischen den beiden Regionen betrieben werden, eine Leistung von 5 MW [17]. Diese dürfte zwar in der Praxis schwer erreichbar sein, da die Autoren eine Betriebsspannung von 1 MV annehmen (ca. das 3-fache einer Höchstspannungs-Freileitung), zeigt aber doch das hohe Skalierungspotenzial der Technologie und untermauert die Erreichbarkeit von Reaktorleistungen im MW-Bereich ohne Parallelisierung.

6.10 Wieso die chemische Industrie Start-ups braucht

Die lange Entwicklungszeit bis zur Kommerzialisierung im sogenannten Deep-Tech Sektor, zu dem die Chemie zu zählen ist, erfordert, dass ein Startup sich auf ein Produkt festlegt und dieses stringent verfolgt – selbst, wenn die Grundtechnologie eine Plattform darstellt, die weitere Anwendungen ermöglichen würde.

Dabei ist die Bindung an dieses Produkt hoch: Startups verfügen typischerweise über kein laufendes Produkt, haben daher wenig Umsatz und benötigen somit fortwährend Mittel zur Deckung der Fix- und Entwicklungskosten. Um diese von Investoren zu erlangen, ist eine stetige Erhöhung des Firmenwerts erforderlich, der sich wiederum am Potenzial des entwickelten Produkts bemisst. Ein bereits weit entwickeltes Produkt aufzugeben und von neuem zu beginnen, ist daher meistens nicht umsetzbar. Daraus ergibt sich ein Unterschied beim Engagement zwischen Start-ups und Konzernen. Während ein Konzern eine Produktentwicklung typischerweise beendet, wenn das finanzielle Risiko einen gewissen Anteil am Umsatz übersteigt, hängen Startups vollständig von der Entwicklung eines Produkts ab, was zu höherem Durchhaltevermögen und Fokus führt.

Start-ups sind in der Lage, Erkenntnisse der Wissenschaft schnell in die industrielle Anwendung zu tragen. Da Strukturen in der noch jungen Firma erst geschaffen werden, sobald sie erforderlich sind, können Entscheidungen schnell getroffen und Projekte mit geringem Overhead und flexiblen Teams abgebildet werden.

Die Transformation zur zirkulären Chemie erfordert eine grundlegende Umstrukturierung der Wertschöpfungskette. Für etablierte Unternehmen stellt dies ein finanzielles Risiko dar, das bei zeitiger Umsetzung dem „Verwetten der Firma" gleichkommt. Im Angesicht von unklaren lokalen politischen Rahmenbedingungen und der globalen Natur der Industrie, sind Konzerne wenig bereit, dieses Risiko einzugehen: Wie werden Regulationen von der nächsten Regierung gehandhabt? Zieht die internationale Gemeinschaft mit, oder wandert die Produktion in Länder ohne entsprechende Regulationen ab? Die Lösungen, die sich durchsetzen können, sind solche, die sich mit wenig Risiko in die bestehende Wertschöpfungskette integrieren. Diese Lösungen bieten zu Beginn oft nur kleine Marktpotenziale. Daher sind Großkonzerne eher zurückhaltend, wenn es darum geht, große Summen in die Entwicklung zu stecken. Startups können dagegen ihre Entwicklung mit der Erschließung einer neuen Marktlücke rechtfertigen. Sofern diese Marktlücken das Potenzial zu wachsen bieten, sind Risikoinvestoren bereit, eine Entwicklung zu finanzieren, so dass das Startup in Zukunft exklusiven Zugang zu diesem wachsenden Marktsegment erlangen kann.

6.11 Zusammenfassung

Um die Chemische Industrie nachhaltig und zukunftsfähig zu gestalten, ist es notwendig, sowohl alternative Einsatzstoffe als auch elektrische Energie einzusetzen. Die Plasmatechnik bietet das Potenzial, beides zu ermöglichen und Abfallstoffe als nachhaltige Kohlenstoffquelle für die chemische Industrie zu erschließen. Cyclize hat bereits Plasmaprozesse wie die CO_2-Spaltung, Methan-Reformierung und Abfallreformierung eingesetzt und konnte beträchtliche Fortschritte bei der Skalierung zur Kommerzialisierung letzterer vorweisen. Die elektrifizierte Nutzung von Abfallstoffen bietet das Potenzial, ein Synthesegas vergleichbarer Qualität zu fossilen Prozessen bei einem weltweit konkurrenzfähigen Preis bereitzustellen. Darüber hinaus kann die Deponierung und Verbrennung von Abfällen vermieden werden. Die Lebenszyklusemissionen von Synthesegas werden im Vergleich zu fossiler Technologie mindestens halbiert. Startups haben durch ihre agile Handlungsweise das Potenzial, die Transformation der Industrie zu katalysieren.

Literaturverzeichnis

1. IEA (2023). Process energy for primary chemical production, 2010–2030. Abrufbar unter: https://www.iea.org/data-and-statistics/charts/process-energy-for-primary-chemical-production-2010-2030 (Zugriff am 03. Februar 2025).
2. Kähler, F. et al. (2021). Turning off the Tap for Fossil Carbon – Future Prospects for a Global Chemical and Derived Material Sector Based on Renewable Carbon. Nova Institute. *Nova institute* Abrufbar unter: https://renewable-carbon.eu/publications/product/turning-off-the-tap-for-fossil-carbon-future-prospects-for-a-global-chemical-and-derived-material-sector-based-on-renewable-carbon (Zugriff am 3. Februar 2025).
3. Casabana D.C. und Tslaporta, E. (2023). „Life cycle assessment of a direct air capture and storage plant in Ireland". *Scientific Reports* 13 (1): 18309.

4. Energy Institute (2024). „Statistical Review of World Energy – with major processing by Our World in Data. 'Electricity generation from hydropower' [dataset]".
5. Greyer, R., Jambeck, J.R. und Law, K.L. (2018). „Production, use, and fate of all plastics ever made". *Science advances* 3 (7): e1700782.
6. Klemm, E., Lobo, C., Löwe, A. et al. (2022). „CHEMampere: Technologies for sustainable chemical production with renewable electricity and CO_2, N_2, O_2, and H_2O". *The Canadian Journal of Chemical Engineering* 100 (10): 2736–2761.
7. Smolkin, T. Günther, M. und Garche, J. (2011). Stand und Entwicklungspotenzial der Wasserelektrolyse zur Herstellung von Wasserstoff aus regenerativen Energien. Freiburg im Breisgau.
8. Renninger, S., Lambarth, M. und Birke, K.P. (2020). „High efficiency CO_2-splitting in atmospheric pressure glow discharge". *Journal of CO_2 Utilization* 42: 101322.
9. Quicker, P., Neuerburg, F., Noel, F.H.A. et al. (2017). Sachstand zu den alternativen Verfahren für die thermische Entsorgung von Abfällen. *TEXTE* 17.
10. Zhao, Z., Jiang, J. und Wang, F. (2021). „An economic analysis of twenty light olefin production pathways". *Journal of Energy Chemistry* 56: 193–202.
11. Global Petrol Prices (2024). Natural gas prices around the world. Abrufbar unter: globalpetrolprices.com (Zugriff am 03. Februar 2025).
12. Energy Institute (2024). Statistical Review of World Energy. 73rd edition 2024.
13. Bundesverband der Energie- und Wasserwirtschaft (2024). Strompreis für die Industrie. 12. Abrufbar unter: https://www.bdew.de/service/daten-und-grafiken/bdew-strompreisanalyse (Zugriff am 03. Februar 2025).
14. World Bank Group, „State and trends of carbon pricing" (2024). Abrufbar unter: https://openknowledge.worldbank.org/entities/publication/b0d66765-299c-4fb8-921f-61f6bb979087 (Zugriff am 03. Februar 2025).
15. Bundesministerium für Wirtschaft und Energie (BMWi) (2020). „Die Nationale Wasserstoffstrategie".
16. Boulos, M.I., Fauchais, P.L. und Pfender, E. (eds.) (2023). *Handbook of thermal plasmas*. Springer Nature Switzerland AG 2023, 905 ff.
17. Rabinovich, A. (2022). „Scaling up of non-thermal gliding arc plasma systems for industrial applications". *Plasma chemistry and plasma processing* 42 (1): 35–50.

7
Potenzial des Sonnenblumenschalenmehls als Naturfaser in biobasierten und biologisch Abbaubaren Kunststoffen zur Förderung der Nachhaltigkeit

Jan Püttmann und Lars Jörges

Golden Compound GmbH

Abstract

Die Nutzung von Sonnenblumenschalenmehl als nachhaltige Ressource in der Kunststoffindustrie wird untersucht. Die Golden Compound GmbH integriert diese Schalen in ihre Produktlinien GC pro und GC green. GC pro bietet langlebige, naturfaserverstärkte Compounds auf Polypropylenbasis, während GC green biologisch abbaubare Kunststoffe auf Basis von biobasiertem Polybutylensuccinat (PBS) umfasst. Die resultierenden Eigenschaften der Sonnenblumenschalen in der Polymermatrix ermöglichen Energieeinsparungen, reduzieren die Umweltbelastung und bieten vielseitige Anwendungen in verschiedenen Branchen. Eine ökobilanzielle Analyse verdeutlicht die Vorteile dieser nachhaltigen Strategie. Die Integration biobasierter Materialien in die Polymermatrix trägt zur Schonung natürlicher Ressourcen und zur Verringerung des Treibhausgaspotenzials bei. Diese innovative Nutzung von Sonnenblumenschalen trägt zur Förderung einer nachhaltigen Entwicklung in der Kunststoffindustrie bei.

7.1 Einleitung

Die Kunststoffindustrie steht vor der Herausforderung, ihre Produktions- und Verarbeitungsverfahren auf nachhaltigere Strategien umzustellen und dabei ökologische und wirtschaftliche Aspekte gleichermaßen zu berücksichtigen. In diesem Kapitel wird eine umfassende Betrachtung verschiedener Nachhaltigkeitsstrategien in der Kunststoffindustrie vorgenommen und, welche Lösungsansätze die Golden Compound GmbH verfolgt. Hierbei wird insbesondere die Verwendung von biobasierten Kunststoffen zur Ressourcenschonung sowie von biologisch abbaubaren

Zirkuläre Wirtschaft und Nachhaltigkeit in der chemischen Industrie: 1. Aufl. C. Suntrop und T. Wagner (Hrsg.).
© 2026 Wiley-VCH GmbH. Alle Rechte vorbehalten, einschließlich derer für Text- und Data-Mining und Training von Technologien der Künstlichen Intelligenz oder ähnlichen Technologien.

Kunststoffen zur Verhinderung von Mikroplastik und zur Schonung der Umwelt betrachtet.

Auch bei der Betrachtung der Marktentwicklung wird ein deutlicher Trend in Richtung Biokunststoffe sichtbar. Während im Jahr 2023 etwa 2 Mio. t Biokunststoffe weltweit produziert wurden (0,5 % des Gesamtkunststoffmarktes) wird für das Jahr 2028 mit über 7 Mio. t gerechnet. Dieser Trend wird durch steigende Nachfrage und die Entwicklung anspruchsvollerer Anwendungen und Produkte weiter vorangetrieben.

Es gibt in der heutigen Zeit für nahezu jeden konventionellen Kunststoff biologische Alternativen und die entsprechende Anwendung. Aufgrund der Entwicklung von Polymeren wie PBS, PLA, PHA, Polyamiden sowie einem stetigen Wachstum von Polypropylen werden die Produktionskapazitäten in den nächsten fünf Jahren weiter deutlich zunehmen.

Biokunststoffe werden für eine Vielfalt von Anwendungen eingesetzt, von Verpackungen und Konsumgütern bis hin zur Automobilindustrie und Textilien. Verpackungen bleiben mit 43 % des Gesamtmarktes für Biokunststoffe im Jahr 2023 das größte Marktsegment. [1]

Das Schlüsselelement zur Lösung vieler Nachhaltigkeitsprobleme stellt die Verwendung von Sonnenblumenkernschalenfasern zur Herstellung von naturfaserverstärkten Kunststoffen dar. Zunächst wird die Sonnenblumenschale als solches in die Gruppe der Naturfasern eingeordnet und deren Aufbau erläutert. Ihre nutzbargemachten Eigenschaften werden anhand von Beobachtungen in der Verarbeitung dargestellt und ihre Vorteile im Vergleich zu herkömmlichen Naturfasern erläutert.

Im Anschluss werden die beiden Produktlinien der Golden Compound GmbH, *GC pro* und *GC green*, in denen das Mehl der Sonnenblumenschale verarbeitet ist, näher beleuchtet. Es werden Produkteigenschaften und Anwendungsbeispiele beleuchtet sowie die Nachhaltigkeit dieser Produkte vor allem in den Punkten der Ressourcenschonung und des Treibhausgaspotentiales diskutiert.

7.2 Nachhaltige Nutzung von Sonnenblumenschalen zur Energieeinsparung und als Upcycling-Strategie

Die Verwendung von Naturfasern in Kunststoffen hat in den letzten Jahren stark zugenommen, da sie eine umweltfreundlichere Alternative zu herkömmlichen Kunststoffen darstellen. Naturfasern wie Flachs, Hanf, Jute und Kokosnuss bieten eine Reihe von Vorteilen. Sie sind nachwachsende Rohstoffe, biologisch abbaubar und können oft aus Abfallprodukten der Landwirtschaft gewonnen werden, was ihren ökologischen Fußabdruck minimiert.

Bei der Herstellung von Verbundwerkstoffen werden Naturfasern oft als Verstärkungsmaterialien eingesetzt, um die mechanischen Eigenschaften des Kunststoffs zu verbessern. Diese Fasern können die Festigkeit, Steifigkeit und Haltbarkeit des

Endprodukts erhöhen, was sie besonders attraktiv für Anwendungen macht, bei denen eine hohe Belastbarkeit erforderlich ist. Darüber hinaus bieten Naturfasern ästhetische Vorteile, da sie eine natürliche Textur und Farbe aufweisen können, die dem Endprodukt ein ansprechendes Aussehen verleihen. Dies macht sie auch in Bereichen wie der Möbel- und Designindustrie beliebt.

Insgesamt bieten Naturfasern eine vielversprechende Alternative zu herkömmlichen Kunststoffen und können dazu beitragen, die Umweltauswirkungen unserer Konsumgewohnheiten zu verringern und die Nachhaltigkeit in verschiedenen Industriezweigen zu fördern.

Ein besonderes Beispiel für eine Naturfaser, wie sie seit 2014 von der Golden Compound GmbH mit Sitz in Holdorf, genutzt wird, ist die Sonnenblumenschale. Als Schlüsselelement eröffnet sie vielfältige Möglichkeiten zur Energieeinsparung und nachhaltigen Nutzung und ist in vielen Aspekten den üblicherweise genutzten Naturfasern überlegen. Die Vorteile des Schalenmehls als Verstärkungsstoff sollen in diesem Kapitel näher betrachtet werden [2].

7.2.1 Der Ursprung einer nachhaltigen Naturfaser

Die Sonnenblumenkernschalen sind ein Nebenprodukt der Sonnenblumenölproduktion. Sie werden weltweit in großen Mengen produziert – im Jahr 2023 rund 55 Millionen Tonnen an Sonnenblumensaat – und fallen als unerwünschtes Nebenprodukt an. Diese Schalen benötigen im Vergleich zu anderen Materialien wie Holzmehl weniger Energie für die Weiterverarbeitung [3].

Die Schalen werden bei der Sonnenblumenkerngewinnung bei erhöhten Temperaturen von 80 °C zu Pellets verpresst und bis zur Weiterverarbeitung in Silos gelagert. Per LKW und gemäß Lebensmitteltransportstandards werden diese an Holzmühlen geliefert und dort zum Naturfaserwerkstoff weiterverarbeitet.

Im ersten Mahlschritt werden die Pellets auf eine Größe von ca. 6 mm und anschließend in einer sogenannten Langspaltmühle gemahlen. In dieser Mühle werden die kleinen Pellets auf eine hohe Geschwindigkeit beschleunigt und aneinander zerkleinert. Jedes Mal, wenn ein Sonnenblumenkernschalenteilchen auf ein anderes trifft, zerbrechen sie in kleinere Stücke.

Die Mühle hat eine durchschnittliche Mahlraumtemperatur von 60 °C, was zu einem Trocknungseffekt führt. Daher wird die Feuchtigkeit der Pellets während dieses Prozesses von 10 % auf 5 % reduziert.

Der nächste Schritt ist das Sieben. Das feine Pulver, das die Mühle verlässt, wird mit einem schwingenden Metallsieb gesiebt. Nur Partikel, die kleiner als 500 (400, 200) μm sind, können das Sieb passieren. Größere Partikel werden erneut gemahlen, bis sie die endgültige Partikelgröße erreichen [4].

Bei einer Schwingsiebeinstellung von kleiner 500 μm während des Produktionsprozesses kann die Korngrößenverteilung der Sonnenblumenschalenfaser gesteuert werden. In der Herstellung kann die Korngröße in einem sehr kleinen Bereich gehalten werden, um somit eine gleichbleibende Produktqualität und gleichbleibende

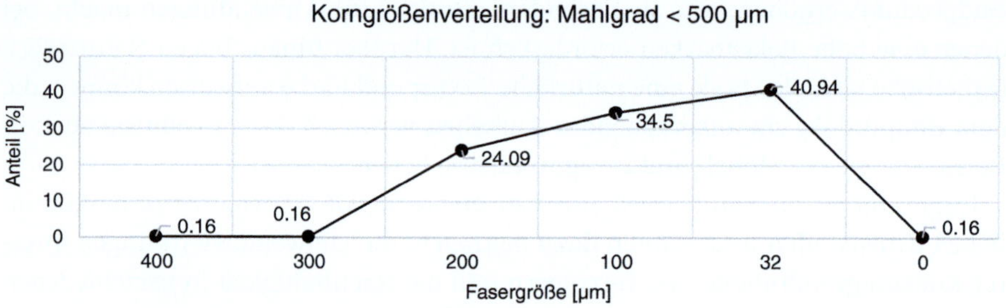

Abb. 7.1 Korngrößenverteilung der Sonnenblumenfaser nach dem Produktionsprozess in der Holzmühle. Einstellung des Schwingsiebs bei < 500 µm. Messung mittels Laborsieb A200 von Retsch. Eigene Darstellung.

mechanische Eigenschaften des naturfaserverstärkten Kunststoffs zu gewährleisten (Abb. 7.1).

Aufgrund ihrer Verfügbarkeit, ihrer biologischen Abbaubarkeit und den vielen positiven Nachhaltigkeitsaspekten bietet die Sonnenblumenschale ein attraktives Potenzial für verschiedene Anwendungen der Kunststoffindustrie und wird bereits seit 2014 erfolgreich für diverse Produkte im Bereich der Verpackungsindustrie, Landwirtschaft und Forstwirtschaft eingesetzt.

7.2.2 Zusammensetzung und resultierende Vorteile der Sonnenblumenfaser

Die Sonnenblumenschalenfaser weist eine Vielzahl von positiven und charakteristischen Eigenschaften auf, die in ihrer Zusammensetzung und chemischen Struktur begründet liegen.

Der getrocknete und geerntete Sonnenblumensamen besteht zu etwa 20–50 % aus der graubraunen Sonnenblumenschale. Diese hat eine Dicke von 0,16–0,81 mm, je nachdem, welche Züchtung betrachtet wird. Das Grundgerüst der Sonnenblumenschalenfaser setzt sich aus Lignocellulose zusammen, einem primären strukturellen Bestandteil, der in der Zellwand aller verholzten Pflanzen vorherrscht. Eingeschlossen hierin sind gesättigte und ungesättigte Restöle (< 3 %), Feuchtigkeit (4–12 %), Proteine sowie Spurenelemente [5].

Mit einer Zersetzungstemperatur von 292 °C, ermittelt durch thermogravimetrische Analyse (TGA), ist sie geeignet für die Verarbeitung in allen konventionellen Thermoplasten. Sicher verarbeitet werden kann sie bis zu einer Temperatur von 240 °C. Sie ist unlöslich in organischen Lösungsmitteln und weist keinerlei Anfälligkeit für Hydrolyse auf.

Da es sich bei der Faser um ein Naturprodukt handelt, müssen potenzielle Spuren von Unreinheiten vor der Produktion mittels akkurater Analyseverfahren wie ICP-MS und einem Quecksilberanalysator gemäß DIN 53770 untersucht werden. Dabei werden strenge Grenzwerte befolgt, einschließlich Blei (≤ 0,01 %), Arsen (≤ 0,01 %),

Quecksilber (≤ 0,0005 %), Cadmium (≤ 0,01 %), und Antimon (≤ 0,005 %). Aufgrund der strengen Qualitätskontrollen ist sie gemäß Verordnung (EU) Nr. 10/2011 zugelassen für den Kontakt mit trockenen Lebensmitteln, ausgeschlossen sind heiße Lebensmittel und Flüssigkeiten [6].

Das Sonnenblumenschalenmehl wurde bereits erfolgreich mit bis zu 70 % in diverse Polymermatrices eingearbeitet. Durch das Einbringen lassen sich eine Vielzahl von Eigenschaftsverbesserungen beobachten, die durch die einzelnen Bestandteile der Schale erklärt werden können.

Die Lignocellulose spielt die entscheidende Rolle, wenn es um die Betrachtung der mechanischen Eigenschaften geht. Ähnlich wie bei allen Naturfasern verbessert sie Zugfestigkeit und Steifigkeit der Werkstoffe. Außerdem verleiht sie dem fertigen Produkt eine natürliche Optik mit sichtbaren Fasern auf der Oberfläche.

Ein weiterer bedeutender Faktor sind die Restöle. Diese fungieren ähnlich einem Gleitmittel und tragen zur Erhöhung der Fließfähigkeit bei. Dadurch wird der Spritzdruck im Spritzgussprozess gesenkt und die Verarbeitungstemperatur kann herabgesetzt werden, was die Herstellung der Bauteile effizienter gestaltet und Energie im Prozess einspart.

Ebenfalls relevant ist die in der Schale gebundene Feuchtigkeit. Diese wirkt wie ein Triebmittel und kann dazu führen, dass die Bauteile in einem gewissen Maße aufschäumen.

7.2.3 Nachhaltigkeitsbetrachtung

Viele der in den vorherigen Kapiteln beschriebenen Eigenschaften machen die Sonnenblumenschale in Bezug auf die Nachhaltigkeit zu einem sinnvollen Füllstoff und Additiv in vielen Kunststoffanwendungen. Hierbei kann einerseits die Rohstoffseite als solches betrachtet werden und andererseits auch die resultierenden Eigenschaften, die bei der Verarbeitung in der Extrusion und im Spritzgussprozess eine Rolle spielen.

Zum einen stellt die Sonnenblumenschale einen Reststoff aus der Lebensmittelindustrie dar. Sowohl als Futtermittel in der Landwirtschaft (geringer Nährwert) als auch in der thermischen Verwertung (geringer Brennwert) wird sie mittlerweile nicht mehr genutzt und müsste über den Restmüll entsorgt werden. Durch die Nutzung als Naturfaserfüllstoff wird somit ein wichtiger Beitrag zur Abfallvermeidung und Ressourcenschonung geleistet.

Ein noch bedeutenderer Punkt ist jedoch, dass durch den Einsatz dieser Reststoffe und die Einbringung von bis zu 70 % in die Polymermatrix fossiler, rohölbasierter Kunststoff ersetzt werden kann, was die Abhängigkeit von endlichen Rohstoffen verringert und die Umweltbelastung reduziert. Die Betrachtung des Treibhausgaspotentials, dargestellt durch das sogenannte CO_2-Äquivalent (in kg[CO_2] / kg), veranschaulicht die Nachhaltigkeit der Nutzung von der Sonnenblumenschale noch deutlicher (s. Kapitel 3.1.2).

Darüber hinaus führt die Verwendung der Schale zu Energieeinsparungen im Verarbeitungsprozess, welche vor allem auf den Restölgehalt in der Faser zurückzuführen sind. Aufgrund der Gleitmittelwirkung kann eine Erhöhung der Fließfähigkeit des Materials und folglich eine Senkung der Verarbeitungstemperatur und des Spritzdrucks beobachtet werden. Somit kann ein Polypropylen gefüllt mit Sonnenblumenschalenfasern bei Temperaturen unterhalb von 190 °C im Spritzgussprozess verarbeitet werden, welches als Reinmaterial normalerweise im Bereich von 250–270 °C verarbeitet wird. Auch bei Betrachtung der Zykluszeiten können durch den gezielten Einsatz der Schale Verkürzungen von bis zu 30 %, abhängig von den Wandstärken und der Bauteilgeometrie, umgesetzt werden. Durch die Effizienzsteigerung kann auch hier Energie und Zeit eingespart werden, wodurch Vorteile sowohl auf Umweltebene als auch auf wirtschaftlicher Ebene entstehen.

Insgesamt bietet das Produkt eine nachhaltige Lösung, die nicht nur Abfall reduziert und erneuerbare Ressourcen nutzt, sondern auch zu Energieeinsparungen und einer Verringerung der Umweltbelastung während des gesamten Herstellungsprozesses führt.

7.3 Einbindung der Sonnenblumenfaser in die Polymermatrix

Um sich die Eigenschaften der Sonnenblumenkernschale zu Nutze zu machen, entwickelte die Golden Compound GmbH ein geeignetes Verfahren zur Einbringung in eine Polymermatrix. Über Extrusion konnten somit zwei verschiedene Produktserien - GC Pro und GC green - erschaffen werden, die verschiedene Nachhaltigkeitsstrategien verfolgen. Im Folgenden soll zunächst im groben der Compoundier-Prozess beschrieben werden und anschließend ein Überblick in die beiden Compounds gegeben werden.

Die Extrusion erfolgt über einen gleichläufigen Doppelschneckenextruder bei Verarbeitungstemperaturen von bis zu 180 °C für GC pro und bis zu 170 °C für GC green. Das Basispolymer sowie zum Teil notwendige Additive werden über den Haupteinzug dosiert. Der essenzielle Schritt in diesem Prozess ist die schonende Einbringung der Sonnenblumenschalen. Dies wird über das Einbringen über einen Seiteneinzug realisiert, um somit eine gleichmäßige Verteilung der Schalen in der Polymermatrix zu gewährleisten und eine optimale Qualität für das Endprodukt zu schaffen.

Um ungewolltes Aufschäumen der Schalen während des Extrusionsprozesses zu verhindern, muss eine Entgasung erfolgen sowie ein Vakuum eingebracht werden. Die Durchsätze liegen im üblichen Bereich der Polymere, können jedoch bei hohem Schalengehalt teilweise geringer ausfallen.

Um die Eigenschaften des Compounds weiter zu optimieren, können biobasierte Additive und mineralische Füllstoffe eingebracht werden. Diese Zusätze ermöglichen es, die mechanischen, thermischen und chemischen Eigenschaften des Materials gezielt anzupassen und so den Anforderungen verschiedener Anwendungen gerecht zu werden.

7.3.1 Golden Compound pro: teilweise biobasierter, naturfaserverstärkter Kunststoff auf Basis von Polypropylen (PP)

GC pro ist eine Produktlinie mit langlebigen naturfaserverstärkten Compounds auf Basis von PP. Es wird das Ziel verfolgt, durch den Einsatz der Sonnenblumenkernschale den rohölbasierten Kunststoff zu verdrängen und somit ein recyclingfähiges, ressourcenschonendes und CO_2-reduziertes Compound zu schaffen, welches in seinen Eigenschaften weiterhin ein hochwertiges Compound darstellt.

7.3.1.1 Betrachtung der Ökobilanzierung über die Betrachtung des Treibhausgaspotentials

Umwelt- und klimarelevante Aspekte werden zunehmend ein immer bedeutsameres Entscheidungskriterium in der Auswahl von Produkten. Demnach steigt der Druck für Unternehmen, die Umweltauswirkungen, die im Zuge des gesamten Lebenszyklus eines Produktes anfallen, zu identifizieren und offenzulegen. Diese Feststellung der Umweltbelastungen wird in umfassender Form mit einer Lebenszyklusanalyse bzw. Ökobilanz in Konformität mit ISO 14040/ISO 14044 durchgeführt. Ein wichtiger Bestandteil der Bilanzierung ist die Betrachtung des Treibhausgaspotenzials.

Das Treibhausgaspotenzial (engl.: Global Warming Potential – GWP) wird in kg CO_2-Äquivalent ausgedrückt und verdeutlicht den Anteil der freigesetzten Treibhausgasemissionen (z. B. CO_2, CH_4, N_2O) zur globalen Erwärmung. Das Treibhausgaspotenzial wird durch die Umrechnung aller Treibhausgase auf CO_2-Äquivalente gemessen. Bei der Berechnung von CO_2-Äquivalenten wird die Verweilzeit der Gase in der Troposphäre berücksichtigt, meist werden 100 Jahre (GWP 100) betrachtet [7].

Die Bestimmung des Treibhausgaspotentials für das Sonnenblumenkernschalenmehl bzw. die Compounds der Golden Compound GmbH wurde über das Institut für Industrielle Ökologie in St. Pölten durchgeführt und ergab für die Naturfaser einen Wert von 0,2 kg(CO_2) / kg. Somit kann durch den Einsatz der Sonnenblumenkernschale ein wesentlich geringerer negativer ökologischer Einfluss realisiert werden. Während für ein konventionelles PP mit einem CO_2-Äquivalent von durchschnittlich 1,6 kg(CO_2) / kg (recyceltes PP etwa 0,74 kg(CO_2) / kg) berechnet wird, können GC pro Materialien mit einem Fasergehalt zwischen üblichen 30–70 % CO_2-Äquivalente zwischen 0,4 und 1,2 kg(CO_2) / kg aufweisen. Das entspricht einem beachtlichen Einsparpotential von 25–75 %. Grundsätzlich gilt dabei: je mehr Sonnenblumenkernschalen verwendet werden, umso geringer ist dieser Wert (Abb. 7.2).

7.3.1.2 Anwendungsbeispiele

GC pro Compounds sind vielseitig einsetzbar und können grundsätzlich in allen Anwendungen genutzt werden, in denen derzeit Polypropylen verwendet wird. Insbesondere findet es bewusst Verwendung in langlebigen Produkten, die dem eigenen Recyclingkreislauf zugeführt werden sollen. Produkte können dabei über Spritzguss- oder Extrusionsverfahren sowie das Tiefziehverfahren hergestellt werden.

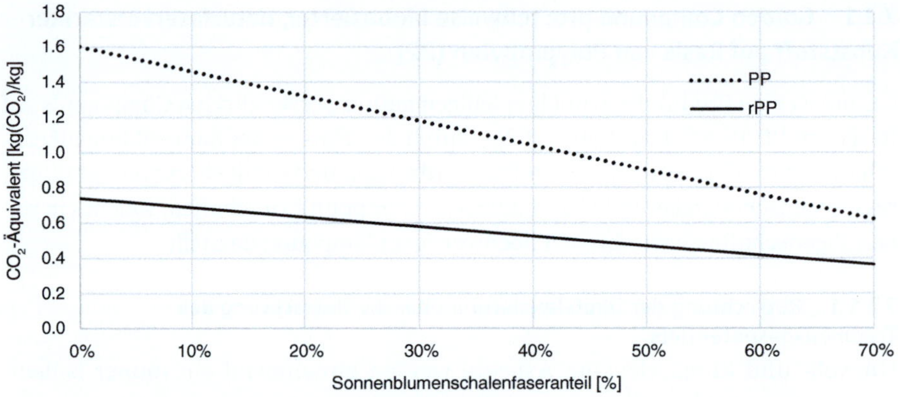

Abb. 7.2 Einfluss des Sonnenblumenschalenfaseranteils auf das CO_2-Äquivalent des Compounds im Bereich von 0 % bis 70 % Faser bezogen auf eine Polypropylenmatrix (PP) und eine Rezyklat-Polypropylenmatrix (rPP). Eigene Darstellung.

Beispiele für solche Anwendungen sind Büroartikel wie Schreibutensilien oder Ablagefächer. Auch in der Möbelindustrie findet GC pro Anwendung, sei es in Stuhleinlagen, Schubladeneinsätzen oder Gehäusen, wo es die Anforderung der Festigkeit und Formbarkeit erfüllt. Darüber hinaus wird GC pro auch in anderen Bereichen eingesetzt, beispielsweise in Aufbewahrungsboxen und Einkaufskörben, sowie in Kleiderbügeln, wo es neben den mechanischen Eigenschaften auch durch seine Naturfaseroptik Vorteile hat.

7.3.2 Golden Compound green: naturfaserverstärkter, biologisch abbaubarer Kunststoff auf Basis von Polybutylensuccinat (PBS)

GC green ist ein Naturfaserwerkstoff, der sich vor allem durch seine biologische Abbaubarkeit hervorhebt. Diese Abbaubarkeit ist bei einigen GC green Materialien durch die Zertifizierung OK-Compost-HOME oder OK-Biodegradable SOIL des TÜV Austria gekennzeichnet. Die Abbaugeschwindigkeit lässt sich durch verschiedene Materialrezepturen einstellen, sodass Produkte aus GC green auch über einen längeren Zeitraum bestehen können, bevor sie vollständig zersetzt werden. Auch das GC green Material kann in bestehenden Werkzeugen genutzt werden. Als Basismaterial wird Bio-PBS aus Maisstärke eingesetzt. Dabei steht es in kaum einer Verbindung zum Landuse, da der Mais vorwiegend Proteine für die Tiernahrungsindustrie liefert und die Maisstärke als Nebenprodukt verwertet werden kann. So kommt es zu einer doppelten Nutzung von Reststoffen: einerseits die Sonnenblumenkernschale und andererseits das Bio-PBS. So verfügt das Material über einen hohen biobasierten Anteil und bietet dem Markt eine umweltfreundliche Lösung, um den Plastikmüll zu verringern.

Der Einsatz von GC green bietet bedeutende Nachhaltigkeitsvorteile. Ähnlich wie beim GC pro kann durch die Integration von Sonnenblumenschalen in die Polymermatrix das CO_2-Äquivalent herabgesetzt werden. In diesem Punkt ist jedoch zu beachten, dass biobasierte Kunststoffe, wie sie beim GC green verwendet werden, meist einen höheren Beitrag zum Treibhausgaspotenzial leisten. Dies liegt zum einen an den derzeit begrenzten Produktionskapazitäten und zum anderen an den langen Lieferwegen der marktreifen Rohmaterialien, die hauptsächlich in Asien produziert werden.

Dennoch ist der wichtigste Nachhaltigkeitsaspekt von GC green der biologische Abbau. Dieser stellt sicher, dass der Kunststoff am Ende seines Lebenszyklus umweltschonend abgebaut wird, wodurch Umweltverschmutzung vermieden wird und kein Mikroplastik in die Umwelt gelangt. Diese Eigenschaft ist entscheidend für die Verringerung der Umweltauswirkungen von Kunststoffen und trägt zur langfristigen Gesundheit von Ökosystemen bei.

Insgesamt zeigt GC green, dass Nachhaltigkeit nicht nur durch die Reduzierung von Treibhausgasemissionen, sondern auch durch die Förderung des biologischen Abbaus von Kunststoffen erreicht werden kann. Durch die Kombination dieser beiden Aspekte trägt GC green dazu bei, die Umweltauswirkungen von Kunststoffen zu minimieren und eine nachhaltigere Zukunft zu gestalten.

Die Aspekte der biologischen Abbaubarkeit sollen in den folgenden Abschnitten diskutiert werden. Dazu soll zum einen die Sinnhaftigkeit in den Kontext gerückt werden, zum anderen soll die Abbaubarkeit theoretisch beschrieben und diverse Zertifizierungsmöglichkeiten vorgestellt werden. Schließlich werden die auf dem Markt befindlichen Anwendungen von biobasierten Kunststoffen anhand der Produkte der Golden Compound GmbH vorgestellt.

7.3.2.1 Abbaubarkeit, wo es Sinn ergibt

Die biologische Abbaubarkeit von Produkten, die in die Umwelt oder in den Kompost geraten, ist in vielen Fällen ein geeignetes End-of-Life Szenario für das Produkt. Das Projekt BioSinn des nova Instituts untersuchte im Zuge dessen Kunststoffprodukte, bei denen der biologische Abbau am Lebensende eine echte Option darstellt. Kunststoffe gelangen oft unkontrolliert in die Umwelt, wo ein Rückgriff auf das Recycling meist unmöglich ist. Produkte wie Kosmetik, Teebeutel und Aufkleber auf Obst und Gemüse sind Beispiele dafür.

Die Verwendung von biologisch abbaubaren Materialien aus nachwachsenden Rohstoffen wird als potenzielle Lösung betrachtet, obwohl einige Kritiker den Nutzen bezweifeln und stattdessen auf Reduzierung, Sammlung und Recycling setzen. Das BioSinn-Projekt, gefördert vom Bundesministerium für Ernährung und Landwirtschaft, untersuchte, welche Anwendungen für den biologischen Abbau am besten geeignet sind. Die Anwendungen liegen hierbei vor allem im landwirtschaftlichen und städtischen Bereich sowie in der Fischerei.

Die biologische Abbaubarkeit von Produkten kann eine sinnvolle Option sein, wenn verschiedene Bedingungen erfüllt sind, zum Beispiel, wenn das Einsammeln, Separieren oder Recycling der Produkte oder ihrer Überreste nicht möglich oder wirtschaftlich nicht realisierbar ist. Ebenso kann die thermische Verwertung aufgrund eines hohen Feuchtigkeitsgehalts in einigen Fällen wenig Sinn ergeben. Der Einsatz biologisch abbaubarer Materialien kann dazu beitragen, den Eintrag von Mikroplastik in die Umwelt zu vermeiden und indirekte positive Effekte zu erzielen. Die Machbarkeit einer Materialsubstitution und die Produktion relevanter Mengen des Produkts sind ebenfalls wichtige Faktoren. Insgesamt bietet die biologische Abbaubarkeit eine potenzielle Lösung für Produkte, die sonst in die Umwelt gelangen würden, und könnte einen wichtigen Beitrag zur Reduzierung von Umweltverschmutzung leisten.

Die größte Herausforderung biologischer Kunststoffprodukte ist, dass sie oft teurer und weniger bekannt sind. Das Bewusstsein der Verbraucher für die Problematik und Alternativen fehlt in den meisten Fällen. Die aktuelle Gesetzgebung und Standards hindern oft die Markteinführung biologisch abbaubarer Produkte. Spezifische politische Maßnahmen könnten jedoch helfen, Märkte für Alternativen zu öffnen [8].

7.3.2.2 Biologische Abbaubarkeit im Heimkompost am Beispiel von PBS und Polybutylenadipat-Terephthalat (PBAT)

Der biologische Abbau von zertifizierten Polymeren erfolgt unabhängig davon, ob diese petro oder biobasiert sind. Denn die Enzyme der Mikroben, welche für den biologischen Abbau zuständig sind, erkennen solch einen Unterschied nicht. Die Verstoffwechselung ist abhängig von der chemischen Struktur des Polymers und findet nach dem Schlüssel-Schloss-Prinzip statt. Dabei beinhaltet der biologische Abbau im Kompost und Boden folgende Schritte:

1. Besiedlung des Polymers durch Mikroorganismen.
2. Sekretion von extrazellulären mikrobiellen Enzymen, die eine Depolymerisation (Spaltung) der Polymerkette in niedermolekulare Verbindungen (Oligomere und anschließend Monomere bzw. „Teilstücke“) bewirken.
3. Mikrobielle Aufnahme und Verwertung der niedermolekularen Verbindungen, wobei der Polymerkohlenstoff als Kohlenstoffdioxid (CO_2) freigesetzt und ein Teil davon in Biomasse eingebaut wird.

Der Großteil des Polymers wird während des biologischen Abbaus in CO_2 umgesetzt, daher erfolgt derzeit die Nachverfolgung der biologischen Abbaubarkeit über die Messung des freigesetzten CO_2. Zu beachten ist, dass der biologische Abbau von Polymeren nicht nur in CO_2, sondern auch in Biomasse und Wasser resultiert. Der CO_2-Wert gilt jedoch als sehr zuverlässige Messgröße und ist deshalb zum Nachweis der Polymermineralisierung als Standardverfahren etabliert.

Grundsätzlich wird zwischen der biologischen Abbaubarkeit und der Kompostierung unterschieden. Bei der Kompostierung handelt es sich entweder um den aeroben oder anaeroben Abbau. Der anaerobe Abbau erfolgt in einer Biogasanlage bzw. in industriellen Abfallbehandlungsanlagen unter Ausschluss von Sauerstoff. Dahingegen findet der aerobe Abbau bei der Heim- bzw. Gartenkompostierung unter Verbrauch von Luftsauerstoff statt.

Nach der DIN EN 13432 gilt beispielweise ein Kunststoffprodukt als industriell kompostierbar, wenn es innerhalb von sechs Monaten bei ca. 60 °C zu mindestens 90 % in CO_2 umgesetzt wird. Ferner muss eine Desintegration (mechanischer Zerfall des Polymers) nach 3 Monaten bei mindestens 90 % des ursprünglichen Polymers vorliegen. Die Heim- bzw. Gartenkompostierung geht noch einen Schritt weiter. Hierbei muss das Polymer unter annähernd natürlichen Umgebungsbedingungen abbauen. Bei den GC green Materialien wurde bewusst auf eine Heimkompostierbarkeit (OK compost HOME) gesetzt, da die Bedingungen von 60 °C in der Natur selten erreicht werden können. Anders als die industrielle Kompostierung bezieht sich die Zertifizierung bei der Heimkompostierung nicht nur auf eine bestimmte Norm, sondern auf eine Reihe technischer Anforderungen, die ein Produkt erfüllen muss, um die Zertifizierung zu erhalten. Vergeben wird diese beispielsweise durch TÜV Austria nur bei Kunststoffen, die sich schon bei weniger als 30 °C und innerhalb von 6 Monaten bis zu 90 % abbauen. Zudem muss hierbei eine Desintegration nach 6 Monaten bei mindestens 90 % des ursprünglichen Polymers nachweisbar sein. Zertifiziert kompostierbare Polymere dürfen zudem keine negativen Einflüsse auf die Kompostqualität ausüben. Daher erfolgen zusätzliche Untersuchungen der chemischen Zusammensetzung beispielsweise in Bezug auf Schwermetallkonzentrationen und die Ökotoxizität.

Die Biologische Abbaubarkeit betrachtet den Abbau in verschiedenen Umgebungen. Jede Umgebung beeinflusst den Abbau auf verschiedenste Arten. Unterschieden wird zwischen dem Abbau im Salzwasser, Süßwasser und Boden.

Die GC green Materialien finden Anwendung nicht nur für den Gartenbau, sondern auch für die Forst- und Landwirtschaft. Bei solchen Anwendungen spielt die biologische Abbaubarkeit im Boden eine sehr wichtige Rolle. Auch für den biologischen Abbau im Boden erfordert beispielsweise die DIN EN 17033, dass mindestens 90 % des Polymerkohlenstoffs über einen Zeitraum von 24 Monaten zu CO_2 umgesetzt werden.

Durch die ausschließliche Messung des gebildeten CO_2 wird jedoch nicht der gesamte biologische Abbau erfasst. Denn der Polymerkohlenstoff wird nicht nur in CO_2 umgewandelt, sondern ein Teil davon wird von den Mikroorganismen zur Bildung von Biomasse genutzt.

Forschende der ETH-Zürich konnten eine Methode entwickeln, mit der sie den biologischen Abbau von PBS im Boden nachverfolgten. Der Ansatz basierte auf mit stabilem Kohlenstoffisotop (^{13}C) markiertem PBS. Dabei konnten die Forschenden den ^{13}C-Kohlenstoff des PBS während des biologischen Abbaus im Boden selektiv verfolgen. Sie kamen zum Ergebnis, dass der biologische Abbau von PBS tatsächlich stattfindet. Außerdem konnten sie nachweisen, dass sieben Prozent des Rest-PBS-Kohlenstoffs im Boden in mikrobieller Biomasse eingebaut waren.

An PBAT wurden diese Vorgänge durch Zumstein et al. untersucht [9]. Dabei basierte ihr Ansatz ebenfalls auf ^{13}C-markiertem PBAT und auf isotopenspezifischen Analysemethoden, darunter die Nano-Sekundär-Ionen-Massenspektrometrie (NanoSIMS). Diese Methode ermöglichte die Rückverfolgung von Kohlenstoff aus biologisch abbaubaren Polymeren nicht nur in CO_2, sondern auch in mikrobieller Biomasse. Die Studienergebnisse belegen, dass Kohlenstoff aus jeder Monomereinheit des untersuchten PBAT von Bodenmikroorganismen, einschließlich fadenförmigen Pilzen, zur Energiegewinnung genutzt und zu Biomasse geformt wurde.

Die Erkenntnisse dieser wissenschaftlichen Studien implizieren, dass die Aufnahme von Kohlenstoff in mikrobielle Biomasse in regulatorischen Richtlinien zur Bestimmung der biologischen Abbaubarkeit von Polymeren berücksichtigt werden muss. Denn solche Richtlinien basieren derzeit ausschließlich auf dem Ausmaß der CO_2-Bildung und inkludieren nicht den in der Biomasse eingebauten Polymerkohlenstoff [9–11].

7.3.2.3 Anwendungsbeispiele

Aufgrund der ähnlichen Eigenschaften des PBS zum PP kann das GC green in allen Anwendungen eingesetzt werden, in denen das GC pro genutzt wird. Im Hinblick auf die Sinnhaftigkeit des Abbaues hat sich die Golden Compound jedoch auf bestimmte Anwendungen für das Spritzguss- und Extrusionsverfahren spezialisiert.

Ein Beispiel hierfür sind vor allem die heimkompostierbaren Kaffeekapseln (HOMEcap barrier® und HOMEcap high barrier). Sie sind als gesamtes System aus Kapselkorpus, Kaffee und Siegelfolie durch den TÜV Austria heimkompostierbar zertifiziert und können Produkte aus Aluminium ersetzen.

Des Weiteren werden aus dem GC green erdabbaubare Pflanztöpfe produziert. Jahrelange Forschungsarbeit an der Compound-Rezeptur machte es möglich, den Pflanztopf während der Kultivierung und Lagerung stabil zu halten und ein Abbau erst ab dem Zeitpunkt des Einpflanzens zu gewährleisten.

Weitere Sektoren, die von den GC green Granulaten profitieren, finden sich in der Land- und Forstwirtschaft. Hier werden unter anderem Wurzelschutz- und Wildverbisshüllen, Pflanzenclips, Trays und Etiketten in den Markt gebracht.

7.4 Fazit

Eine umfassende Betrachtung der nachhaltigen Strategien in der Kunststoffindustrie sowie die innovativen Lösungsansätze von Golden Compound GmbH verdeutlichen die zunehmende Bedeutung von nachhaltigen Materialien und Prozessen. Der Einsatz von biobasierten und biologisch abbaubaren Kunststoffen, insbesondere die Verwendung von Sonnenblumenschalenfasern, zeigt ein großes Potenzial, um die Umweltauswirkungen in der Kunststoffindustrie zu verringern.

Die Entwicklung von GC pro und GC green verdeutlicht nicht nur das Engagement von Golden Compound GmbH für Nachhaltigkeit, sondern auch die technologische Weiterentwicklung in Richtung umweltfreundlicherer Alternativen. Die Einbindung von Sonnenblumenschalen in Polymermatrices ermöglicht nicht nur eine Reduzierung des Einsatzes fossiler Rohstoffe, sondern trägt auch zur Abfallvermeidung bei, indem Reststoffe aus der Lebensmittelindustrie wiederverwertet werden. Die daraus resultierenden Compounds bieten eine Vielzahl von Anwendungsmöglichkeiten in verschiedenen Branchen, von Verpackungen bis hin zu Möbel- und Büroartikeln.

Die Zukunft der Kunststoffindustrie wird zunehmend von nachhaltigen Materialien und Prozessen geprägt sein. Der Trend zur Verwendung von biobasierten und biologisch abbaubaren Kunststoffen wird sich voraussichtlich weiter verstärken, da Verbraucher und Unternehmen zunehmend umweltbewusster werden. Auch im Zuge der 2025 eintretenden Kunststoffsteuer und möglichen Vergütungen für recycelte und biobasierte Kunststoffe, wird diese Branche an Bedeutung gewinnen. In diesem Kontext wird die Entwicklung und Vermarktung von Produkten wie GC pro und GC green eine wichtige Rolle spielen, um den Übergang zu einer nachhaltigeren Kunststoffwirtschaft zu unterstützen.

Insgesamt zeigt die Entwicklung von GC pro und GC green sowie die Perspektive ihres Einsatzes in neuen Branchen, dass eine nachhaltige Transformation der Kunststoffindustrie möglich ist und dass innovative Unternehmen wie Golden Compound GmbH eine entscheidende Rolle bei der Gestaltung einer nachhaltigeren Zukunft spielen können.

Literaturverzeichnis

1. European Bioplastics e. V. (2023). Bioplastics Market Development Update 2023. Abrufbar unter: https://docs.european-bioplastics.org/publications/market_data/2023/EUBP_Market_Data_Report_2023.pdf (Zugriff am 14. Dezember 2024).
2. Golden Compound GmbH. Abrufbar unter: www.golden-compound.com (Zugriff am 14. Dezember 2024).
3. Statista GmbH (2024). Erntemenge von Sonnenblumensaat weltweit in den Jahren 2002/2003 bis 2023/2024. Abrufbar unter: https://de.statista.com/statistik/daten/studie/218952/umfrage/produktionsmenge-von-sonnenblumen-weltweit (Zugriff am 14. Dezember 2024).
4. Ulrich, W. und Ulrich, M. (2012). Biokomposit bzw. Biowerkstoff mit Sonnenblumenkernschalen/-hülsen. Europäisches Patent 2780256, angemeldet 12 Oktober 2012 und veröffentlicht 15 März 2017.
5. Wan, P.J., Baker, G.W., Clark, S.P. et al. (1980). Characteristics of sunflower seed and meal. *Cereal Chemistry* 56 (4): 352–355.
6. Commission Regulation (EU) No. 10/2011 (2011). On plastic materials and articles intended to come into contact with food Text with EEA relevance.
7. Acero, A.P., Rodriguez, C. und Ciroth, A. (2014). *LCIA methods Impact assessment methods in Life Cycle Assessment and their impact categories*. Berlin: Green Delta GmbH.
8. Bauchmüller, V., Carus, M., Chinthapalli R. et al. (2021). *BioSinn. Steckbriefe sinnvoll biologisch abbaubarer Produkte auf Basis von nachwachsenden Rohstoffen*. nova-Institut für politische und ökologische Innovation GmbH.

9. Verbund kompostierbare Produkte e. V. (2023). Hintergrundpapier Kompostierbare Kunststoffe – Biologischer Abbau im Kompost und im Boden. Abrufbar unter: www.derverbund.com (Zugriff am 14. Dezember 2024).
10. Zumstein, M.T., Schintlmeister, A., Nelson, T.F. et al. (2018). Biodegradation of synthetic polymers in soils: Tracking carbon into CO_2 and microbial biomass. *Science advances* 4 (7).
11. Nelson, T.F., Baumgartner, R., Jaggi, M. et al. (2022). Biodegradation of poly(butylene succinate) in soil laboratory incubations assessed by stable carbon isotope labelling. *Nature communications* 13 (1): 5691.

8

Hin zu grüneren Medikamenten mit der iGAL-Metrik: Vergangenheit, Gegenwart und Zukunft

Dr. Frank Roschangar[1], Dr. Stefan G. Koenig[2], und Dr. Michael U. Luescher[3]

[1] *Boehringer Ingelheim Pharmaceuticals*

[2] *Genentech, a Member of the Roche Group*

[3] *Novartis Pharma*

Abstract

Dieser Beitrag beschreibt die Entwicklung und Anwendung der „Innovation Green Aspiration Level" iGAL-Metrik, die darauf abzielt, durch Innovation ein grüneres Niveau zu erreichen und somit umweltfreundlichere Medikamente zu fördern. Die iGAL-Metrik steht im Einklang mit der Forderung der EU-Taxonomie nach transparenteren und vergleichbaren Lebenszyklusbewertungen in der Medikamentenherstellung. Sie ist zu einem wichtigen Werkzeug für die Bewertung der Umweltauswirkungen pharmazeutischer Verfahren geworden und kann bei der Förderung nachhaltiger Innovationen innerhalb der Branche eine Schlüsselrolle einnehmen. Wir verfolgen die Entwicklung der iGAL-Metrik von ihrer Entstehung bis zu aktuellen Anwendungen und diskutieren ihr Potenzial für zukünftige Fortschritte.

Wir untersuchen auch die Auswirkungen der Metrik auf die Branche und heben Fallstudien der Wirkstoffe Dabigatran und Rivastigmin hervor, die ihre Effektivität bei der Reduzierung von Umweltbelastung und der Förderung nachhaltiger Innovationen demonstriert.

Zudem erörtern wir die Herausforderungen und Möglichkeiten der iGAL-Metrik, einschließlich ihrer Adaption in der Branche und dem Potenzial für weitere Verfeinerungen und Erweiterungen. Durch die Analyse von Vergangenheit, Gegenwart und Zukunft der iGAL-Metrik bietet dieses Kapitel wertvolle Einblicke in die fortlaufende Suche nach grüneren Medikamenten, und die Rolle von Green Chemistry Metriken bei der Förderung positiver Änderungen in der pharmazeutischen Industrie.

Zirkuläre Wirtschaft und Nachhaltigkeit in der chemischen Industrie: 1. Aufl. C. Suntrop und T. Wagner (Hrsg.).
© 2026 Wiley-VCH GmbH. Alle Rechte vorbehalten, einschließlich derer für Text- und Data-Mining und Training von Technologien der Künstlichen Intelligenz oder ähnlichen Technologien.

8.1 Einleitung: Relevanz von iGAL 2.0 für die Entwicklung nachhaltiger Medikamente

Die pharmazeutische Industrie spielt eine wichtige Rolle im globalen Gesundheitswesen, indem sie innovative Medikamente entwickelt und produziert, die das Leben verbessern und verlängern. Allerdings steht der Sektor vor zunehmenden Herausforderungen in Bezug auf die ökologische Nachhaltigkeit, bedingt durch seinen erheblichen ökologischen Fußabdruck, [1] der durch die steigende weltweite Nachfrage nach Arzneimitteln und den Druck einer alternden Bevölkerung verschärft wird. Die zunehmende Komplexität neuer Arzneimittel, insbesondere von Biologika und personalisierten Therapien, intensiviert diese Herausforderungen weiter, da diese fortschrittlichen Medikamente oft ressourcen- und arbeitsintensive Prozesse erfordern. [2]

Aufkommende Umweltvorschriften prägen zunehmend die pharmazeutische Produktion, indem sie Nachhaltigkeit, Transparenz und ökologische Verantwortung in den Vordergrund stellen. Zu den wichtigsten dieser Vorschriften gehört der Green Deal der Europäischen Union [3] und die EU-Taxonomie für nachhaltige Aktivitäten. [4] Der EU Green Deal, der das Ziel verfolgt, bis 2050 Klimaneutralität zu erreichen, unterstreicht die Bedeutung der Reduzierung von Kohlenstoffemissionen, der Minimierung von Abfällen und der Einführung von Kreislaufwirtschaftspraktiken – imperativ für den Pharmasektor. Ergänzend dazu definiert die EU-Taxonomie nachhaltige wirtschaftliche Aktivitäten und verlangt, dass pharmazeutische Unternehmen ihre Prozesse an spezifische Umweltkriterien anpassen, um als nachhaltige Investitionen zu gelten. Diese regulatorischen Rahmenbedingungen stehen in engem Zusammenhang mit den Nachhaltigkeitszielen (SDGs) der Vereinten Nationen, insbesondere SDG 12, das sich auf verantwortungsvollen Konsum und Produktion konzentriert. [5]

Die Entwicklung nachhaltiger Arzneimittel hat für die pharmazeutische Industrie eine hohe Priorität, angetrieben sowohl durch regulatorische Anforderungen als auch durch gesellschaftliche Erwartungen. Ein wesentlicher Beitrag zur ökologischen Belastung der Branche ist die Herstellung von Wirkstoffen (Active Pharmaceutical Ingredient, API), die durch ressourcenintensive Prozesse gekennzeichnet ist und etwa ein Viertel der Kohlenstoffemissionen der Branche ausmacht.[1] Die Defossilisierung der API-Produktion ist nicht nur entscheidend, um regulatorische Anforderungen zu erfüllen, sondern auch, um Kosteneinsparungen zu erzielen und sich einen Wettbewerbsvorteil zu sichern. Unternehmen, die in nachhaltige Herstellungsverfahren für APIs investieren – etwa durch die Anwendung der Prinzipien der Grünen Chemie, [6, 7, 8] die Optimierung des Energieverbrauchs und die Integration erneuerbarer Energiequellen – können ihren Kohlenstoff-Fußabdruck reduzieren, während sie von regulatorischen Anreizen profitieren und der wachsenden Nachfrage nach umweltfreundlicheren Produkten nachkommen. Hersteller stehen jedoch häufig vor erheblichen Herausforderungen aufgrund der mangelnden Transparenz bei Dekarbonisierungslösungen und deren Auswirkungen sowie begrenzten Einblicke in die Kohlenstoff-Fußabdrücke ihrer Produkte. Zudem stellen die Vielzahl an Metriken, das Fehlen einer Harmonisierung sowie inkonsistente Ausgangspunkte für Analysen oder die Vernachlässigung der Komplexität der API und ihrer Herstellungsprozesse [9, 10, 11, 12] Herausforderungen dar, die die Festlegung objektiver Nachhaltigkeitsziele erschweren. Solche Inkonsistenzen behindern den Fortschritt, da alternative und neue Methoden nur schwer mit bestehenden Techniken vergleichbar sind.

Vor diesem Hintergrund erweist sich die Innovation Green Aspiration Level (iGAL) 2.0-Metrik, die auf einen umfassenden Datensatz von 100 Herstellungsprozessen bei 13 führenden Pharmaunternehmen basiert, als ein entscheidendes Instrument zur Bewertung der ökologischen Auswirkungen von API-Herstellungsprozessen. Durch die Bereitstellung einer standardisierten, quantitativen und transparenten Bewertungsmethode adressiert iGAL 2.0 die einzigartige Komplexität und die Herausforderungen der API-Herstellung. [13, 14] Sie berücksichtigt die Komplexität des APIs sowie die daraus resultierende Prozesskomplexität durch das Molekulargewicht in ihren Berechnungen und bietet dadurch ein präziseres und relevanteres Maß für die Umweltfreundlichkeit des Prozesses. Dies ermöglicht es Unternehmen, fundierte Entscheidungen über ihre Herstellungsverfahren zu treffen und realistische, erreichbare Nachhaltigkeitsziele zu setzen. Darüber hinaus fördert iGAL 2.0 das Benchmarking in der gesamten Branche und den Austausch von Best Practices, indem es eine vergleichbare Messung der Umweltbelastung zwischen verschiedenen pharmazeutischen Unternehmen, Produkten und Prozessen ermöglicht.

Ein wesentlicher Vorteil der iGAL 2.0-Metrik liegt in ihrer Grundlage auf den populären Metriken E-Faktor [15] und Process Mass Intensity (PMI), [16] während ihre Nützlichkeit durch die Integration der Komplexität von API-Strukturen erweitert wird. Dies ist besonders im Kontext der Entwicklung nachhaltiger Arzneimittel von Bedeutung. Die Umweltbelastung eines Arzneimittels ist oft eng mit der Komplexität seiner Synthese verknüpft. Durch die Bereitstellung eines festen und vergleichbaren Ziels für die Umweltfreundlichkeit eines Prozesses („Prozessgrünheit") treibt iGAL kontinuierliche Verbesserungen in den Herstellungsprozessen voran und unterstützt Unternehmen dabei, ihre Praktiken an globalen Nachhaltigkeitsrahmen wie den Zielen der Vereinten Nationen (SDGs) auszurichten.

Die Relevanz der iGAL-Metrik erstreckt sich über einzelne Unternehmen hinaus auf die gesamte pharmazeutische Industrie. Als standardisiertes Maß für die Prozessgrünheit hat iGAL das Potenzial, die umfassenderen Nachhaltigkeitsziele der Branche zu unterstützen. Indem sie ein klares und quantifizierbares Maß für die Prozessgrünheit bietet, hilft iGAL den Unternehmen, ihre Betriebsabläufe an globalen Nachhaltigkeitszielen auszurichten und sicherzustellen, dass ihre Herstellungsprozesse zu einer nachhaltigeren Zukunft beitragen. Darüber hinaus unterstützt die Ausrichtung von iGAL an der EU-Taxonomie und dem Green Deal den Übergang der Branche zu umweltfreundlicheren Praktiken, hilft Unternehmen dabei, ihr Engagement für Nachhaltigkeit nachzuweisen und sich die soziale Lizenz zum Betrieb zu sichern.

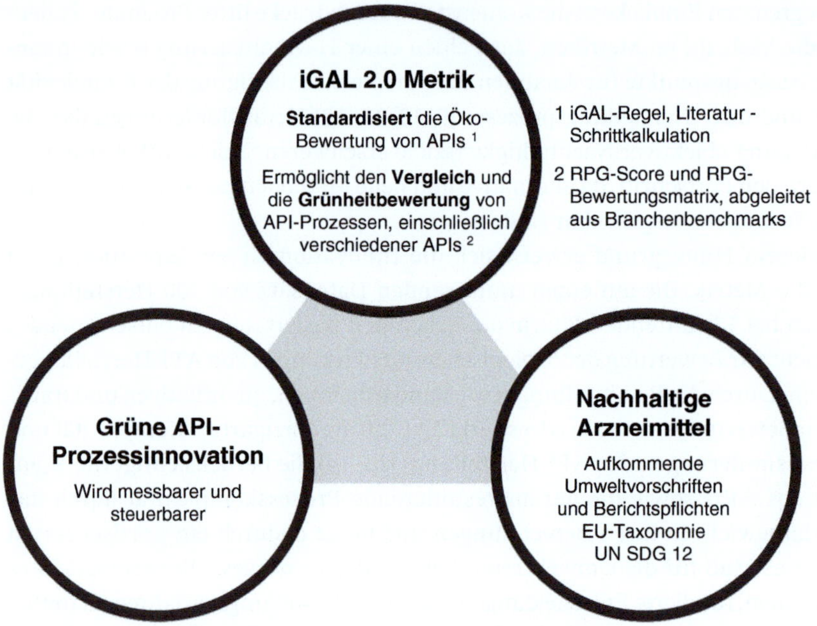

Abb. 8.1 iGAL 2.0 als Schlüsselmetrik für grüne API-Prozessinnovationen und nachhaltige Arzneimittel.

Abschließend lässt sich sagen, dass die iGAL 2.0-Metrik nicht nur ein Instrument zur Unterstützung aufkommender Umweltberichtsanforderungen ist, sondern auch als Katalysator für Innovationen im Bereich der nachhaltigen pharmazeutischen Herstellung dient (Abb. 8.1). Durch die Adoption messbar grünerer Praktiken und die Verbesserung der Ressourceneffizienz, können pharmazeutische Unternehmen regulatorische Ziele erfüllen, zu globalen Nachhaltigkeitsbemühungen beitragen und die Erreichung der Klimaneutralität innerhalb der Branche unterstützen.

8.2 Historie und Entwicklung

Die iGAL 2.0-Metrik ist das Ergebnis eines Jahrzehnts der Entwicklung und Verfeinerung durch eine Zusammenarbeit von 13 pharmazeutischen Unternehmen aus den Konsortien IQ Green Chemistry (IQ) [17] und ACS GCI Pharmaceutical Roundtable (GCIPR) [18] mit drei Universitäten. Sie baut auf dem 2015 eingeführten ursprünglichen Green Aspiration Level (GAL) [19] auf, dass die Frage „Wie grün ist grün?" in der pharmazeutischen API-Herstellung beantworten sollte. [20] Im Laufe der Jahre hat das GAL mehrere Iterationen durchlaufen, die jeweils darauf abzielten, seine Anwendbarkeit und Genauigkeit bei der Bewertung der Umweltauswirkungen der API-Herstellung zu verbessern. In diesem Abschnitt wird die Entwicklung der iGAL 2.0-Metrik durch ihre vier Iterationen nachgezeichnet, wobei die Verbesserungen jeder Version hervorgehoben werden (Tab. 8.1).

Tab. 8.1 Entwicklung der iGAL 2.0-Metrik mit Fokus auf Methode und Funktionsverbesserungen.

Methode zur Bewertung der API-Herstellungsprozesse	***Green Chem*, 2015, 17, 752–768.**	***Green Chem*, 2017, 19, 281–285.**	***Green Chem*, 2018, 20, 2206–2211.**	***ACS Sustain Chem Eng*, 2022, 10, 5148–5162.**
1. API Produktionsabfall berechnen	cEF = PMI–1	*ebd.*	*ebd.*	*ebd.*
2. Prozesskomplexität bestimmen	API Prozesskomplexität: Complexity = #ConstructionRx + #StrategicRedox	*ebd.*	API Strukturkomplexität: FMW = API salzfreies Molekulargewicht	*ebd.*
3. Abfallziel bestimmen	GAL = tGAL × Complexity mit tGAL = phasenabhängiger durchschnittlicher industrieller API-Prozessabfall pro chemischer Transformation. $tGAL = 34\frac{kg\ waste}{kg\ API}$ für Phase 1 und 19 für kommerzielle APIs	*ebd.*, aber phasenunabhängige $tGAL = 26\frac{kg\ waste}{kg\ API}$, basierend auf dem durchschnittlichen industriellen Abfall pro chemischer Umwandlungsschritt	iGAL = 0.344 × FMW mit $0.344\frac{kg\ waste}{kg\ API} =$ durchschnittlicher industrieller mitproduzierter Abfall pro Einheit des durchschnittlichen kommerziellen FMW	iGAL= 0.403 × FMW
4. RPG (Grünheitsbewertung) durchführen	$RPG = \frac{GAL}{cEF} \times 100\%$ RPG ist phasenabhängig	*ebd.*, aber RPG ist phasenunabhängig	*ebd.*	*ebd.*
5. Prozessgrünheit bewerten	Nicht zutreffend	„Unterdurchschnittlich“ bis „Exzellent“ über die Green Scorecard	*ebd.*, mit Green Chemistry Innovation Scorecard	*ebd.*, sowie visuelle Verknüpfung der Abfallreduktionen mit den SDG12 im iGAL 2.0 Label

(Fortsetzung)

Tab. 8.1 (Fortsetzung)

Methode zur Bewertung der API-Herstellungsprozesse	***Green Chem*, 2015, 17, 752–768.**	***Green Chem*, 2017, 19, 281–285.**	***Green Chem*, 2018, 20, 2206–2211.**	***ACS Sustain Chem Eng*, 2022, 10, 5148–5162.**
Hauptmerkmale				
Standardisierung	Prozessausgangsmaterialien ≤ \$100/mol Laborkatalogpreis („iGAL Regel"), Reaktorreinigung ausgeschlossen	*ebd.*, plus „Literatur-Schrittgleichung": $\text{cEF(Lit.steps)}=\#\text{lit.steps} \times 37\frac{\text{kg waste}}{\text{kg API}}$	*ebd.*, plus statisches (iGAL) *vs* dynamisches (GAL) Abfallziel	*ebd.*
Vergleichbarkeit	RPG als Maß für die Grünheit von API Herstellungsprozessen	*ebd.*, plus Grünheitsbewertung	*ebd.*, plus Innovationsimpact = RPG (aktuell) – RPG (Basislinie)	*ebd.*
Schlüsselindikatoren für Nachhaltigkeit	Nicht zutreffend	Nicht zutreffend	Prozesskomplexität (CP) and Idealität (I)	Prozesskonvergenz (CV) und Ausbeute (YD)
Beteiligte Pharmaunternehmen / analysierte iGAL-Regel-konforme API Prozesse	1 / – (2008 GCIPR Datensatz)	9 / 46	12 / 64	13 / 100

8.2.1 Die Einführung von GAL (2015)

Die ursprüngliche GAL-Metrik, die 2015 eingeführt wurde, um branchenweite SMART-Ziele [21] für Grüne Chemie zu definieren, wurde entwickelt, um eine Lücke in den harmonisierten Metriken der Grünen Chemie in der pharmazeutischen Industrie zu schließen, in der zahlreiche Metriken ohne Standardisierung existierten, was als kritisches Hindernis für eine breitere Einführung nachhaltiger Praktiken angesehen wurde.[19, 22] Diese Version von GAL wurde aus der massenbasierten „complete" E-Faktor API Prozessmetrik (cEF) abgeleitet, die durch die einfache mathematische Beziehung in Formel 8.1 mit der in der Branche häufig verwendeten Process Mass Intensity (PMI)-Metrik [16] korreliert ist.

$$\mathrm{cEF} = \mathrm{PMI} - 1 \tag{8.1}$$

Der cEF wurde eingeführt, um eine einfache mathematische Massenbilanz für die PMI-Gleichungen in einem mehrstufigen Prozess (siehe [19], Appendix 1) zu schaffen und die Annahmen, die dem ursprünglichen E-Faktor zugrunde liegen, insbesondere hinsichtlich der Lösungsmittelrückgewinnung und des Wasserverbrauchs, zu verfeinern. Er wird als die Differenz zwischen der Masse aller API-Prozesseinsatzstoffe und der Masse des API Produkts definiert, geteilt durch die Masse des API-Produkts gemäß Formel 8.2.

$$\begin{aligned}\mathrm{cEF} &= \frac{\sum \mathrm{m\,(Prozesseinsatzstoffe)} - \mathrm{m\,(API)}}{\mathrm{m\,(API)}}\\ &= \frac{\begin{array}{c}\sum \mathrm{m\,(Ausgangsmaterialien)} + \sum \mathrm{m\,(Reagenzien)}\\ + \sum \mathrm{m\,(Lösungsmitel)} + \sum \mathrm{m\,(Wasser)} - \mathrm{m\,(API)}\end{array}}{\mathrm{m\,(API)}}\end{aligned} \tag{8.2}$$

Die wesentliche Innovation der GAL-Metrik bestand in ihrer Kapazität, realistische, massenbasierte Ziele für die Grüne Chemie zu setzen, indem die Komplexität des API-Syntheseprozesses berücksichtigt wurde. Dies wurde erreicht, indem die Prozesskomplexität als Summe der von Professor Baran (Scripps Research) definierten Konstruktions- und strategischen Redoxreaktionen, die für die API-Synthese erforderlich sind, definiert wurde. [23, 24] Die GAL-Metrik wurde dann als entwicklungsphasenabhängiges Abfallziel für API-Prozesse berechnet, basierend auf dieser Komplexität, unter Verwendung von Formel 8.3. Der Transformations-GAL (tGAL) spiegelt den durchschnittlichen industriellen API-Prozessabfall pro chemischer Umwandlung wider, mit 19 kg Abfall pro kg API für Spätphasen- und kommerzielle Prozesse sowie 34 kg Abfall pro kg API für Frühphasen-Entwicklungsprozesse. Diese Methode bot eine transparente und vergleichbare Methode zur Bestimmung der Relativen Prozessgrünheit (RPG) sowohl für frühe Entwicklungsphasen als auch für spätere Entwicklungs- und kommerzielle API-Prozesse gemäß Formel 8.4.

$$\mathrm{GAL} = \mathrm{tGAL} \times \mathrm{Prozesskomplexität} \tag{8.3}$$

Wo:

$$\mathrm{tGAL\,(Späte\ Entwicklung\ und\ Kommerziell)} = 19\,\frac{\mathrm{kg\ waste}}{\mathrm{kg\ API}}$$

$$\text{tGAL (Frühe Entwicklung)} = 34\frac{\text{kg waste}}{\text{kg API}}$$

$$\text{RPG} = \text{GAL/cEF} \times 100\% \tag{8.4}$$

Die Einführung der GAL-Metrik markierte einen bedeutenden Fortschritt in der Kapazität der Branche, nachhaltige API Herstellungsziele zu setzen und zu erreichen. Eine branchenweite Zusammenarbeit war jedoch unerlässlich, um die breite Akzeptanz der Metrik zu fördern. Diese Bemühungen wurden durch IQ [17] initiiert und werden heute in Zusammenarbeit mit dem GCIPR [18] fortgesetzt.

8.2.1.1 Standardisierte Bewertung von API-Herstellprozessen: Die iGAL-Regel

Ein wesentlicher Aspekt der iGAL-Methodik ist, dass die Autoren das Konzept der Prozesskomplexität als Faktor für die Bestimmung ökologischer Ziele einführten und die Bewertung von API-Herstellungsprozessen standardisierten, indem sie eine kostenbasierte Schwelle für Ausgangsmaterialien des Prozesses einbezogen, unabhängig davon, ob ein Teil der Herstellung an einen externen Hersteller ausgelagert oder intern durchgeführt wurde. Diese **$100/mol** Kostenschwelle, die für die standardisierte Bewertung jedes API Herstellungsprozesses entschieden wurde, ist heute als „**iGAL Regel**" bekannt, und Prozessausgangsmaterialien, die dieser Regel entsprechen, werden als „**iGAL-konforme Ausgangsmaterialien**" bezeichnet. [25] Die Reaktorreinigung wird in den Berechnungen ausgeschlossen, und die Lösungsmittelrückgewinnung wird nicht berücksichtigt. [26] Diese Herangehensweise ermöglichte erstmals eine konsistente, branchenweit standardisierte Bewertung der Prozessgrünheit über verschiedene Herstellungsprozesse und APIs.

Die Bedeutung der iGAL-Regel wurde anhand der Synthese des Viagra-APIs von Pfizer verdeutlicht (Schema 8.1, siehe [19], Appendix 2). In diesem Fall wurde die Wichtigkeit der Einbeziehung der Produktionsabfälle der Herstellung von Pyrazolcarbonsäure 3, einer Nicht-Massenchemikalie, in die Berechnungen demonstriert, da diese Chemikalie die Kostenschwelle von $100/mol überschritt. Die Abfälle aus ihrer fünfstufigen Synthese, beginnend mit Diethyloxalat (1) und Pentan-2-on (2), die ersten Bausteine der Synthese die weniger als $100/mol kosten, wurden zuvor nicht in der Abfallberechnungen berücksichtigt. [27] Dies führte zu einer nahezu Verdopplung des cEF von 50,3 auf 85,5 kg Abfall pro kg API.

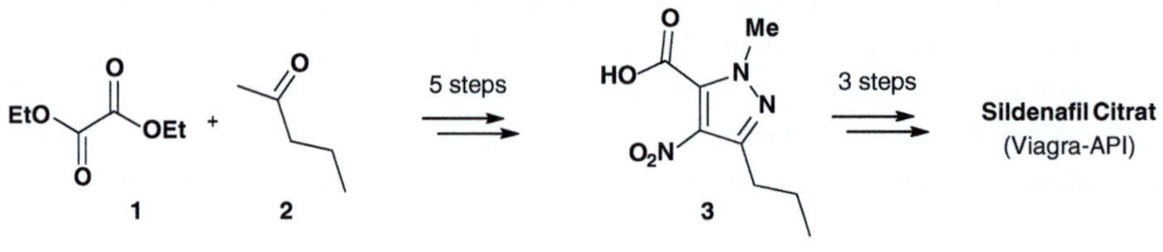

Schema 8.1 Anwendung der iGAL-Regel auf den Herstellungsprozess des Viagra-API. [19]/Mit freundlicher Genehmigung von Royal Society of Chemistry.

Dieses Beispiel zeigt, wie stark sich Unterschiede bei der Wahl der API-Ausgangsmaterialien auf die Abfallmetriken eines API-Prozesses auswirken können. Es unterstreicht die dringende Notwendigkeit eines standardisierten Ansatzes, wie ihn die iGAL-Regel bietet. Die $100/mol Kostenschwelle der iGAL-Regel ist entscheidend, und zwar nicht nur für die iGAL-Metrik selbst. Um Einheitlichkeit bei der Bewertung von API-Prozessen zu gewährleisten, sollte sie sollte auf sämtliche Green-Chemistry-Metriken, die API-Synthesen betreffen, angewendet werden.

8.2.2 Fortschritte bei GAL (2017)

Die ursprüngliche GAL-Metrik war zwar innovativ und stellte eine signifikante Verbesserung gegenüber traditionellen massenbasierten Metriken wie PMI und E-Faktor dar, doch erforderte sie weitere Verfeinerungen, um die nachhaltige API-Herstellung wirksamer zu fördern. Die Zusammenarbeit im Jahr 2017 ging auf dieses Bedürfnis ein, indem eine eingehende Analyse von „iGAL-Regel"-konformen Daten aus 46 Arzneimittelherstellungsprozessen bei neun großen Pharmaunternehmen durchgeführt wurde. [28] Diese Zusammenarbeit unterstrich den Wert der branchenweiten Kooperation bei der Verfeinerung und Validierung der GAL-Metrik.

Die Autoren erkannten, dass die konsequente Anwendung der iGAL-Regel dazu führen könnte, dass Forscher auf Herausforderungen stoßen, die mit fehlenden Prozessinformationen zusammenhängen. Ein typischer API-Prozess, dargestellt in Abb. 8.2, umfasst sowohl die interne Herstellung von Zwischenprodukten bis zum API als auch die externe Herstellung von Ausgangsmaterialien bis zu den

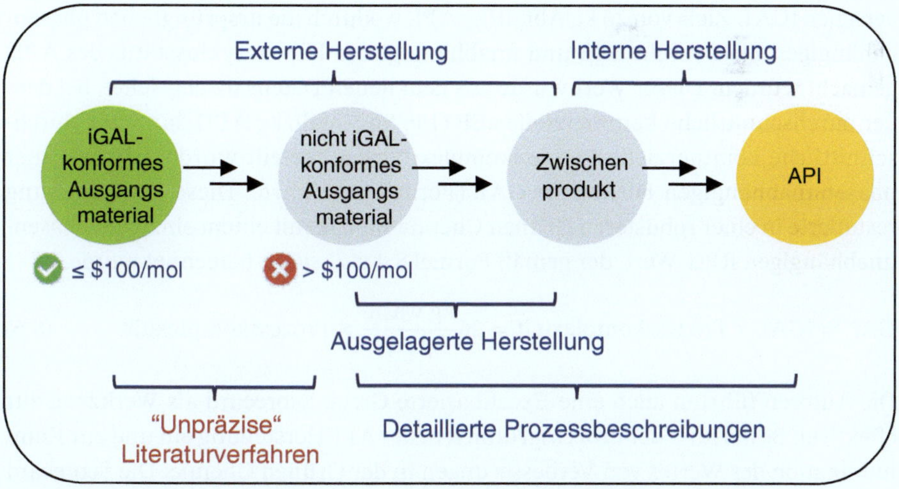

Abb. 8.2 Schematische Darstellung eines typischen API-Prozesses. [28] / mit freundlicher Genehmigung von The Royal Society of Chemistry.

Zwischenprodukten. In einigen Fällen beginnt die ausgelagerte Produktion mit „nicht iGAL-konformen Ausgangsmaterialien", die nicht der $100/mol iGAL-Regel entsprechen. Das Verständnis der Prozesse, die zu diesen Materialien führen, erfordert häufig die Konsultation von Publikationen, die möglicherweise nicht die detaillierten Prozessbeschreibungen enthalten, die für eine genaue Abfallbestimmung notwendig sind, und daher auf fundierte Vermutungen angewiesen sind.

Um die Analyse zu harmonisieren, führten die Autoren die **„iGAL Literaturschritt-Gleichung"** mit Formel 8.5 ein. Dieser Ansatz beinhaltet lediglich das Zählen der Literatur-Schritte von einem iGAL-konformen Ausgangsmaterial bis zum nicht iGAL-konformen Ausgangsmaterial, ohne dass weitere Informationen wie Ausbeute, Reaktions- und Aufarbeitungsbedingungen erforderlich sind, und multipliziert diese Zahl mit 37, dem geschätzten durchschnittlichen Literaturschritt-Abfall pro kg API (siehe [28] Supplementary Discussion 1 – Achieving Consistency). [29, 30]

$$\text{cEF (Literaturschritte)} = \#\ \text{Literaturschritte} \times 37\ \frac{\text{kg waste}}{\text{kg API}} \tag{8.5}$$

Diese Formel standardisiert und vereinfacht die Abfallanalyse, insbesondere für API-Prozesse in der frühen Phase, bei denen häufig „nicht Ausgangsmaterialien" auftreten. Sie ermutigt auch Chemiker, die Synthese von nicht iGAL-konformen Ausgangsmaterialien frühzeitig im Prozess zu berücksichtigen, da diese Materialien oft schwer herzustellen sind, ressourcenintensiv, lange Vorlaufzeiten haben und kostspielig sind. Durch die Anwendung dieser Gleichung wird die Standardisierung der Analyse verbessert und das Rätselraten bei der Bewertung informationsarmer Literaturschritte reduziert.

Eine weitere, wichtige methodische Verbesserung war die Festlegung eines universellen tGAL-Ziels von 26 kg Abfall/kg API, wodurch die ursprünglichen phasenabhängigen Ziele vereinfacht und unabhängig vom Lebenszyklusstatus des APIs gemacht wurden. Dieser Wert wurde aus dem neuen Datensatz abgeleitet, bei dem der durchschnittliche kommerzielle cEF (156 kg Abfall/kg API) durch die durchschnittliche kommerzielle Prozesskomplexität (5,9) geteilt wurde, was zu einer phasenunabhängigen Formel für GAL (Formel 8.6) führte. Diese Überarbeitung resultierte in einer robusteren Grünen Chemie-Metrik mit einem einzigen, phasenunabhängigen RPG-Wert, der gemäß Formel 8.4 *vide supra* berechnet wurde.

$$\text{GAL} = \text{tGAL} \times \text{Prozesskomplexität} = 26\frac{\text{kg waste}}{\text{kg API}} \times \text{Prozesskomplexität} \tag{8.6}$$

Die Autoren führten auch eine Excel-basierte Green Scorecard als Werkzeug zur effektiven Bewertung der Prozessgrünheit in der API-Herstellung ein und zur Kommunikation des Wertes von Verbesserungen in der Grünen Chemie. Die Scorecard visualisierte die RPG mithilfe einer „Ampelanzeige" und bot eine Bewertung des Herstellungsprozesses relativ zu seiner Projektphase (Frühe Entwicklung, Späte Entwicklung und Kommerziell). Die phasenabhängigen Bewertungen basieren auf den Perzentil-Ranglisten des Datensatzes, die die Prozessgrünheit in vier verschiedene Stufen einteilen. Diese Bewertungen sind weiter unten in Abb. 8.4 zusammengefasst. Auf diese Weise kommuniziert die Scorecard den Wert der Grünen Chemie durch quantitative, zielorientierte Ergebnisse und hebt sie damit von anderen Metriken der Grünen Chemie ab.

Abschließend quantifizierte die Studie die Bedeutung der Grünen Chemie in dem oft übersehenen, aber hochgradig wirkungsvollen ausgelagerten Teil der Lieferkette und zeigte, dass ca. 50 % des API-Abfalls extern erzeugt wurden (siehe [28], Table 2). Diese Erkenntnis unterstrich die entscheidende Notwendigkeit, Grüne Chemie in die Lieferkette zu integrieren, durch klare Ziele und Kommunikation, um den API-Abfall holistisch zu minimieren.

8.2.3 Die Entwicklung von iGAL (2018): Übergang von Prozess- zu API-Komplexität zur Definition fester Prozessabfallziele

Die iGAL-Metrik, die 2018 eingeführt wurde, markierte einen bedeutenden Fortschritt des GAL-Konzepts. [31] Bemerkenswert ist, dass die Anzahl der an der Zusammenarbeit beteiligten Pharmaunternehmen von 9 auf 12 stieg, was auf eine zunehmende Akzeptanz der Metrik hinweist. Während die ursprüngliche GAL-Metrik die Grünheit eines API-Prozesses effektiv anhand seiner Komplexität – abgeleitet aus dem Prozentsatz der idealitätsangepassten Schritte – maß, berücksichtigte sie nicht die Prozessinnovation, etwa wenn eine effizientere Synthese mit weniger Schritten entwickelt wurde. In solchen Fällen würde das GAL-Ziel sinken, was potenziell zu einem schlechteren RPG führen könnte, wodurch die Vorteile von Innovationen in der Syntheseroute und Prozessgestaltung nicht angemessen erfasst würden. Diese Einschränkung machte deutlich, dass die ursprüngliche GAL-Metrik den Einfluss von Innovationen, die für die Erreichung nachhaltigerer und fortschrittlicherer pharmazeutischer Herstellungsprozesse entscheidend sind, nicht vollständig widerspiegelte, welche die Umweltbelastungen minimierten und gleichzeitig die Wirtschaftlichkeit des Prozesses optimierten. [32, 33]

In Anerkennung dieser Tatsache verlagerten die Autoren den Fokus von der dynamischen Komplexität eines API-Prozesses hin zur statischen Komplexität der molekularen Struktur des APIs. Sie stellten fest, dass die Verwendung des salzfreien Molekulargewichts (FMW) des APIs als Proxy für die molekulare Komplexität ein genaueres und festes Ziel für die Grüne Chemie in der pharmazeutischen Herstellung bot (siehe Formel 8.7). Dieser Ansatz gewährleistete ein standardisiertes und konsistentes Maß für die Prozessgrünheit, das während des gesamten Lebenszyklus der Arzneimittelentwicklung konstant blieb.

$$\text{iGAL} = \frac{m\text{GAL}}{1000} \times \text{FMW} = 0.344 \times \text{FMW} \tag{8.7}$$

Wo:

$$m\text{GAL} = \frac{\text{avg cEF}}{\text{avg FMW}}(\text{basierend auf kommerziellen API-Prozessen})$$

FMW = salzfreies Molekulargewicht des APIs

Mit der Einführung eines statischen Ziels durch iGAL erfasste die Metrik nun effektiv den Einfluss von Prozessinnovationen und belohnte fortschrittliche Entwicklungen in der Grünen Chemie. Um die Nützlichkeit der Metrik weiter zu steigern, identifizierten die Autoren Schlüsselindikatoren für Nachhaltigkeit (KSI = Key Sustainability Indicator; vormals Key Process Performance Indicators, KPPI), die erheblichen Einfluss auf die Abfallreduzierung und die Verbesserung des RPG haben, insbesondere die Prozesskomplexität (CP) und die Idealität (I). Sie entwickelten ein logarithmisches Modell, um den Effekt dieser KSI auf den mitentstehenden Abfall (cEF) [34] zu beschreiben, und erstellten die Formel 8.8 zur Messung des Innovationsimpakts basierend auf RPG-Verbesserungen.

$$\text{Green Chemistry Innovation Impact} = \Delta\text{RPG} = \text{RPG(current campaign)} - \text{RPG(reference campaign)} \quad (8.8)$$

Wo:

reference campaign = erste Hochskalierungskampagne

Dieser Ansatz mit einem festen Ziel bot ein genaueres Maß für die Grüne Chemie und ermöglichte die vollständige Anerkennung von Prozessinnovationen durch RPG-Verbesserungen, und etablierte iGAL als eine zentrale Verknüpfung zwischen Innovation in der Grünen Chemie und Bemühungen zur Reduzierung von Umweltabfällen.

Die Einführung von iGAL ermöglichte auch die Entwicklung der Green Chemistry Innovation Scorecard, die die Excel-basierte GAL-Scorecard in ein webbasiertes Tool verwandelte, das vom GCIPR gehostet wurde. Dieses Tool ermöglichte es Prozessforschern, den Einfluss von Prozessinnovationen auf die Reduzierung von API-Abfällen zu berechnen und zu visualisieren, und bot eine klare und effektive Möglichkeit, den Wert von Verbesserungen in der Grünen Chemie zu kommunizieren. Prozesswissenschaftler konnten nun den Mehrwert, den sie geschaffen haben, messen, indem sie (1) RPG-Verbesserungen (Innovationsimpakt) im Vergleich zu früheren Prozessvarianten desselben Projekts mit unterschiedlichen Prozesskomplexitäten und (2) die RPG-Effizienz im Vergleich zu phasengleichen Branchen-Benchmarks bewerteten. Diese Entwicklung stellte einen großen Fortschritt in den Metriken der Grünen Chemie dar und machte iGAL zu einem starken Treiber für Innovationen in der pharmazeutischen Industrie, der die Entwicklung grünerer und effizienterer Herstellungsprozesse förderte.

8.2.4 Der aktuelle Stand: iGAL 2.0 (2022)

Die jüngste Iteration der GAL-Metrik, iGAL 2.0, wurde 2022 durch die Zusammenarbeit von 13 Pharmaunternehmen eingeführt. Diese Version baut auf den Innovationen ihrer Vorgänger auf, indem die Methodik zur Bewertung der Prozessgrünheit weiter verfeinert wurde. [13]

8.2.4.1 Konvergenz als Schlüsselindikator für die Prozessnachhaltigkeit

Während iGAL 2.0 weiterhin das freie Molekulargewicht (FMW) des API als Grundlage für seine Berechnungen verwendet, werden neue Parameter – Prozessausbeute (YD) und **Konvergenz (CV)** – integriert, um ein intuitiveres und genaueres Maß für die Prozesseffizienz bereitzustellen. Der erweiterte Datensatz führte zu einer Aktualisierung des *m*GAL-Werts auf 0.403, was zu einer aktualisierten Formel für iGAL führte, wie in Formel 8.9 dargestellt.

$$\text{iGAL} = \frac{m\text{GAL}}{1000} \times \text{FMW} = 0.403 \times \text{FMW} \tag{8.9}$$

Die Formeln für RPG (Formel 8.4) und Green Chemistry Innovation Impact (Formel 8.8) bleiben unverändert. Da iGAL ein festes Abfallziel für jedes API basierend auf dessen FMW vorgibt, hängt die Verbesserung des RPG stark von der Reduzierung der Abflüsse durch die Verbesserung der Prozesseffizienzparameter ab, die mit dem Abfall (cEF) korrelieren. Zuvor wurden Prozesskomplexität (CP) und Idealität (I) als Schlüsselindikatoren für Nachhaltigkeit (Key Sustainability Indicators, KSIs) ausgewählt; jedoch deuteten Rückmeldungen der iGAL-Nutzer darauf hin, dass diese Indikatoren nicht optimal waren. Die ursprünglichen KSI stimmten daher nicht mit dem strategischen Ziel überein, die grüne Chemie zu fördern, was die Autoren dazu veranlasste, nach besser geeigneten Indikatoren zu suchen.

Als Resultat übernahmen die Autoren YD und CV als neue KSI, die beide von Industrie- und Wissenschaftlern weit verbreitet zur Bewertung der Prozesseffizienz und -optimierung verwendet werden. Zum Thema Konvergenz, die überraschenderweise ein vages qualitatives Konzept war, fehlte bisher eine quantitative Formel. Auf der Grundlage begrenzter Literatur aus über 40 Jahren [35] entwickelten die Autoren eine neue quantitative Formel für CV und etablierten sie als grundlegenden Indikator für Prozesseffizienz und Nachhaltigkeit (Formel 8.10).

$$\text{CV} = \frac{\text{SM}}{\text{SSS}} \times 100\,\% \tag{8.10}$$

Wo:

SM = Anzahl der iGAL-konformen API-Ausgangsmaterialien
SSS = Summe der Subprozess-Schritte (SSS) aller iGAL-konformen Ausgangsmaterialien zum API

Die überraschend einfache Konvergenzformel teilt die Anzahl der Ausgangsmaterialien durch die Summe der Schritte von allen iGAL-regelkonformen Ausgangsmaterialien zum API und quantifiziert so aussagekräftig die Effizienz der Prozessgestaltung. Für den kommerziellen Viagra API-Prozess beträgt die durchschnittliche Schrittdistanz der Ausgangsmaterialien zum API beispielsweise 63 geteilt durch 10, was 6,3 Schritte ergibt (Abb. 8.3). Der Kehrwert dieser Zahl, der die Konvergenz darstellt, beträgt 16 %. Je niedriger die durchschnittliche Schrittdistanz zum API, desto höher die Konvergenz, was intuitiv nachvollziehbar ist.

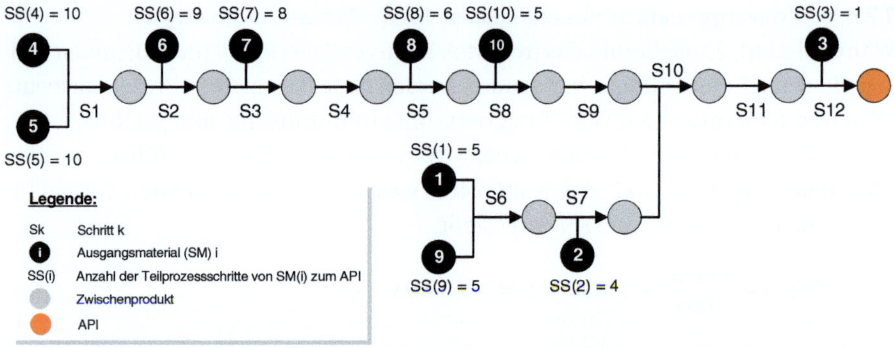

Abb. 8.3 Pfeildiagramm des kommerziellen Viagra-Prozesses zur Bestimmung seiner Konvergenz. Im Pfeildiagramm stellt der orange Knoten das API, ein grauer Knoten ein Zwischenprodukt und ein schwarzer Knoten ein Ausgangsmaterial dar. LS = Längste lineare Schrittsequenz des API-Prozesses = 12. SM = Anzahl der iGAL-regelkonformen ($100/mol) API-Ausgangsmaterialien = 10. SSS = Summe der Teilprozessschritte (SS) aller iGAL-regelkonformen Ausgangsmaterialien zum API = ∑SS(i) = 10+10+9+8+6+5+1+5+5+4 = 63. Konvergenz (CV) = SM/SSS = 10/63 = 16 %. [13]/mit freundlicher Genehmigung von American Chemical Society.

Die Konvergenz ist ein entscheidender Treiber für nachhaltige Innovation, da sie die Effizienz des API-Prozessdesigns widerspiegelt, indem sie zeigt, wie direkt die Ausgangsmaterialien in das API eingebaut werden. Innovative nachhaltige Chemie, wie Biokatalyse, Mechanochemie, und Durchflusschemie, kann zu neuen und effizienteren retrosynthetischen Verknüpfungen führen, was eine kürzere Gesamtsynthese ermöglicht und somit die Konvergenz und auch die Ausbeute verbessert. Die Bedeutung der Konvergenz bei der Zusammenstellung komplexer Moleküle in Bezug auf synthetische Effizienz, Abfallreduzierung und grüne Chemie wurde auch im Bereich der therapeutischen Peptide erkannt, einer Molekülklasse mit schnell wachsender medizinischer Bedeutung. [36] Eine Analyse von 97 API-Prozessen zeigte, dass Konvergenz und Ausbeute mit dem Fortschreiten der Entwicklungsphase im Allgemeinen verbessert werden, was auch zu einer Abfallreduzierung und einer Steigerung des RPG führt (Tab. 8.2).

Das neue statistische Abfallmodell für iGAL 2.0, das auf CV und YD basiert, wird durch Formel 8.11 dargestellt. Die Modellgüte (R-sq) wurde im neuen Modell auf 55 % erhöht, was eine deutliche Verbesserung gegenüber dem früheren Modell darstellt, das auf den KSI CP und I basierte und eine R-sq von 40 % aufwies. Die Formel bietet wertvolle Einblicke in den Einfluss von Konvergenz und Ausbeute auf den API-Prozessabfall und kann sogar als einfaches Abfallvorhersagemodell dienen. Es ist jedoch zu beachten, dass das neue Modell keine Abfallreduzierungen erfasst, die nicht durch Verbesserungen von YD und CV erzielt wurden, wie z. B. die Reduktion der Lösungsmittelvolumina während der Reaktion und Aufarbeitung sowie Ausbeuteverbesserungen für Schritte außerhalb der längsten linearen Schrittsequenz (LS).

$$\ln(\text{cEF}) = 6.913 - (3.130 \times \text{CV}) - (1.987 \times \text{YD}) \qquad (8.11)$$

Tab. 8.2 Verbesserte Konvergenz und Ausbeute, optimierte Abflüsse und erhöhte RPG mit fortschreitender Entwicklungsphase.[a)]

Phase des API	Anzahl der API prozesse	CV	YD	cEF [kg Abfall/kg API]	RPG
Frühe Entwicklung	35	15 %	20 %	632	39 %
Späte Entwicklung	33	20 %	35 %	308	84 %
Kommerziell	29	25 %	44 %	182	138 %

a) [13] / mit freundlicher Genehmigung von American Chemical Society.

Darüber hinaus verdeutlichten die Autoren, wie die neue KSI Konvergenz (CV) in Anwendungen zur computergestützten Syntheseplanung (CASP) genutzt werden könnte, indem die Wirtschaftlichkeit von Umweltabfällen als Auswahlkriterium während des Synthesedesigns integriert wird. Konvergenz und Ausbeute sind praktische Werkzeuge für Wissenschaftler in ihrem täglichen Arbeitsumfeld, die es ihnen ermöglichen, die Masseneffizienz ihrer API-Prozesse zu bewerten und deren Innovationseinfluss einzuschätzen. Als starker statistischer Indikator für Abfall ist die Konvergenz besonders relevant für Innovationen in der frühen Entwicklung, bevor der API-Prozess festgelegt wird, was typischerweise während Phase 2 zur Herstellung von Phase-3-Klinikmusterchargen geschieht. Durch die Integration der Konvergenz in das frühe Prozessdesign kann das Risiko minimiert werden, einen Prozess mit suboptimaler Konvergenz festzulegen, wodurch ein niedriges Potenzial für nachfolgende Nachhaltigkeitsverbesserungen vermieden wird.

Vor Kurzem wurde demonstriert, wie Metriken und Umwelt-Indikatoren interaktiv verwendet werden können, um Hotspots in einem Verfahren zu erkennen und für weitere Entwicklungen zu kennzeichnen. [37] Massenbasierte Metriken wie PMI oder cEF bieten Einblicke in den Abfallfußabdruck eines Verfahrens, erfassen jedoch nicht die gesamte Problematik. Das Potenzial eines Verfahrens lässt sich besser durch die Berechnung der Konvergenz einer Route erkennen. iGAL 2.0 ermöglicht es, dieses Zusammenströmen mit CV, einer quantitativen Kalkulation, zu messen. Verfahren mit höheren Konvergenzrechnungen haben das Potenzial, effizientere und umweltschonendere Produktionswege zu etablieren.

8.2.4.2 Grünheitsbestimmung von API-Prozessen mittels Relativer Prozessgrünheit (RPG) und Visualisierung mit der iGAL 2.0 Green Chemistry Innovation Scorecard

Obwohl die Formeln für RPG (Formel 8.4) und Green Chemistry Innovation Impact (Formel 8.8) im Vergleich zur vorherigen Version unverändert geblieben sind, wurde die RPG-Bewertungsmatrix basierend auf dem erweiterten Datensatz aktualisiert, wie in Tab. 8.3 gezeigt. Wie zuvor werden die oberen 10 % der RPG-Werte für jede Phase als „exzellent" klassifiziert, das 70. Perzentil als „gut", das 40. Perzentil als „durchschnittlich" und die unteren 40 % als „unterdurchschnittlich" bewertet.

Tab. 8.3 iGAL 2.0 RPG-Bewertungsmatrix zur Beurteilung der Nachhaltigkeitsleistung von API-Prozessen nach Phase.[a)]

			Minimaler RPG für		
RPG Perzentil	**Farbcode**	**Bewertung**	**Frühe Entwicklung**	**Späte Entwicklung**	**Kommerziell**
90.	■	Exzellent	69 %	158 %	245 %
70.	■	Gut	51 %	114 %	182 %
40.	■	Durchschnittlich	33 %	69 %	117 %
Unter 40.	■	Unterdurchschnittlich	–	–	–
RPG-Durchschnitt			39 %	84 %	138 %

a) [13]/mit freundlicher Genehmigung von American Chemical Society.

Es mag unsere Leser interessieren, warum der kommerzielle RPG-Durchschnitt nicht 100 %, sondern 138 % beträgt. Per Definition liegt der RPG für einen durchschnittlichen kommerziellen Prozess bei 100 %, da er auf dem durchschnittlichen kommerziellen cEF basiert (Formel 8.12, siehe [31], ESI Discussion 4 – Why is the commercial RPG average > 100 %?). [38]

$$\text{RPG (durchschnittlicher kommerzieller Prozess)} = \frac{\text{iGAL}}{\text{durchschn. cEF}} \times 100\,\% = \frac{182}{182} \times 100\,\% = 100\,\% \tag{8.12}$$

Um zu veranschaulichen, warum der kommerzielle RPG-Durchschnitt über 100 % liegt, also höher ist als der RPG eines typischen kommerziellen Prozesses, betrachten wir zwei hypothetische API-Prozesse mit einem FMW, das dem durchschnittlichen kommerziellen FMW von 451 g/mol entspricht, wie in Tab. 8.4 dargestellt.

Der hypothetische Prozess 1 hat einen cEF, der um 45 % über dem durchschnittlichen kommerziellen cEF liegt [(264/182−1) × 100 %], während der hypothetische Prozess 2 um 45 % unter dem Durchschnitt liegt [(100/182−1) × 100 %]. Man würde intuitiv annehmen, dass der RPG-Durchschnitt für diese beiden Prozesse 100 % beträgt, da der cEF-Durchschnitt bei 182 kg/kg bleibt [(264 + 100)/2]. Für dieses Beispiel beträgt der RPG-Durchschnitt jedoch 126 % [(69 %+182 %)/2], was darauf zurückzuführen ist, dass cEF im Nenner der RPG-Gleichung (RPG = iGAL/cEF) steht. Daher haben cEF-Reduktionen (Verbesserungen) einen viel größeren positiven Effekt auf den cEF, als Verschlechterungen des cEF den RPG negativ beeinflussen. Je geringer die Variation der cEF-Werte, desto näher liegt der RPG-Durchschnitt bei 100 %.

Die iGAL 2.0-Metrik führte auch zu einer aktualisierten Green Chemistry Innovation Scorecard (Abb. 8.4), die nun visuelle Verknüpfungen zu den Zielen für nachhaltige Entwicklung der Vereinten Nationen (SDG 12) enthält und die breiteren Umweltauswirkungen von Innovationen in der Grünen Chemie hervorhebt.

Tab. 8.4 Verständnis zum kommerziellen RPG-Durchschnitt.

Chemische Route	cEF (= PMI−1) [kg Abfall/kg API]	FMW [g/mol]	iGAL [kg Abfall/kg API][a)]	RPG[b)]
Durchschnittlicher kommerzieller Prozess	182	451	182	100 %
Hypothetischer Prozess 1	264	451	182	69 %
Hypothetischer Prozess 2	100	451	182	182 %
Durchschnitt (Fiktiver Prozess 1 und 2)	182	451	182	126 %

a) iGAL = 0.403 FMW
b) RPG = iGAL / cEF × 100 %.

Diese Verknüpfung mit SDG 12 war eine entscheidende Ergänzung, da sie direkt auf die Notwendigkeit nachhaltiger Konsum- und Produktionsmuster eingeht, die entscheidend sind, um die Umweltauswirkungen von Herstellungsprozessen zu reduzieren. Für eine Branche wie die Pharmaindustrie, die traditionell komplexe und ressourcenintensive Prozesse umfasst, bietet die Ausrichtung an SDG 12 einen klaren Rahmen zur Verbesserung der Umweltleistung. Sie ermutigt Unternehmen, in Bereichen wie Abfallreduzierung, Energieeffizienz und der Verwendung sicherer Chemikalien zu innovieren, was sowohl zu Umweltvorteilen als auch zu Kosteneinsparungen führen kann. [32, 33]: Darüber hinaus kann die Erfüllung von SDG 12 die Reputation eines Unternehmens steigern, sich an regulatorische Trends anpassen und die wachsende Verbrauchernachfrage nach nachhaltigen Produkten befriedigen, was somit als starker Anreiz für die Einführung umweltfreundlicherer Herstellungspraktiken dient.

Der iGAL 2.0 Scorecard-Rechner ist ohne Registrierung frei zugänglich auf der ACS GCIPR-Website. [39] Um ihn zu verwenden, suchen Sie einfach in Ihrem Browser nach „iGAL 2.0 Scorecard“. Sobald Sie auf der Website sind, können Sie die erforderlichen Eingaben wie den Projektnamen, das freie Molekulargewicht (FMW) und den Prozessabfall (cEF) eingeben. Optionale Eingaben umfassen Konvergenz und Ausbeute, die es den Benutzern ermöglichen, deren Einfluss auf das RPG-Upgrade zu sehen. Der obere Teil des Screenshots in Abb. 8.4 zeigt, wo die Informationen für die frühen Entwicklungs- und kommerziellen Dabigatran-Prozesse eingegeben werden. Es ist wichtig, die entsprechende Phase aus dem Dropdown-Menü auszuwählen. Durch Klicken auf das graue „Campaign 2“-Rechteck wird die iGAL 2.0 Scorecard-Ausgabe im unteren Teil des Screenshots in Abb. 8.4 zeigt angezeigt. Diese Ausgabe kann als hochauflösendes Bild in jede gewünschte Präsentation kopiert und eingefügt werden, um die nachhaltige Entwicklungsleistung und den Innovationsimpakt der Prozesswissenschaftler hervorzuheben. Das hier gezeigte Dabigatran-Beispiel wird weiter unten in Unterkapitel 3 „Anwendungsbeispiele“ ausführlich beschrieben. Die Scorecard wurde als Kommunikationsinstrument entwickelt, um Prozesswissenschaftler zu inspirieren, indem ihre Errungenschaften

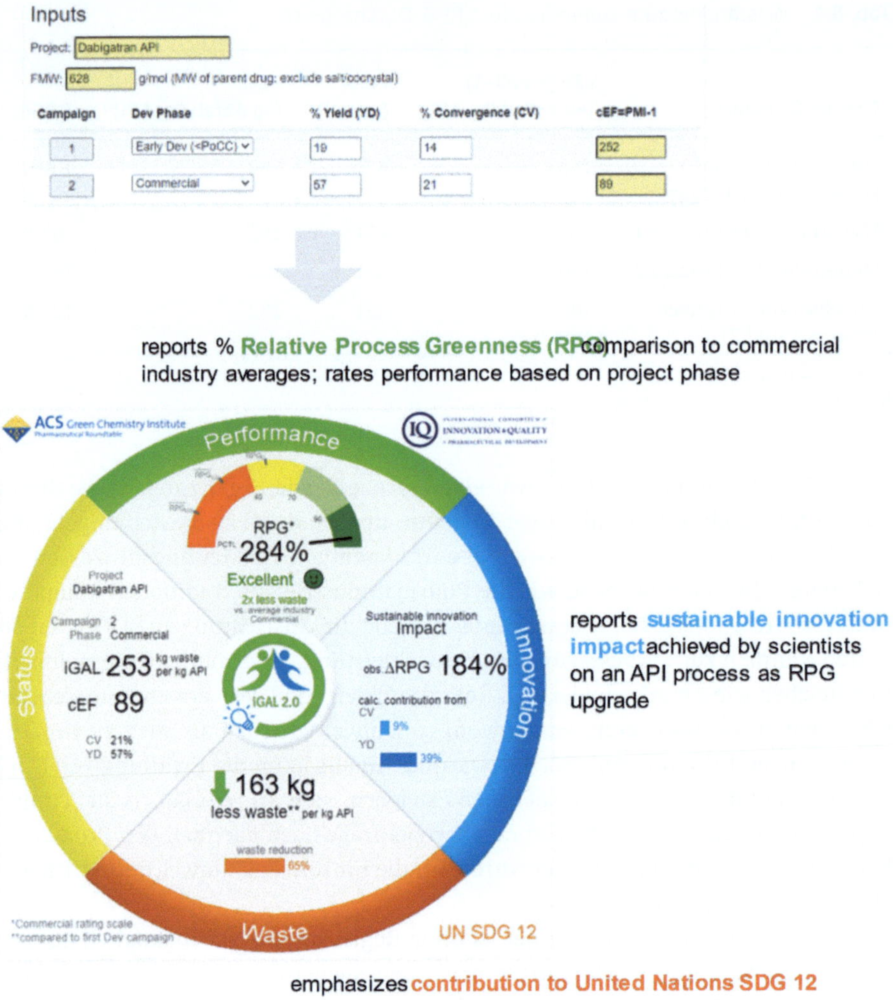

Abb. 8.4 iGAL 2.0 Scorecard. [13] / mit freundlicher Genehmigung von American Chemical Society.

gegenüber Kollegen, Managern und der allgemeinen Öffentlichkeit hervorgehoben werden. Die Autoren glauben, dass ihre Einführung in der gesamten Branche einen freundschaftlichen Wettbewerb unter den Wissenschaftlern im Sinne von SDG 12 fördern könnte, was eine Win-Win-Situation für Unternehmen und Umwelt schafft.

iGAL 2.0 ist das fortgeschrittenste und vielseitigste Werkzeug zur Bewertung der Umweltauswirkungen der API-Herstellung. Es bietet nicht nur ein standardisiertes Maß für die Prozessgrünheit durch die iGAL-Regel und die Literaturschritt-Formel, sondern auch ein transparentes Rahmenwerk für kontinuierliche Verbesserung und Innovation über den RPG-Wert und die RPG-Bewertungsmatrix. Darüber hinaus ist die Metrik einfach umzusetzen und erfordert nur einen einfachen Schritt nach der Berechnung von cEF oder PMI, wie in Abb. 8.5 veranschaulicht.

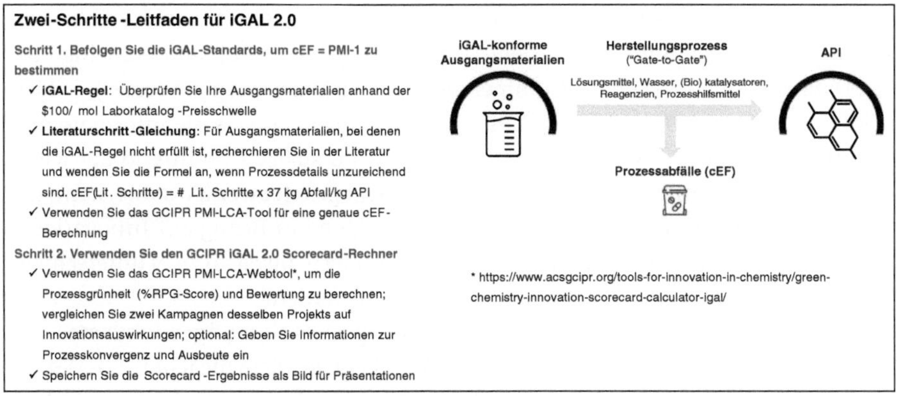

Abb. 8.5 Zwei-Schritt Leitfaden zu iGAL 2.0.

Durch die Verknüpfung der Prozessgrünheit mit globalen Nachhaltigkeitszielen hilft iGAL 2.0 Pharmaunternehmen, ihre Betriebsabläufe an umfassenderen Umweltzielen auszurichten und sicherzustellen, dass ihre Herstellungsprozesse zu einer nachhaltigeren Zukunft beitragen.

8.3 Anwendungsbeispiele

In diesem Abschnitt beschreiben wir den praktischen Nutzen der Verwendung der iGAL-Metrik in synthetischen pharmazeutischen Anwendungen. Bevor wir beginnen, möchten wir nochmals betonen, dass der Wert von iGAL darin liegt, das Konzept der gängigen massenbasierten Metriken PMI und cEF (= PMI−1) signifikant und mit minimalem Zusatzaufwand zu erweitern. Diese etablierten Metriken messen einfach die Menge der verwendeten Ressourcen oder des erzeugten Abfalls im Verhältnis zur Produktion von 1 kg API. iGAL berücksichtigt jedoch die Komplexität des Zielmoleküls und nutzt einen standardisierten Datensatz an iGAL-regelbasierten Daten, um API-SMART-Ziels für Abfall zuzuweisen. Dadurch wird die Ermittlung eines Wertes für Relative Prozessgrünheit (RPG, Relative Process Greenness) ermöglicht, der derzeit das einzige verfügbare Maß für die Grünheit und Ressourceneffizienz von API-Prozessen in der pharmazeutischen Industrie ist, und die Prozessgrünheit unterschiedlicher APIs über verschiedene Pharmaunternehmen hinweg benchmarkt. Wir erinnern den Leser daran, dass es kritisch ist, die **$100/mol iGAL-Regel** für Rohstoffe anzuwenden, wie oben beschrieben, [25] um die standardisierte und konsistente Bestimmung des Prozessabfalls (cEF) sicherzustellen, da andernfalls das Ergebnis der Scorecard bedeutungslos wäre. Die iGAL 2.0-Methodik gilt nicht nur für kleine Molekül-APIs, sondern auch für komplexe synthetische Mehrstufen-Zwischenprodukte, deren Prozesse idealerweise im Bereich von 5 bis 12 Schritten liegen, wobei ein Schritt klar definiert wurde (siehe [13], SI Chapter 1 – Guidance for Uniform Analysis, 1.2 Step), basierend auf dem

Branchen-benchmarked kommerziellen Datensatzdurchschnitt von 8,2 Schritten +/- Standardabweichung von 3,5 (siehe [13], SI Chapter 4 – API Manufacturing Process Data, Table S2-3. Data for Commercial API manufacturing processes), jedoch nicht außerhalb des Bereichs von **3 bis 14 Schritten** liegt, was die minimale und maximale Anzahl von Schritten im Datensatz widerspiegelt. Während der RPG-Wert für Prozesse außerhalb dieser Bereiche nicht abgeleitet werden sollte, kann die iGAL 2.0-Scorecard dennoch wertvolle Informationen in Bezug auf Innovationsimpakt (ΔRPG) und Abfallreduzierungen (ΔcEF) liefern, insofern zwei unterschiedliche Prozesse für dasselbe Zielmolekül verglichen werden.

Unser erstes Beispiel beschreibt die Optimierung eines einstufigen Prozesses, der außerhalb der empfohlenen Schrittzahl von 3–14 liegt, bei dem die iGAL 2.0-Methodik dennoch Mehrwert liefern konnte. iGAL 2.0 wurde eingesetzt, um die Chiralität eines sterisch blockierten, racemischen Ketons durch eine enzymatische, kinetische Resolution zu verbessern (Schema 8.2) [40].

Die Ketoreduktase wurde verwendet, um das racemische Keton **4** in eine Mischung aus chiral reinem Keton **5** und Alkohol **7** umzuwandeln. Diese Transformation wurde mit iGAL 2.0 bewertet, um zu zeigen, dass 65 kg Abfall pro kg Zielsubstanz (cEF) generiert wurden und ein RPG von 31 % erreicht werden konnte. Da sich diese Umwandlung nur auf diese eine Reaktion bezieht, kann sie nicht mit einem Prozess für eine aktive pharmazeutische Verbindung verglichen werden. Dennoch zeigt sie, wie einfach diese Berechnungen durchgeführt werden können. Zudem wird das Potenzial deutlich, ein gesamtes, mehrstufiges Verfahren mit derselben Metrik zu messen, um die Nachhaltigkeit des Prozesses zu bewerten. Wenn auch nicht vergleichbar mit Pharmazeutischen Prozessen, die iGAL-Scorecard kann bei einzelnen Stufen dafür verwendet werden, um Fortschritte aufzuzeigen (Innovations-Impakt [ΔRPG]), zum Beispiel wenn man die Ausbeute verbessert oder wenn weniger Materialien benötigt werden.

Ein zweites Beispiel für die Anwendung der GAL-Methodik stellen wir mit der Bewertung der Effizienz einer kontinuierlichen Fließ-Curtius-Umlagerung von Carbonsäure 8 zu den sterisch gehinderten Aminderivaten 9a (für die ersten drei Ansätze) oder 9b (für die direkte Fließ-Curtius-Amidkupplung) zur Synthese eines CCR1-Inhibitor-APIs vor (Schema 8.3). [41]

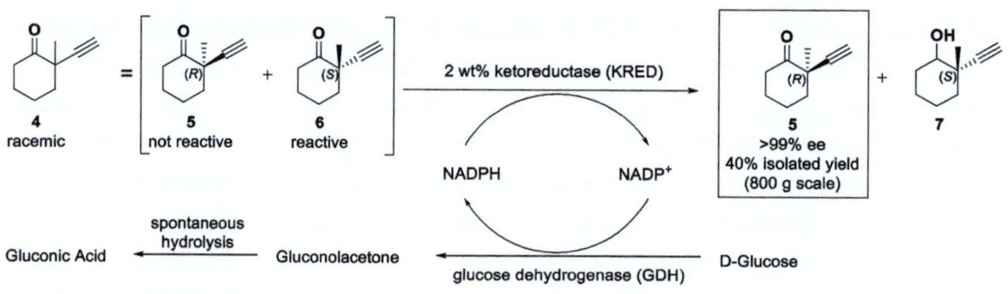

Schema 8.2 Skalierbare biokatalytische kinetische Auflösung zur Synthese des sterisch gehinderten chiralen Ketons **5**. [40] / mit freundlicher Genehmigung von American Chemical Society.

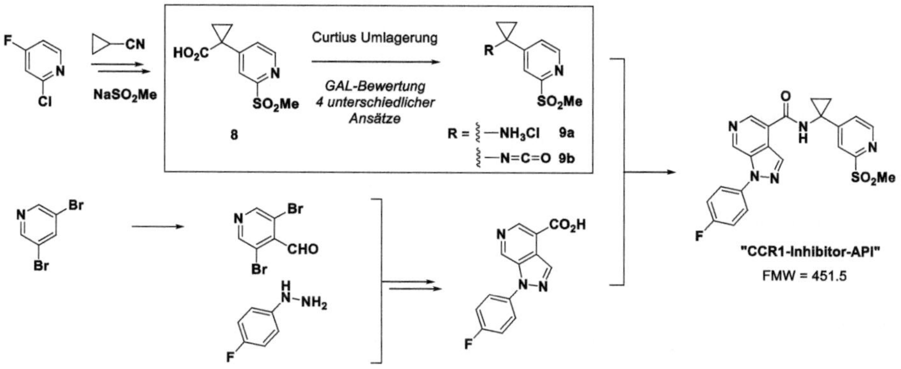

Schema 8.3 Effizienzbewertung von 4 kontinuierlichen Fließ-Curtius-Umlagerungsansätzen zur Synthese einer CCR1-Inhibitor-APIs. [41] / mit freundlicher Genehmigung von Royal Society of Chemistry.

Tab. 8.5 Prozessgrünheitsbewertung von vier Frühphasen-Ansätzen zu einer CCR1-Inhibitor-API mittels GAL.

Chemische Route	Scale [kg]	cEF (= PMI−1) [kg Abfall/kg API]	RPG	Scorecard Bewertung [28]
Batch-Curtius-Prozess	2	144	144 %	Exzellent
CTSR-Curtius-Prozess[a)]	8	96	216 %	Exzellent
PMB[b)] Fließroute	40	95	218 %	Exzellent
Direkte Fließ-Curtius Amidkupplung	0.1	78	266 %	Exzellent

a) CTSR = Kontinuierlich betriebener Rührkesselreaktor (Continuous Stirred Tank Reactor).
b) PMB = p-Methoxybenzylalkohol.

Hierzu wurde eine vollständige Analyse der Gesamtprozessgrünheit unter Verwendung der GAL-Methodik [28] durchgeführt (Tab. 8.5). Für die evaluierten Routen (Batch-Curtius-Prozess, CTSR-Curtius-Prozess, PMB-Fließroute und die direkte Fließ-Curtius-Amidkupplung) wurden unter anderem der Prozessabfall (cEF) und die relative Prozessgrünheit (RPG) berechnet. Das Abfallziel GAL für das CCR1-Inhibitor-API wurde auf 208 kg Abfall pro kg API bestimmt. Selbst bei Verwendung des ertragsarmen Curtius-Batch-Prozesses wurde die Gesamtsynthese mit 144 % RPG bewertet, was bereits einer Bewertung von „Exzellent" (definiert als RPG > 109 %) für Frühphasenprojekte entspricht. Beim Übergang zum semikontinuierlichen CSTR-basierten Prozess wird eine große Effizienzsteigerung auf RPG = 16 % erzielt. Während die PMB-Fließsynthese die Gesamt-RPG nicht wesentlich verbessert, werden Sicherheit, Skalierbarkeit und Gesamtdurchsatz erheblich gesteigert. Die Einbeziehung der direkten, sequenziellen Curtius-Amidkupplung

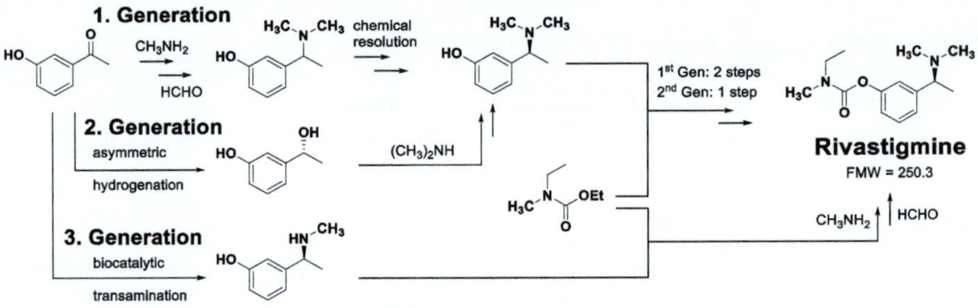

Schema 8.4 Syntheserouten der 1., 2. und 3. Generation zu Rivastigmin. [31] / mit freundlicher Genehmigung von Royal Society of Chemistry.

hat jedoch einen großen Einfluss auf die Gesamtprozesskomplexität (Entfernung eines Entschützungsschritts), cEF und Prozessgrünheit. Dies führt zu einem kontinuierlichen Fließprozess mit einem RPG von 266 %, was selbst für kommerzielle Prozesse als „Exzellent" bewertet werden würde (definiert als RPG > 248 %) und 122 % effizienter (ΔRPG) als der ursprüngliche Batch-Curtius-Prozess ist. Diese Zahlen verdeutlichen die Verbesserungen der Prozessgrünheit im Vergleich zum Industriestandard und zeigen, dass die Einbeziehung der kontinuierlichen Fließtechnologie eine sichere, skalierbare, ertragreiche und umweltfreundliche Synthese eines pharmazeutisch relevanten Moleküls ermöglichte.

Ein weiteres Beispiel ist die Synthese zur Herstellung von Rivastigmin (Schema 8.4), [31] die zu Beginn razemisch verlief. Dies hatte zur Folge, dass eine Razematspaltung mit natürlich tiefer Ausbeute benötigt wurde, was wiederum einen negativen Einfluss auf diverse Faktoren wie den cEF oder die relative Prozessgrünheit hatte.

Durch Weiterentwicklung des gesamten Prozesses oder auch der Einführung einer biokatalytischen Transaminierung wurde die Menge an Abfall pro kg an hergestelltem Rivastigmin (cEF) von 110 kg auf 42 kg gesenkt, was einer Prozessgrünheit von 205 % entspricht (Tab. 8.6).

Tab. 8.6 Prozessleistungsindikatoren und Innovationsimpakt von Verbesserungen im Herstellungsprozess von Rivastigmin.[a)]

Chemische Route	cEF (= PMI−1) [kg Abfall/kg API]	RPG	Scorecard Bewertung	Innovationsimpakt (ΔRPG)	Abfallreduktion (ΔcEF, kg)
Frühe Entwicklung (1. Gen)	110	78 %	Exzellent	–	–
Späte Entwicklung (2. Gen.)	65	132 %	Gut	54 %	45
Kommerziell (3. Gen.)	42	205 %	Gut	127 %	68

a) verändert nach [31].

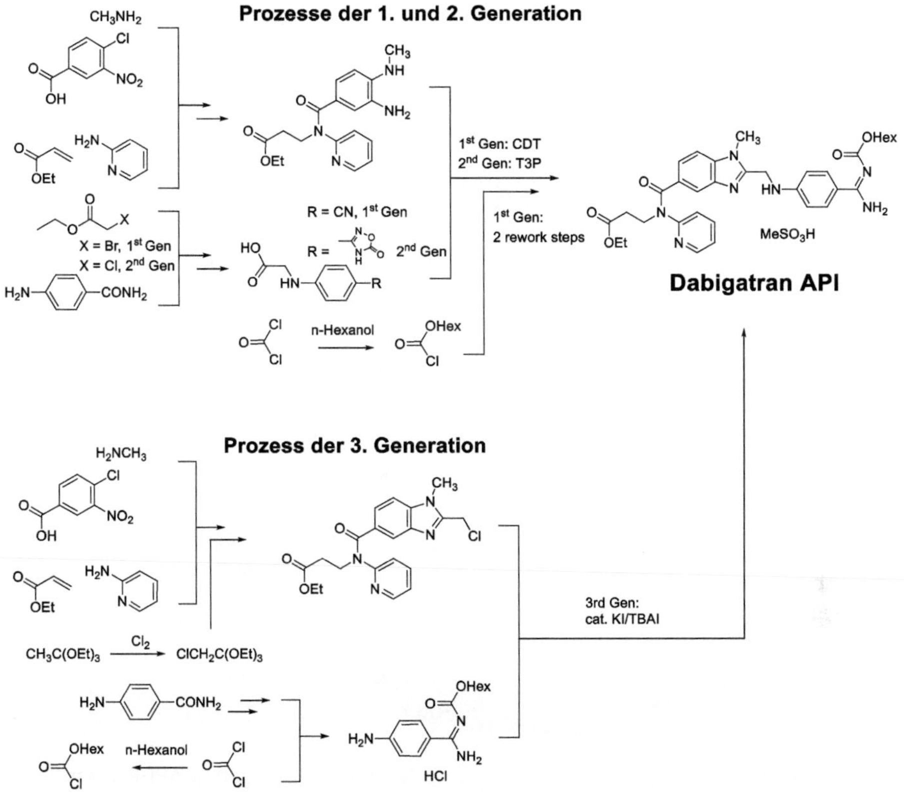

Schema 8.5 Syntheserouten der 1., 2. und 3. Generation zu Dabigatran. [31] / mit freundlicher Genehmigung von The Royal Society of Chemistry.

Ein anschauliches Lehrbeispiel für die Anwendung der iGAL 2.0-Metrik sind die zunehmend verbesserten Prozesse zur Herstellung des Wirkstoffs Dabigatran [13, 31]. Der Dabigatran Syntheseprozess der 3. Generation (Schema 8.5) hat einen RPG Score von 284 % und erzeugt 2-mal weniger Abfall als der FMW-normalisierte durchschnittliche kommerzielle Pharma Prozess. Dieses kommerzielle Verfahren wurde entwickelt indem verschwenderische chemische Stufen überarbeitet worden sind. Diese Umwandlungen konnte man mit der iGAL-Metrik quantitativ identifizieren und priorisieren. Grüne Verbesserungen bei den Dabigatran-Syntheseprozessen von der 1. zur 2. Generation umfassen das Vermeiden von zwei späten Nacharbeitsschritten, die Verwendung des umweltfreundlicheren Kupplungsreagenz T3P und die Reduzierung der Schritte zur Amidinintegration. Von der 2. zur 3. Generation wurden Schutzgruppen vermieden, Kupplungsreagenzien Kaliumiodid (KI) und Tetrabutylammoniumiodid (TBAI) katalytisch eingesetzt und Reaktionsvolumen, Selektivitäten und Ausbeuten verbessert.

Die kontinuierliche Entwicklung und Verbesserung des gesamten Prozesses durch die Bearbeitung einzelner Stufen führte dazu, dass das cEF, also die Menge der Abfallstoffe in kg pro kg aktiver Substanz, in Bezug auf SDG 12 um 65 % von 252

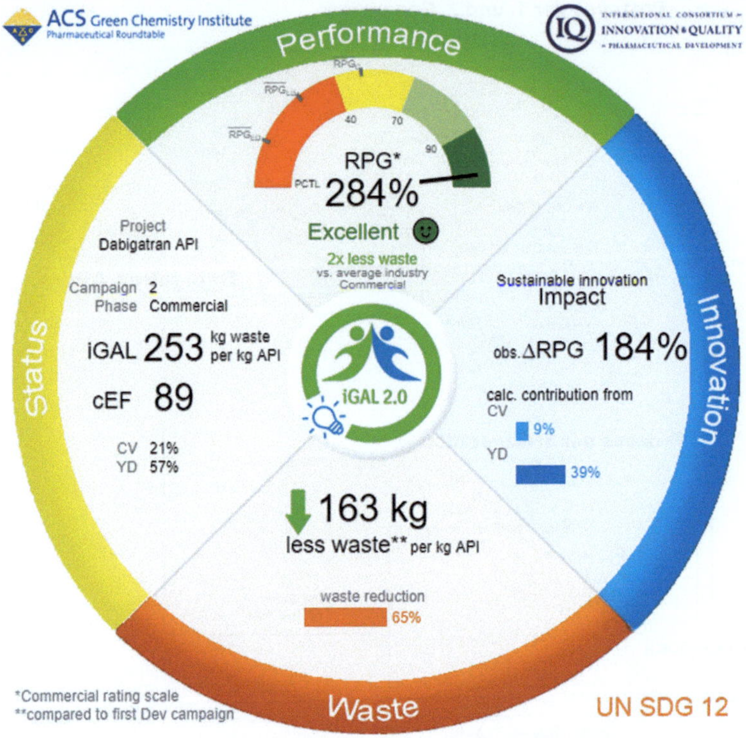

Abb. 8.6 iGAL 2.0 Scorecard-Ausgabe für den 3. Generation Dabigatran API-Prozess. [13]/mit freundlicher Genehmigung von American Chemical Society.

auf 89 reduziert werden konnte. Die Ausbeute wurde in diesem Fall von 19 % auf 57 % gesteigert und die Konvergenz von 14 % auf 21 % verbessert. In Bezug auf die Prozessgrünheit gehört der Dabigatran-Prozess zu den oberen 10 % der bewerteten kommerziellen API-Prozesse. Mit einem RPG von 284 % erzeugt er nur halb so viel Abfall wie der FMW-normalisierte durchschnittliche kommerzielle Prozess. Der Innovationsimpakt des neuen Prozesses spiegelt sich in der Verbesserung des RPG-Wertes um 184 % wider, wodurch 163 kg Materialverluste vermieden werden konnten. Diese beeindruckenden Ergebnisse sind anschaulich in der iGAL 2.0 Scorecard dargestellt (Abb. 8.6).

Um zu veranschaulichen, wie Konvergenz (Convergence, CV) und Ausbeute (Yield, YD) für den Dabigatran-Prozess berechnet wurden, gehen wir hier kurz darauf ein. Konvergenz spiegelt die Effizienz des API-Prozessdesigns wider – wie direkt die Ausgangsmaterialien in das API eingebaut werden. Basierend auf dem Synthesepfeildiagramm zeigt der kommerziell validierte Dabigatran-Prozess der 3. Generation eine durchschnittliche Schrittdistanz von 4,7 Schritten (47 SSS geteilt durch 10 SM) zwischen den Ausgangsmaterialien und dem API, was einer Konvergenz von 21 % entspricht (siehe Abb. 8.7). Die Ausbeute ist ein Maß für die Produktivität des API-Prozesses. Sie wird als die Gesamtausbeute

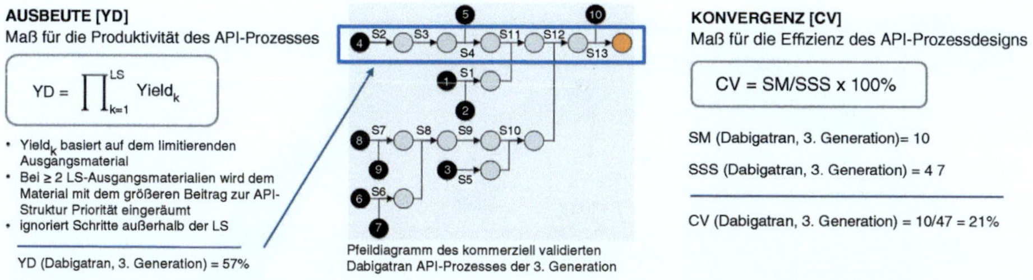

Abb. 8.7 Bestimmung von Ausbeute und Konvergenz am Beispiel des Dabigatran-Prozesses der 3. Generation.
LS = Längste lineare Schrittsequenz des API-Prozesses. SM = Anzahl der iGAL-regelkonformen ($100/mol) API-Ausgangsmaterialien. SSS = Summe der Teilprozessschritte aller iGAL-regelkonformen Ausgangsmaterialien zum API. Im Pfeildiagramm stellt der orange Knoten das API, ein grauer Knoten ein Zwischenprodukt und ein schwarzer Knoten ein Ausgangsmaterial dar.

der längsten linearen Schrittsequenz (LS) definiert, beginnend mit einem iGAL-Ausgangsmaterial. Bei Prozessen mit zwei oder mehr LS-Ausgangsmaterialien, die denselben Schrittabstand zum API haben, wird das Ausgangsmaterial mit dem größten Beitrag zur API-Struktur priorisiert. Die Ausbeute ignoriert alle Schritte außerhalb der längsten linearen Sequenz. Für den Dabigatran-Prozess der 3. Generation beträgt die Ausbeute 57 % basierend auf den LS-Schritten S2, S3, S4, S11, S12 und S13.

Ein preisgekröntes Beispiel für die Anwendung der iGAL 2.0 Scorecard für ein komplexes API-Zwischenprodukt ist die ACS Peter J. Dunn Award 2024 für Green Chemistry und Engineering Impact in der Pharmaindustrie. [42] Die Wissenschaftler wurden für ihre innovative Arbeit bei der Entwicklung eines kurzen und umweltfreundlichen Herstellungsprozesses für den Spiroketon (Schema 8.6), ein häufig verwendetes Zwischenprodukt in mehreren API-Projekten, honoriert. Der neue dreistufige asymmetrische Syntheseweg des Teams verbesserte die Ausbeute um das Fünffache von 10 auf 54 %, reduzierte den Einsatz organischer Lösungsmittel um 99 %, eliminierte die Verwendung halogenierter Lösungsmittel und verringerte den Wasserverbrauch um 7 %. [43]

Die Nachhaltigkeitsleistungen wurden durch einen cEF von 125, eine RPG Bewertung von 71 % und ein „exzellentes" Innovationsniveau im Green Aspiration Level (iGAL) hervorgehoben, was es in die Top 10 Prozent der Industrieprozesse

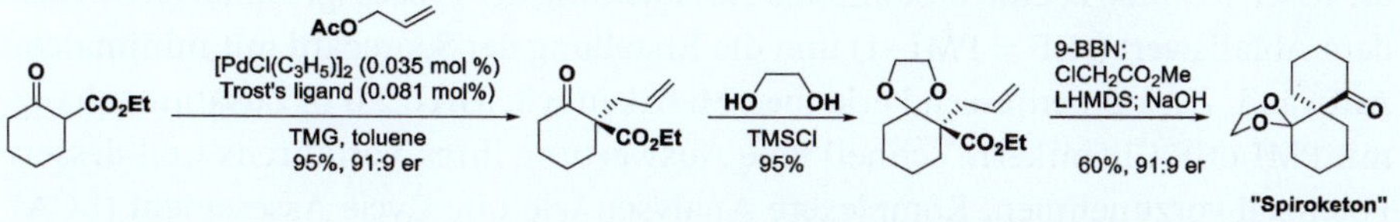

Schema 8.6 Deutlich verbesserte 3-Schritte-Synthese des Spiroketons. [43] / mit freundlicher Genehmigung von American Chemical Society.

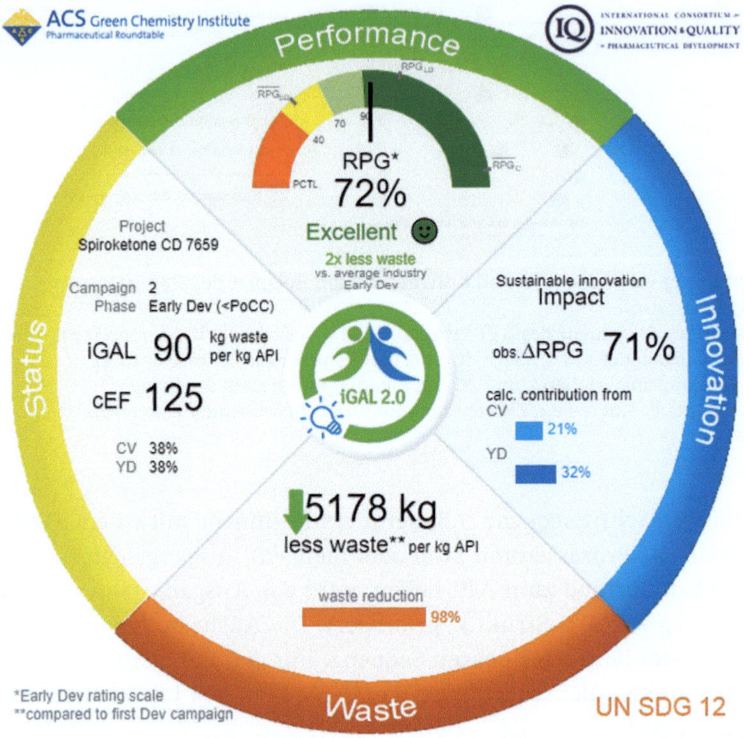

Abb. 8.8 Diese iGAL 2.0 Scorecard vom Spiroketon zeigt die Nachhaltigkeitsverbesserungen des neuen Verfahrens im Vergleich zum ursprünglichen Prozess.

einordnet (siehe iGAL 2.0 Scorecard in Abb. 8.8). Der Prozess ist skalierbar und hat bereits zur Herstellung von 3 Tonnen des Spiroketons gedient und somit über 15,5 Millionen kg Abfall eingespart (= 3000 kg Spiroketon ´ 5178 kg Abfalleinsparung pro kg Spiroketon) im Vergleich zum ursprünglichen Verfahren.

Die vorliegenden Beispiele verdeutlichen, wie die iGAL 2.0-Metrik effektiv zur Optimierung von API-Syntheseprozessen sowie komplexen chemischen Bausteinen eingesetzt werden kann. Im Vergleich zu etablierten Prozess-Effizienzmetriken wie cEF und PMI zeichnet sich iGAL 2.0 dadurch aus, dass sie nicht nur die Abfallreduzierung berücksichtigt, sondern durch Berücksichtigung der Komplexität des Zielmoleküls auch die Umweltfreundlichkeit des Prozesses hinsichtlich der Ressourceneffizienz anhand von Industriebenchmarks bewertet. Darüber hinaus ermöglicht die iGAL 2.0-Metrik eine unkomplizierte Ableitung der Prozessgrünheit (RPG) aus dem Abfallswert (cEF = PMI−1) und die Erstellung der Scorecard mit minimalem Aufwand. Zusammenfassend erlauben Metriken wie iGAL 2.0 in Zusammenhang mit PMI/cEF Chemikern, schnell eine Auswertung ihres Verfahrens und dessen Potenzial vorzunehmen. Komplexere Analysen wie Life Cycle Assessment (LCA) bieten eine vollständige Umweltbilanz, benötigen jedoch schwer verfügbare Informationen und weitere Berechnungen. Außerdem haben LCAs ebenso das Problem der fehlenden Standardisierung, was die Vergleichbarkeit von LCAs verschiedener APIs erschwert. Produkte können auch mit Lieferkette und unterstützenden Ressourcen evaluiert werden, wie im Product Stewardship Performance Tool von Roche, [44] wo massenbasierte Metriken dieser weitreichenden Analyse dienen. iGAL 2.0 hat daher sowohl nahe als auch weitreichende Anwendungen und ist für Chemiker und Verfahrenstechniker handhabbar. Die IQ Green Chemistry Working Group und das ACS GCIPR PMI-LCA Tool Focus-Team arbeiten daher an der Integration der iGAL 2.0 und PMI-LCA Tools, [45] um ein zukünftiges Instrument zu entwickeln, das parallel zum PMI auch den RPG-Wert und die Scorecard als Ergebnisse bereitstellt, was einen erheblichen Mehrwert bietet und Innovationen bei nachhaltiger Prozessentwicklung fördert.

8.4 Ausblick: Die Zukunft der iGAL-Metrik und ihre Rolle für Nachhaltigkeit in der Pharmaindustrie

Der Anwendungsbereich der iGAL 2.0-Metrik lässt sich am besten im Rahmen einer Lebenszyklusanalyse (LCA) eines pharmazeutischen Produkts veranschaulichen (siehe Abb. 8.9) [46] Eine solche LCA umfasst die vorgelagerte Produktion der Ausgangsmaterialien, die Kernproduktion des verpackten Arzneimittels aus diesen Rohstoffen, sowie nachgelagerte Aktivitäten wie Vertrieb, Nutzung durch Patienten und die Wiederverwendung, das Recycling und die Entsorgung von Verpackungsmaterialien und medizinischen Geräten. Der Fokus von iGAL 2.0 liegt derzeit ausschließlich auf der Effizienz der API-Kernproduktion aus den Rohstoffen im Hinblick auf die Abfallgenerierung (cEF = PMI–1), was einer Gate-to-Gate-Bewertung entspricht.

Eine sinnvolle Erweiterung der iGAL 2.0-Metrik und ihrer Standardisierungsansätze für LCA-Analysen wäre zweifellos die Ausdehnung auf Cradle-to-Gate-Bewertungen. Dies würde die Einbeziehung sowohl der vorgelagerten Produktion der Ausgangsmaterialien als auch des CO_2-Fußabdrucks (kg CO_2-Äquivalente) der vorgelagerten und der Kernproduktion ermöglichen. [45] Eine solche Erweiterung würde eine ganzheitliche Analyse der Umweltbelastungen eines APIs von der Rohstoffgewinnung bis zum Werkstor erlauben und gezielte Optimierungspotenziale aufzeigen. Die iGAL 2.0-Metrik erscheint daher ideal geeignet für umfassendere Cradle-to-Gate-Bewertungen, gestützt auf spezifische iGAL-Ziele für Abfall und CO_2-Fußabdruck.

Durch die Implementierung einer erweiterten Cradle-to-Gate iGAL 2.0-Metrik über das gesamte Portfolio neuer chemischer Wirkstoffe (New Chemical Entities, NCEs) eines Unternehmens können Projekte mit unerwartet hohen Abfallmengen mithilfe der RPG-Scores identifiziert und adressiert werden. Diese Möglichkeit zur Erstellung von „Target Sustainability Profiles“ für Herstellungsprozesse auf Basis des RPG-Scores schafft eine Grundlage für eine umfassende Portfolioübersicht über die Umweltleistungen der einzelnen Projekte und unterstützt die gezielte

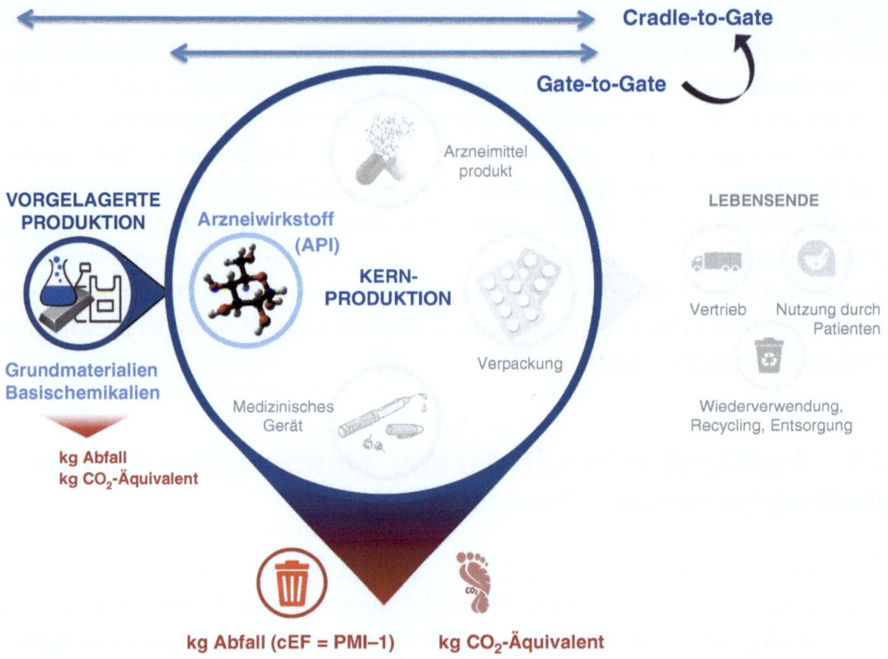

Abb. 8.9 Erweiterung des Anwendungsbereichs von iGAL 2.0 im Kontext des Lebenszyklusanalyse eines pharmazeutischen Produkts: von der Kernproduktion („Gate-to-Gate") des API und des dabei entstehenden Abfalls hin zur Einbeziehung der vorgelagerten Produktion der Rohstoffe („Cradle-to-Gate") mit zugehörigem Abfall und CO_2-Fußabdruck. [13] / mit freundlicher Genehmigung von The Royal Society of Chemistry.

Fokussierung auf Projekte und Prozesse, die sowohl ökologisch als auch wirtschaftlich optimiert werden können.

Die Einbindung digitaler Tools und Künstlicher Intelligenz (KI) in die Umweltbewertung von Syntheserouten und retrosynthetischen Ansätzen gewinnt zunehmend an Bedeutung und steigert die Aussagekraft solcher Analysen. Technologien, die massenbasierte Metriken mit spezifischen Umweltindikatoren wie CO_2-Bilanz, Ozonabbau und Meeresversauerung, basierend auf Lebenszyklusanalysen (LCA), verknüpfen, verbessern die Aussagekraft dieser Metriken und schaffen gezielte Optimierungsmöglichkeiten. Diese Integration ermöglicht eine gezieltere Adressierung von Umweltaspekten wie CO_2-Bilanz oder Abfall und liefert wertvolle Einblicke in die ökologische Performance der Prozesse. Die sachgemäße Anwendung solcher digital unterstützter Metriken ist entscheidend, um Innovationen hin zu nachhaltigeren APIs zu fördern und gezielte Verbesserungen zu unterstützen. Beispiele für diese Methodik zeigen eine starke Korrelation zwischen dem CO_2-Fußabdruck und dem E-Faktor (ohne Berücksichtigung des Wasserverbrauchs). [47]

Angesichts der steigenden Komplexität und des wachsenden Datenbedarfs für Umweltbewertungen wird die Verfügbarkeit dieser Daten immer entscheidender.

Eine automatisierte und branchenübergreifende Datenweitergabe könnte Unternehmen dabei unterstützen, ihre Modelle kontinuierlich zu verbessern und den Nutzen standardisierter Metriken wie iGAL 2.0 voll auszuschöpfen. Die iGAL 2.0 Scorecard ist dabei ein wertvolles Werkzeug, das den Fortschritt bei der Reduktion von API-Abfällen und der Steigerung nachhaltiger Prozessleistungen veranschaulicht und die Wirkung der Schlüsselindikatoren für Nachhaltigkeit (KSIs), Konvergenz und Ausbeute, auf den RPG als Benchmark für Prozessinnovationen darstellt. Zusätzlich kann die Scorecard als Kommunikationsinstrument genutzt werden, um den Beitrag von Pharmawissenschaftlern zu den UN-Nachhaltigkeitszielen (SDGs) sichtbar zu machen und den Impakt ihrer nachhaltigen Prozessinnovationen zu quantifizieren.

Zukünftige regulatorische Entwicklungen, insbesondere die EU-Taxonomie, könnten die Anwendung und Weiterentwicklung der iGAL 2.0-Metrik erheblich beeinflussen. Die Integration von LCAs in politische Rahmenwerke stärkt die Standardisierung und Qualität von Metriken und verringert das Risiko von Greenwashing, indem die Transparenz und Vergleichbarkeit der Umweltleistungen staatlicher und privater Akteure gefördert wird. [48] Die iGAL 2.0-Metrik kann Unternehmen dabei unterstützen, diesen neuen Anforderungen gerecht zu werden, indem sie eine standardisierte und überprüfbare Methode zur Verfügung stellt. Langfristig sollte die Metrik jedoch weiter vereinfacht werden, um ihre Nutzbarkeit und Aussagekraft zu erhöhen. Ein möglicher Ansatz besteht darin, eine differenzierte Behandlung von Prozessmaterialien wie Wasser, Lösungsmitteln und komplexen Bausteinen zu ermöglichen, um deren spezifische Umweltbelastungen besser abzubilden.

Die Weiterentwicklung der iGAL 2.0-Metrik könnte zudem eine Ausweitung auf weitere Herstellungsaktivitäten wie Verpackung und medizinische Geräte umfassen (siehe Abb. 8.9). Ein zukünftiges Ziel wäre zudem die Anwendung der iGAL-Methodik auf mittelgroße Moleküle (z. B. Peptide und Oligonukleotide) sowie große Moleküle wie New Biological Entities (NBEs), was möglicherweise die Entwicklung neuer, klassen-spezifischer Schlüsselindikatoren für Nachhaltigkeit (KSIs) und Zielwerte erforderlich machen würde.

Zusammenfassend unterstreicht die Anwendung der iGAL 2.0-Metrik die zentrale Bedeutung solcher Ansätze für die nachhaltige Chemie in der pharmazeutischen Industrie. Sie ermöglicht es Unternehmen, gezielte Nachhaltigkeitsziele und Abfallreduktionsstrategien zu entwickeln und wesentliche Umweltaspekte systematisch zu berücksichtigen. Durch die Erweiterung um Cradle-to-Gate-Bewertungen sowie die Integration digitaler Werkzeuge und KI gewinnt die iGAL 2.0-Metrik weiter an Aussagekraft und unterstützt die Branche beim Übergang zu nachhaltigeren Prozessen. Eine transparente und konsistente Umweltbewertung ihrer Prozesse versetzt Unternehmen in die Lage, gezielte Optimierungsmaßnahmen umzusetzen. Als anwenderfreundliches und objektives Werkzeug liefert die iGAL 2.0-Metrik zuverlässige Daten, die fundierte Entscheidungen und die nachhaltige Weiterentwicklung von Prozessen fördern und somit den Beitrag zur nachhaltigen Chemie signifikant stärken.

8.5 Abkürzungsverzeichnis

API	Active Pharmaceutical Ingredient
cEF	„Complete" E-Faktor
CV	Convergence, Konvergenz
FMV	Salzfreies Molekulargewicht
FMW	Free molecular weight, Freies Molekulargewicht
GAL	Green Aspiration Level
GCIPR	GCI Pharmaceutical Roundtable
iGAL	Innovation Green Aspiration Level
KPPI	Key Process Performance Indicator
KSI	Key Sustainability Indicator
LCA	Life Cycle Analysis
NBE	New Biological Entity
PMI	Process Mass Intensity
RPG	Relative Prozessgrünheit
SDG	Nachhaltigkeitsziele der UN
SSS	Summe der Subprozess-Schritte
tGAL	Transformation Green Aspiration Level
YD	Yield, Ausbeute

Literaturverzeichnis

1. Decarbonizing API manufacturing: Unpacking the cost and regulatory requirements | McKinsey. Verfügbar unter: https://www.mckinsey.com/industries/life-sciences/our-insights/decarbonizing-api-manufacturing-unpacking-the-cost-and-regulatory-requirements (Zugriff im September 2024).
2. Sarkis, M., Bernardi, A., Shah, N. et al. (2021). Emerging challenges and opportunities in pharmaceutical manufacturing and distribution. *Processes* 9 (3): 457.
3. Communication on The European Green Deal – European Commission. (2019). Verfügbar unter: https://ec.europa.eu/info/publications/communication-european-green-deal_en (Zugriff im September 2024).
4. EU taxonomy for sustainable activities – European Commission. (2022). Verfügbar unter: https://ec.europa.eu/info/business-economy-euro/banking-and-finance/sustainable-finance/eu-taxonomy-sustainable-activities_en (Zugriff im September 2024).
5. THE 17 GOALS | Sustainable Development. (2015). Verfügbar unter: https://sdgs.un.org/goals (Zugriff im September 2024).
6. Anastas, P.T. und Warner, J.C. (1998). *Green Chemistry: Theory and Practice.* Oxford: Oxford Academic.
7. Anastas, P.T. und Eghbali, N. (2009). Green chemistry: Principles and practice. *Chem. Soc. Rev.* 39 (1): 301–312.

8. 12 Principles of Green Chemistry – American Chemical Society. Verfügbar unter: https://www.acs.org/greenchemistry/principles/12-principles-of-green-chemistry.html (Zugriff im September 2024).
9. Proudfoot, J.R. (2017). A path based approach to assessing molecular complexity. *Bioorg. Med. Chem. Lett.*, 27 (9): 2014–2017.
10. Krzyzanowski, A., Pahl, A., Grigalunas, M. et al. (2023). Spacial score—a comprehensive topological indicator for small-molecule complexity. *J. Med. Chem.* 66 (18): 12739–12750.
11. Kjell, D.P., Watson, I.A., Wolfe, C.N. et al. (2013). Complexity-based metric for Process Mass. Intensity in the pharmaceutical industry. *Org. Process Res. Dev.* 17 (2): 169–174.
12. Sherer, E.C., Bagchi, A., Kosjek, B. et al. (2022). Driving aspirational Process Mass. Intensity using simple structure-based prediction. *Org. Process Res. Dev.* 26 (5): 1405–1410.
13. Roschangar, F., Li, J., Zhou, Y., et al. (2022). Improved iGAL 2.0 metric empowers pharmaceutical scientists to make meaningful contributions to United Nations sustainable development goal 12. *ACS Sustain Chem Eng* 10 (16): 5148–5162.
14. ACS Community (2021). iGAL 2.0: A Unifying Metric for a Greener Future. Verfügbar unter: https://communities.acs.org/t5/GCI-Nexus-Blog/iGAL-2-0-A-Unifying-Metric-for-a-Greener-Future/ba-p/86552 (Zugriff im September 2024).
15. Sheldon, R.A. (2007). The E factor: Fifteen years on. *Green Chem.* 9 (12): 1273–1283.
16. Jimenez-Gonzalez, C., Ponder, C.S., Broxterman, Q.B. et al. (2011). Using the right green yardstick: Why Process Mass. Intensity is used in the pharmaceutical industry to drive more sustainable processes. *Org Process Res Dev* 15 (4): 912–917.
17. IQ Consortium – Organization of pharmaceutical and biotechnology companies with a mission of advancing science and technology. Verfügbar unter: https://iqconsortium.org/ (Zugriff im Mai 2025).
18. ACS GCI Pharmaceutical Roundtable Portal . ACS GCI Pharmaceutical Roundtable Portal. https://www.acsgcipr.org (Zugriff im September 2024).
19. Roschangar, F., Sheldon, R.A. und Senanayake, C.H. (2015). Overcoming barriers to green chemistry in the pharmaceutical industry – the green aspiration level™ concept. *Green Chem* 17 (2): 752–768; The publication was predicated upon: Roschangar, F. (2014). Green Chemistry in the Pharmaceutical Industry – Unification of Green Chemistry Metrics und Introduction of the Green Aspiration Level. eMBA Thesis, Yale School of Management, Yale University.
20. Roschangar, F., Kurose, A., Sheldon, R.A. et al. (2015). How green is green? *The Medicine Maker* 5: 26–27. Verfügbar unter: https://themedicinemaker.com/manufacture/how-green-is-green (Zugriff im September 2024).
21. SMART = Spezifisch, Messbar, Ambitioniert und erreichbar, Ergebnisorientiert (Results-based), Zeitgebunden (Time-bound).
22. Roschangar, F. und Colberg, J. (2018). Green chemistry metrics. In: *Green Techniques for Organic Synthesis and Medicinal Chemistry* (eds. W. Zhang and B.W. Cue), 1–19. John Wiley & Sons Ltd.
23. Gaich, T. und Baran, P.S. (2010). Aiming for the ideal synthesis. *J. Org. Chem.* 75 (14): 4657–4673.

24. Baran, P.S. (2018). Natural product total synthesis: As exciting as ever and here to stay. *J. Am. Chem. Soc.* 140 (14): 4751–4755.
25. Ein „iGAL-konformes Ausgangsmaterial" wird als eine Verbindung definiert, die mindestens ein Atom zur API-Struktur beiträgt (C, N, O, S, P usw., aber nicht H), einschließlich API-Salz- und Co-Kristallbildner, jedoch kein Solvat oder Hydrat. Das Ausgangsmaterial ist ein Handelsgut, das die **\$100/mol Kostenschwelle (die „iGAL-Regel")** auf Basis der folgenden Kriterien erfüllen muss: (1) Das Material ist kommerziell verfügbar von einem großen, renommierten chemischen Laboratorienkatalogunternehmen, sein Preis ist in einem Online- oder Druckkatalog aufgeführt, und (2) die Katalogkosten für das Ausgangsmaterial dürfen bei der größten aufgeführten Menge US \$100/mol nicht überschreiten. Individuelle Großmengenangebote sind nicht zugelassen! Die iGAL-Regel gilt sowohl für interne als auch externe Herstellungsschritte in der Lieferkette.
26. Laut Fußnote 1 wurden im Jahr 2022 35 % des Lösungsmittelabfalls, der von der US-amerikanischen Pharmaindustrie erzeugt wurde, recycelt, während die verbleibenden 65 % verbrannt wurden -45 % mit Energierückgewinnung und 20 % ohne. Diese Zahlen beziehen sich auf die Herstellung von Arzneimitteln und schließen die externe API-Herstellung aus, was die Autoren zu der Annahme veranlasst, dass die allgemeine Lösungsmittelrecyclingquote für API-Prozesse deutlich unter 35 % liegt.
27. Dunn, P.J., Galvin, S. und Hettenbach, K. (2003). The development of an environmentally benign synthesis of sildenafil citrate (Viagra™) and its assessment by green chemistry metrics. *Green Chem.* 6 (1): 43–48.
28. Roschangar, F., Colberg, J., Dunn, P.J. et al. (2017). A deeper shade of green: Inspiring sustainable drug manufacturing. *Green Chem* 19 (1): 281–285.
29. Der Literaturschritt-Multiplikator von 37 kg Abfall/kg API repräsentiert den durchschnittlichen Literaturschritt-cEF der analysierten Projekte vom Supplementary Table 1 und entspricht deren durchschnittlichem Literatur-cEF von 76 kg Abfall/kg API, geteilt durch die durchschnittliche Anzahl der Literaturschritte von 2,1.
30. Wenn eine detaillierte Vorgehensweise für einen bestimmten Literaturschritt verfügbar ist, kann der berechnete Abfall anstelle des Standardwertes von 37 kg Abfall/kg API verwendet werden.
31. Roschangar, F., Zhou, Y., Constable, D.J.C. et al. (2018). Inspiring process innovation via an improved green manufacturing metric: IGAL. *Green Chem* 20 (10): 2206–2211.
32. Li, J. und Eastgate, M.D. (2019). Making better decisions during synthetic route design: Leveraging prediction to achieve greenness-by-design. *React Chem Eng* 4 (9): 1595–1607; Siehe Figure 2, in Normalized production cost versus cumulative waste observed at BMS,
33. Tucker, J.L. und Faul, M.M. (2016). Industrial research: Drug companies must adopt green chemistry. *Nature* 534 (7605): 27–29; Amgen beschrieb eine klare Korrelation zwischen API-Herstellungsabfällen und Prozesskosten.
34. Die KSIs Prozesskomplexität (CP = Σ Konstruktionsschritte) und Idealität (I = CP/gesamte Schritte × 100 %) korrelierten mit dem Abfall, ausgedrückt durch eine logarithmische Regressionsgleichung, die eine moderate Übereinstimmung von 40 % mit dem 2022 iGAL 2.0-Datensatz zeigte.

35. Hendrickson, J.B. (1977). Systematic synthesis design. 6. Yield analysis and convergency. *J Am Chem Soc* 99 (16): 5439–5450.

36. (281a) Convergent Synthesis of Peptides at Large Scale | AIChE. Verfügbar unter: https://www.aiche.org/conferences/aiche-annual-meeting/2018/proceeding/paper/281a-convergent-synthesis-peptides-large-scale (Zugriff im November 2024).

37. Luescher, M.U. und Gallou, F. (2024). Interactions of multiple metrics and environmental indicators to assess processes, detect environmental hotspots, and guide future development. *Green Chem.* 26 (9): 5239–5252.

38. Berechnungen mit neuen Werten aktualisiert: durchschnittlicher kommerzieller cEF = iGAL = 182 kg Abfall/kg API. Durchschnittlicher kommerzieller FMW = 451 g/mol.

39. iGAL 2.0 Scorecard Calculator – ACSGCIPR. Verfügbar unter: https://acsgcipr.org/tools/igal-2-0-scorecard-calculator/ (Zugriff im Mai 2025).

40. Wamser, N., Wu, H., Buono, F. et al. (2022). Discovery and process development of a scalable biocatalytic kinetic resolution toward synthesis of a sterically hindered chiral ketone. *Org. Process Res. Dev.* 26 (6): 1820–1830.

41. Marsini, M.A., Buono, F.G., Lorenz, J.C. et al. (2017). Development of a concise, scalable synthesis of a CCR1 antagonist utilizing a continuous flow curtius rearrangement. *Green Chem.* 19 (6): 1454–1461.

42. American Chemical Society Green Chemistry Institute Pharmaceutical Roundtable Award Winners. (2024). Verfügbar unter: https://communities.acs.org/t5/GCI-Nexus-Blog/The-ACS-GCI-Pharmaceutical-Roundtable-Announces-2024-Industry/ba-p/95070 (Zugriff im Mai 2025).

43. Zhang, Y., Chong, E., White, J.A.H. et al. (2024). Development of a Kilogram-scale chemical process for a chiral spirocyclic isoxazolone. *Org. Process Res. Dev.* 28 (3): 798–804.

44. Roche Position on Product Stewardship. (2020). Verfügbar unter: 23_roche_position_product_stewardship_reviewed_april_2020.pdf (Zugriff im Oktober 2024).

45. Ein vereinfachtes Werkzeug zur Schätzung von Cradle-to-Gate LCA-Indikatoren und -Faktoren für APIs wurde vom ACS GCIPR entwickelt und nutzt bereits die iGAL-Regel zur Definition der Randbedingungen, um eine konsistente Anwendung zu gewährleisten. Verfügbar unter: https://www.acsgcipr.org/tools-for-innovation-in-chemistry, Abschnitt „NEW: Process Mass. Intensity Life Cycle Assessment" (Zugriff im November 2024).

46. Emara, Y., Siegert, M.-W., Lehmann A. et al. (2018). *Designing Sustainable Technologies, Products and Policies, From Science to Innovation*, 79–88.

47. Lucas, E., Martín, A.J., Mitchell, S. et al. (2024). The need to integrate mass- and energy-based metrics with life cycle impacts for sustainable chemicals manufacture. *Green Chem.* 26 (17): 9300–9309.

48. Subal, L., Braunschweig, A. und Hellweg, S. (2024). The relevance of life cycle assessment to decision-making in companies and public authorities. *J. Clean. Prod.* 435: 140520.

9

Entwicklung und Umsetzung einer Net-Zero-Strategie für ein mittelständiges Chemieunternehmen aus dem Segment der Petrochemie

Dr. Martin Halama und Felipe Francischetti

Deutsche Infineum GmbH & Co.KG

Abstract

Dieser Beitrag beschreibt praxisnah, wie ein mittelständisches Chemieunternehmen aus der Petrochemie eine Net-Zero-Strategie entwickelt und implementiert. Es werden die Ausgangslage, die wichtigsten Treiber und Herausforderungen der Transformation hin zur Klimaneutralität analysiert. Im Fokus stehen die Identifikation von Emissionsquellen, die Entwicklung eines Maßnahmenkatalogs zur CO_2-Reduktion und die Integration erneuerbarer Energien sowie Kreislaufwirtschaftskonzepte. Die Autoren beleuchten die Bedeutung von Stakeholder-Engagement, regulatorischen Rahmenbedingungen und innovativen Technologien. Erfolgsfaktoren, wie die Einbindung der Belegschaft und partnerschaftliche Kooperationen, werden herausgestellt. Abschließend werden konkrete Ergebnisse, Lessons Learned und Empfehlungen für andere Unternehmen gegeben, die sich auf den Weg zur klimaneutralen Produktion machen wollen.

9.1 Einleitung

Die 2000er Jahre waren ein Jahrzehnt, dessen Ereignisse nicht nur für die Chemie-Industrie in Erinnerung bleiben werden und waren unter anderem geprägt durch die Ereignisse des 11. September 2001 oder die Tsunamikatastrophe in Asien im Jahr 2004. Diese Ereignisse waren Vorboten für globale Veränderungen, die zahlreiche Unsicherheiten in das industrielle Umfeld tragen und u. a. gravierende Störungen in der Lieferkette der Chemie-Branche verursachen können. Auch im Innovationsbereich der Digitalisierung gab es disruptive Veränderungen wie beispielsweise die Einführung des iPod oder des iPhones. Zusätzlich zu den geopolitischen Veränderungen und dem immer rasanteren Einsatz von digitalen

Zirkuläre Wirtschaft und Nachhaltigkeit in der chemischen Industrie: 1. Aufl. C. Suntrop und T. Wagner (Hrsg.).
© 2026 Wiley-VCH GmbH. Alle Rechte vorbehalten, einschließlich derer für Text- und Data-Mining und Training von Technologien der Künstlichen Intelligenz oder ähnlichen Technologien.

Lösungen, kommen nun auch disruptive Veränderungen aus dem Bereich der Nachhaltigkeit und Klimaneutralität auf die Branche zu. Der Hitzesommer 2003, der weiterhin der wärmste jemals gemessene Sommer in Deutschland ist (gefolgt von den Sommern 2018, 2019 und 2022) oder auch der Hurrikan Katrina, welcher im Südosten der USA Verwüstungen anrichtete, waren klare Indikatoren, dass die Industrie nun mit dem Problem der globalen Erwärmung konfrontiert ist. Dass die Rohstoffpreise in der Chemieindustrie in Folge des Hurrikans kurzzeitig auf ein Rekordhoch stiegen, zeigt die signifikante ökonomische Dimension des Umweltproblems.

In 2007 kam der „Zwischenstaatliche Ausschuss für Klimaänderungen" (IPCC), der den Stand der Wissenschaft im Auftrag der Vereinten Nationen zusammenfasst, zu dem Schluss, dass die Erwärmung der Atmosphäre und der Ozeane seit Beginn der Industrialisierung vor allem auf der Freisetzung von Treibhausgasen (u. a. CO_2 und fossiles Methan) durch den Menschen beruht, also eine anthropogene Klimaveränderung ist. Unter anderem darauf basierend wurde im Juni 2011 von der Internationalen Organisation für Normung die ISO 50001 veröffentlicht (später in Deutschland als DIN EN ISO 50001). Darin werden die Anforderungen an ein Energiemanagementsystem beschrieben, das ein Unternehmen in die Lage versetzt, seine energetische Leistung durch systematisches Vorgehen kontinuierlich zu verbessern und zugleich die gesetzlichen Anforderungen an die Organisation zu berücksichtigen. Die wesentlichen Energie-Einflussfaktoren des Unternehmens werden aufgezeigt, Einsparmaßnahmen und Verbesserungsvorschläge erarbeitet, bewertet, umgesetzt und laufend weiterentwickelt. Durch das systematische Herangehen kann somit die Energieeffizienz des Unternehmens langfristig verbessert werden. In Deutschland wurde diese ISO-Norm im Jahr 2013 dann noch mit dem „Spitzenausgleich" verknüpft. Dabei handelt es sich für berechtigte Unternehmen des produzierenden Gewerbes um eine gemäß § 10 StromStG Entlastung von der Stromsteuer und gemäß § 55 Energie StG um eine Entlastung von der Energiesteuer. Unternehmen müssen seitdem zusätzlich zu den bisherigen Antragsvoraussetzungen ihren Beitrag zum effizienten Umgang mit ihren Energien nachweisen, idealerweise durch eine Zertifizierung entsprechend der ISO 50001.

9.2 Kontext, Startpunkt und erste Herausforderungen für die ISO 50001 Zertifizierung

Die Deutsche Infineum GmbH & Co.KG („Infineum") ist eines der Unternehmen, welche unter den bereits erwähnten, „Spitzenausgleich" fallen, so dass in den Jahren 2012/2013 erste Schritte in Richtung einer Zertifizierung entsprechend ISO 50001 unternommen wurden. Infineum selbst ist ein mittelständiges Chemieunternehmen welches Spezialchemikalien für den Diesel- und Schmiermittelmarkt

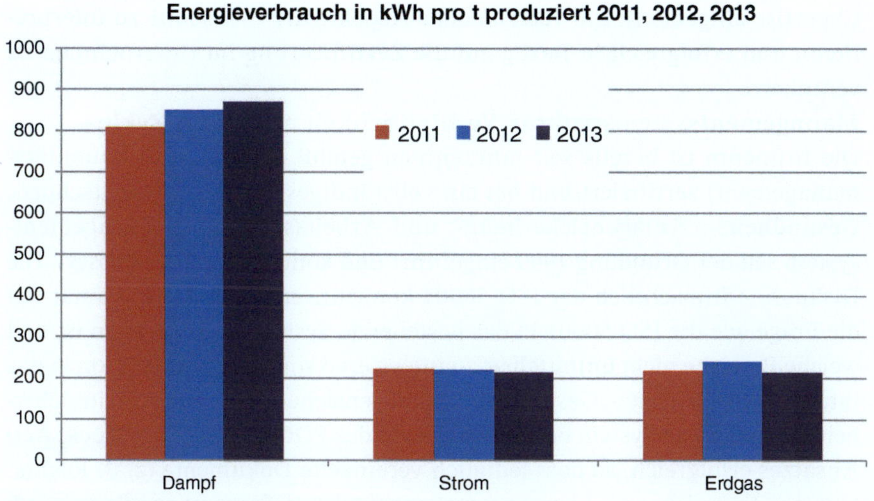

Abb. 9.1 Energieverbräuche der Infineum in den Jahren 2011 bis 2013. Aufteilung nach Dampf, Strom und fossilem Erdgas. Der Energieverbrauch ist in kWh pro Tonne produziertes Produkt (Additiv, Schmierstoff, etc.) angegeben.

herstellt. Im Produktions-Werk am Standort Köln arbeiten ca. 200 Mitarbeiter. Zum Start in den Zertifizierungsprozess für das Unternehmen wurden die Energieverbräuche in den Jahren 2011–2013 betrachtet (siehe Abb. 9.1). Dabei war unmittelbar zu erkennen, dass der Hauptenergieverbrauch für die Produktionsprozesse des Unternehmens in Form von Dampf erfolgt, wohingegen sich der Bedarf an fossilem Erdgas und Strom auf ähnlichem Niveau bewegt. Die in einem Projektteam gestartete Unternehmens-Initiative hatte zunächst zum Ziel die erfolgreiche Zertifizierung der ISO 50001 im Jahr 2014 zu erreichen. Da die Thematik „Energieeffizienzoptimierung“, sowie „Corporate Sustainability“ innerhalb des internationalen Unternehmens zu diesem Zeitpunkt noch am Anfang stand, war es Aufgabe der Infineum die Gesamtinitiative im internationalen Konzern als kostengetriebenes Projekt zu rechtfertigen, was durch die Verknüpfung der Zertifizierung seitens der Bundesregierung mit dem „Spitzenausgleich“, deutlich vereinfacht wurde.

9.3 Zertifizierung gemäß ISO 50001 – Möglichkeiten, Konsequenzen, Ergebnisse und Grenzen

Das Projekt „Zertifizierung nach ISO 50001“ wurde in drei Teilprojekte gegliedert:

1) **Organisation**
   Für die Einführung der ISO 50001 bei Infineum wurden drei Mitarbeiter zum zertifizierten Energiemanagementbeauftragten ausgebildet und beauftragt ein Konzept für die Einführung zu erarbeiten. Zusätzlich wurde externe

Expertise eingekauft, um verschiedene Aspekte der ISO 50001 zu interpretieren und erfolgreich in Bezug auf die Zertifizierung im Unternehmen zu verankern.

2) **Managementsystemstruktur, Verbindlichkeit und PDCA-Zyklus**
Die Infineum ist bereits seit Jahrzehnten gemäß der ISO 9001 (Qualitätsmanagement) zertifiziert und hat ein vollständiges internes Umweltschutz-, Gesundheits-, Anlagensicherheits-, und Arbeitssicherheits-Managementsystem seit der Gründung 1999 eingeführt und kontinuierlich verbessert. Die Diskussion hinsichtlich der ISO 50001 konzentrierte sich daher primär auf die Frage wie die ISO 50001 in das bestehende System zu integrieren ist und welche Bereiche nicht unmittelbar zu integrieren sind. Eine Integration in das interne Umweltschutz-, Gesundheits-, Anlagensicherheits-, und Arbeitssicherheits-Managementsystem erfolgte mit Hilfe des PDCA (Plan, Do, Check, Act) Ansatzes erfolgreich, so dass lediglich vereinzelte Dokumente (z. B. Rechtskataster, Energiekennzahlen, Messstellenverzeichnis) separat zu pflegen sind. Von einer Integration in die ISO 9001 wurde abgesehen, da die Schnittmenge vernachlässigbar klein war.
Zusätzlich zu diesen organisatorischen Maßnahmen zur Einführung der ISO 50001 entstand eine zentrale Erklärung der Geschäftsführung, welche den Willen und die übergreifende Verpflichtung der Organisation erklärt, und eine Beschreibung der übergeordneten Ziele enthält. Dies ist ein Auszug aus der Energiepolitik der Infineum:

Wir sind uns der Verantwortung bewusst, die wir als produzierender Betrieb der chemischen Industrie mit entsprechend energieintensiven Prozessen gegenüber der Umwelt und unseren Mitmenschen haben. Deshalb erklären wir den Schutz der Umwelt und die Schonung natürlicher Ressourcen zum elementaren Bestandteil unserer Firmenphilosophie. Um unsere Bestrebungen in diesem Bereich zu optimieren und um die energiebezogene Leistung unseres Standortes kontinuierlich zu verbessern, betreiben wir ein Energiemanagementsystem.

Insbesondere verpflichten wir uns:

- *einen Beauftragten für Energiemanagement zu benennen*
- *Energieverbräuche laufend systematisch zu evaluieren*
- *angemessene Energiesparmaßnahmen zu planen, einzuführen, in regelmäßigen Abständen zu überprüfen und auf dem neuesten Stand zu halten*
- *Energieeffizienz und Energieeinsatz als Thema in den lokalen Einkaufs- und Projektprozessen zu verankern*
- *Relevante gesetzliche Anforderungen bzgl. des Energieeinsatzes einzuhalten*
- *die Organisation über alle Ebenen hinweg einzubeziehen u. a. durch regelmäßige Schulungen und Kommunikation*
- *alle nötigen Ressourcen für diese Maßnahmen zur Verfügung zu stellen*

Unsere langfristigen Ziele sind:

- *effiziente Nutzung der Energieträger*

- *Beschaffung der Energieträger zu wirtschaftlichen Kosten*
- *Reduzierung der Umweltbelastungen, die durch unseren Energieverbrauch entstehen*

Die Funktion des Systems wird im Rahmen der regelmäßig stattfindenden Management Reviews überprüft.

Mit dieser Energiepolitik zeigt das Management die tiefe Verankerung von Nachhaltigkeitsaspekten in der Firmenkultur auf.

3) **Datenanalyse und Potentialanalyse**

Um eine langfristige positive Wirkung mit dieser Infineum-Energiepolitik zu erzielen, war es notwendig mit der Aufnahme des Ist-Zustandes beim Energieverbrauch zu beginnen und nachfolgend einen zielorientierten Veränderungsprozesses zu initiieren. Damit dieser Transformationsprozess nicht nur ökologisch, sondern auch ökonomisch erfolgreich verlaufen konnte, wählte Infineum eine 4-stufige Vorgehensweise:

1. *Systemdefinition und Bilanzraum*: Zu Beginn wurde der Rahmen eingegrenzt, in dem sich die Transformation bewegen sollte. U. a. wurden Produktionsprozesse und Anlagen im Detail betrachtet, um energetische Stellhebel identifizieren zu können.
2. *Energieverbräuche und Energiearten*: Es wurde analysiert, welche Messdaten aus der Produktion und der Gebäudetechnik zur Verfügung stehen und in welcher Form diese strukturiert ausgewertet werden können. Infineum fokussierte sich dann im Rahmen dieser Analyse auf die Energiearten Dampf, fossiles Erdgas und elektrischen Strom.
3. *Investition in Energieverbrauchsreduktions-Projekte*: Nachdem analytische Klarheit zu den Energieverbräuchen und wesentlichen Energieträgern geschaffen wurde, begann das Projekt-Team mit inkrementellen Verbesserungen und identifizierte die sog. „Low Hanging Fruits“, d. h. Änderungen und Anpassungen in der Produktion, die mit eher geringem Ressourceneinsatz und moderaten Investitionskosten realisierbar waren.
4. *Schlussfolgerungen, Herausforderungen und Definition von KPIs*: Mit dem fortschreitenden Transformations-Prozess konnten zunehmend Rückschlusse auf weitere Verbesserungsmaßnahm gezogen werden, die dann über den Rahmen der Low Hanging Fruits hinausgingen. Hieraus entstanden u. a. 3 Großprojekte im Bereich der Nachhaltigkeit, die innerhalb dieses Beitrags im Detail beschrieben werden. Um den Erfolg aller Projekte im Bereich der Energieeinsparung und Defossilierung der Energieversorgung gezielt nachverfolgen zu können, verwendet Infineum Key Performance Indicators (KPIs), welche zu Beginn des Transformationsprojekts definiert wurden. Die Abbildung 9.2 zeigt ein solches Beispiel für den Zeitraum 2011 bis 2014.

Nachdem der PDCA-Ansatz vollständig nachverfolgt wurde, konnte die erfolgreiche Zertifizierung der Infineum gemäß ISO 50001 im Jahr 2014 erreicht werden.

Energiemanagement Performance Indicators						
Energieträger	Einheit	Durchschnitt 2011-2013	Ziel Wert 2014	IST-Wert 2014	Ziel Verbesserung 2014	IST-Verbesserung 2014
Dampf	$t_{Dampf}/t_{Produkt}$	1.099	1.083	1.051	-1,5%	-4,4%
Strom	$kWh_e/t_{Produkt}$	232	229	227	-1,5%	-2,4%
Erdgas	$kg_{Erdgas}/t_{Produkt}$	19,2	19,0	16,0	-1,5%	-17,1%
Stickstoff	$m^3_{N2}/t_{Produkt}$	37,2	36,6	34,5	-1,5%	-7,3%
Fackelgas	$kWh_{Fackelgas}/t_{Produkt}$	29,4	29,9	67,5	+1,5%	+129,0%[1]

Abb. 9.2 Implementierung des Energie Management Systems gemäß ISO 50001 am Infineum Standort Köln. Beispiel eines Key Performance Indicator (KPI) Dashboards.

9.4 Digitalisierte Erfassung und Auswertung von Energie-Verbrauchdaten als Grundlage für kontinuierliche Effizienzsteigerung

Im Rahmen der konsequenten Nachhaltigkeitsstrategie setzt Infineum zunehmend auf digitale Lösungen zur Erfassung, Speicherung und Auswertung von Messdaten für alle Bereiche der Medien- und Energieversorgung (Erdgas, Wasser, Dampf,

Löschwasserpumpen

Pumpenbetriebszeit

Pumpe	Offen seit
GP-P1A	1,078 min
GP-P5A	33 min

Blower

Blower Leistung gestern

Datum	Blower Laufzeit
03.01.2024	100 %

Blower Leistung live

	Wert
Blower Status	Trudelbetrieb
Erdgasdurchfluss	An
Blower trudelt & Erdgas an seit	466 min
Blower Effizienz	0%

Bodenfackelventil

Ventilstellung

	Wert
RCV6135	55 %
RCV6135 >50% seit	43 min

Kühltürme

CT-7801: Gesamtdrehzahl und Temperatur

	Wert
T7801	16.332
S7801	1,396.1 u/min
S7802	0.9 u/min
Gesamtdrehzahl	1,397.0 u/min
Lüfter Unregelmäßigkeit seit	0 min

Kühltürme

CT-3001: Gesamtfrequenz und Temperatur

	Wert
T3054	12.288
X3056	21.07 Hz
X3057	25.26 Hz
Gesamtfrequenz	46.33 Hz
Lüfter Unregelmäßigkeit seit	2 min

Abb. 9.3 Implementierung des Energiemanagementsystems gemäß ISO 50001 am Infineum Standort Köln. Beispiel eines Key Performance Indicator (KPI) Dashboards.

Strom, etc.). Software Tools wie z. B. SEEQ, Aspen helfen dabei eine möglichst effektive und aussagefähige Auswertung der in Echtzeit erfassten Messstellen-Daten zu ermöglichen. Dies ist die Grundlage für eine gezielte Steuerung und Optimierung des Ressourceneinsatzes am Standort. Die Messdaten stehen der Infineum über das Prozessleitsystem zur Verfügung, wobei ein geringer Anteil zusätzlich manuell eingefügt wird. Die Analyse der Mess-Daten erfolgt vollständig digital in Echtzeit unter dem Dach des Aspen und SEEQ-Systems, um die früheren Hilfs-Tools (Access und Excel) zu ersetzen und die Analyse der Daten zu beschleunigen. Manuelle Arbeiten wurden im Rahmen der Nachhaltigkeits-Initiative auf ein Minimum reduziert und darauf basierend wurde ein Dashboard zur Echtzeitdarstellung der Prozess-Daten erstellt (siehe Abb. 9.3). Dies zeigt die Notwendigkeit einer engen Verzahnung der Digitalisierungs- und Nachhaltigkeitsstrategie im Unternehmen auf, damit im Produktionsumfeld schneller und zielgerichteter agiert und reagiert werden kann.

9.5 Entwicklung der Energie-Kennzahlen bis zum Jahr 2023

Seit dem Start des Transformationsprozesses wurde der Bedarf und Verbrauch der drei Hauptenergieträger am Standort Köln kontinuierlich nachverfolgt und mit inkrementellen Verbesserungen reduziert.

9.5.1 Dampf

Seit der Einführung des Energiemanagementsystems im Jahr 2014 konnte beispielsweise beobachtet werden, dass der relative Dampfverbrauch im Verhältnis zur Produktion gesunken ist (nach einem vorherigen kontinuierlichen Anstieg bis zum Jahr 2014), jedoch weiterhin noch Verbesserungspotential besteht, wie im Abb. 9.4 zu sehen ist. So war der Verbrauch bislang nur teilweise bedarfsgesteuert (d. h. produktionsabhängig) und Dampf wird auch zur Heizung von Tankanlagen, Begleitheizungen und zum Frostschutz eingesetzt. Infineum hat daher mit erweiterten Nachhaltigkeits-Initiativen reagiert, die z. B. die technische Bewertung der Tanktemperatur in der Produktion einschlossen. Als Resultat dieser Initiativen wurde die Temperatur mehrerer Lagertanks um durchschnittlich 5 °C gesenkt. Der Einbau von temperaturgeregelten Ventilen für Verbraucher-Einheiten in der Produktion, bei denen Dampf nur im Winter zum Frostschutz benötigt wird, war hierbei eine weitere begleitende energetische Maßnahme. Des Weiteren werden größere Einzelverbraucher von Dampf regelmäßig kontrolliert und der Verbrauch in betriebsinternen Meetings regelmäßig besprochen.

Da Infineum für den Energieträger „Dampf“ bis zum Jahr 2035 noch weiter seinen CO_2 Footprint senken möchte, wurden nun strategische Gespräche mit dem lokalen Dampflieferanten gestartet, um dessen Dampf-Quelle(n) zu defossilisieren. Dies ist eine Aktivität im Scope-2-Bereich, die das Ziel hat, dem Dampf-Lieferanten die Erneuerung seines bislang mit Kohle betriebenen Kraftwerks zu ermöglichen und dieses Wasserstoff (H_2)-fähig auszulegen.

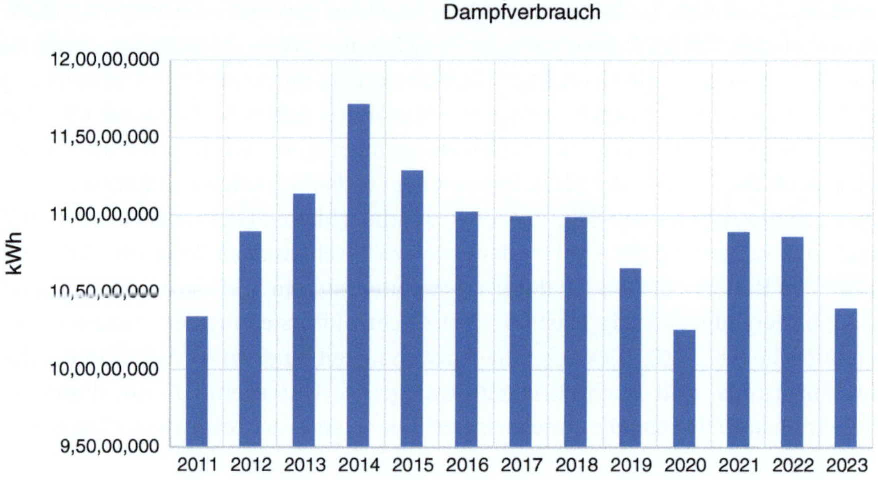

Abb. 9.4 Jährlicher Verbrauch an Dampf für Produktionsprozesse am Infineum Standort Köln.

9.5.2 Strom

Im Bereich der Reduzierung des Verbrauchs von elektrischer Energie lag der Schwerpunkt auf speziellen Einzelprojekten, die ohne aufwendige Anlagen-Modernisierungen zu realisieren waren und auf der Erweiterung des Wissens und des Verständnisses über den Energieverbrauch im aktuellen Setup. Effizienzgewinne konnten durch partielle Modernisierung der Infrastruktur auf den neuesten Stand der Technik erreicht werden (z. B. durch den Einsatz effizienterer Schaltschränke und Installation von Transformatoren der neusten Generation). Seit dem Jahr 2021 wurde eine intelligente Steuerung von insgesamt drei Ammoniakkompressoren implementiert. Die Ammoniakkompressoren dienen der Kühlung einer kontinuierlichen exothermen Reaktion. Der Durchsatz durch die Anlage ist variabel und ausgehend von einer maximalen Auslastung variiert von Tag zu Tag zwischen 50 % und 100 %. Zusätzlich besteht eine Varianz beim eingesetzten Rohmaterial. Dies bedeutet, dass der Anteil des im Rohmaterial enthaltenen aktiven Reaktanten variiert und somit auch die aus der exothermen Reaktion abzuführende Wärmemenge. Vor Einführung der intelligenten Steuerung waren alle drei Kompressoren kontinuierlich in Betrieb und liefen teilweise bei niedriger Auslastung. Mit Einführung der intelligenten Steuerung wird nun der Betrieb der Kompressoren aktiv gesteuert und ggfs. einer der Kompressoren abgeschaltet bzw. umgekehrt der Durchsatz durch die Anlage derart angepasst, dass mit zwei Kompressoren bei maximaler Auslastung der Kompressoren die Anlage betrieben wird.

Ein ähnlicher Ansatz zum Energie-Management wurde für die Lüftungsanlagen von Kühltürmen eingeführt. Wann immer möglich, wird seit dem Jahr 2019 bei Teil- oder Volllast nur ein Lüfter verwendet, anstatt alle Lüfter parallel zu betreiben (unter der Voraussetzung, dass die geforderte Kühltemperatur für den Produktionsprozess erreicht werden kann).

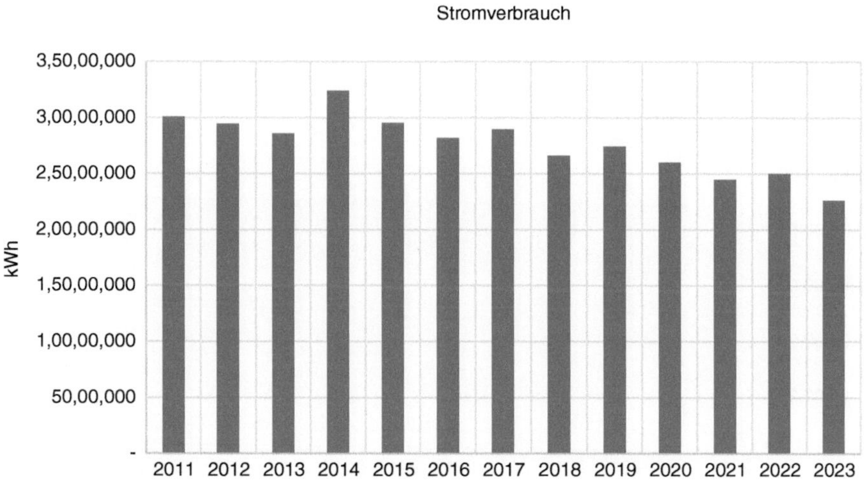

Abb. 9.5 Jährlicher Stromverbrauch am Infineum Standort Köln.

Die in Abbildung 9.5 gezeigte Entwicklung des jährlichen Verbrauchs elektrischer Energie zeigt als Folge dieser kontinuierlichen Verbesserungen einen klaren Trend zu niedrigeren Werten seit dem Höchststand im Jahr 2014.

9.5.3 Erdgas

Auch für den dritten Hauptenergieträger Erdgas wurde ein umfassender Aktionsplan mit dem Ziel der Verbrauchsreduktion ausgearbeitet und umgesetzt.

Im Werk gibt es drei Verbraucher von Erdgas – die Fackelanlage (ca. 15 % des Verbrauchs), der Wärmeträgerölofen (ca. 80 % des Verbrauchs) und eine thermische Nachverbrennung (ca. 5 % des Verbrauchs).

Als größter Erdgasverbraucher wurde der Fokus auf eine Optimierung des Wärmeträgerölofens gelegt. Die identifizierte Möglichkeit den Erdgasverbrauch zu minimieren war die Verwendung/Rückgewinnung des Fackelgases und dessen Verwendung im Wärmeträgerölofen. Der Wärmeträgerölofen wird bei Infineum u. a. für die gleichmäßige Beheizung von Destillationskolonnen und Wärmetauschern eingesetzt und spielt daher für die chemischen verfahrenstechnischen Produktionsprozesse des Unternehmens eine wichtige Rolle.

Durch den Ersatz von Erdgas durch Fackelgas ändert sich die Gesamtmenge des verbrannten Gases in dieser Anlage zwar nicht, allerdings muss weniger Erdgas zugekauft werden und das Fackelgas, das normalerweise ohne Energierückgewinnung in der Fackel verbrannt würde, kann ohne Verschwendung genutzt werden. Der Effekt der Fackelgasrückgewinnung ist in Abb. 9.6 deutlich erkennbar: mit Einsatz der Fackelgasrückgewinnung setzte ein Trend zur Reduzierung des Gesamtgasverbrauchs ein, der im Jahr 2023 sein Minimum erreichte. Im Jahr 2023 begann Infineum damit moderne Pilotbrenner für die Hochfackel einzusetzen, die aus Sicherheitsgründen rund um die Uhr permanent Erdgas verbrennen muss. Durch

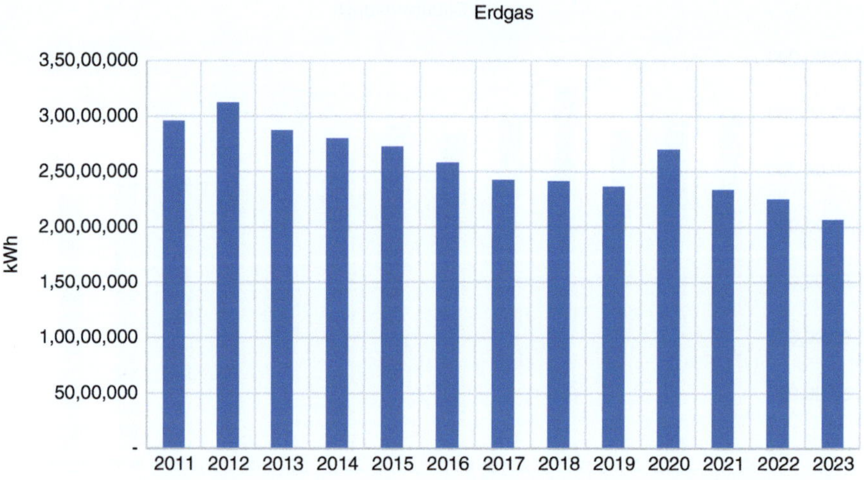

Abb. 9.6 Jährlicher Verbrauch an Erdgas für Produktionsprozesse am Infineum Standort Köln.

den Einsatz der sehr effizienten Pilotbrenner-Modelle sind nun weitere große Einsparungen beim Gesamtgasverbrauch möglich (siehe auch Details hierzu im nächsten Kapitel „Technologische Weiterentwicklung der Erdgas-Verbrennungstechnik".)

9.6 Entwicklung und Umsetzung der Net-Zero-Strategie 2030

Das vor 10 Jahren eingeführte und zertifizierte Energiemanagementsystem nach ISO 50001 war ein Einstieg in die effiziente Nutzung von Energien. Entscheidende Vorteile dessen sind die analytische Herangehensweise, der Aufbau eines Verständnisses in der gesamten Organisation für Energien, Energieverbraucher und was einfache Maßnahmen verändern können. Dies reicht allerdings nicht aus auf dem Weg zu einer vollständigen Defossilierung der Energieträger. Für den Weg zu einem „Net Zero" müssen innerhalb einer Roadmap alle Möglichkeiten betrachten werden – der Blick muss weiterhin nach innen gerichtet werden und die begangenen Wege der Energieeffizienz weiterverfolgt werden. Der Blick muss aber unbedingt auch nach außen gerichtet werden – welche Energieträger werden zukünftig defossiliert zur Verfügung stehen (z. B. Wasserstoff oder Strom aus erneuerbaren Energiequellen) und für welche Bereiche sind andere Kompensationsmodelle zu betrachten. Erste Schritte auf diesem Weg ist die Infineum bereits gegangen.

Die Umsetzung der Net-Zero-Strategie bei Infineum umfasst sowohl eher kleine, mit relativ geringen Investitionen verbundenen inkrementelle Verbesserungen, als auch Großprojekte, die mehrere Jahre Planung und sehr hohe Investitionen am Standort erfordern. Beispielhaft werden hier 3 Großprojekte vorgestellt, die zur Erreichung der Klimaziele des Unternehmens ein besonders großes Gewicht haben.

9.6.1 Technologische Weiterentwicklung der Erdgas-Verbrennungstechnik

Der wichtigste Parameter bei Zündbrenner-Prozessen ist die Flammenstabilität, die sich am besten visuell beurteilen lässt und für ein zuverlässiges Zündverhalten verantwortlich ist. Die Flammenstabilität hängt nicht nur vom Erdgasdruck/-durchfluss ab, sondern auch von den Bedingungen am Installationsort (Zusammensetzung des abzubrennenden Gases, Dampfzugabe usw.). Die bis zum Jahr 2024 installierte Brenner-Technik war nicht immer optimal ausrichtbar, um die Flammenstabilität und das Zündverhalten zu beurteilen. Stattdessen wurden Flammenunterbrechungen, angehobene Flammen und undefinierte Wiederzündungen über dem Zündbrenner beobachtet. Der Gesamtjahresverbrauch an Erdgas lag bei Verwendung der älteren Technik zwischen 441 504–536 112 Nm^3/Jahr. Im Rahmen des Verbesserungs-Projekts befasste Infineum sich mit der Reduzierung des Erdgasverbrauchs, des damit verknüpften CO_2-Ausstoßes und einer effektiven und zuverlässigen Verbrennung des abzubrennenden Gases. Der Projektumfang umfasste den Austausch aller veralteten Zündbrenner durch insgesamt 36 moderne Pilotbrenner. Jeder der modernisierten Zündbrenner verfügt hierbei über zwei Thermoelemente (Redundanz) zur Erkennung des Brennzustandes und kann ggf. um ein elektrisches Zündsystem mit automatischer Wiederzündung erweitert werden. Mit dem Wechsel auf die neue Pilotbrennertechnik reduziert sich der Verbrauch auf 220 752–315 360 Nm^3/Jahr, was nahezu einer Halbierung des Erdgasverbrauchs durch den Einsatz moderner Brennertechnologie entspricht.

In diesem Fall wird aber auch deutlich, dass der Verbrauch in diesem System niemals Null wird und somit andere Lösungen von Nöten sind. Ideen in diesem Bereich sind:

- Erdgas aus einer Biogasanlage
- Umrüstung des Systems auf grünen Wasserstoff, sobald dieser gesichert großindustriell zur Verfügung steht.

9.6.2 Planung und Bau eines Solarparks am Infineum Standort Köln

Im Rahmen seiner Net-Zero-Transformation hat die Deutsche Infineum entschieden auf dem Firmengelände in Köln bis zum Jahr 2025 einen Solarpark zu errichten, der auf einer Fläche von 15 Hektar bis zu 17 GWh/a elektrische Energie liefern kann. Infineum verfolgt dabei das Ziel, die Eigennutzung der selbst erzeugten elektrischen Energie auf 70 % zu steigern und somit die Nachhaltigkeitsziele des Unternehmens insbesondere in Bezug auf Scope 1 und Scope 2 CO_2-Emissionen zu unterstützen. Aufgrund der kontinuierlichen Produktion (24/7) besteht am Standort ein konstanter Energiebedarf. Das Produktionsprofil des Solar-Parks unterliegt technologiebedingt allerdings erheblichen Schwankungen. Einfluss haben hier als Beispiel Tag-Nacht-Wechsel, Wetter, und Jahreszeiten. Dies führt einerseits zu Überkapazitäten und damit Netzeinspeisung (bspw. an sonnigen Sommertagen), andererseits aber auch zu Unterversorgung (bspw. in der Nacht), welche durch

Zukäufe ausgeglichen werden müssen. Infineum setzt daher auf flexible energietechnische digitale Lösungen, um Energieüberschüsse zielgerichtet bei minimierter Netzeinspeisung nutzbar machen zu können.

Die Entscheidung für die Errichtung des Solarparks am Standort Köln basiert auf den infrastrukturellen Gegebenheiten, da zum einen eine besonders große Freifläche im Chemie-Park zur Verfügung steht und zum anderen das lokale Partnernetzwerk für Grund und Boden-Leasing und saisonale Strom-Überschuss-Abnahme direkt zur Verfügung steht. Infineum geht bei diesem Projekt davon aus, dass durch die Inbetriebnahme des Solarparks eine Reduktion der CO_2-Emissionen in Höhe von 12 % (entspricht 5100 Tonnen pro Jahr) und eine Strom-Selbstversorgungsrate von 33 % (bei verbleibenden 67 % Fremdbezug) erreicht werden kann. Dies ist besonders relevant in Hinblick auf eine optimierte Versorgung mit elektrischer Energie, die die Abhängigkeit von begrenzten fossilen Brennstoffen signifikant reduzieren wird.

Dieses Projekt ist ein Beispiel dafür, dass die Industrie sehr wohl bereit ist neue Wege zu gehen, jedoch aber auch kritisch hinterfragt, wie sinnvoll es ist, dass Unternehmen individuelle Wege gehen, ohne dass eine abgestimmte bundesweite Strategie in Sicht ist.

9.6.3 Änderungen der Lieferverträge im Energiebereich „Dampf“

Auch im Bereich der Partnernetzwerke geht Infineum neue Wege im Rahmen von clevereren Kooperationen. So kam es zu einer Vereinbarung mit dem derzeitigen lokalen Energieversorger, der in der Region auch noch weitere wichtige Kunden bedient, ihn dabei zu unterstützen durch Modernisierung seines Kraftwerks eine deutliche CO_2-Reduktion bei der Dampf-Generierung zu erreichen. Der Dampf-Lieferant tätigt hierbei eine Investition, um seine bestehende Kraft-Wärme-Kopplungsanlage, die derzeit mit Kohle betrieben wird, durch eine moderne mit Erdgas betriebene und zukunftsfähig für Wasserstoff (H_2) ausgelegte Anlage zu ersetzen. Da dies unmittelbaren Einfluss auf die Betrachtung der Scope 2 Emissionen von Infineum nimmt, hat sich das Unternehmen entschlossen eine langfristige Vereinbarung über den Kauf von Dampf bis 2030 zu unterzeichnen. Es wird erwartet, dass auf Basis dieser neuen Liefervereinbarung eine signifikante CO_2-Reduktion (im Scope 2) von ca. 5,5 kt/Jahr im Vergleich zum Jahr 2022 erzielt werden kann.

Die weiteren bereits abgestimmten Schritte sind die Umrüstung auf Wasserstoff, sobald dieser gesichert aus erneuerbaren Quellen zur Verfügung steht, wodurch dieser Energieträger dann defossiliert ist.

9.7 Ausblick

Die im vorangegangenen Kapitel genannten drei Beispiele geben bereits einen Hinweis darauf, wie die nächsten Schritte hin zu einer vollständigen Defossilierung der Infineum aussehen werden werden (siehe hierzu Abb. 9.7).

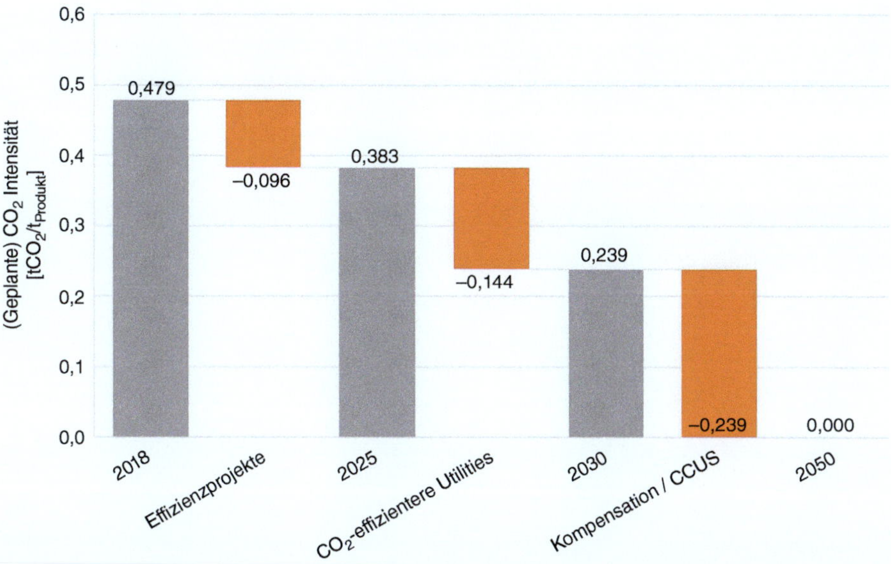

Abb. 9.7 Graphische Darstellung der verschiedenen Effekte der Net-Zero-Strategie für den Produktionsstandort.

Für die erfolgreiche Einführung, Umsetzung und Erreichung der Net-Zero-Strategie bleibt die Mischung aus eigenständiger Energieerzeugung, externen Partnerschaften mit Energieunternehmen, weiterem Fokus auf Energieeffizienz und die Verwendung von erneuerbaren Energieträgern notwendig.

Auf diesem Weg wird es in den nächsten 25 Jahren nicht planbare Unwägbarkeiten zu bewältigen geben, welche zur Anpassung von Plänen und Absichten führen. Dennoch ist die von Infineum aufgestellte robuste Net-Zero-Strategie der entscheidende Baustein, um diesen Weg erfolgreich zu gehen. Nur mit dieser langfristigen Planung und einer ganzheitlichen Betrachtung des Energiesystems kann das strategische Net-Zero-Ziel sichtbar gemacht und erreicht werden.

So ist die Strategie auf die nächsten 5 Jahre hin bis zum Jahr 2030 bereits detailliert geplant und entsprechende Geldmittel bereitgestellt. Die Ressourcen zur Umsetzung der Projekte sind eingeplant sowie die notwendigen behördlichen Genehmigungen sind geplant bzw. bereits eingeholt.

Der größte, in den nächsten Jahren, zu klärende Unsicherheitsfaktor bleibt die weitere Umsetzung der Defossilierung über das Jahr 2030 hinaus, wenn wir als Unternehmen unser Potential in Bezug auf Energieeffizienzprojekte und bzgl. der Einführung von CO_2-effizienteren Utilities gehoben haben. Ab diesem Zeitpunkt verbleiben aus Unternehmenssicht zwei mögliche Aktivitäten die restliche CO_2 Erzeugung zu kompensieren – entweder durch den Zukauf von Zertifikaten oder die Speicherung von CO_2 (unter der Annahme, dass dies in Deutschland genehmigungsfähig wird). Bei dieser Planung handelt es sich um den als wahrscheinlichsten angesehenen Fall basierend auf dem aktuellen Kenntnisstand.

10

Systemlösung zum chemischen Recycling von PUR-Hartschäumen

Dorota Pawlucka[1], *Sebastian Eggers*[2], *Pia Gillessen*[3], *Martin Pillich*[4] *und Prof. Dr. Sebastian Engell*[5]

[1] *Covestro Deutschland AG*

[2] *Zentrum für Beratungssysteme in der Technik Dortmund e.V. (ZEDO)*

[3] *Interzero Circular Solutions Germany GmbH*

[4] *Eidgenössische Technische Hochschule Zürich*

[5] *Technische Universität Dortmund*

Abstract

Die Autoren stellen eine innovative Systemlösung für das chemische Recycling von PUR-Hartschäumen vor. Es werden die technischen und organisatorischen Herausforderungen im Umgang mit Polyurethan-Abfällen erläutert und die Entwicklung eines geschlossenen Kreislaufsystems beschrieben. Die Autoren analysieren die Prozessschritte von der Sammlung über die Zerkleinerung und chemische Aufbereitung bis zur Rückführung der gewonnenen Rohstoffe in die Produktion. Besonderes Augenmerk liegt auf der ökologischen und ökonomischen Bewertung des Verfahrens sowie auf der Einbindung von Partnern entlang der Wertschöpfungskette. Es wird gezeigt, wie durch innovative Recyclingprozesse Ressourcen geschont, Emissionen reduziert und neue Geschäftsmodelle für die Kreislaufwirtschaft in der Kunststoffindustrie geschaffen werden können.

10.1 Stoffliches Recycling von PUR Hartschäumen – Notwendigkeit und Herausforderungen

Polyurethan ist heute für viele Lebensbereiche unverzichtbar. Polyurethane sind Polymere, die durch die chemische Reaktion von Diisocyanaten mit Polyolen entstehen. Je nach Wahl der Hauptkomponenten und der Art der Verarbeitung resultieren sehr unterschiedliche Eigenschaften, was Polyurethane für zahlreiche Anwendungen in unterschiedlichsten Branchen interessant macht. Neben der Verwendung als Weichschäume in Matratzen, Polstermöbeln und Schutzkleidung

Zirkuläre Wirtschaft und Nachhaltigkeit in der chemischen Industrie: 1. Aufl. C. Suntrop und T. Wagner (Hrsg.).
© 2026 Wiley-VCH GmbH. Alle Rechte vorbehalten, einschließlich derer für Text- und Data-Mining und Training von Technologien der Künstlichen Intelligenz oder ähnlichen Technologien.

kommen sie auch in Harzen, Beschichtungen, Lacken und Klebstoffen in der Automobilindustrie, Luftfahrt sowie Medizin zum Einsatz. Polyurethane sind außerdem Bestandteil vielseitiger Hartschäume, die als hochwirksame Dämmstoffe in Kühlgeräten und im Bauwesen verwendet werden. Ihr Einsatz fördert die Nachhaltigkeit von Kühlgeräten und Gebäuden, da sie hervorragende Isoliereigenschaften, ein geringes Gewicht, hohe Druckfestigkeit und gute Feuchtigkeitsbeständigkeit aufweisen. Ihre Vielseitigkeit ermöglicht die Herstellung in verschiedenen Formen und Dichten. Auch ihre zu erwartende Lebensdauer von etwa 50 Jahren trägt zur Nachhaltigkeit bei.

Polyurethane in Form von Hartschäumen können nicht mechanisch recycelt werden, da sie als Duroplaste vorliegen und nicht schmelzbar sind. Stattdessen werden diese Hartschäume nach Ende ihrer Nutzungsdauer meist aus den Geräten oder Bauelementen, in die sie eingebaut waren, entfernt und dem sogenannten energetischen Recycling zugeführt. Im Klartext heißt es, dass sie verbrannt werden, um Energie für die Strom- oder Wärmeproduktion zu gewinnen. Diese Methode hat jedoch zwei wesentliche Nachteile: Erstens führt sie zur Emission von CO_2, und zweitens sind die chemisch hochwertigen Bestandteile der Polyurethane nach der Verbrennung nicht mehr als alternative Rohstoffe für die Produktion von Spezialchemikalien wie den Komponenten von Polyurethanschäumen nutzbar.

Chemische Recyclingverfahren bieten dagegen eine vielversprechende Möglichkeit, um ausgediente Polymere in ihre molekularen Bestandteile zu zerlegen und so wertvolle Ausgangsmaterialien zurückzugewinnen. Diese Verfahren nutzen Wärme, Katalysatoren und Lösungsmittel, um die Qualität der Rezyklate auf ein Niveau zu heben, das mit dem von aus fossilen Quellen hergestellter Zwischenprodukte vergleichbar ist. Dadurch haben sie das Potenzial, fossile Rohstoffe zu ersetzen und somit eine Materialnutzung zu ermöglichen. Allerdings stellt die Entwicklung und Anwendung chemischer Recyclingtechnologien erhebliche Herausforderungen dar, wenn sie zu neuen Einsatzstoffen von hoher Qualität führen sollen. Die hohen Qualitätsanforderungen führen zu komplexen Verfahren, die empfindlich auf Verunreinigungen in den Eingangsstoffen reagieren. Entscheidend für die Realisierung chemischer Recyclingverfahren ist daher die Verfügbarkeit von gezielt aufbereiteten Abfallströmen, da die Effizienz dieser Verfahren stark von der Zusammensetzung und der Beschaffenheit der eingesetzten sekundären Wertstoffe abhängt.

Der Begriff „chemisches Recycling" umfasst eine Vielzahl unterschiedlicher Verfahren, die mit unterschiedlichen Reinheitsgraden der Ausgangsmaterialien arbeiten können. Beispielsweise wird die konventionelle Hochtemperatur-Pyrolyse häufig für gemischte Kunststoffströme eingesetzt. Die dabei gewonnenen Produkte sind jedoch in ihrer molekularen Struktur relativ einfach und müssen damit wieder am Anfang chemischer Wertschöpfungsketten eingespeist werden. Außerdem bereiten Kunststoffe mit Heteroatomen wie PUR Probleme. Im Gegensatz dazu können fortschrittlichere Prozesse, die Katalysatoren und/oder Lösungsmittel verwenden, komplexere Moleküle liefern, sie sind damit effizienter in der Wiedernutzung der in den Kunststoffen vorhandenen Molekülstrukturen, die sonst unter Energieeinsatz neu aufgebaut werden müssen. Der Preis, den man dafür bezahlt, ist ein höherer technischer Aufwand und eine geringere Robustheit. Welches Verfahren die optimale Lösung für welchen Wertstoffstrom darstellt, ist daher im Einzelfall zu entscheiden, bzw. iterativ zu entwickeln.

Die Produktion hochwertiger Sekundärrohstoffe durch chemisches Recycling erfordern integrierte Lösungen, die, wie im Falle von Polyurethanschäumen, eine verbesserte Sammlung und Demontage der Altprodukte, Sortierprozesse und Vorverarbeitungsschritte der herausgelösten Dämmstoffe sowie die gesamte zirkuläre Logistik umfassen. Weiterhin ist die Einbindung aller relevanten Interessensgruppen zu beachten sowie die Marktakzeptanz der aus den recycelten Materialien hergestellten neuen Produkte. Gesucht wird dabei eine Gesamtlösung, die am besten die Anforderungen bzgl. der technischen Machbarkeit, der Umweltverträglichkeit und der Wirtschaftlichkeit erfüllt.

Ein Beispiel für ein Projekt, das eine solche systemische Gesamtlösung zum Ziel hat, ist CIRCULAR FOAM, das von der Europäischen Union im Rahmen des Green Deals im Forschungsprogramm Horizon Europe gefördert und von der Covestro Deutschland AG geleitet wird. An CIRCULAR FOAM sind 25 Partnerorganisationen beteiligt, die für die Schließung der Kreislauf-Wertschöpfungskette erforderlich sind, und zwar aus den Bereichen verarbeitende Industrie, Herstellung, Abfallwirtschaft, Technologieanbieter, einschließlich Forschungspartner, Logistik, Sozialwissenschaftler und Wirtschaftswissenschaftler, die mit dem öffentlichen Sektor und der Öffentlichkeit zusammenarbeiten. Im Rahmen von CIRCULAR FOAM werden spezialisierte Technologien für die Aufarbeitung der Abfallströme, die chemische Transformation und die Auftrennung der resultierenden Produktströme als Teil einer ganzheitlich optimierten Lösung zur Schließung der Polyurethan-Hartschaum-Kreislaufs entwickelt. Darüber hinaus wird auch der Einsatz der gewonnenen Rohstoffe in der Produktion von neuen Geräten oder Bauelementen und die Entwicklung neuer, im Hinblick auf das Recycling optimierter Produkte untersucht. Im Zentrum stehen zwei chemische Recyclingverfahren: katalytische Pyrolyse und Chemolyse. Die betrachteten Stoffströme umfassen Polyurethan Hartschaum-Dämmungen aus Altkühlgeräten, sowie ausrangierte Dämmplatten und Wandsysteme aus Bauabfällen und dem Abriss von Gebäuden.

Ein regionaler Ansatz, der neben dem Aufbau einer ganzheitlichen industriellen Wertschöpfungskette verfolgt wird, bindet lokale Interessensgruppen mit ein, um Konzepte für maßgeschneiderte Kooperationen für die praktische Implementierung zirkulärer PUR Hartschaum-basierten Kette zu entwickeln.

Im Folgenden wird auf die wesentlichen spezifischen Herausforderungen bei der Erschließung der zirkulären Wertschöpfungskette für Polyurethanhartschäume eingegangen. Die nachfolgenden Abschnitte beschreiben die Herausforderungen und Lösungen für das chemische Recycling, und für die Abfallsammlung und

-aufbereitung sowie die Modellierung und Optimierung des Gesamtsystems und die Lebenszyklusanalyse.

10.2 Routen zum chemischen Recycling

Im Projekt CIRCULAR FOAM wurden zwei innovative chemische Verfahren entwickelt, um wertvolle Zwischenprodukte aus Polyurethan-Hartschäumen in Recyclingströmen zurückzugewinnen. Die beiden entwickelten Verfahren basieren auf den Prinzipien der Chemolyse und der katalytischen Pyrolyse. Die Verfahren werden im Folgenden näher beschrieben.

Polyurethane bestehen aus den Hauptkomponenten Isocyanaten und Polyolen, die bei der Reaktion Urethanbindungen bilden [1]. In Abbildung 10.1 ist die vereinfachte Bildung eines Polyurethans (Urethangruppe: blau) durch die Reaktion eines Diisocyanats mit einem Diol dargestellt.

Das Isocyanat, im Fall von Hartschaum polymeres Diphenylmethandiisocyanat (pMDI), wird durch die Reaktion von Phosgen mit einem Amin, polymerem Diphenylmethandiamin (pMDA), erzeugt. Das pMDA wird aus Anilin hergestellt, das wiederum über Nitrobenzol aus Benzol gewonnen wird [2]. In Abbildung 10.2 ist die Herstellung von pMDI aus Benzol dargestellt.

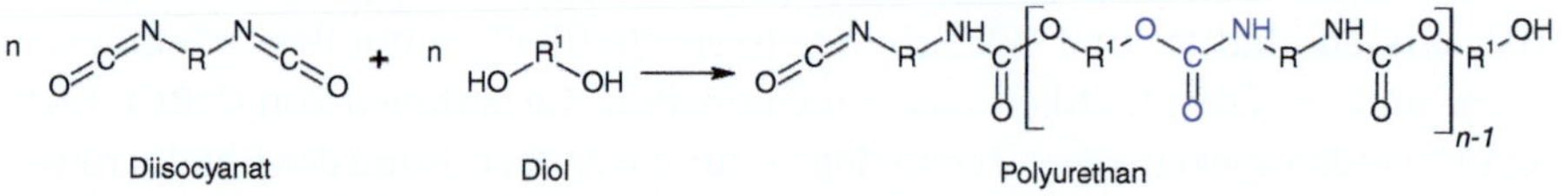

Abb. 10.1 Bildung eines Polyurethans durch die Reaktion eines Diisocyanats mit einem Diol (Quelle: eigene Darstellung).

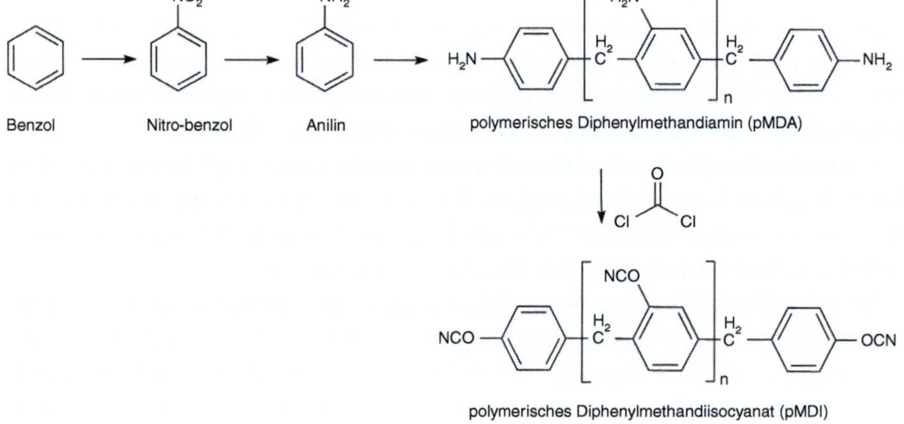

Abb. 10.2 Bildung von pMDI aus Benzol (Quelle: eigene Darstellung).

Für das Recycling von Kunststoffabfällen sind je nach Reinheit der Abfallströme verschiedene Verfahren realisierbar. Die Ökobilanz zeigt, dass insbesondere die Produktion hochwertiger recycelter Produkte einen positiven Umwelteffekt hinsichtlich der CO_2-Emissionen erzielt. PU-Schäume können aufgrund ihrer spezifischen Eigenschaften nicht mechanisch recycelt werden. Stattdessen wurden in diesem Projekt zwei Formen des chemischen Recyclings untersucht.

Ziel des chemischen Recyclings ist es, die Hauptkomponenten zur Polyurethanherstellung oder Vorprodukte dieser Komponenten wiederzugewinnen. Bisherige Untersuchungen mit Fokus auf Weichschaum-Recycling haben gezeigt, dass die Polyole erfolgreich zurückgewonnen werden können [3, 4].

Ein zentrales Ziel von CIRCULAR FOAM ist es, neben dem Polyol auch ein Amin, entweder MDA oder Anilin, zurückzugewinnen. Dieser Ansatz wird bereits erfolgreich für Weichschaum verfolgt [5, 6], allerdings lässt sich das chemische Recycling des Weichschaums nicht einfach auf Hartschaum übertragen. Bisherige Untersuchungen mit Fokus auf katalytische Pyrolyse ergaben Katalysatoren, die sich für die katalytische Pyrolyse von Hartschaum zu MDA oder Anilin als hochwertigere Rohstoffe eignen [7].

Um die komplexen Bestandteile von Hartschaum in hochwertige Rohstoffe zu überführen und hierfür einen effizienten Recyclingprozess zu entwickeln, wurden im Rahmen des Projekts CIRCULAR FOAM sowohl die katalytische Pyrolyse als auch die Chemolyse untersucht. Die resultierenden Produkte können direkt zur Herstellung von Monomeren bzw. Zwischenprodukten für Polyurethane (Amine, Polyole) verwendet werden. Dabei ist es entscheidend, dass die erzeugten Rohstoffe die gleiche Qualität wie die aus fossilen Rohstoffen hergestellten aufweisen.

In Abbildung 10.3 ist ein Überblick über die beiden Verfahren dargestellt. Zum jetzigen Zeitpunkt haben beide Verfahren sowohl Vorteile als auch Nachteile. Bei der Chemolyse können die Polyole relativ einfach wiedergewonnen werden, wobei die Polyolketten intakt bleiben und die Qualität des recycelten Produkts mit der des Ausgangsprodukts vergleichbar ist. Die Wiedergewinnung des Amins in hoher Qualität ist bei der Chemolyse jedoch deutlich schwieriger, da das durch die Chemolyse entstandene Vorprodukt pMDA in einem schwer zu trennenden Sumpfprodukt des Destillationsprozesses vorliegt, so dass die Aufreinigung eine Herausforderung darstellt.

Bei der Pyrolyse ist die Situation genau umgekehrt. Das Zielprodukt ist hier Anilin, ein Vorprodukt bei der Herstellung von pMDI. Zwar sind dann zwei weitere Schritte notwendig, um das gewünschte pMDI zu erhalten, jedoch ist das Anilin über eine Destillation deutlich einfacher aufzureinigen als pMDA. Der Nachteil der katalytischen Pyrolyse ist, dass die Polyether nicht intakt bleiben, so dass ein viel längerer Syntheseweg erforderlich ist, um wieder zu den Polyolen zurückzukehren.

Im weiteren Verlauf des Projekts werden deshalb beide Verfahren optimiert, um später eine fundierte Entscheidung treffen zu können, welcher Weg ökonomisch und ökologisch vorteilhaft ist.

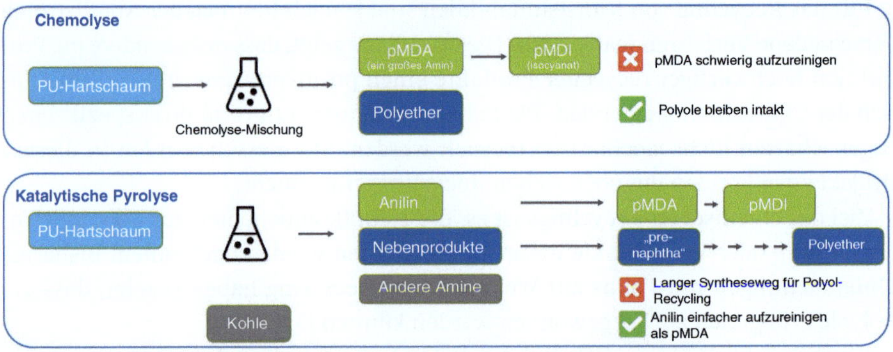

Abb. 10.3 Die Zielmoleküle beim chemischen Recycling von PU-Hartschaum im Falle der Chemolyse (oben) und der katalytischen Pyrolyse (unten). (Quelle: CIRCULAR FOAM interne Dokumentation).

10.2.1 Chemolyse

Bei der Chemolyse werden die Polyurethan-Hartschäume durch chemische Reaktionen in ihre Bestandteile zerlegt. Die Zielprodukte sind Polyole und Methylendiphenylendiamin (pMDA) als Vorprodukt von polymerem Diphenylmethandiisocyanat (pMDI).

Die Polyurethanabfälle werden dazu mit einem Chemolysemittel, oft ein Lösungsmittel, meist in Gegenwart eines Katalysators bei erhöhter Temperatur und gegebenenfalls unter Druck umgesetzt. Das entstehende Chemolyseprodukt enthält das Amin (pMDA), das dem ursprünglichen Isocyanat entspricht, sowie die dem Ausgangsstoff entsprechenden Polyole. Beide Komponenten können nachfolgend getrennt und gereinigt werden [8]. Die Chemolyse und Reinigungsschritte wurden im Projekt von den Partnern Covestro und RWTH Aachen entwickelt.

Das zurückgewonnene Polyol ist von so hoher Qualität, dass es in der Standardformulierung für PUR Hartschäume das entsprechende Polyol aus fossilen Quellen vollständig ersetzen kann. So kann ein Recyclinganteil von ca. 36 % erreicht werden. Bei der Chemolyse von PU-Hartschäumen bleiben die Polyolketten intakt, und die OH-Zahl (Konzentration der Hydroxylgruppen) entspricht der eines gebrauchsfähigen Polyols. Der einzige nennenswerte Unterschied zum Standardpolyol ist eine etwas dunklere Farbe des Recyclingprodukts. Die Re-Polyol-Qualität ist sehr gut, unabhängig von der Quelle (frischer Schaum oder End-of-Life-Schaum).

In Abbildung 10.4 sind PU-Hartschäume dargestellt, in denen 100 % der Polyether durch die Re-Polyol-Mischung ersetzt wurde.

Um die zweite Komponente, das Isocyanat zu erhalten, wird ein Amin bei niedriger Temperatur unter Inertgasatmosphäre mit Phosgen umgesetzt. Die Rückgewinnung von pMDI erfordert jedoch einen höheren Aufwand als die Rückgewinnung des Polyols. Während das Polyol sehr rein anfällt, sind Restverunreinigungen im recycelten pMDI schwer zu entfernen. Das recycelte pMDI ist etwas dunkler als das

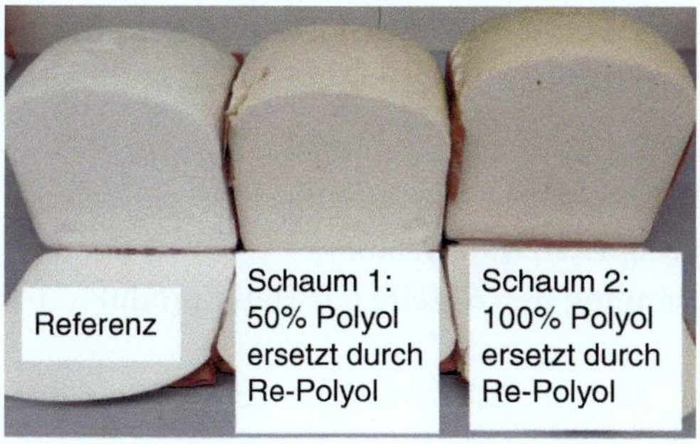

Abb. 10.4 PU-Hartschaumstoffe auf Basis von Re-Polyol (Quelle: freundlicherweise zur Verfügung gestellt vo Covestro, Patrick Klasen).

Standardprodukt, aber die NCO-Konzentration (Isocyanatgruppen) und die Kettenlängenverteilung sind mit denen des aus fossilen Rohmaterialien gewonnenen Standardprodukts vergleichbar. Laufende Arbeiten zum Chemolyseprozess zielen darauf ab, die Qualität des zurückgewonnenen pMDI weiter zu verbessern.

10.2.2 Katalytische Pyrolyse

Pyrolyse ist ein Prozess, bei dem der thermische Abbau von hochmolekularen organischen Materialien in einer inerten Atmosphäre entweder mit einem Katalysator (katalytische Pyrolyse) oder ohne Katalysator (Hochtemperatur-Pyrolyse) stattfindet. Die herkömmlichen Hochtemperatur-Pyrolyseverfahren werden daraufhin optimiert, Rohstoffe zu erzeugen, die den durch fraktionierte Destillation von Rohöl gewonnenen Rohstoffen ähneln, wie Raffineriegase, Benzin/Naphtha oder Diesel [9]. Dagegen führt die katalytische Pyrolyse von Kondensationspolymeren wie Polyurethan aufgrund des Reaktionsverhaltens der funktionellen Gruppen zu definierten größeren Molekülen.

Im Projekt CIRCULAR FOAM wird eine katalytische Pyrolyse durchgeführt, bei der die Polyurethanhartschäume in einer sauerstofffreien Umgebung thermisch zersetzt werden. Durch Erhitzen werden die chemischen Bindungen geschwächt und schließlich aufgebrochen, wodurch gasförmige und flüssige Produkte (Pyrolyseöl) sowie Koks als Nebenprodukt entstehen. Die recycelbaren Komponenten befinden sich hauptsächlich im Pyrolyseöl.

In der katalytischen Pyrolyse ermöglicht der Einsatz eines Katalysators eine genauere Kontrolle und Optimierung des Prozesses hinsichtlich Produktausbeute, Zusammensetzung und Reaktionsbedingungen. Diese Pyrolyse kann durch den Katalysator bei deutlich niedrigeren Temperaturen ablaufen als die gewöhnliche Pyrolyse. Zudem benötigt die Methode kein Lösungsmittel, und die erhöhte Selektivität ermöglicht die direkte Herstellung von hochwertigen Molekülen [10]. Bei der Pyrolyse wird das im Eingangsstrom enthaltene pMDA durch den Katalysator zu Anilin und Toluidin zersetzt. Das Anilin kann wieder bei der Produktion von MDI verwendet werden, das Toluidin ist ein wertvolles Nebenprodukt, das in anderen Produktionen eingesetzt werden kann.

Die katalytische Pyrolyse wird in einer Wirbelschicht durchgeführt. Sie wurde in Kooperation von Covestro, der Rijksuniversiteit Groningen und BioBTX optimiert. Die Prozessoptimierung umfasste folgende Untersuchungen:

- Thermogravimetrie und Infrarotspektroskopie zur Bestimmung der Pyrolysetemperatur und Koksgehalte sowie des geeigneten Katalysators
- Mikropyrolyse oder TMR zur Bestimmung der Anteile der Hauptprodukte in Abhängigkeit vom Katalysator
- Untersuchungen in Reaktoren im Gramm-Maßstab zur Schließung der Massenbilanz
- Untersuchungen an einer Anlage im Kilogramm-Maßstab bei BioBTX zur Entwicklung einer geeigneten Zuführung der Hartschäume in den Pyrolysereaktor und zur Optimierung der Prozessbedingungen. Dieser Schritt dient auch dazu, genügend Pyrolyseöl für die Auslegung und Optimierung der nachfolgenden Produktaufreinigung herzustellen.

Die Untersuchungen bestätigten, dass Katalysatoren auf Aluminiumoxidbasis am effektivsten sind, um die Hauptbestandteile aus PU-Hartschaum zurückzugewinnen. Darüber hinaus bestätigte sich, dass u. a. die Acidität des Katalysators ein wichtiger Parameter ist, der die Leistung des Katalysators beeinflusst. Die Optimierung des Prozesses führte zu einer erhöhten Ausbeute der relevanten Moleküle und zu einer Reduktion des Koksgehaltes.

Das bei der Pyrolyse anfallende Pyrolyseöl enthält eine Vielzahl von Komponenten, aus denen Anilin und Toluidin abgetrennt werden müssen. In einer Zusammenarbeit von Covestro, der RWTH Aachen, der ETH Zürich und der TU Dortmund wurden Konzepte zur Auftrennung des Pyrolyseöls entwickelt [11]. Das Hauptaugenmerk liegt dabei auf der Erzielung hoher Reinheiten von Anilin und Toluidin bei gleichzeitig hohen Ausbeuten. Die Trennung erfolgt im Wesentlichen durch eine mehrschrittige Rektifikation. Das Pyrolyseöl enthält einen erheblichen Anteil von Naphtha, der in petrochemische Standardprozesse (Cracker) zurückgeführt werden kann. Da Naphtha aus Recycling-Strömen einen höheren Marktwert hat als Naphtha fossilen Ursprungs, trägt dies nicht unwesentlich zur Wirtschaftlichkeit des Verfahrens bei. Ebenso ist aus wirtschaftlichen und ökologischen Gründen die Abtrennung von Aromaten und Aceton sinnvoll.

10.3 Sammlung und Aufbereitung der Abfallströme mit PUR Hartschaum Anteilen

Um den Zugriff auf das Polyurethan (kurz: PUR) aus Kühlschränken und aus dem Bauwesen zu sichern und eine chemische Verwertung der Abfallströme zu ermöglichen, ist es notwendig ein entsprechendes Sammelsystem sowie Aufbereitungsverfahren dieser Produkte zu etablieren. Im Folgenden werden die wesentlichen Randbedingungen und Herausforderungen in Bezug auf die Abfallsammlung von Kühlschränken und PUR-Dämmmaterialien erläutert und ein kurzer Ausblick auf eine künftige Abfallaufbereitung am Beispiel Deutschlands beschrieben. Sofern nicht anders angegeben, basieren die Ausführungen auf eigenen Recherchen der CIRCULAR FOAM Projektpartner und Diskussionen mit verschiedenen Stakeholdern.

10.3.1 Kühlschränke

Die Sammlung und Verwertung von Kühl- und Gefriergeräten unterliegt in Deutschland dem Elektro- und Elektronikgerätegesetz (kurz: ElektroG), der deutschen Umsetzung der WEEE-Richtlinie [12]. Das ElektroG beschränkt das Recht zur Sammlung von Altgeräten, die in privaten Haushalten genutzt werden können, auf öffentlich-rechtliche Entsorgungsträger, Hersteller und Vertreiber von Elektro- und Elektronikgeräten (oder deren Bevollmächtigte) sowie auf zertifizierte Behandlungsanlagen. Für die Sammlung von Elektro- und Elektronik-Altgeräten durch die öffentlich-rechtlichen Entsorgungsträger definiert das ElektroG Sammelgruppen für die getrennte Sammlung, die mit den sechs Kategorien des Anhangs III der WEEE-Richtlinie identisch sind. Alle Kühl- und Gefriergeräte, unabhängig von ihrer stofflichen Zusammensetzung, fallen daher zumindest bei der Sammlung durch die öffentlich-rechtlichen Entsorgungsträger unter die Sammelgruppe 1 „Wärmeüberträger".

Eine wesentliche Rolle im Umgang mit Elektronik- und Elektroschrott spiel die Stiftung Elektro-Altgeräte Register (kurz: EAR). Die EAR ist eine Stiftung des bürgerlichen Rechts, die 2004 als Gemeinschaftseinrichtung der Hersteller und Verbände der Elektro- und Elektronikbranche gegründet wurde. Zu den Aufgaben der Stiftung zählen die Registrierung der Inverkehrbringer oder deren Bevollmächtigten von Elektro- und Elektronikaltgeräten, die Überprüfung und Etablierung von Herstellergarantiesystem sowie die Datensammlung über die Mengen der in Verkehr gebrachten Geräte. Operative Tätigkeiten wie die Rücknahme und Entsorgung der Altgeräte oder Logistik, Sortierung, Rückbau oder Recycling gehören nicht zu ihren Aufgaben. Hierfür sind die im EAR-Register eingetragenen Hersteller und Bevollmächtigten verantwortlich [13]. Sie tragen die wirtschaftliche und faktische Verantwortung für die Verwertung und Entsorgung von Altgeräten [14].

Es existieren unterschiedliche Möglichkeiten, Kühl- und Gefriergeräte zu entsorgen. Zum einen können sich Verbraucher an einen öffentlich-rechtlichen Entsorgungsträger (kurz: örE) wenden, der die Altgeräte im Rahmen der öffentlichen Sperrmüllsammlung abholt. Alternativ kann der Verbraucher das Gerät eigenständig zu einer regionalen Sammelstelle bringen. Zum anderen haben Verbraucher die Möglichkeit den Hersteller oder den Verkäufer ihres Alt- oder Neugerätes zu kontaktieren. Diese können freiwillig ein Rücknahmesystem für ihre Kunden anbieten

[15]. Für gewerbliche Altgeräte erfolgt die Entsorgung via Direktauftrag zwischen Gewerbetreibendem und Entsorger.

Nach Sammlung der nicht mehr benötigten Kühlschränke werden die Geräte entweder direkt zu einem Recyclinghof gebracht oder vom Recyclingunternehmen beim Entsorger abgeholt. Das ElektroG sieht vor, dass die Kühlgeräte vor der Zuführung in den Recyclingprozess zunächst einer Erstbehandlung unterzogen werden müssen, welche überprüft, ob der Kühlschrank oder seine Teile in einem Recyclingprozess behandelt werden können. In Deutschland gibt es laut eigener Recherchen zahlreiche Anlagen, in denen eine Erstbehandlung durchgeführt werden kann. Im ersten Behandlungsschritt müssen mindestens alle Flüssigkeiten entfernt und die Voraussetzungen für eine selektive Behandlung nach Anlage 4 ElektroG erfüllt sein. Der Prozess der Erstbehandlung beginnt mit dem Entfernen der Regale, Glaseinsätze, Kabel und Speisereste aus den Kühlschränken und dem Ablassen des Kühlmittels aus dem Kompressor. Das Kühlmittel wird separat entsorgt. Dann wird der Kompressor entfernt, während das restliche Öl abgelassen wird.

Der zweite Behandlungsschritt (Zweitbehandlung) besteht aus den Phasen der Zerkleinerung, der Trennung und Sortierung sowie der Entgasung. Mit Hilfe eines Zerkleinerungsapparats wie z. B. eines Schredders werden die Kühl- und Gefriergeräte zerkleinert und im Nachgang sortiert, um Fraktionen wie Eisenmetalle, Nichteisenmetalle, Polystyrol, Mischkunststoffe, Polyurethan sowie das Treibmittel zu erhalten. Die Trennung findet z. B. mittels Windsichtung, Magnetabscheidern oder einer Hammermühle statt. Da die in den Isolierschäumen gebundenen Treibmittel hauptsächlich während des Zerkleinerungsprozesses freigesetzt werden, muss der Hartschaum entgast werden und die Treibmittel müssen zurückgewonnen werden. Die gesamte Aufbereitung der Wertstofffraktionen erfolgt daher in einer gekapselten Umgebung. Der PUR-Hartschaum-Ausgangsstrom einer Kühlschrankbehandlungsanlage kann sowohl in Pulverform als auch kompaktiert als Pellet oder Brikett vorliegen und wird entweder energetisch verwertet.

Zurzeit existieren deutschlandweit rund 13 zertifizierte Verwertungsanlagen, die technisch und regulatorisch in der Lage sind, die Kühlgeräte zu schreddern und die PUR Hartschäume von den restlichen Materialien zu trennen. Diese Anlagen stellen den frühestmöglichen Zugriffspunkt auf das Eingangsmaterial in einer zukünftigen Kreislaufführung dar, in dem die energetische Verwertung durch einen chemischen Recyclingprozess ersetzt wird. Eine wesentliche Herausforderung ist hierbei die Qualität des PUR-Hartschaums aus dem Kühlschrankrecycling. Die in Deutschland existierenden Anlagen sind technologisch nicht identisch, so dass zum jetzigen Stand keine Aussage darüber getroffen werden kann, ob sich die Ausgangsströme aller Anlagen auch als Feedstock für ein chemisches Recycling eignen oder Änderungen oder weitere Prozessschritte nötig sind. Kritische Parameter sind hier zum einen die Verunreinigung mit Metallen und anderen Kunststoffen, deren Auswirkung auf das chemische Recycling noch nicht vollständig eingeschätzt werden können, zum anderen die Kompaktierung, da für die Förderung in einen chemischen Behandlungsprozess eine gewisse Mindestdichte notwendig ist.

10.3.2 Dämmplatten und Sandwich Paneele

Bau- und Abbruchabfälle unterliegen in viel geringerem Maße der harmonisierten europäischen Gesetzgebung als Elektro- und Elektronik-Altgeräte, wodurch das nationale Recht derzeit mehr Gewicht besitzt. Auf europäischer Ebene gibt es keine spezifischen Regelungen für diesen Abfallstrom, so dass die allgemeineren Vorschriften der Abfallrahmenrichtlinie Gültigkeit haben. In Artikel 8 der Abfallrahmenrichtlinie gibt die Abfallrahmenrichtlinie den Mitgliedstaaten die Möglichkeit, Rechtsvorschriften zu erlassen, die die Hersteller verpflichten, Systeme der erweiterten Herstellerverantwortung (EPR) für Abfallströme ihrer Wahl einzurichten [16]. Bisherige Recherchen konnten kein EPR-System für PUR Dämmplatten und Sandwichpaneele in einem der Mitgliedsstaaten identifizieren.

Die Abfallrahmenrichtlinie enthält keine Bestimmungen in Bezug auf die getrennte Sammlung von Bau- und Unfallabfällen, außer der Bestimmung, dass mehr als 70 % der ungefährlichen Bau- und Abbruchabfälle zu recyceln sind [17].

Inwieweit PU-Abfälle als ungefährlicher oder gefährlicher Abfall eingestuft werden hängt zum einen davon ab, ob Inhaltsstoffe wie FCKW, HFKW oder H-FCKW enthalten sind. Zum anderen können auch Verunreinigungen während der Anwendung dafür sorgen, dass das Material als gefährlich klassifiziert werden muss, beispielsweise aufgrund von anhaftenden Bitumenresten. Isolierplatten können PUR oder PIR (Polyisocyanurat)-Schaum enthalten. Diese Schäume müssen je nach Verfahren unterschiedlich verarbeitet und dann vor dem chemischen Recycling getrennt werden.

Hinsichtlich der Sammlung von Bau- und Abbruchabfällen erscheint daher eine Unterscheidung zwischen Baustellenabfällen und Abbruchabfällen notwendig: Auf Baustellen ist eine getrennte Sammlung von PU-basierten Dämmstoffen mit Kenntnis ihrer Zusammensetzung möglich, auf Abbruchbaustellen erscheint die Identifizierung des Materials herausfordernd. Beim derzeitigen Stand der Dinge ist nicht absehbar, ob vor dem Recycling eine andere Art von Aufbereitung als eine (Vor-) Sortierung stattfinden könnte, so dass eine Klassifizierung möglicher Folgematerialien derzeit nicht möglich ist.

In Deutschland ist die Sammlung von Bau- und Bauabfällen in der Gewerbeabfallverordnung geregelt. Die Gewerbeabfallverordnung ist eine gesetzliche Verordnung, die durch die §§ 8 und 10 des Kreislaufwirtschaftsgesetzes (KrWG) [18] ermöglicht wird und im Wesentlichen die deutsche Umsetzung der Abfallrahmenrichtlinie darstellt. Die Gewerbeabfallverordnung (GewAbfV) schreibt in § 8 die getrennte Sammlung von Dämmstoffen vor, nennt aber ausdrücklich nur den Abfallschlüssel 17 06 04 [19]. Dazu gehört pentangeschäumtes PU mit Konzentrationen von n-Pentan und Iso-Pentan unter 5 %. Sie bevorzugt Wiederverwendung und Recycling, nennt aber keine weiteren Anforderungen an die Trennung von Dämmstoffen.

Bau- und Abbruchbaustellen, die weniger als 10 m^3 Abfall produzieren, sind von den Bestimmungen der Gewerbeabfallverordnung ausgenommen, d. h. alle ungefährlichen Dämmstoffe aus diesen kleinen Bau- und Abbruchstellen werden vermutlich als gemischter Bau- und Abbruchabfall gesammelt.

Laut befragten Entsorgungsunternehmen kommen sortenreine PU-Entsorgungen selten vor, existieren aber durchaus schon. Dennoch erreicht sie der Großteil des PU-Hartschaums als Bestandteil von Baumischabfällen. Gemischter Bau- und Abbruchabfall wird je nach Ausrichtung und Größe der Anlage entweder manuell von Hand oder per Bagger oder automatisch durch mechanische Sortierung durch z. B. Magnete oder Windsichtung sortiert. Derzeit liegt der Fokus dieser Abfallsortierung auf der Sicherung des Zugangs zu Wertstoffen wie Metallen oder PVC. PU-basierte Abfälle gelten nicht als wertvoll und werden gemeinsam mit anderen Materialien zu einem Ersatztreibstoff verarbeitet und energetisch verwertet. Diese Praxis findet sich auch in anderen europäischen Ländern wie Schweden oder Dänemark. Laut einer Veröffentlichung von PU Europe aus dem Jahr 2013, dem europäischen Verband der Polyurethan-Dämmstoffindustrie, wird durchschnittlich rund die Hälfte der PU-basierten Dämmstoffabfälle energetisch verwertet [20].

Gemäß der im Rahmen des Projekts CIRCULAR FOAM durchgeführten Interviews mit Bau- und Abrissunternehmen kann ein allgemeines Interesse am Markt für eine getrennte Sammlung von PU-basierten Dämmstoffen für die Zukunft festgestellt werden, sofern PU-Dämmstoffe werthaltig werden. Auch wenn die Bauindustrie sich ihrer Auswirkungen auf die Abfallerzeugung bewusst zu sein scheint, ist der Kostendruck in der Branche hoch. Um wirtschaftlich zu arbeiten, hängt die getrennte Sammlung vom verfügbaren Platz und der erzeugten Menge an PU-haltigen Abfällen ab.

Basierend auf den Erkenntnissen von CIRCULAR FOAM wird eine Trennung von Bau- und Baustoffabfällen am Entstehungsort empfohlen, da eine nachgelagerte Sortierung von gemischten Bau- und Bauabfällen aufgrund von Verunreinigungen der Materialien und des hohen Aufwands nicht praktikabel erscheint. Daneben kann die trockene und saubere Sammlung und Lagerung eine Herausforderung sein, ist aber nach Ansicht der befragten Entsorgungsunternehmen und Bauunternehmen nicht unmöglich. Dies gilt auch weil es bereits ähnliche Sammelsysteme für andere Dämmstoffe wie z. B. Dämmwolle gibt.

Ein zukünftiges Sammelsystem sollte sich entsprechend an den aktuellen Praktiken für andere, stärker regulierte Dämmstoffe wie Isolierwolle orientieren und für PU-basierte Dämmmaterialien angepasst werden.

Für das chemische Recycling ist ein wichtiger Punkt, dass PU-basierte Abfälle aus dem Bau- und Abbruchwesen derzeit zwar mancherorts verarbeitet werden, ein dezidierter Prozess für die Aufbereitung und Verarbeitung von Dämmplatten und Sandwich Paneelen als Vorbereitung für ein chemisches Recycling jedoch noch nicht etabliert ist und entsprechend den Anforderungen an das chemische Recycling entwickelt, erprobt und dann implementiert werden muss. Im Rahmen von CIRCULAR FOAM wurde ein prototypisches Anlagenlayout zur Aufbereitung und Sortierung von Dämmmaterialien entwickelt, welches klassische Trenn- und Zerkleinerungstechnik, Technologien zur Feinsortierung zwischen PUR- und PIR-Dämmmaterialien sowie unterschiedlichen Flammschutzmitteln und zur Rückgewinnung von Treibmitteln und Treibhausgasen berücksichtigt.

10.4 Ökobilanzen

Für eine erfolgreiche Transformation hin zu einer nachhaltigen Chemieindustrie ist die ökologische Bewertung der Herstellungs- und Recyclingprozesse unabdingbar. Nur so kann sichergestellt werden, dass neue Prozesse, wie Recyclingverfahren, die Umwelt weniger negativ beeinflussen als der aktuelle Status-Quo. Eine etablierte Methode der ökologischen Bewertung ist die Ökobilanz bzw. Lebenszyklusanalyse, auch als Life Cycle Assessment (LCA) bekannt.

Bei der Ökobilanz werden die Emissionen eines (Produkt)-Systems analysiert, um daraus die Auswirkungen auf die Umwelt zu quantifizieren. Das Vorgehen zur Erstellung einer Ökobilanz ist dabei genormt in DIN EN ISO 14040 und DIN EN ISO 14044, welche vier wesentlichen Phasen einer Ökobilanz definieren: 1) Festlegung des Ziels und des Untersuchungsrahmens, 2) Sachbilanz, 3) Wirkungsabschätzung und 4) Auswertung. Die Ökobilanz ist dabei eine iterative Methode. Das bedeutet, dass diese vier Phasen mehrmals durchlaufen werden und innerhalb der Phasen Anpassungen getroffen werden können, je nach Erkenntnissen in den anderen Phasen.

Trotz dieser Normung ist die Ausgestaltung einer Ökobilanz sehr flexibel. Je nach getroffenen Entscheidungen und Annahmen können die quantifizierten Auswirkungen auf die Umwelt dadurch variieren. Deshalb ist es wichtig, nicht nur die quantifizierten Werte innerhalb einer Ökobilanz zu betrachten, sondern die Ökobilanz als Gesamtbild zu sehen, inklusive aller getroffenen Annahmen.

Im Nachfolgenden werden wichtige Aspekte der vier Phasen einer Ökobilanz im Kontext des CIRCULAR FOAM Projektes beleuchtet.

10.4.1 Ökobilanz des chemischen Recyclings von PUR-Hartschäumen

10.4.1.1 Festlegung des Ziels und des Untersuchungsrahmens

Eine fundamentale Frage zu Beginn jeder Ökobilanz ist ihr zugrundeliegendes Ziel. Für das CIRCULAR FOAM Projekt können dabei zwei wesentliche Ziele definiert werden: Einerseits soll der Entwicklungsprozess des Recyclingverfahrens durch die Ökobilanz mit Hilfe einer Hotspotanalyse informiert und unterstützt werden. Die Ökobilanz zeigt dabei nicht nur Verbesserungspotentiale für die weitere Entwicklung von Prozessschritten auf, sondern unterstützt auch die Entscheidungsfindung mit ökologischen Kriterien. Andererseits liefert die Ökobilanz den notwendigen ökologischen Vergleich zum aktuellen Status-Quo. Durch diesen Vergleich wird sichergestellt, dass das chemische Recycling von PUR-Hartschäumen auch zu einer nachhaltigen Transformation der Chemieindustrie beiträgt und schlechtere Prozessvarianten früh identifiziert werden.

Ein weiterer wichtiger Aspekt in dieser Phase der Ökobilanz ist die Festlegung des Untersuchungsrahmen und der Systemgrenzen. Prinzipiell sollten die Systemgrenzen so gewählt werden, dass alle Prozessschritte der Prozesskette eingeschlossen sind – von der Wiege bis zur Bahre des Produktes, auch „cradle-to-grave“

genannt. Im CIRCULAR FOAM Projekt muss dabei die duale Funktion des Recyclings, d. h. die Abfallbehandlung und Produktion, berücksichtigt werden. Durch die duale Funktion wird das chemische Recycling von PUR-Hartschäumen auch mit dem Status-Quo für beide Funktionen verglichen. Die Vergleichsprozesse für die Abfallbehandlung von PUR-Hartschäumen sind dabei die Müllverbrennung und die Co-Verbrennung in Zementwerken und für die Produktion der Recyclingprodukte die fossilen Produktionswege für die chemischen Vorprodukte von PUR-Hartschäumen.

Essenziell in dieser Phase ist zudem die Definition der funktionellen Einheit. Die funktionelle Einheit quantifiziert die Funktion des abgegrenzten Systems und dient als Bezugsgrösse. In CIRCULAR FOAM werden dafür zwei Betrachtungsweisen genutzt. Die sogenannte „Abfallperspektive" legt die Funktion des Systems als die Behandlung von einer bestimmen Menge (z. B. 1 kg) PUR-Hartschaumabfall fest. Bei der „Produktperspektive" wird die Funktion des Systems als die Herstellung von einer bestimmten Menge Vorprodukts für PUR-Hartschäume, z. B. 1 kg Anilin, definiert. Beide Perspektiven führen zu unterschiedlichen Einblicken in die Umweltauswirkungen und werden deshalb je nach Fragestellung gleichwertig genutzt.

10.4.1.2 Sachbilanz

Das Ziel der Sachbilanz ist es, alle Massen- und Energiebilanzen der Prozessschritte des Recyclingverfahrens so weit aufzulösen, dass lediglich direkte Flüsse zwischen dem gesamten Recyclingsystem und der Umwelt vorhanden sind.

Für die Sachbilanz werden die Massen- und Energieströme innerhalb der vorher definierten Systemgrenzen bestimmt und quantifiziert. Innerhalb der Systemgrenzen wird dabei zwischen Vordergrund- und Hintergrundsystem unterschieden. Das Vordergrundsystem beinhaltet alle Prozessschritte, die aktiv im CIRCULAR FOAM Projekt untersucht und modelliert werden. Die Datengrundlage für die Massen- und Energieströme variiert dabei von berechneten Massen- und Energiebilanzen basierend auf theoretischen Grundlagen, über Prozesssimulationen hin zu experimentell gemessen Daten, je nach Entwicklungsstand des Prozessschrittes. Das Hintergrundsystem beinhaltet alle Prozesse und Flüsse, die für das chemische Recycling relevant sind, aber nicht aktiv modelliert werden, wie z. B. das Elektrizitätssystem. Für diese Massen- und Energieströme werden Daten aus Datenbanken, wie z. B. ecoinvent [21], genutzt.

Häufig produzieren Prozessmodule mehr als nur ein Produkt. Da die gewählte funktionelle Einheit nur einen einzelnen Materialstrom (z. B. 1 kg PUR-Hartschaumabfall oder 1 kg Anilin) definiert, müssen die quantifizierten Massen- und Energieströme zu der gewählten funktionellen Einheit allokiert werden. Für einige Nebenprodukte, wie z. B. Wärme, kann dafür ein „avoided burden"-Ansatz gewählt werden, bei dem das System eine Gutschrift bekommt, für die Vermeidung der Produktion von Wärme durch andere Prozesse, z. B. aus fossilen Ressourcen. Ist die nicht möglich oder nicht gewünscht, werden die Ströme in Relation zum Massenverhältnis oder anderen physikalischen oder ökonomischen Verhältnissen allokiert.

Die Allokation ist fester Bestandteil der Sachbilanz und die bevorzugte Reihenfolge der Allokationsmethoden ist definiert in DIN EN ISO 14044.

10.4.1.3 Wirkungsabschätzung

In dieser Phase werden die Auswirkungen der vorher bestimmen direkten Flüsse auf die Umwelt charakterisiert. Dafür werden den Flüssen sogenannte Charakterisierungsfaktoren z. B. Treibhausgaspotential (global warming potential, GWP) zugewiesen. Dadurch kann für jeden Fluss die Auswirkung auf ein Umweltaspekt, z. B. „Klimawandel" (climate change, oft gemessen in kg CO_2-Äquivalent) quantifiziert werden. Die Entwicklung und Definition von Charakterisierungsfaktoren ist dabei nicht Ziel des CIRCULAR FOAM Projektes. Daher wird hier auf geläufige Methoden, wie z. B. Environmental Footprint 3.1 (EF3.1) [22] und ReCiPe [23], zurückgegriffen. Um eine ganzheitliche Betrachtung zu ermöglichen, werden bei der Wirkungsabschätzung nicht nur einzelne Umweltaspekte betrachtet, sondern neben dem „Klimawandel" auch weitere wichtige Umweltaspekte, wie z. B. die Eutrophierung von Gewässern oder die Versäuerung von Böden. Dadurch wird sichergestellt, dass auch Verlagerungen von Umweltbelastungen von einem Umweltaspekt zu einem anderen erfasst und vermieden werden.

10.4.1.4 Auswertung

Die Phase der Auswertung findet parallel zu allen anderen Phasen statt, d. h., vom Beginn der Erstellung der Ökobilanz bis zu deren Abschluss. Hier werden Ergebnisse der einzelnen Phasen in einen Gesamtkontext gerückt und eventuell Anpassungen getroffen. Als Beispiel sei hier die Behandlung von nicht näher definierten Restabfallströmen angeführt. Zeigt sich in der Sachbilanz und folgenden Wirkungsabschätzung, dass gewisse Restabfallströme nicht quantifizierbare Umweltauswirkungen besitzen, wird die Sachbilanz weiterentwickelt und diese Restabfallströme werden genauer spezifiziert.

Im Rahmen dieser beschriebenen Phasen und Aspekte wurden erste Vergleiche innerhalb des CIRCULAR FOAM Projektes durchgeführt. Da sich das Recyclingverfahren noch in der Entwicklung befindet, können zum Zeitpunkt der Fertigstellung dieses Kapitels nur Trends angedeutet und Abschätzungen getroffen werden.

10.4.2 Chemisches Recycling von PUR-Hartschäumen im Vergleich zum Status-Quo

Die aktuelle Abfallbehandlung von PUR-Hartschäumen in Müllverbrennungsanlagen und die Co-Verbrennung in Zementwerken hat sich als nicht nachhaltig erwiesen [24]. Das chemische Recycling von PUR-Hartschäumen wurde mittels Ökobilanz mit den konventionellen Routen verglichen. Für diesen Vergleich wurde die oben beschriebene Abfallperspektive benutzt.

Beim Vergleich des Recyclings von PUR-Hartschäumen zur Müllverbrennung ist nach ersten Analysen ein Potential zur Reduzierung der Umweltauswirkungen erkennbar [25]. Dabei sind drei wesentliche Aspekte relevant:

1) Die Reinheit des PUR-Hartschaumabfalls hat Einfluss darauf, wie viele zusätzliche Reinigungs- und Sortierschritte vor dem chemischen Recycling benötigt werden. Je mehr zusätzliche Schritte benötigt werden, desto höher werden die Umweltbelastungen des Recyclingverfahrens im Vergleich zur Verbrennung. Erste Erkenntnisse im CIRCULAR FOAM-Projekt zeigen, dass die Umwelteinflüsse der entwickelten Reinigungs- und Sortierschritte gering genug sind, um eine Reduzierung der Umweltauswirkung durch das PUR Recycling zu ermöglichen.
2) Die Ausgangsprodukte des Recyclingverfahrens beeinflussen, welche Produkte auf dem Markt substituiert werden, d. h. welche Gutschrift das Recyclingverfahren für die Vermeidung konventioneller Produktion erhält. Daher gilt, dass möglichst Ausgangsprodukte produziert werden sollten, die konventionelle Produktionsverfahren mit hohen Umweltauswirkungen ersetzen. Je höher diese Gutschrift, desto größer das Potential zur Reduzierung der Umwelteinflüsse durch das Recyclingverfahren. Die nach aktuellem Entwicklungsstand produzierten Ausgangsprodukte des CIRCULAR FOAM Recyclingverfahrens substituieren konventionelle Produktion mit hohen Umweltauswirkungen, wodurch sich ein grosses Potential zur Reduzierung der Umweltauswirkungen ergibt.
3) Die Gutschrift für die rückgewonnene Energie aus der Müllverbrennung beeinflusst, wie gut die Müllverbrennung abschneidet. Wird Energie aus fossilen Energieträgern, wie z. B. Kohle, substituiert, ist diese Gutschrift höher als bei der Substitution von erneuerbaren Energien, wie z. B. Strom aus Windenergie. Unabhängig vom substituierten Energieträger durch die Müllverbrennung zeigt sich nach ersten Berechnungen, dass PUR-Hartschaum Recycling Umweltauswirkungen verringern kann.

Beim Vergleich des Recyclings von PUR-Hartschäumen zur Co-Verbrennung in Zementwerken gilt Ähnliches wie beim Vergleich zur Müllverbrennung. Da der durch PUR-Hartschäume substituierte Stoff in Zementwerken jedoch oft Kohle ist, fallen hier die Vorteile des PUR-Hartschaumrecyclings geringer aus als beim Vergleich mit der Müllverbrennung.

Alternativ zur „Abfallperspektive“ gibt es noch die in Abschnitt 10.4.1 beschriebene „Produktperspektive“. Diese wird für den Vergleich des Recyclingverfahrens mit den konventionellen, fossilen Produktionswegen genutzt. Auch hier zeigen erste Analysen, dass ein Potential zur Reduzierung der Umweltauswirkungen erkennbar ist, bei lediglich moderaten zusätzlichen Kosten. Darüber hinaus sollte auch ein Vergleich zu weiteren möglichen Produktionswegen, wie z. B. biobasierten Herstellungsprozessen, stattfinden, um auch zukünftige Potentiale erfassen zu können.

Alles in allem hat das chemische Recycling von PUR-Hartschäumen das Potential, die Umweltauswirkung gegenüber dem Status Quo zu verringern. Die quantitativen Ausmasse dieser Verringerung hängen dabei nicht nur vom entwickelten Recyclingverfahren, sondern auch von den verglichenen Alternativen und den getroffenen Annahmen in der Ökobilanz ab. Eine Fokussierung nur auf die quantifizierten Zahlenwerte als Ergebnis der Ökobilanz sollte deshalb vermieden werden. Für einen robusten Vergleich mit einem potenziellen zukünftigen Vergleichssystem (z. B. biobasierten Produktionswegen) ist eine ganzheitliche Betrachtung aller Umweltauswirkungen nötig. Nur so kann sichergestellt werden, dass die Transformation zu einer nachhaltigen Chemieindustrie erfolgreich ist.

10.5 Systemlösung

Charakteristisch für Systeme zum Recycling von hochwertigen Kunststoffen ist, dass die „Rohstoffe" des Recyclingsystems, hier die Isolierschäume aus Kühlschränken und aus Dämmplatten, überall dort verteilt anfallen, wo Menschen leben. Die Kühlschränke, die das Ende ihrer nützlichen Lebenszeit erreicht haben, werden zunächst zu Sammelstellen geschafft und von dort zu Erstbehandlungsanlagen transportiert, wie in Abschnitt 10.3 beschrieben. Von hier aus gelangen sie zu spezialisierten Behandlungszentren, in denen der PUR Schaum von den restlichen Bestandteilen getrennt wird oder getrennt werden kann. Derzeit gibt es in Deutschland 13 solche Zeitbearbeitungszentren. Diese sind „Quellen", die das PUR-Recycling-System speisen. Bei Dämmplatten aus dem Bau und Abriss von Gebäuden ist das Aufkommen noch viel stärker verteilt, und entsprechende Aufarbeitungszentren existieren noch nicht. Deren Größe, Auslegung und Verteilung kann gestaltet werden.

Von den Aufarbeitungszentren müssen die PUR Schäume aus den Abfallströmen zu den chemischen Anlagen transportiert werden, in denen die in Abschnitt 10.2 beschriebenen Prozesse der Chemolyse oder Pyrolyse sowie die Auftrennung und Reinigung der Ausgangsströme stattfinden. Die Wirtschaftlichkeit solcher Anlagen steigt mit ihrer Größe, da die Investitionskosten und die Zahl der notwendigen Beschäftigten pro Tonne verarbeiteter Schäume sinken und Wärmeverluste reduziert werden können. Es bietet sich an, solche Anlagen in existierenden Chemieparks zu realisieren, da dann auf eine vorhandene Infrastruktur wie Dampfnetze und andere Ver- und Entsorgungseinrichtungen zurückgegriffen werden kann, und Genehmigungsprozesse einfacher sind.

Das Gesamtsystem zum Recycling von PUR-Hartschäumen wird deshalb eine Netzstruktur aufweisen, in der es auf der untersten Ebene (der Sammlung und Erstbehandlung) viele Knoten gibt, dann eine geringere Zahl von Behandlungszentren auf der nächsten Ebene für die Abtrennung und mechanische Behandlung der Schäume, und relativ wenige Chemieanlagen auf der obersten Ebene. Die Wahl der Zahl und der geografischen Verteilung der Anlagen auf jeder Ebene ist ein Optimierungsproblem, da mehr Anlagen zur Aufbereitung und Trennung und zum chemischen Recycling zu geringeren Transportkosten führen, andererseits aber die Kosten steigen. Ähnlich gibt es ein Optimum hinsichtlich der Ökobilanz, in die die Emissionen beim Transport und die ökologischen Kosten der Anlagen eingehen (mehr kleine Anlagen benötigen im Verhältnis zum Durchsatz mehr Material und mehr aufwändig herzustellende Apparate und Komponenten wie zum Beispiel Ventile und Pumpen als große und sind auch energetisch in der Regel weniger effizient).

An der TU Dortmund wurde im Rahmen des EU-Projekts CIRCULAR FOAM die Optimierung der Struktur und der Auslegung der verschiedenen „Knoten" (Anlagen) und der Stoffflüsse innerhalb eines solchen großen Recyclingsystems detailliert untersucht [26, 27]. Die Optimierung gibt auch erste Aufschlüsse über die Gesamtkosten pro Tonne Abfallschaum oder pro Tonne der produzierten Stoffe.

Nachfolgend wird eine optimierte Systemstruktur für die Sammlung, Aufbereitung und chemische Behandlung von PUR-Abfallströmen für Deutschland beschrieben. Die Optimierung beruht auf einer mathematischen Modellierung in Form eines sog. gemischt-ganzzahligen Programms. Dies bedeutet, dass die Lösungsparameter zum Teil reelle Zahlen sind, zum Teil aber ganzzahlige oder binäre Werte (0 oder 1) annehmen. Das macht die Lösung der resultierenden großen Optimierungsprobleme mit typisch mehreren 100 000 von Unbekannten schwierig. In die einzelnen Elemente des Systemmodells sind die Resultate der Auslegungen und experimentellen Untersuchungen der verschiedenen Projektbereiche von CIRCULAR FOAM eingeflossen. Es wird PUR Schaum aus zwei Abfallströmen, Kühlaggregaten und Isolationsplatten als „Rohmaterial" berücksichtigt. Für den Schaum aus Kühlaggregaten wird von der bestehenden Struktur ausgegangen, in der der Schaum in 13 Zweitverwertungsanlagen (siehe Abschnitt 10.3) anfällt. Zur Vereinfachung wird davon ausgegangen, dass in diesen Anlagen keine zusätzlichen Investitionen notwendig sind, in der Realität müsste mindestens die Konfektionierung des Schaums noch auf eine Form, die für das chemische Recycling geeignet ist, vereinheitlicht werden. Für die Sammlung und Aufbereitung von Isolationsplatten wird vom Bau neuer Anlagen in allen oder einigen der 13 Zweitverwertungsanlagen ausgegangen, um Synergieeffekte zu nutzen. Die Anzahl dieser Anlagen ist variabel, aber die Standorte sind auf die der vorhandenen Zweitverwertungsanlagen eingeschränkt.

Im Detail beruht die Auslegung auf folgenden Gegebenheiten und Annahmen:

- Das Aufkommen an PUR Schaum aus der Errichtung und dem Abriss von Gebäuden wird mit 52 000 t/Jahr angenommen, ausgehend von einem derzeitigen Verbrauch von 0,65 kg PUR/PIR-Schaum pro Kopf und Jahr.
- Dieser Abfallstrom entsteht in den 102 Städten in Deutschland mit mehr als 80 000 Einwohnern. Hier wird von einer vollständigen Sammlung ausgegangen, also ein Idealfall betrachtet.
- Die Bauabfälle werden zunächst zu dezentralen Sammelstellen gebracht. Für diese werden keine zusätzlichen Investitionskosten angenommen, da sie bereits in großer Zahl existieren. Es wird davon ausgegangen, dass die Dämmplatten bereits auf den Baustellen bzw. Abrissstellen getrennt eingesammelt werden. Andernfalls ist ein Recycling wirtschaftlich kaum möglich.
- Die Abfälle von Isolierplatten werden von den Sammelstellen zu allen oder einigen der Zweitverwertungsanlagen gebracht, an denen entsprechende Maschinen

zur Aufarbeitung und Trennung neu aufgestellt werden. Die Investitionen für diese Maschinen gehen in die Kostenrechnung ein.
- Es wird davon ausgegangen, dass neben PUR-Schaum auch PIR-Schaum abgetrennt und einem chemischen Recycling zugeführt werden kann. Das ist wegen des hohen Anteils von PIR-Schaum in Dämmplatten aus dem Abriss von Gebäuden (geschätzt für die Zukunft mindestens 50 %) für die Wirtschaftlichkeit und die ökologische Bewertung entscheidend. Da im Moment keine detaillierten Informationen zum chemischen Recycling von PIR-Schaum vorliegen, wird angenommen, dass dieser Schaum in denselben Anlagen mit einer anderen Fahrweise verarbeitet werden kann, zum Beispiel indem Kampagnen für die unterschiedlichen Eingangsmaterialien gefahren werden.
- Es entstehen in Deutschland 16 000 t/Jahr an PUR Abfällen aus Kühlaggregaten, deren Quelle die 13 Zweitverwertungsanlagen sind. Diese Abfälle haben eine gleichmäßige, für das chemische Recycling geeignete Form. Es wird angenommen, dass keine zusätzlichen Investitionen notwendig sind.
- Mindestens 80 % des verfügbaren Materials aus dem Abriss von Gebäuden wird von dem System behandelt. Von den Baustellen zu den Sammelstellen darf der Transport per LKW maximal eine Stunde dauern, da dies eine lokale Industrie ist.
- Es wird ein Jahr betrachtet, wobei das Aufkommen in jedem 4-Monats-Intervall um ±10 % um den Mittelwert schwankt.
- Das chemische Recyclingverfahren ist die katalytische Pyrolyse, da hierfür derzeit zuverlässigere Daten vorliegen.
- Die Anlagen für das chemische Recycling werden in bestehenden Chemieparks (24 mögliche Standorte in Deutschland) errichtet aus Gründen der Sicherheit, der Nutzung vorhandener Ressourcen wie Dampf und Kühlwasser, und der Verfügbarkeit von qualifizierten Mitarbeitern/innen.
- Die Anlagen für die Trennung und Reinigung des Pyrolyseöls können an anderen Standorten errichtet werden als die Pyrolyseanalagen, aber ebenfalls in Chemieparks.
- Es entstehen als Produkte, Anilin in einer für die MDI-Produktion ausreichenden Reinheit, Toluidin, Aromaten, Aceton und Naphtha-Ersatz, der, wenn aus Recycling-Anlagen kommend, einen signifikanten Handelswert besitzt.
- Abnehmer des Anilins sind die existierenden Anlagen zur Produktion von MDI (4 Anlagen in Deutschland). Die übrigen Produkte werden auf dem Markt zu gängigen Preisen verkauft.
- Alle Transporte erfolgen mittels LKW mit Verbrennungsmotoren.

Aufgrund der hohen Investitionskosten für die zusätzlichen Anlagen zur Abfallaufbereitung, die Pyrolyse, und die Trennung der Komponenten des Pyrolyseöls umfasst das wirtschaftlich optimale Gesamtsystem nur relativ wenige neue Anlagen: drei zusätzliche Anlagen für die Aufbereitung der Dämmplatten und eine Pyrolyseanlage mit nachgeschalteter Produkttrennung und -aufreinigung. Abbildung 10.5 zeigt die Verteilung der Investitions- und Betriebskosten auf die

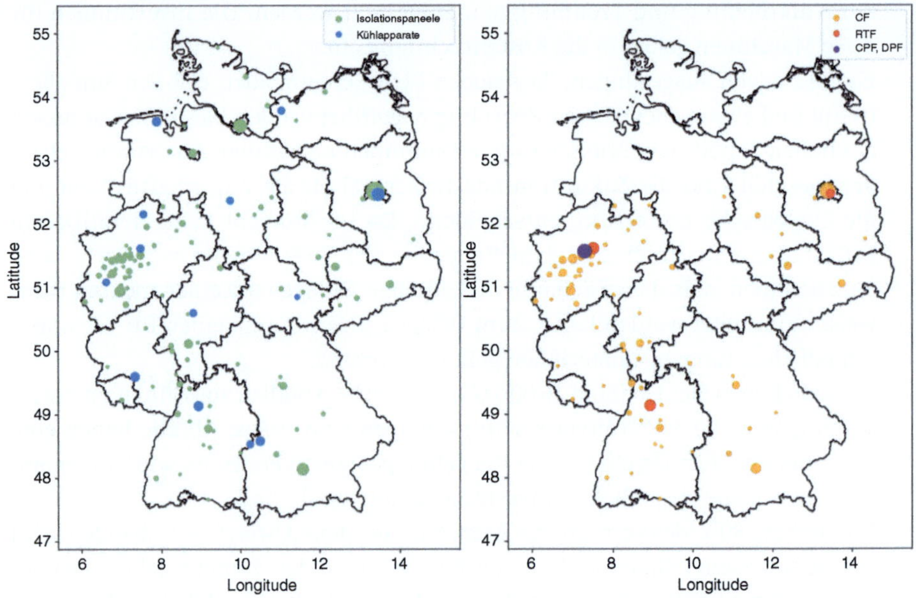

Abb. 10.5 Verteilung der notwendigen Investitionen in das Recyclingsystem und der Betriebskosten auf die einzelnen Systemteile. Abkürzungen siehe Text. Die Logistikkosten sind hier nicht enthalten.

Anlagen zur Aufbereitung der Isolierplatten (RTF), die Pyrolyseanlage (CPF) und die Reinigungsanlage (DPF) sowie die Sammelstellen (CF).

Trotz der zentralisierten Pyrolyse und Aufarbeitung des Pyrolyseöls und der relativ wenigen großen Anlagen für die Verarbeitung der Isolierplatten liegt der Anteil der zusätzlichen Logistikkosten an den gesamten Systemkosten bei unter 15 %. Die

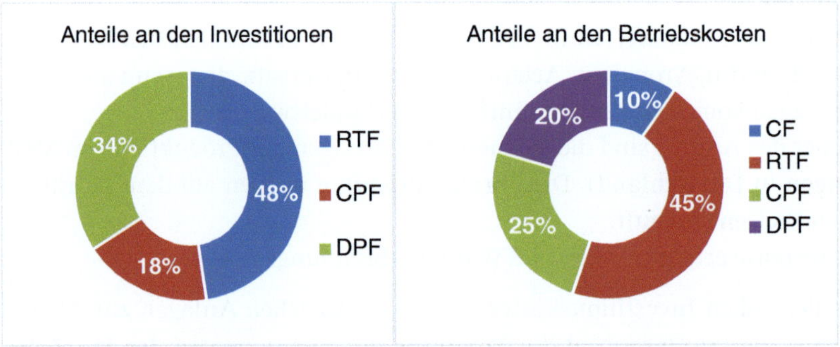

Abb. 10.6 Optimierte Systemstruktur für die Verwertung von PUR-Schaum in Deutschland. Links: Aufkommen von PUR Abfällen, blau: 13 existierende Zweitverwertungsanlagen für Kühlschränke, grün: Aufkommen von Isolierplatten in Sammelstellen; Rechts: Verteilung der Aufarbeitungsanlagen, rote Punkte: Anlagen zur Aufarbeitung von Isolierplatten (3), violett: zentrale Pyrolyseanlage und Anlage zur Produktreinigung. Die Größe der Punkte zeigt die Kapazitäten der Anlagen an.

gesamten zusätzlichen Investitionskosten liegen in einer Größenordnung von 50 M€ und es werden jährlich ca. 6500 t Anilin produziert. Bei einem realistischen Erlös von ca. 1500 €/t Anilin und Toluidin wäre das Gesamtsystem wirtschaftlich noch nicht rentabel. In der Optimierung wurden die Erlöse für alle Produkte im gleichen Verhältnis so erhöht, dass sich ein Gewinn ergibt. Abbildung 10.6 zeigt daher die Struktur einer Gesamtlösung unter Rahmenbedingungen, die eine Verwertung wirtschaftlich attraktiv machen.

10.6 Zusammenfassung und Ausblick

In diesem Kapitel wurde ein Gesamtsystem für die künftige stoffliche Nutzung von Polyurethan-Hartschaumabfällen aus Kühlaggregaten und Dämmplatten diskutiert. Da PUR-Schaum nicht mechanisch recycelbar ist und die hochwertigen Moleküle im Schaum möglichst in ihrer Struktur erhalten werden sollen, werden im Projekt CIRCULAR FOAM zwei chemische Recyclingverfahren untersucht. Die Chemolyse liefert die Polyole in einer Reinheit, die für die Produktion von Neumaterial ausreichend ist, die katalytische Pyrolyse ermöglicht die Herstellung von Anilin in der notwendigen Reinheit für die Produktion von MDI sowie von wirtschaftlich interessanten Nebenproduktion. Für die Verwertung von Dämmplatten müssen neue Aufbereitungsanlagen errichtet werden, um den PUR Schaum in der notwendigen Reinheit zu erhalten. Das optimale Gesamtsystem besitzt für Deutschland eine netzartige Struktur mit vielen Sammelstellen, wenigen Zweitbehandlungsanlagen und einer einzigen Anlage für das chemische Recycling und die Aufreinigung der Produktströme.

Erste Umweltbilanzen für das resultierende Gesamtsystem zeigen, dass die Lösung des chemischen Recyclings deutliche Vorteile besitzt gegenüber der derzeit praktizierten Verbrennung oder dem Einsatz in Zementöfen. Allerdings ist das Recyclingsystem unter den gegebenen Bedingungen wirtschaftlich noch nicht attraktiv, da die Produkte des chemischen Recyclings derzeit billiger auf der Grundlage fossiler Rohstoffe hergestellt werden können. Es ist daher notwendig, Anreize und Rahmenbedingungen zu schaffen, die die Umsetzung dieser umweltfreundlichen Alternative gegenüber dem Status Quo begünstigen.

Hierfür gibt es verschiedene Möglichkeiten:

- Die notwendigen Investitionen in die zusätzlichen Komponenten des Systems (Abfallaufbereitung, chemisches Recycling) können durch Zuschüsse unterstützt werden. Dies ist auch erforderlich, um das technisch-wirtschaftliche Risiko abzufedern und eine schnellere Umsetzung auch bei bestehenden technischen Restrisiken zu erreichen. Ein Schritt auf diesem Weg könnte die Unterstützung einer Demonstration eines kleineren Recyclingsystems zum Beispiel für das Land NRW sein.
- Die Kosten können durch eine Abgabe auf den Verkaufspreis von neuem PUR-Hartschaum gedeckt werden.

- Es kann regulatorisch ein bestimmter Anteil von recyceltem Material in neuem Schaum vorgegeben werden, was zu einer Marktnachfrage nach Zwischenprodukten aus dem Recycling führt und Investitionen in ein solches System begünstigt.
- Die Kosten können durch höhere Preise für Produkte mit Recyclinganteil gedeckt werden, wenn die Verbraucher bereit sind, hierfür einen Aufpreis zu zahlen. In welchem Umfang dies erwartbar ist, müsste durch entsprechende Marktstudien erforscht werden.

10.7 Danksagung

Dieses Kapitel gibt einen Überblick über erste Ergebnisse des EU-Projekts CIRCULAR FOAM, an deren Erarbeitung viele Projektpartner beteiligt waren. Die Autoren bedanken sich insbesondere bei den folgenden Kolleginnen und Kollegen für Beiträge zu diesem Kapitel: Dr. Stefanie Eiden und Dr. Catherine Lövenich, Covestro Deutschland AG, Leverkusen, Elisangela Gomes-Almeida, Interzero Circular Solutions Germany GmbH, Köln, Christian Hohaus, Fraunhofer-Institut IML, Dortmund, Prof. Dr. André Bardow, ETH Zürich, und Merve Özkan, TU Dortmund.

Das Projekt wurde durch das Forschungs- und Innovationsprogramm Horizon 2020 der Europäischen Union unter dem Aktenzeichen 101036854 gefördert

Literaturverzeichnis

1. Hepburn, C. (2012). *Polyurethane elastomers*. Springer Science und Business Media.
2. Grünbauer, H.J.M., Bicerano, J. und Clavel P. (2004). Rigid polyurethane foams. In *Polymeric foams: mechanisms and materials*.
3. RAMPF-Eco-Solutions-EN. Chemical and technical processing solutions for the manufacture of alternative polyols. RAMPF discover the future. Abrufbar unter: https://www.rampf-group.com/fileadmin/rampf-gruppe.de/media/eco_solutions/downloads/RAMPF-Eco-Solutions-EN.pdf (Zugriff am 14. Dezember 2024).
4. Fulev, S. und Dexheimer, V. *Entwicklung eines Verfahrens zur Umwandlung von polymergefüllten Polyurethan-Weichschaum-Abfällen in ein Polyol zum Wiedereinsatz in der Blockweichschaumherstellung*. H&S Anlagentechnik GmbH. Abrufbar unter: https://www.dbu.de/OPAC/ab/DBU-Abschlussbericht-AZ-31104.pdf (Zugriff am 14. Dezember 2024).
5. Covestro Deutschland AG (2022). Verfahren zur Wiedergewinnung von Rohstoffen aus Polyurethanprodukten. WO/2022/063764. WIPO (PCT).
6. Covestro Deutschland AG (2022). Process for recovering raw materials from polyurethane foams. WO/2022/128871. WIPO (PCT).
7. Covestro Deutschland AG (2022). „Pyrolyse von Material mit Polyurethan-Verbindung zur Wiedergewinnung von Rohstoffen". WO 2022/253873 A1. WIPO (PCT).

8. Covestro Deutschland AG (2023). Method for recovering raw materials from polyurethane products. WO2023083968A1. WIPO (PCT).
9. Anuar Sharuddin, S.D., Abnisa, F., Wan Daud, W.M.A. et al. (2016). A review on pyrolysis of plastic wastes. *Energy Conversion and Management* 115: 308–326.
10. Miandad, R., Barakat, M.A., Aburiazaiza, A.S. et al. (2016). Catalytic pyrolysis of plastic waste: A review. *Process Safety and Environmental Protection* 822–838.
11. Lotz, P., Bosetti, L., Bardow, A. et al. (2024). Design of Chemical Recycling Processes for Pur Foam under Uncertainty. *Proc. ESCAPE 34 / PSE 24. Computer Aided Chemical Engineering* 53, 1471–1476. Elsevier.
12. European Commission (2012). Waste from Electrical and Electronic Equipment (WEEE). Abrufbar unter: https://environment.ec.europa.eu/topics/waste-and-recycling/waste-electrical-and-electronic-equipment-weee_en (Zugriff am 14. Dezember 2024).
13. Stiftung-ear.de. Abrufbar unter: https://www.stiftung-ear.de/de/ueber-uns/wer-wir-sind (Zugriff am 14. Dezember 2024).
14. Gesetz über das Inverkehrbringen, die Rücknahme und die umweltverträgliche Entsorgung von Elektro- und Elektronikgeräten (Elektro- und Elektronikgerätegesetz – ElektroG).
15. Stoll, J. (2013). Elektroaltgeräte. Umweltbundesamt. Abrufbar unter: https://www.umweltbundesamt.de/themen/abfall-ressourcen/produktverantwortung-in-der-abfallwirtschaft/elektroaltgeraete#elektronikaltgerate-in-deutschland (Zugriff am 14. Dezember 2024).
16. Richtlinie 2008/98/EG des Europäischen Parlaments und des Rates vom 19. November 2008 über Abfälle, zuletzt geändert durch die Richtlinie (EU) 2018/851, Artikel 8 Absatz 1.
17. Richtlinie 2008/98/EG des Europäischen Parlaments und des Rates vom 19. November 2008 über Abfälle, zuletzt geändert durch die Richtlinie (EU) 2018/851, Artikel 11 Absatz 1 Buchstabe b.
18. Kreislaufwirtschaftsgesetz (KrWG): § 8 Abs. 2 und § 10 Abs. 1 bis 4.
19. GewAbfV – Verordnung über die Bewirtschaftung von gewerblichen Siedlungsabfällen und von bestimmten Bau- und Abbruchabfällen § 8 (1). Abrufbar unter: https://www.gesetze-im-internet.de/gewabfv_2017/BJNR089600017.html (Zugriff am 14. Dezember 2024).
20. PU Europe (2013). Waste management and polyurethane insulation in the context of resource efficiency. Abrufbar unter: https://highperformanceinsulation.eu/wp-content/uploads/2016/08/Polyrethane_insulation_and_waste_management.pdf (Zugriff am 14. Dezember 2024).
21. Wernet, G., Bauer, C., Streubing, B. et al. (2016). The ecoinvent database version 3 (part I): overview and methodology. *Int J Life Cycle Assess* 21 (9): 1218–1230.
22. Fazio, S., Biganzoli, F., De Laurentiis, V. et al. (2018). *Supporting Information to the Characterisation Factors of Recommended EF Life Cycle Impact Assessment Methods.* Luxembourg: EUR 29600 EN, Publications Office of the European Union, ISBN 978-92-79-98584-3, doi:10.2760/002447, JRC114822.
23. Huijbregts, M.A.J., Steinmann, Z.J.N., Elshout, P.M.F. et al. (2017). ReCiPe2016: a harmonised life cycle impact assessment method at midpoint and endpoint level. *Int J Life Cycle Assess* 22(2): 138147.

24. Azoulay, D., Villa, P., Arellano Y. et al. (2019). *Plastic and Health: The Hidden Costs of a Plastic Planet*. Washington, DC: Center for International Environmental Law. Abrufbar unter: https://www.ciel.org/wp-content/uploads/2019/02/Plastic-and-Health-The-Hidden-Costs-of-a-Plastic-Planet-February-2019.pdf (Zugriff am 14. Dezember 2024).

25. Pillich, M., Schilling, J., Bosetti, L. et al. (2024). What to do with polyurethane waste? The environmental potential of chemically recycling polyurethane rigid foam. *Green Chem.* 26 (21): 10893–10906, doi: 10.1039/D4GC02594F.

26. Özkan, D.M., Lucia, S. und Engell, S. (2024). Reverse Supply Chain Network Design of a Polyurethane Waste Upcycling System. *Proc. ESCAPE 34 / PSE 24. Computer Aided Chemical Engineering* 53: 937–942. Elsevier.

27. Özkan, D.M., Lucia, S. und Engell, S. (2023). Optimal facility location and sizing for waste upcycling systems. *Chemical Engineering Transactions* 105: 325–330.

11

Umfassende Unterstützung auf dem Weg zur Nachhaltigkeit

Nicky Ahnert, Michael Densborn, Jürgen Giegerich und Martina Walzer

Siemens AG

11.1 Einleitung

Die Welt verändert sich rasant. Megatrends wie Klimawandel, Globalisierung, Digitalisierung, demografischer Wandel und Urbanisierung erfordern neue Denkweisen in Bezug auf unser Leben, Arbeiten und Produzieren.

Nachhaltigkeit spielt bei Siemens seit langem eine zentrale Rolle. Das Unternehmen entwickelt auf Basis seines umfassenden Angebots unter anderem Lösungen für die chemische Industrie. Sie sorgen bei Kunden aus allen Bereichen der Chemieindustrie nicht nur für einen sicheren und effizienten Betrieb ihrer Anlagen, sondern fördern auch nachhaltiges Wirtschaften. Sie zielen darauf ab, die Energie- und Materialeffizienz entlang der gesamten Wertschöpfungskette zu erhöhen.

Der vorliegende Text erläutert anhand ausgewählter Beispiele, wie Siemens seine Kunden auf dem Weg zu mehr Nachhaltigkeit unterstützt. Die Beispiele zeigen innovative Anwendungen:

- zur zirkulären Nutzung von Ressourcen (Kreislaufwirtschaft).
- zur Transformation des Portfolios der chemischen Industrie.
- zur Nutzung fluktuierender erneuerbarer Energien.
- zur Vermeidung von Abfällen im Produktionsprozess.
- zur Defossilisierung[1] der gesamten stofflichen und energetischen Wertschöpfungskette.

1 Der oft genutzte Begriff „Dekarbonisierung" impliziert den Verzicht auf Kohlenstoff. Dies ist jedoch irreführend, da Kohlenstoff lebenswichtig und in vielen industriellen Prozessen unverzichtbar ist. Der Begriff „Defossilisierung" hingegen bezieht sich präzise auf den Ersatz fossiler Brennstoffe durch erneuerbare Alternativen. Dies ist besonders im Kontext der Chemiebranche

Zirkuläre Wirtschaft und Nachhaltigkeit in der chemischen Industrie: 1. Aufl. C. Suntrop und T. Wagner (Hrsg.).
© 2026 Wiley-VCH GmbH. Alle Rechte vorbehalten, einschließlich derer für Text- und Data-Mining und Training von Technologien der Künstlichen Intelligenz oder ähnlichen Technologien.

Auf die Nennung der Referenzkunden wird bewusst verzichtet, alle Beispiele sind jedoch erprobt und umgesetzt. Der Fokus liegt auf der Skizzierung allgemeingültiger Möglichkeiten. Im Anschluss an die Beispiele wird erläutert, wie Siemens seine Industriekunden auf dem Weg zu mehr Nachhaltigkeit berät und begleitet. Abschließend werden ausgewählte Methoden und Technologien vorgestellt, die den Beispielen lediglich stichwortartig vorangestellt sind.

Ein zentraler Aspekt wird dabei deutlich: Siemens ist nicht nur ein Technologieanbieter, sondern ein Innovationspartner. Das Unternehmen ist nicht nur Lieferant von Soft- und Hardware, sondern versteht sich als Berater für Lösungen, die speziell auf die chemische Industrie zugeschnitten sind. Unter dem Motto „Siemens creates technology to transform the everyday, for everyone" fördert der Konzern nicht nur die Integration fortschrittlicher Technologien, sondern legt auch einen klaren Fokus darauf, nachhaltige Entwicklung für alle zugänglich und nutzbar zu machen.

Das Unternehmen verpflichtet sich, seine eigenen Klimaziele zu erreichen und hält sich an strenge Umwelt-, Sozial- und Governance-Standards (ESG)[2]. Siemens versteht sich somit nicht nur als Akteur, sondern als Vorreiter in Sachen Nachhaltigkeit[3, 4]. Mit dem strategischen Rahmenwerk DEGREE[5] adressiert der Konzern Nachhaltigkeit in sechs Kernbereichen[6]: Dekarbonisierung, Ethik, Governance, Ressourceneffizienz, Chancengerechtigkeit und Inklusion sowie die Befähigung

---

relevant, die auf Kohlenstoffverbindungen angewiesen ist. Während energieintensive Industrien den Großteil der CO_2-Emissionen verursachen, ermöglicht die Defossilisierung den Übergang zu Biomasse und nachhaltigeren Energieformen. Darüber hinaus sind Technologien wie Wasserstoffspeicherung, Elektrifizierung und effiziente Kohlenstoffkreisläufe entscheidend für den Erfolg nachhaltiger Prozesse mit geringem Einsatz fossiler Brennstoffe.

2 ESG-Prinzipien stehen für Environmental (Umwelt), Social (Soziales) und Governance (Unternehmensführung). Sie umfassen Kriterien zur Bewertung der Nachhaltigkeit und der ethischen Auswirkungen von Unternehmen. ESG gewinnt zunehmend an Bedeutung, da Investoren, Regierungen und Kunden zunehmend umweltbewusste, soziale und transparente Geschäftspraktiken fordern, um Risiken zu minimieren und langfristig Werte zu schaffen.

3 Siehe https://assets.new.siemens.com/siemens/assets/api/uuid:00095b96-4712-4cd1-b045-19d5df704358/sustainability-report-fy2023.pdf (Zugriff am 14. Dezember 2024).

4 Vgl. ebd. S. 5: Siemens-Produkte, die im Geschäftsjahr 2023 an Kunden verkauft wurden, sollen während ihrer gesamten Lebensdauer den Ausstoß von rund 190 Millionen Tonnen Treibhausgasen (THG) vermeiden. Im Einklang mit der Science-Based-Targets-Initiative (SBTi) zur Begrenzung der globalen Erwärmung hat Siemens seine eigenen CO_2-Emissionen drastisch gesenkt und den CO_2-Fußabdruck des operativen Geschäfts seit 2019 um 50 Prozent (ohne Kompensation) reduziert und strebt bis 2030 eine Reduktion um 90 Prozent an. Darüber hinaus verbessert Siemens seine Ressourceneffizienz und sein Abfallmanagement mit einer deutlichen Reduzierung des Anteils an Deponiemüll.

5 „Decarbonization", „Ethics", „Governance", „Resource Efficiency", „Equity" und „Employability" https://assets.new.siemens.com/siemens/assets/api/uuid:32371798-2ab8-44ca-82b0-450900622ce3/sustainability-at-siemens.pdf (Zugriff am 14. Dezember 2024).

6 https://www.siemens.com/de/de/unternehmen/nachhaltigkeit/nachhaltigkeitsfakten.html (Zugriff am 14. Dezember 2024).

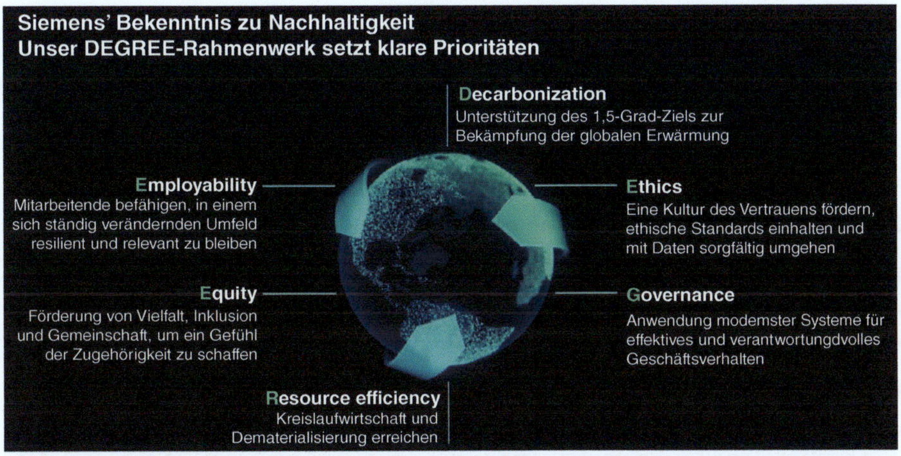

Abb. 11.1 Das DEGREE-Rahmennetzwerk von Siemens (Decarbonization, Ethics, Governance, Resource efficiency, Equity, Employability).

der Mitarbeiter, in ihrer Tätigkeit bedeutsam und gleichzeitig widerstandsfähig zu sein.

11.2 Zirkularität in der chemischen Industrie anhand von fünf Praxisbeispielen

Dekarbonisierung/Defossilisierung ist ein Unternehmensziel, das Siemens sowohl im eigenen Unternehmen als auch in Kundenprojekten aktiv verfolgt. Ziel ist es, die eingesetzten Ressourcen möglichst lange zu nutzen oder wiederzuverwenden.

Die chemische Industrie setzt dabei darauf, das lineare Modell von Produktion und Entsorgung in ein regeneratives System umzuwandeln und beispielsweise aus Kunststoff- oder Reifenabfällen Ressourcen zurückzugewinnen, also zu recyceln. Die Vielfalt der Stoffe erfordert jedoch unterschiedliche Recyclingmethoden[7] für eine effiziente Rückgewinnung. Alle Verfahren erfordern außerdem eine sorgfältige Abwägung hinsichtlich des Energieverbrauchs, des Materialeinsatzes und nicht

7 Beim **chemischen** Recycling werden Polymere durch Verfahren wie Pyrolyse, Solvolyse oder Vergasung und weitere in ihre Monomere beziehungsweise kurze Molekülketten zerlegt, um dadurch neue chemische Grundstoffe herzustellen. Beim **mechanischen** Recycling werden Kunststoffabfälle zu Granulat zerkleinert, das wieder eingeschmolzen und zu neuen Produkten verarbeitet werden kann, wobei sich die Qualität und die Eigenschaften nach mehreren Durchläufen verschlechtern können. **Primäres** Recycling bezieht sich auf die Wiederverwendung von Abfällen im Produktionsprozess, z. B. durch die Wiederaufbereitung von nicht spezifikationsgerechten Produkten oder Nebenprodukten, die direkt in den Produktionszyklus zurückgeführt werden.

zuletzt der Umweltauswirkungen. Eine entsprechend angepasste Gestaltung der Prozessführung und deren Optimierung ist ein Baustein, um die Nachhaltigkeitsziele der Branche zu erreichen.

11.2.1 Wertstoffe im Kreislauf halten – Reifenrecycling

Zentrale eingesetzte Technologien:

#Prozessautomatisierung
#Digitalisierung und digitale Zwillinge
#Module Type Package

Um die Chancen der Zirkularität zu verdeutlichen, soll exemplarisch der Umgang mit Altreifen betrachtet werden: Derzeit erreichen allein in Europa jährlich rund drei Millionen Tonnen Reifen das Ende ihres Lebenszyklus. Altreifen stellen aufgrund ihrer Langlebigkeit und ihrer ökologisch problematischen Bestandteile eine Herausforderung für die Entsorgung dar. Zwar ist es möglich, die Bestandteile im Rahmen der stofflichen Verwertung mechanisch zu trennen und Gummi, Stahl und Textilien zu sortieren und in weniger anspruchsvollen Applikationen weiter zu verwenden oder die Reifen wegen ihres hohen Heizwertes in Zement-, Zellstoff- oder Kraftwerken zu verbrennen. Die Rückgewinnung von Wertstoffen aus dem Gummianteil der Reifen ist jedoch aus ökonomischen und ökologischen Gründen von großer Bedeutung.

11.2.1.1 Technologische Innovation im Reifenrecycling

Verfahrenstechnische Entwicklungen im Bereich des chemischen Recyclings ermöglichen heute innovative Lösungen, um Wertstoffe im Kreislauf zu halten: Ein erfolgreicher Technologiepartner von Siemens hat eine patentierte Thermolyse-Technologie entwickelt, mit der sich mehrere Komponenten – in gasförmiger und fester Form – zurückgewinnen lassen. Die Einsatzmöglichkeiten der gewonnenen Stoffe sind vielfältig: Ein Teil des Gases kondensiert zu einem Pyrolyseöl, das als Einsatzstoff für die chemische Industrie die Defossilisierung vorantreibt. Der nicht kondensierte Teil des Gases ist sehr energiereich und wird verstromt, um den elektrisch beheizten Reaktor zu temperieren.

Der Feststoff wiederum reduziert als „recovered Carbon Black (rCB)“ als Füllstoff in der Reifenindustrie oder als Pigment in der Farbenindustrie den CO_2-Fußabdruck der Produkte um ein Vielfaches, denn ursprünglich wird Carbon Black im energieintensiven sogenannten Furnace-Prozess hergestellt.

11.2.1.2 Passende Technologie unterstützt den modularen Prozess

Das Verfahren ist modular aufgebaut und beginnt mit der Zerkleinerung der Reifen und der Trennung von Stahldrähten und Textilfasern. Diese werden getrennt verwertet. Anschließend durchlaufen die zerkleinerten Gummiteile in sauerstoffarmer

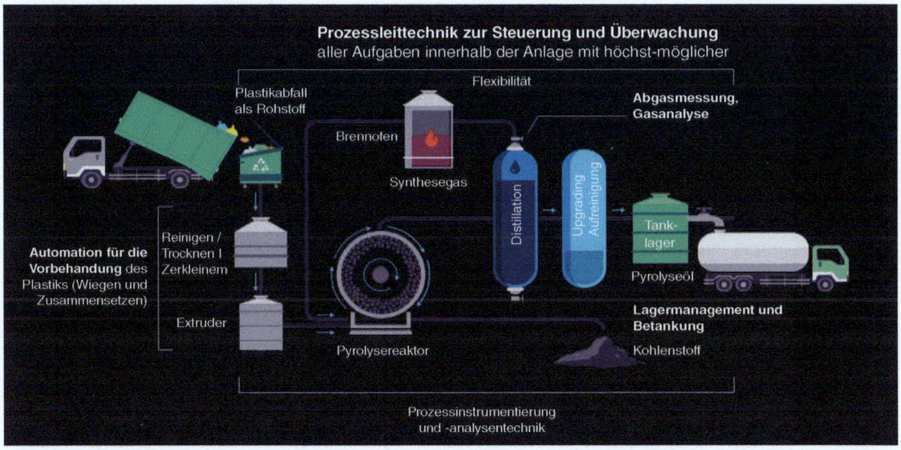

Abb. 11.2 Recyclingprozess mit Technologie von Siemens (Prozessleittechnik, Prozessinstrumentierung, Analysentechnik und digitalem Zwilling).

Atmosphäre einen sogenannten vertikalen thermischen Reaktor. Bei Prozesstemperaturen im Bereich von 300 bis 1200 °C erfolgt die chemische Umwandlung der Elastomere und es entstehen kurzkettige dampfförmige Kohlenwasserstoffverbindungen sowie ein Feststoffanteil.

Die beschriebene Modularität des Prozesses wird in der zugehörigen Automatisierungstechnik abgebildet. Module Type Packages (MTP) spielen eine wichtige Rolle bei der nahtlosen Integration von Anlagenteilen und Komponenten in übergeordnete Systeme. Anwender profitieren von einem Mehr an Flexibilität und Effizienz durch standardisierte Integration.

Darüber hinaus liefern die installierten Geräte eine Vielzahl von Daten, die mit entsprechenden Applikationen konsolidiert und ausgewertet werden. Diese bilden auch die Grundlage für optimierende Eingriffe, z. B. durch Anpassung von Parametern, aber auch für vorausschauende Wartung. Durch ein ganzheitliches Digitalisierungskonzept und moderne Technologien wie den digitalen Zwilling der Automatisierung profitieren Anlagenbetreiber – unter anderem – von verkürzten Inbetriebnahmezeiten und der Schulung des Bedienpersonals durch OTS (Operator Training System). Die Investition in den digitalen Zwilling der Automatisierung rechnet sich bereits nach der ersten Installation.

Ein zentrales, objektorientiertes Datenmanagement stellt sicher, dass allen Beteiligten jederzeit konsistente und verlässliche Daten zur Verfügung stehen, um schnellstmöglich die richtigen Entscheidungen treffen zu können. Es ermöglicht den einfachen und sicheren Zugriff auf alle benötigten Informationen, unabhängig von Ort und Zeit und über alle gängigen – auch mobilen – Endgeräte. Dabei bleibt das Know-how durch ein durchdachtes Sicherheitskonzept jederzeit vor unberechtigtem Zugriff geschützt.

11.2.2 Nachhaltige Produktentwicklung – Zukunftsfähigkeit by Design

Zentrale eingesetzte Technologien:

Co-Creation mit Kunden und Start-ups
Offene digitale Geschäftsplattform

Bereits bei der Entwicklung von Produkten, die für Lösungen der Prozessführung in der chemischen Industrie zum Einsatz kommen, fließen seitens Siemens ökologische Überlegungen mit ein. Siemens vertraut hierbei auf das Robust-Eco-Design-Konzept (RED)[8], um die Umweltverträglichkeit von der ersten Entwurfsphase bis hin zur Entsorgung seiner Komponenten am Ende der Einsatzdauer zu gewährleisten.

Dieser Ansatz beinhaltet umfassende Lebenszyklusanalysen (Life Cycle Assessments – LCA), um die Umweltauswirkungen von Produkten zu bewerten und zu minimieren. Durch den Einsatz von Technologien wie dem digitalen Zwilling oder dem digitalen Produktpass (DPP) ermöglicht Siemens eine genaue Rückverfolgbarkeit von Materialien und verbessert so die Transparenz und Effizienz sowohl bei der Erst- als auch bei der Wiederverwendung des Produkts. Die Digitalisierung ermöglicht die Rückverfolgbarkeit und unterstützt damit die Prinzipien der Kreislaufwirtschaft, indem sie die Wiederverwendung, Aufarbeitung und nicht zuletzt das Recycling von Materialien erleichtert. Dies reduziert einerseits das Abfallaufkommen und schont gleichzeitig den Einsatz neuer Ressourcen.

11.2.2.1 Vergleichbare Nachhaltigkeit: Das EcoTech-Label

Das Wissen um Prozesse, Rohstoffe und Materialien macht die chemische Industrie zum idealen Vorreiter von nachhaltiger Produktentwicklung. So hat Siemens die enge Kooperation zu führenden Unternehmen der Branche gesucht, um ein neues Nachhaltigkeitslabel für seine Produkte ins Leben zu rufen, das neue Maßstäbe hinsichtlich Transparenz setzt: das EcoTech-Label.[9]

Dieser Ansatz verwendet umfangreiche Daten aus Umweltproduktdeklarationen (EPDs), um das Produkt über den gesamten Lebenszyklus anhand robuster Ökodesign-Kriterien in drei Dimensionen zu bewerten: nachhaltige Materialien, optimale Nutzung und Werterhaltung durch Kreislaufwirtschaft. Beispiele für einzelne Kriterien sind u. a. nachhaltige Verpackungen mit geringem CO_2-Fußabdruck und ohne bedenkliche Stoffe, langlebige Produkte mit hoher Energieeffizienz in der Nutzungsphase sowie Reparatur- und Upgradefähigkeit. Das Siemens EcoTech Profile (SEP) bietet umfassende Datentransparenz und ermöglicht es Anwendern, fundierte Nachhaltigkeitsentscheidungen zu treffen. Dieses Engagement ist Teil der umfassenden Nachhaltigkeitsstrategie von Siemens, die auch den DEGREE-Rahmen

---

8 Vgl. „Methodische Einführung: Reduzierung des Umwelt-Fußabdrucks" S. 4: https://assets.new.siemens.com/siemens/assets/api/uuid:46ce9e56-a540-4dac-a3e0-e0bc72c06195/LCA-EPD-Brochure-Layout-DE-2023-03-29.pdf (Zugriff am 14. Dezember 2024).

9 https://press.siemens.com/global/de/pressemitteilung/neues-ecotech-produktlabel-von-siemens-schafft-branchenfuehrende-transparenz-bei (Zugriff am 14. Dezember 2024).

umfasst. So werden beispielsweise alle Produkte mit dem EcoTech-Label in Produktionsstätten hergestellt, die zu 100 Prozent erneuerbare Energien nutzen.

Initiativen wie das EcoTech-Label unterstützen nicht nur die Nachhaltigkeitsziele von Siemens, sondern ermöglichen es auch den Anwendern, ihren Energieverbrauch, ihre Produktion und ihre Lieferketten zu optimieren und so einen Beitrag für eine nachhaltigere Zukunft zu leisten.

11.2.3 Energieversorgung nachhaltig gestalten – Multitalent grüner Wasserstoff

Zentrale eingesetzte Technologien:

Prozessautomatisierung
Digitalisierung und digitale Zwillinge
Cybersecurity nach dem Defense-in-Depth-Ansatz
Energiemanagement

Da die chemische Industrie zunehmend unter Druck steht, ihre CO_2-Bilanz zu verbessern, spielt neben den eingesetzten Rohstoffen auch der verantwortungsvolle Umgang mit Energie eine wichtige Rolle. Grüner Wasserstoff bietet eine transformative Lösung. Er stellt eine nachhaltige Alternative zu konventionell aus fossilen Rohstoffen hergestelltem Wasserstoff dar. Dieser Übergang ist eine wesentliche Voraussetzung für die Realisierung einer kohlenstoffneutralen Chemieproduktion im Einklang mit den globalen Nachhaltigkeitszielen.

11.2.3.1 Dezentrale Erzeugung von grünem Wasserstoff

Die dezentrale oder lokale Produktion von grünem Wasserstoff bietet viele Vorteile, insbesondere die Verringerung der Transportwege und der damit verbundenen Emissionen. Lokale Energielösungen, die sich auf die maximale Nutzung erneuerbarer Energien konzentrieren, ermöglichen in Verbindung mit effizienten Energiespeichersystemen mehr Flexibilität und Nachhaltigkeit. Dies unterstützt nicht nur die Defossilisierung der Chemiebranche, sondern erhöht auch die Energiesicherheit.

Trotz ihrer Vorteile ist die lokale Erzeugung von grünem Wasserstoff nicht unproblematisch. Hohe Anfangsinvestitionen in die Elektrolysetechnologie sowie in die Infrastruktur zur Speicherung und Verteilung des Wasserstoffs stellen wesentliche Hemmnisse dar. Die angestrebte Steigerung der Wasserstoffproduktion und der damit verbundene hohe Energiebedarf für die Elektrolyse erfordern technologische Fortschritte und Optimierungen, um die Wirtschaftlichkeit zu gewährleisten. Rechtliche Rahmenbedingungen und Marktanreize spielen ebenfalls eine entscheidende Rolle für die Einführung und das Wachstum der grünen Wasserstoffproduktion.

11.2.3.2 Ganzheitlicher Technologiebaukasten für Wasserstoffprojekte

Die Digitalisierung wird zu einem entscheidenden Faktor für diesen Transformationsprozess, da sie genau zugeschnittene Werkzeuge für das Energiemanagement und die Netzsteuerung bereitstellt, um eine effiziente und zuverlässige Energieverteilung zu gewährleisten. Digitale Technologien erleichtern die Optimierung der Erzeugung und Nutzung von nachhaltig erzeugtem Wasserstoff und ebnen den Weg für neue Geschäftsmodelle und Energiedienstleistungen.

Konkret bietet Siemens hier die „Hydrogen Performance Suite" an Dabei handelt es sich um eine speziell auf die Wasserstofferzeugung ausgerichtete Zusammenstellung von Softwarekomponenten, die nicht nur technische KPIs zu allen Assets der Anlage liefert, sondern auch Anomalien erkennt. Darüber hinaus werden betriebsrelevante Daten wie aktuelle Strompreise zur Verfügung gestellt. In Kombination mit Prognosen aus anderen Quellen (z. B. Wetter und damit verbundene Sonnenstunden) leitet das System konkrete Vorschläge für den Betrieb und die Fahrweisen mit Fokus auf Kostenoptimierung ab und kann die Einsparungen auch quantifizieren. Darüber hinaus unterstützt Digitalisierung die Sektorkopplung zur Maximierung von Effizienz und Nachhaltigkeit.

Siemens kann einen wichtigen Beitrag zur Umsetzung nachhaltiger Wasserstoffstrategien in der chemischen Industrie leisten. Das Lösungsangebot des Konzerns umfasst neben der Digitalisierung und modularen Automatisierungskonzepten auch bewährte ausfallsichere Lösungen. Darüber hinaus verfügt Siemens über ein umfassendes Portfolio von Feldgeräten über Analysentechnik und IT bis hin zur Energieversorgung. So sorgt beispielsweise die kontinuierliche Überwachung des Sauerstoffgehalts im Wasserstoff dafür, dass ein explosionsfähiges Gemisch gar nicht erst entsteht. Ein daraus resultierender Vorteil ist, dass die Elektrolysehalle nicht den Bestimmungen eines explosionsgefährdeten Bereiches unterliegt.

Hinzu kommen maßgeschneiderte Dienstleistungen von der Beratung und Projektierung über Finanzierungskonzepte bis hin zur schlüsselfertigen Errichtung von Anlagen. Das Engagement von Siemens für Innovation und Nachhaltigkeit unterstützt die chemische Industrie bei der Bewältigung der Komplexität der Defossilisierung durch maßgeschneiderte Wasserstofflösungen, die Zuverlässigkeit, Effizienz und Wirtschaftlichkeit gewährleisten.

11.2.4 Minimierung des Einsatzes von Energie und Rohstoffen – drei Anwendungsfälle für datengetriebene Ansätze

Zentrale eingesetzte Technologien:

Datenbasierte Modellierung und Simulation
Digitalisierung und digitale Zwillinge
Energiemanagement

Der Weg zur Nachhaltigkeit in der Chemie ist eng mit dem effizienten Management und der Optimierung von Energie- und Stoffströmen verbunden. Dazu ist ein differenziertes Verständnis der komplexen Wechselwirkungen innerhalb chemischer und physikalischer Prozesse erforderlich. Hier kommt die Leistungsfähigkeit moderner Prozessmodellierung und -simulation zum Tragen, die eine wesentliche Grundlage für die Minimierung von Abfällen und die Steigerung der Ressourceneffizienz sein kann. Für einen innovativen Ansatz zum Verständnis und zur Optimierung von Energie- und Stoffströmen in chemischen Prozessen sorgen spezialisierte Prozessmodellierungs- und Simulationssoftware-Lösungen von Siemens. Mit diesen hoch entwickelten Werkzeugen können Unternehmen ihre Prozesse mittels stationärer und dynamischer Prozesssimulation simulieren und Möglichkeiten für signifikante Effizienzsteigerungen identifizieren.

11.2.4.1 Vorteile von High-Fidelity-Vorhersagemodellen

Die moderne Prozesssimulation erweitert die traditionellen Simulationsmethoden durch die Integration von hochpräzisen Vorhersagemodellen der Prozessphysik und -chemie. Diese Modelle ermöglichen eine systematische Analyse der Prozesse und eröffnen damit Möglichkeiten zu deren Optimierung. Die Genauigkeit dieser High-Fidelity-Modelle ergibt sich aus ihrer Fähigkeit, die komplizierten Details der chemischen Reaktionen, des Phasenverhaltens, des Wärme- und Stofftransports und anderer kritischer Prozessphänomene mit bemerkenswerter Genauigkeit abzubilden. Dadurch können Potenziale zur Energieeinsparung, zum Materialrecycling und zur Emissionsminderung erkannt werden, die sonst unentdeckt blieben. Die Möglichkeit, diese Modelle anhand von Versuchs- oder Pilotdaten zu validieren, erhöht ihre Zuverlässigkeit weiter.

Ein weiterer nennenswerter Vorteil ist die Möglichkeit, diese Modelle mit datengetriebenen Ansätzen zu hybriden Modellen zu kombinieren. Auf diese Weise lassen sich die Stärken beider Methoden nutzen. Mit Hilfe dieser robusten Plattform können auch Prozesse berücksichtigt werden, deren Physik oder Chemie noch nicht vollständig verstanden ist. Das Ergebnis ist eine vollständigere und differenziertere Sicht auf den Prozess, die es ermöglicht, Maßnahmen zur Förderung der Nachhaltigkeit effektiver zu identifizieren und umzusetzen. Siemens arbeitet gemeinsam mit Kunden und Partnern aus der Chemiewirtschaft an Prozessmodellen, um den vielfältigen Anforderungen gerecht zu werden.

11.2.4.2 Anwendungsfall 1: Thermische Nachverbrennung

Reinigungssysteme für Abluftströme, die flüchtige organische Verbindungen (Volatile Organic Compounds – VOC) enthalten, sind eine praktische Anwendung der Simulation zur Verbesserung der Energieeffizienz und zur Reduzierung von Emissionen. Diverse thermische und katalytische Verfahren, wie z. B. direkt befeuerte Oxidationsprozesse oder regenerative thermische Abluftreinigungsanlagen (Regenerative Thermal Oxidation – RTO), können mit unterschiedlichen energetischen Wirkungsgraden eingesetzt werden. Ein umfassendes Verständnis der Energie- und Stoffströme ist für die Optimierung des Einsatzes der einzelnen Abluftreinigungsoptionen von entscheidender Bedeutung, um gefährliche Emissionen zu begrenzen.

Die systematische Analyse von Betriebsdaten einschließlich der Wärmerückgewinnungsmechanismen und die Ableitung und Umsetzung von entsprechenden

Maßnahmen verbessern die Effizienz. Dies führt nicht nur zu erheblichen Energieeinsparungen, sondern gewährleistet auch die Einhaltung strenger Umweltauflagen und unterstützt das übergeordnete Ziel, den CO_2-Fußabdruck der Industrie zu minimieren.

Neben der Optimierung thermischer und katalytischer Verfahren zur Zersetzung von VOC gewinnt die Rückgewinnung von VOC als Rohstoff durch Kondensation, Absorption oder Adsorption zunehmend an wirtschaftlicher Bedeutung. Diese Option sollte im Zusammenhang mit industriellen Dekarbonisierungsstrategien geprüft werden. Alle diese Prozessumstellungen können durch Modellierung und Simulation hinsichtlich ihrer Leistungsfähigkeit in Bezug auf Emissionsminderung, aber auch Energie- und Ressourceneffizienz bewertet werden.

11.2.4.3 Anwendungsfall 2: Mechanische Wärmepumpenanlagen

Im Zusammenhang mit der Integration erneuerbarer Energien und dem Bestreben, den CO_2-Fußabdruck zu reduzieren, sind mechanische Wärmepumpensysteme ein wesentlicher Ansatzpunkt für Optimierungen. Das Verständnis der Energieströme in Destillationsprozessen ermöglicht es beispielsweise, Energieeinsparpotenziale zu identifizieren oder zu untersuchen, ob Wärmepumpenkonfigurationen eine Alternative zu klassischen dampfbeheizten Verdampfern auf Basis fossiler Energieträger und kühlwasserbetriebenen Kopfkondensatoren darstellen. Detaillierte Simulationen ermöglichen es, die Machbarkeit verschiedener Wärmepumpenkonfigurationen in technischer und wirtschaftlicher Hinsicht zu untersuchen und optimale Lösungen zu identifizieren und zu bewerten. Dieser Ansatz begegnet nicht nur den Herausforderungen, die sich aus der Abkehr von traditionellen Energiequellen ergeben, sondern eröffnet auch Möglichkeiten zur Senkung der Energiekosten und zur Verbesserung der Nachhaltigkeit von Prozessen.

11.2.4.4 Anwendungsfall 3: Wiederverwendung von Lösungsmitteln

Das Prinzip der Abfallminimierung und der Förderung der Kreislaufwirtschaft kann am Beispiel der Wiederverwendung von Lösemitteln veranschaulicht werden. Eine umfassende Analyse der Stoffströme innerhalb der Lösungsmittelrückgewinnungsprozesse ermöglicht die Identifizierung von Strategien zur Maximierung der Rückgewinnungsraten bei gleichzeitiger Beibehaltung oder Verbesserung der Lösungsmittelqualität. Die Verwendung von Lösungsmitteln wie Ethanol verursacht nicht nur erhebliche Kosten (von der Herstellung bis zur Entsorgung), sondern trägt auch zu CO_2-Emissionen bei. Der Einsatz von High-Fidelity-Modellen bei der Entwicklung von Lösungsmittelrückgewinnungsprozessen ermöglicht die Simulation alternativer Prozessoptionen und die Maximierung von Reinheit, Rückgewinnungsrate und Energieverbrauch. Durch die Optimierung dieser Prozesse im Anschluss an die Simulation können der Ressourcenverbrauch und die CO_2-Emissionen erheblich reduziert werden.

Siemens bietet einen softwarebasierten Ansatz inklusive des notwendigen verfahrenstechnischen Know-hows, um Ressourceneffizienz, Anlagenoptimierung und die Reduzierung des Energieverbrauchs in chemischen Produktionsanlagen voranzutreiben.

11.2.5 Mehr Transparenz in der Wertschöpfungskette – Eine ganzheitliche Sicht auf den Product Carbon Footprint (PCF)

Zentrale eingesetzte Technologien:

Verwaltung des PCF über den gesamten Lebenszyklus und entlang der Lieferketten
Co-Creation mit Kunden und Start-ups
Offene digitale Geschäftsplattform

Nachhaltigkeit ist eine vielschichtige Aufgabe, die in der chemischen Industrie durch ein kompliziertes Geflecht von Vorschriften, Rahmenbedingungen und internationalen Standards geprägt wird. Die Herausforderung besteht unter anderem darin, vorhandene (Umwelt-) Daten durch eine geeignete Digitalisierungsstrategie nutzbar zu machen, um die angestrebten Ziele mit möglichst geringem Aufwand nachvollziehbar auswerten zu können.

11.2.5.1 Regulatorische Rahmenbedingungen und Standards

Mit Maßnahmen zur Reduzierung des ökologischen Fußabdrucks leistet die chemische Industrie einen wichtigen Beitrag zur Erreichung nationaler und globaler Ziele. Die EU-Richtlinie zur Nachhaltigkeitsberichterstattung („Corporate Social Responsibility"-Richtlinie) fördert die hierfür notwendige Transparenz durch eine standardisierte Berichterstattung über Nachhaltigkeitspraktiken; ergänzende ESG-Ratings quantifizieren die entsprechenden Leistungen.

Dank der Datenkonsistenz können die Nachhaltigkeitsbemühungen über einen längeren Zeitraum verfolgt werden. So können Unternehmen ihre Fortschritte dokumentieren und ihre Strategien entsprechend anpassen. Dieser durchgängige Datenfluss ist entscheidend für die Einhaltung gesetzlicher Vorschriften, für weitere Investitionsentscheidungen und für die Stärkung des Vertrauens von Verbrauchern und Investoren. Darüber hinaus fließen Nachhaltigkeitsdaten in Risikomanagementstrategien ein und helfen Unternehmen, ökologische und soziale Risiken ihrer Geschäftstätigkeit zu erkennen und zu mindern.

11.2.5.2 SiGREEN: Präzise Emissionsdaten für die chemische Industrie

Siemens hat mit SiGREEN ein Emissionsmanagement-Tool entwickelt, das die chemische Industrie beim dynamischen Austausch von primären Emissionsdaten unterstützt, präzise Product Carbon Footprint (PCF)-Gesamtbilanzen ermöglicht und die branchenspezifische Compliance sicherstellt. Das Tool integriert normative Standards, aber auch Richtlinien von Organisationen wie Together for Sustainability (TfS). Der Digital Process Twin, der als digitales Abbild des Prozesses entwickelt wurde, hilft hier bei der Berechnung und Optimierung von Produktionsemissionen. In Kombination mit SiGREEN steht eine Plattform zur Verfügung, um Möglichkeiten zur Reduktion des PCF zu identifizieren. Diese ermöglicht die Integration von Vorhersagemodellen in Echtzeit-Entscheidungssysteme, verbessert das Emissionsmanagement und fördert die Nachhaltigkeit. Ein ganzheitlicher PCF-Ansatz hilft Chemieunternehmen, ihre Nachhaltigkeitsziele zu verfolgen und trägt zur Erreichung globaler Klimaziele bei.

11.3 Mit Green Consulting in Richtung Nachhaltigkeit starten

Zentrale eingesetzte Technologien:

Verwaltung des PCF über den gesamten Lebenszyklus und entlang der Lieferketten
Digitalisierung und digitale Zwillinge
Modularisierung auf Basis von MTP (Module Type Package)
Energiemanagement

Die chemische Industrie mit ihrem großen ökologischen Fußabdruck befindet sich auf dem Weg zu Net-Zero-Emissionen – eine große Herausforderung und Chance zugleich. Der ganzheitliche Beratungsansatz „Green Consulting Services" von Siemens bietet für diese Transformation einen systematischen Rahmen, der auf die Komplexität der Chemiebranche ausgerichtet ist.

11.3.1 Nur kundenspezifische Ansätze wirken

Der Wandel zur Nachhaltigkeit in der chemischen Industrie ist nicht nur eine Frage der Einführung neuer Technologien, sondern erfordert ein grundlegendes Umdenken bei Prozessen, Produkten und Geschäftsmodellen. Die Kombination aus chemischem

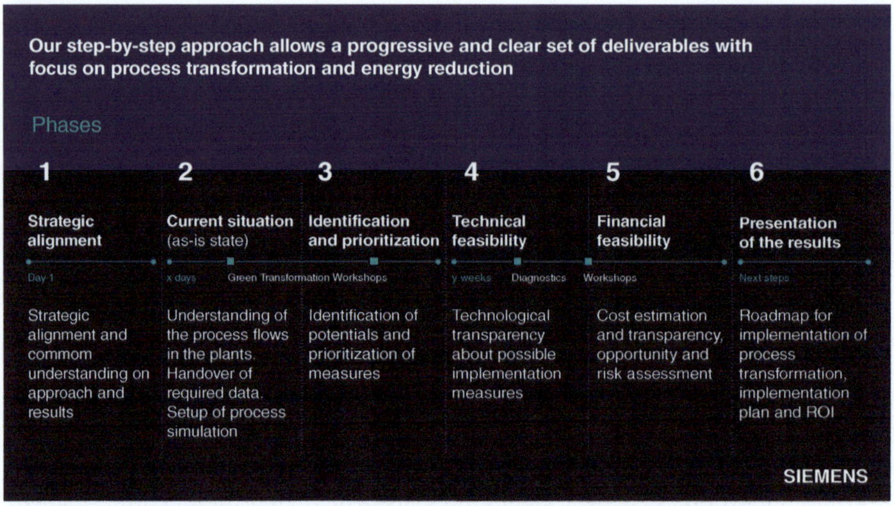

Abb. 11.3 Ganzheitlicher Beratungsansatz „Green Consulting Services" von Siemens.

Prozessverständnis und dem breiten Siemens-Softwareportfolio für Planung, Simulation, Automatisierung und Digitalisierung ermöglicht es, die Herausforderungen der Branche zu verstehen und Lösungen für spezifische Anwendungsfelder zu entwickeln. Ziel ist es, mit maßgeschneiderten Strategien und durch den Einsatz moderner Technologien eine kostenoptimierte Produktion sicherzustellen und gleichzeitig flexibler auf sich schnell ändernde Marktanforderungen reagieren zu können.

11.3.1.1 Strategische Ausrichtung und regulatorischer Weitblick

Der begleitete Weg zu mehr Nachhaltigkeit beginnt mit der strategischen Ausrichtung: Siemens erarbeitet zunächst mit seinen Kunden ein gemeinsames Verständnis und einen Handlungsrahmen. Diese Phase umfasst eine gründliche Bewertung der aktuellen Nachhaltigkeitsposition des Kunden, die Identifizierung von Lücken und die Definition klarer, erreichbarer Ziele. Angesichts der komplexen rechtlichen Rahmenbedingungen in der Chemiebranche ist das Know-how von Siemens in diesem Bereich von großem Mehrwert.

Spezialisierte Teams agieren in diesem Umfeld als konzeptionelle Berater und verfahrenstechnische Begleiter bei der Um- und Neuentwicklung von Prozessen, um z. B. die geforderten CO_2-Reduktionen zu erreichen, oder auch den Energie- oder Wassereinsatz zu optimieren.

Das Potenzial digitaler Technologien für die Transformation der chemischen Produktion ist immens und reicht von der Automatisierung über die Prozesssimulation (digitale Zwillinge) bis hin zur KI-gestützten Analytik. Siemens stellt den technologischen Werkzeugkasten zur Verfügung, um den Wandel in der Chemiewirtschaft voranzutreiben.

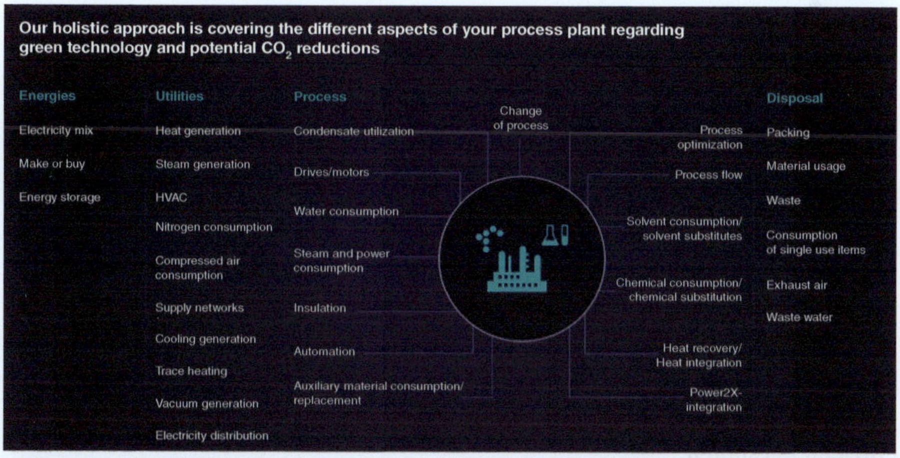

Abb. 11.4 Handlungsrahmen für die strategische Ausrichtung von Unternehmen zum Einsatz grüner Technologien.

11.3.1.2 Wirtschaftliche Tragfähigkeit und nachhaltiges Wachstum

Nachhaltigkeit ist nicht nur eine technische, sondern auch eine finanzielle Herausforderung. Es gilt, die Kosten abzuschätzen, Chancen und Risiken zu bewerten und einen klaren Umsetzungsplan mit Fokus auf den Return on Investment (ROI) zu entwickeln. Ziel ist es, nicht nur Emissionen zu reduzieren, sondern dies so zu tun, dass ein nachhaltiges Unternehmenswachstum gefördert wird. Umweltziele müssen erreicht werden können, ohne die wirtschaftlichen Ziele zu gefährden. Ein wesentlicher Aspekt des Beratungsansatzes von Siemens liegt im Stakeholder-Engagement und in der Integration von Umwelt-, Sozial- und Governance-Prinzipien (ESG) in der Kerngeschäftsstrategie.

11.4 Technologische Ansätze von Siemens für mehr Nachhaltigkeit – eine Auswahl im Überblick

Die folgende Auswahl von Instrumenten zeigt, wie einzelne Technologien und Methoden dazu beitragen, Prozesse in der chemischen Industrie effizienter und weniger ressourcenintensiv zu gestalten und Innovationen zu fördern.

11.4.1 Prozessautomatisierung

Die Automatisierung industrieller Prozesse reduziert manuelle Eingriffe und steigert die Effizienz durch optimale Prozessführung. Für die chemische Industrie bedeutet das: weniger Energieverbrauch, weniger Ausschuss und konstante Produktqualität bei minimierter Umweltbelastung. Darüber hinaus sorgen die Systeme für einen sicheren Anlagenbetrieb. Gleichzeitig ist es möglich, vielfältige Daten aus dem Prozess zuverlässig zu erfassen und für weiterverarbeitende Anwendungen digital zur Verfügung zu stellen.

11.4.2 Digitalisierung und digitale Zwillinge

Digitalisierung ermöglicht die Erstellung eines virtuellen Abbildes der physischen Systeme – eines digitalen Zwillings. Damit steht ein Werkzeug zur Verfügung, um Daten über den gesamten Lebenszyklus einer Anlage zu analysieren. Mit geeigneten Simulationstechniken können dann Maßnahmen zur möglichen Verbesserung der Prozessführung evaluiert werden – ohne Rückwirkung auf den Prozess. Mit den so gewonnenen Erkenntnissen kann der Betrieb durch optimalen Ressourcen- und Energieeinsatz nachhaltiger gestaltet werden. Durch Simulation lassen sich auch die Planung und Durchführung von Instandhaltungsmaßnahmen gezielter und effizienter gestalten.

11.4.3 Co-Creation mit Kunden und Start-ups

Große Aufgaben löst man am besten gemeinsam: Co-Creation steht für gemeinsam erarbeitete Innovationen von Unternehmen, Kunden und Start-ups. Die unterschiedlichen Kompetenzen ergänzen sich bei der Entwicklung nachhaltiger Lösungen für die spezifischen Herausforderungen der Chemieindustrie. Siemens fördert Co-Creation, um Innovationen im Bereich nachhaltiger Technologien voranzutreiben und die Branche effizienter, widerstandsfähiger und umweltfreundlicher zu machen.

11.4.4 Datenbasierte Modellierung und Simulation

Moderne Modellierungs- und Simulationstechnologien unterstützen Unternehmen in allen Phasen des Anlagen-Engineerings und der virtuellen Inbetriebnahme. Durch die exakte Simulation chemischer Prozesse sowie die Ermittlung von Massen- und Energiebilanzen ermöglicht Siemens seinen Chemie-Kunden, den Ressourceneinsatz zu optimieren, Emissionen zu reduzieren und die Prozesseffizienz zu verbessern.

11.4.5 Energiemanagement

Energiemanagement umfasst die Überwachung, Steuerung und Einsparung von Energieflüssen in Unternehmen. Die Energiemanagement-Lösungen von Siemens unterstützen Chemiekunden dabei, Energieeinsparpotenziale zu identifizieren, um durch deren Heben die Treibhausgasemissionen zu reduzieren und gleichzeitig die Betriebskosten zu senken.

11.4.6 Modularisierung auf Basis von MTP (Module Type Package)

Eine modular aufgebaute Anlage entsteht durch die Kombination und Integration von verfahrenstechnischen Einheiten. MTP ist eine herstellerunabhängige Schnittstelle zur einfachen datentechnischen Integration dieser Einheiten (Module) in das Automatisierungskonzept der Anlage. MTP definiert dabei die Schnittstelle, mit der der Datenaustausch zwischen Maschinen und Anlagenteilen hersteller- und technologieneutral möglich wird. Dies reduziert den Integrationsaufwand und führt zu kürzeren Inbetriebnahmezeiten. Chemieunternehmen können so ihre Produktion schneller an sich ändernde Marktbedingungen anpassen.

11.4.7 Cybersecurity nach dem Defense-in-Depth-Ansatz

Das Defense-in-Depth-Konzept basiert auf der internationalen Norm IEC 62443 und zielt darauf ab, industrielle Netzwerke und Systeme durch die Implementierung mehrerer Schutzebenen vor Angriffen zu schützen. Da keine einzelne Sicherheitsmaßnahme einen umfassenden Schutz bieten kann, integriert der

Defense-in-Depth-Ansatz physische Sicherheit, Netzwerksicherheit und Systemintegrität in einem mehrschichtigen Rahmen zum Schutz industrieller Umgebungen. Die Kombination dieser Schichten und die kontinuierliche Erkennung und Abwehr neuer Gefahren für die Cyber-Sicherheit gewährleisten eine umfassende und widerstandsfähige Verteidigung gegen sich ständig weiterentwickelnde Cyber-Angriffe.

11.4.8 Offene digitale Geschäftsplattform

Siemens Xcelerator ist eine offene digitale Geschäftsplattform, die die Integration und Zusammenarbeit unterschiedlicher Tools und Services für eine nahtlose digitale Transformation ermöglicht. So kann die chemische Industrie Hardware- und Softwarelösungen modular gestalten, mit der Cloud zu verbinden und auf Standard-APIs zu setzen. Dies ermöglicht schnelle Innovationen und erlaubt Hardware-Upgrades und Erweiterungen durch Software-Updates und As-a-Service-Modelle. Mit Xcelerator fördert Siemens ein Ecosystem von zertifizierten Partnern und bietet einen Marktplatz für den Austausch. Die Etablierung dieser Plattform erhöht die Flexibilität, Effizienz und Skalierbarkeit digitaler Prozesse und leistet einen wichtigen Beitrag zur nachhaltigen Entwicklung von Unternehmen. Dabei spielt Cybersicherheit wie in sämtlichen Bereichen bei Siemens eine ganz besondere Rolle: Um bestmöglichen Schutz vor Datendiebstahl und Angriffen zu gewährleisten, stellt Siemens Xcelerator sicher, dass alle Angebote von Siemens, Lieferanten

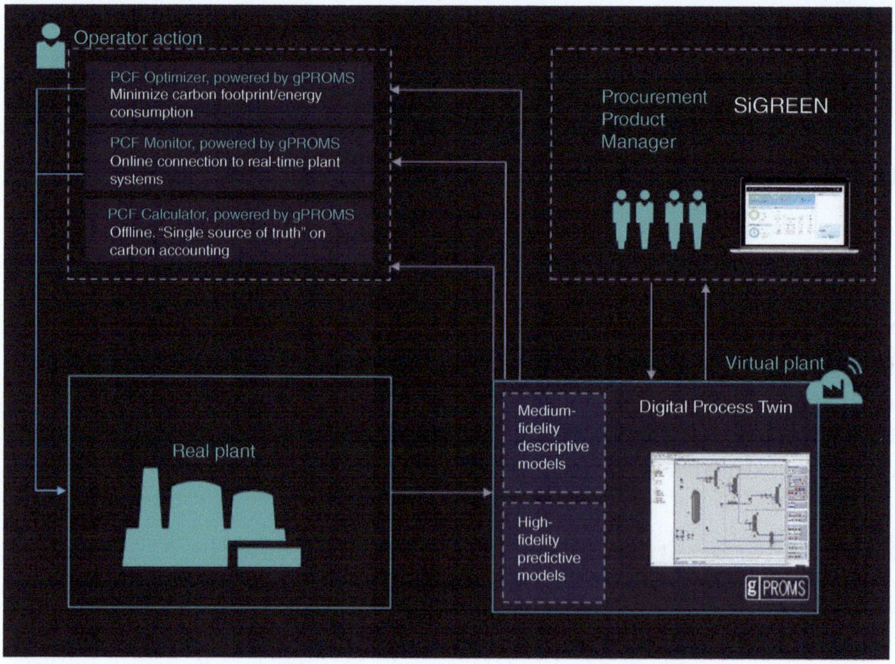

Abb. 11.5 Management des Product Carbon Footprint (PCF) mit SiGREEN in Kombination mit dem digitalen Anlagenzwilling in gPROMS.

und zertifizierten Partnern den hohen Standards unseres ganzheitlichen Cybersicherheitsansatzes entsprechen und dass Sicherheit ein integraler Bestandteil aller Prozesse über den gesamten Lebenszyklus ist.

11.4.9 Ganzheitliches Management des Product Carbon Footprint (PCF)

Das Emissionsmanagement-Tool SiGREEN von Siemens bietet der chemischen Industrie erhebliche Vorteile für das Management des Product Carbon Footprint (PCF) entlang der kompletten Wertschöpfungskette. Die SaaS-Lösung (Software-as-a-Service) ermöglicht den dynamischen und sicheren Austausch von primären Emissionsdaten. Auf diese Weise trägt das Tool zur Erstellung präziser PCF-Bilanzen bei.

11.5 Fazit

Die chemische Industrie in Deutschland ist von großer Bedeutung für eine innovative und wettbewerbsfähige Wirtschaft. Sie spielt eine entscheidende Rolle bei der Transformation der Gesellschaft hin zu mehr Nachhaltigkeit. Dabei ist sie selbst einem massiven Wandel unterworfen, allein weil ihre Produkte zu einem großen Teil auf fossilen Rohstoffen basieren. Die ehrgeizigen Defossilisierungsziele der Unternehmen belegen dies.

Gleichzeitig gilt es, Standortnachteile insbesondere durch die hohen Energiepreise in Deutschland, durch Innovationen im Anlagenbau und in der Produktion auszugleichen. Die weitere Automatisierung und die fortschreitende Digitalisierung von Produktionsprozessen und -anlagen leisten hierzu einen wichtigen Beitrag.

Siemens sieht sich als Wegbereiter und -begleiter bei der Erreichung der Net-Zero-Ziele der chemischen Industrie: Automatisierung, Digitalisierung sowie die Integration von Daten in alle Aspekte des Anlagenbetriebs und die damit erreichte Verknüpfung der realen mit der digitalen Welt durch digitale Zwillinge lassen dieses Ziel durch Prozessverbesserungen immer mehr zur Realität werden. Die Digitalisierung ist keine Option, sondern eine Notwendigkeit, um folgende Ziele zu erreichen:

1. **Kürzere Time-to-Market-Zyklen**
   Siemens setzt auf eine ganzheitliche Digitalisierung über den gesamten Produktentwicklungs- und Anlagenlebenszyklus. Darüber hinaus können durch die Vernetzung der Anlagen und die Kombination vorhandener Daten Lösungen zur Steigerung der Effizienz und Anlagenverfügbarkeit erarbeitet werden.
2. **Flexibel auf Marktanforderungen reagieren**
   Die Digitalisierungs- und Automatisierungskonzepte von Siemens helfen Anwendern, aus vielen vorhandenen Daten die richtigen Informationen abzuleiten und damit schnell notwendige Entscheidungen zu treffen.
3. **Erhöhung der Anlagensicherheit und -verfügbarkeit**

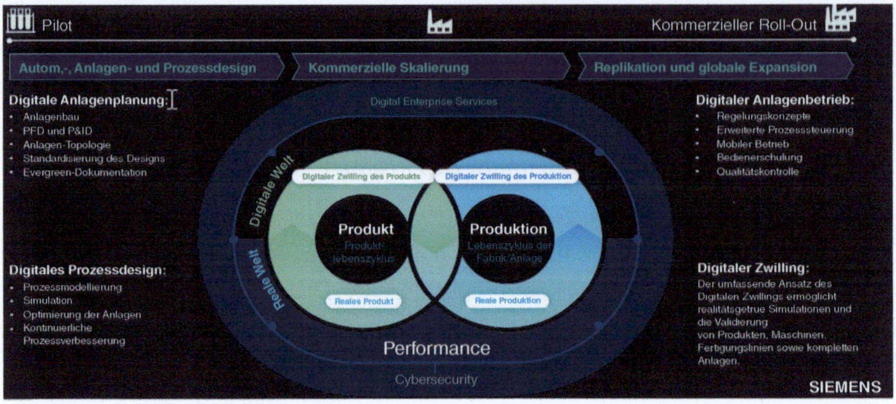

Abb. 11.6 Digitaler Zwilling als essenzielle Grundlage für die Anlagenplanung, das Prozessdesign und den Anlagenbetrieb.

Transparente und digitalisierte Prozesse erhöhen die Sicherheit, Effizienz und Zuverlässigkeit chemischer Produktionsanlagen. Dies wird u. a. durch eine Kombination aus Echtzeitüberwachung, automatisierter Prozessoptimierung und vorausschauender Wartung basierend auf einer durchgängigen Datenbasis erreicht.

4. **Verbesserung der Nachhaltigkeit durch Senkung des Ressourcen- und Energieverbrauchs**
   Siemens engagiert sich für Nachhaltigkeit in der chemischen Produktion: Erprobte Konzepte schaffen die notwendige Transparenz in Produktionsprozessen, um die Reduktionsziele der Unternehmen zu erreichen. Die Digitalisierung schafft durch die Integration von Informationen die Grundlage für Lösungen, um Ressourcen effizient zu nutzen, Emissionen intelligent zu überwachen und den CO_2-Fußabdruck zu reduzieren.

Alle in diesem Beitrag beschriebenen Referenzbeispiele nutzen innovative Konzepte von Siemens. Aus dem umfangreichen Technologiebaukasten wählen Experten für jede Anforderung in der chemischen Industrie die passende Lösung aus. Damit unterstützen sie die Branche bei der Bewältigung der Herausforderungen der Transformation. Die Beispiele machen aber auch deutlich, dass der nachhaltige Wandel der deutschen Chemieindustrie mit ihren vielfältigen regulatorischen Anforderungen, ungleichen globalen Standortbedingungen und Energiepreisen nur durch eine intensive interdisziplinäre Zusammenarbeit zwischen Chemieunternehmen und Technologiepartnern wie Siemens gelingen kann.

12

Nachhaltigkeit im Chemiehandel – Versuch einer Wesentlichkeitsanalyse

Robert Späth und Dr. Philip Clasen

CSC JÄKLECHEMIE GmbH & Co. KG.

Abstract

Der Chemiehandel ist bereits seit der Zeit der Industrialisierung „der Versorgungsknotenpunkt zwischen gewerblichen Verbrauchern und der chemischen Industrie" [1]. An diesem Knotenpunkt hat die Branche sowohl die Produzenten der Grund- und Spezialchemie als auch die ganze Breite industrieller und gewerblicher Abnehmer im Blick.

Von den ersten Umweltgesetzen über REACh *(Registration, Evaluation and Authorization of Chemicals – VO (EG) Nr. 1907/2006)* bis hin zum Green Deal *(European Green Deal – politisches Maßnahmenpaket der EU-Kommission von 2019 für Klimaneutralität in Europa bis 2050)* wuchsen die Herausforderungen, Chemiehandel verantwortungsvoll zu betreiben.

Inmitten der aktuellen Transformation so vieler Bereiche unserer Wirtschaft stellt sich die Frage, welche Rolle dem Chemiehandel bei Nachhaltigkeit und Zirkularität zukommt. Dies ist im Ansatz eine Wesentlichkeitsanalyse unter Einbezug einer Rückschau auf Erreichtes und dem Blick auf eine Branche im Wandel.

12.1 Chemiehandel – Einordnung der Branche

Den Chemiehandel kann man von vielen Seiten betrachten und er lässt sich als Branche gar nicht so einfach fassen. Der Fokus liegt daher auf der Betrachtung des Chemiehandels in Deutschland.

Betrachtet man die Produkte des Chemiehandels, so ist der Chemiehandel eindeutig ein Teil der chemischen Industrie und diese zählt mit einem Produktionswert von 184,3 Mrd. Euro im Jahr 2022 [2] zu den Schlüsselindustrien Deutschlands. Der Chemiehandel macht hier mit lediglich 22,4 Mrd. Euro Marktvolumen [3] gerade etwas mehr als 10 % vom Umsatz der chemischen Industrie aus.

Zirkuläre Wirtschaft und Nachhaltigkeit in der chemischen Industrie: 1. Aufl. C. Suntrop und T. Wagner (Hrsg.).
© 2026 Wiley-VCH GmbH. Alle Rechte vorbehalten, einschließlich derer für Text- und Data-Mining und Training von Technologien der Künstlichen Intelligenz oder ähnlichen Technologien.

Zudem muss man dabei berücksichtigen, dass etliche Teile der Chemieproduktion, wie Düngemittel, Agrarprodukte und Pharmawirkstoffe nicht zum klassischen Portfolio des Chemiehandels gehören. Hier gibt es allerdings einen Graubereich, da manche „klassische“ Chemiehändler Teilsortimente dieser Produktklassen in ihrem Programm haben.

Die Branche wächst und hat sich gut behauptet. Im internationalen Vergleich liegt die deutsche Chemiehandelsquote mit 10 % niedrig und könnte noch wachsen. Dafür spricht auch die hohe Qualität der Dienstleistungen des Chemiehandels.

Der Chemiehandel ist also verwandt mit der chemischen Industrie, gehört aber nicht zur produzierenden Wirtschaft, sondern zum Groß- und Außenhandel. Dessen Interessen vertritt der Bundesverband Großhandel, Außenhandel und Dienstleistungen BGA in Berlin. Als Fachverband und Mitglied des BGA ist der Verband Chemiehandel e. V. mit Sitz in Köln (VCH) das offizielle Gesicht der Branche. Gleichzeitig ist der VCH Mitglied des europäischen Dachverbands, der FECC *(European Association of Chemical Distributors)* und vertritt darüber seine fachlichen Interessen auch in Brüssel.

Die Betrachtung der Branche im Detail verlangt weitere Unterscheidungen. Zunächst unterscheidet man anhand der gehandelten Produkte in die volumenstarken Commodities, auch Grund- oder Industriechemikalien, einerseits und Spezialchemikalien andererseits. Commodities werden in großen Mengen gehandelt. Sie stellen Produkte von einfacher chemischer Struktur dar, die für viele industrielle Prozesse benötigt werden und in ihrer Anwendung unkompliziert sind. Preise werden i. d. R. in €/100 kg festgelegt. Sie unterteilen sich traditionell in drei Gruppen: Säuren u. Laugen, Lösemittel und Feststoffe. Einige Chemikalienhändler konzentrieren sich auf diese Produkte. Diese Art von Chemiehandel erfordert erhebliche logistische Fähigkeiten. Gefahrstoffe bzw. Gefahrgut kann nur mit hohem technischem Aufwand in großen Mengen umgeschlagen werden. Die Kunden sind hier vor allem an Versorgungssicherheit interessiert und daher ist die regionale Nähe der Abnehmer zu den Lager- und Umschlagszentren von hoher Bedeutung.

Bei Spezialchemikalien verhält es sich etwas anders. Deren Anwendung erfordert technisches Know-How. Diese komplexen Produkte sind werthaltiger. Sie werden meist in €/kg bepreist. Oft sind Spezialchemikalien Teil von Rezepturen oder auch Prozessen und für diese explizit vorgesehen oder gar zertifiziert. Die Wahl der besten Lösung für den Kunden ist mit einer fachlichen Beratung verbunden und erfordert oft eine Bemusterung. Die Käufer erwarten hier also ein technisches Verständnis ihrer jeweils eigenen Industrie. Chemiehändler, die sich auf diese Produkte konzentrieren, verstehen sich als Experten für spezifische Kundenbranchen. Es kommt dabei auf den Aufbau eigener Teams, die Partnerschaft mit spezialisierten Lieferanten und jahrelange Erfahrung an. Hier sind spezifische Dienstleistungen mit teilweise individueller Logistik gefragt.

Bisher galt die vereinfachte Systematik, dass Commodity-Händler große regionale Umschlagsstandorte betreiben, d. h. zum sog. lagerhaltenden Chemiehandel zählen und Spezialitätenhändler überregional tätig sind und oft auf eigene Lager verzichten.

Man unterschied auch noch die Außenhändler als eigene Gattung. Sie bauten ein hohes internationales Know-How auf und setzten sich mit der Regulatorik des Im- und Exports von chemischen Produkten auseinander, was erhebliche Herausforderungen bei der Compliance mit sich bringt.

Die Entwicklungen in den letzten Jahrzehnten brachten allerdings kontinuierliche Konsolidierungen mit sich, sodass die Branche inzwischen von diversen Unternehmensgruppen geprägt ist. Börsennotierte Konzerne sind allerdings selten in der Branche. Auch die größeren Unternehmensgruppen sind weiterhin von regional verwurzelten mittelständisch geprägten Firmen geprägt, die oft auf eine lange Historie zurückblicken können. In diesen Gruppen finden sich mittlerweile alle oben genannten Geschäftsmodelle wieder, sodass eine klare Abgrenzung nicht mehr möglich ist. Die genannten Aspekte gelten daher heute eher für einzelne Business Units.

Umsatzgrößenklassen* (in Mio €)

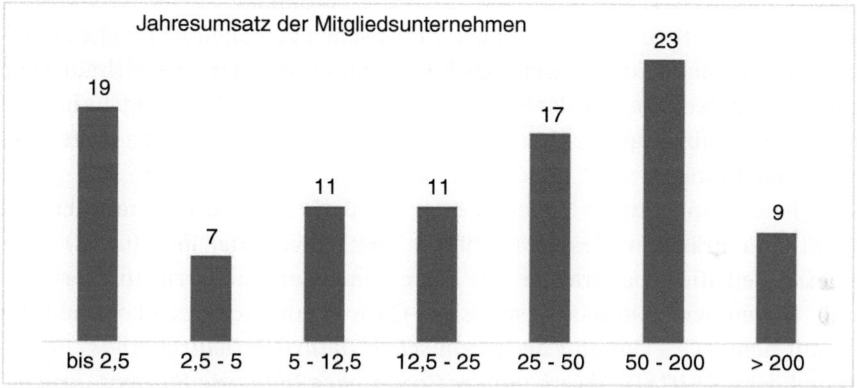

*) Angaben basieren auf den Erhebungen zur Beitragseinstufung zum Stichtag. Fehlende Rückmeldungen wurden aufgrund des Vorjahres geschätzt.

Umsatzstruktur

	Umsatz (in Mio. € ohne MwSt.)	**Veränderungen zu 2023** (in %)
Umsatz Gesamt	17.460	- 5
Industriechemikalien	5.824	- 7
Spezialchemikalien	12.346	+ 2

Abb. 12.1 Jahresumsatz der Mitgliedsunternehmen im Verband Chemiehandel e. V. im Jahr 2024 (oben) und Veränderung im Vergleich zum Jahr 2023 (unten).

Daneben gibt es viele kleine Chemiehändler, die sich auf einige Themen spezialisieren und sich dort einen festen Platz im Markt erobert haben [4]

Insgesamt ist der Chemiehandel eine überschaubare fachlich anspruchsvolle Branche mit hohen Markteintrittsbarrieren. Durch die massive Regulatorik für chemische Produkte und deren Lager- und Umschlagsstandorte sowie auch die Gefahrgutlogistik, inkl. Im- und Export, gibt es nur wenige Firmen die bereit sind, sich diesen Themen zu stellen. Andererseits ist die Branche von entscheidender Bedeutung für die gesamte Industrie, da sich der Link zwischen Produktion und individuellem Bedarf an chemischen Produkten nur mit Partnern darstellen lässt, auf die man sich verlassen kann und denen man vertraut.

12.2 Responsible Care®

Bevor Nachhaltigkeit in aller Munde war gab es im Chemiehandel ein Thema, welches gewissermaßen als Vorläufer davon zu betrachten ist und für die chemische Industrie eine etwas andere Bedeutung hatte als für den Chemiehandel: Responsible Care. Diese Initiative wurde 1984 in Kanada ins Leben gerufen. Die chemische Industrie nutzte sie später, um auf einige sehr weitreichende Störfälle zu reagieren, die ihrem Image auf Dauer zu schaden drohten.

Damals galt es, tiefgreifende Wunden im Ansehen der Chemiebranche zu heilen. Diese Wunden fanden teilweise noch Jahrzehnte lang in der Bezeichnung von Rechtsvorschriften, wie z. B. der Seveso-Richtlinie ihren Niederschlag. Es handelt sich bei Responsible Care um ein Projekt, welches langfristig wirken sollte. Dies hat bis heute Bestand.

Der Chemiehandel hatte Mitte der 90er Jahre die positive Zugkraft der Idee erkannt. Der Präsident des VCH Günter Späth *(der Vater des Autors)* hatte zu dieser Zeit die Kooperation mit der chemischen Industrie initiiert und am 20. November 1996 das Responsible Care Partnerschaftsabkommen des VCH mit dem VCI *(Verband der Chemischen Industrie Deutschlands, Frankfurt)* und der CEFIC *(Dachverband der Chemischen Industrie Europas, Brüssel)* unterzeichnet.

Damit ging der VCH voran und entwickelte für den Chemiehandel in Deutschland ein eigenes Responsible Care Programm, welches von Beginn an auch eine Third-Party-Certification beinhaltete. So wurde ein Instrument geschaffen, welches für die Branche einen festen Anker schaffte, an den alle Themen zum verantwortlichen Umgang mit den eigenen Produkten angeknüpft werden konnten.

Es folgen weitere Milestones der Responsible Care-Initiative:

- 1.6.1999: Eigenes Abkommen der FECC mit CEFIC
- 2009: Kooperation der ICTA mit der ICCA
- 2014: Erneuerung der Global Responsible Care Charter der ICCA

- 2018: Erneuerung der Kooperation von ICCA und ICTA [5]
- 2019: Präzisierung der Global Charta der ICCA für nationale Chemieverbände
- 2021: Erneuerung des Partnerschaftsabkommens des VCH mit dem VCI

(ICCA: International Council of Chemical Associations; ICTA: International Chemical Trade Association)

„Responsible Care – verantwortliches Handeln im Chemiehandel – steht für den Willen, unabhängig von gesetzlichen Vorgaben, nach einer ständigen Verbesserung in den Bereichen Umwelt, Sicherheit und Gesundheit zu streben und diesen Fortschritt auch regelmäßig öffentlich aufzuzeigen [6].“

12.2.1 Responsible Care und Nachhaltigkeit im Kontext internationaler Initiativen

Bereits 2002 wurde das Thema der Nachhaltigkeit auch vom ICCA aufgenommen. Auf dem Johannesburg World Summit on Sustainable Development wurde das Ziel ausgerufen, im Jahr 2020 Chemikalien nur noch so zu produzieren und zu benutzen, dass sie so wenig wie möglich schädliche Auswirkungen auf die menschliche Gesundheit und die Umwelt haben.

So wurde SAICM *(Strategic Approach to International Chemicals Management)* ins Leben gerufen. Dieses politische Netzwerk zur weltweiten Unterstützung der Sicherheit von Chemikalien wurde von der ICCM-1 *(erste International Conference on Chemicals Management)* in Dubai adaptiert.

Im Status-Report der ICCA zu Responsible Care ist zu lesen:

„Responsible Care ist zwar die Grundlage, aber der Beitrag der Chemischen Industrie zur Nachhaltigkeit ist viel umfassender. Besonders innovative Produkte und Technologien, die von der Chemie abhängen, werden eine Rolle bei der Bewältigung der Herausforderungen spielen, die in den UN-Zielen für nachhaltige Entwicklung festgelegt sind“ [7].

Das gesamte Thema fand jüngst mehr Beachtung, als vom 25.–29. September 2023 die ICCM-5 unter dem Vorsitz von Deutschland in Bonn stattfand und von der Umweltministerin persönlich eröffnet wurde [8].

Der Fokus der Konferenz lag diesmal auf der Bekämpfung der Verschmutzung der Erde und dem Übergang zu einer Kreislaufwirtschaft. Dabei wurde „...die Verschmutzungskrise neben der Klimakrise und der Krise des Artenaussterbens als dritte planetare Krise anerkannt“ [9].

12.2.2 Handhabung von Responsible Care im Chemiehandel in Deutschland

Wie bereits aufgezeigt, hat der VCH sein Responsible Care Programm von Beginn an mit einer Zertifizierung verbunden. Diese erfordert für Unternehmen, die daran teilnehmen auch eine Vor-Ort-Inspektion ihrer Standorte.

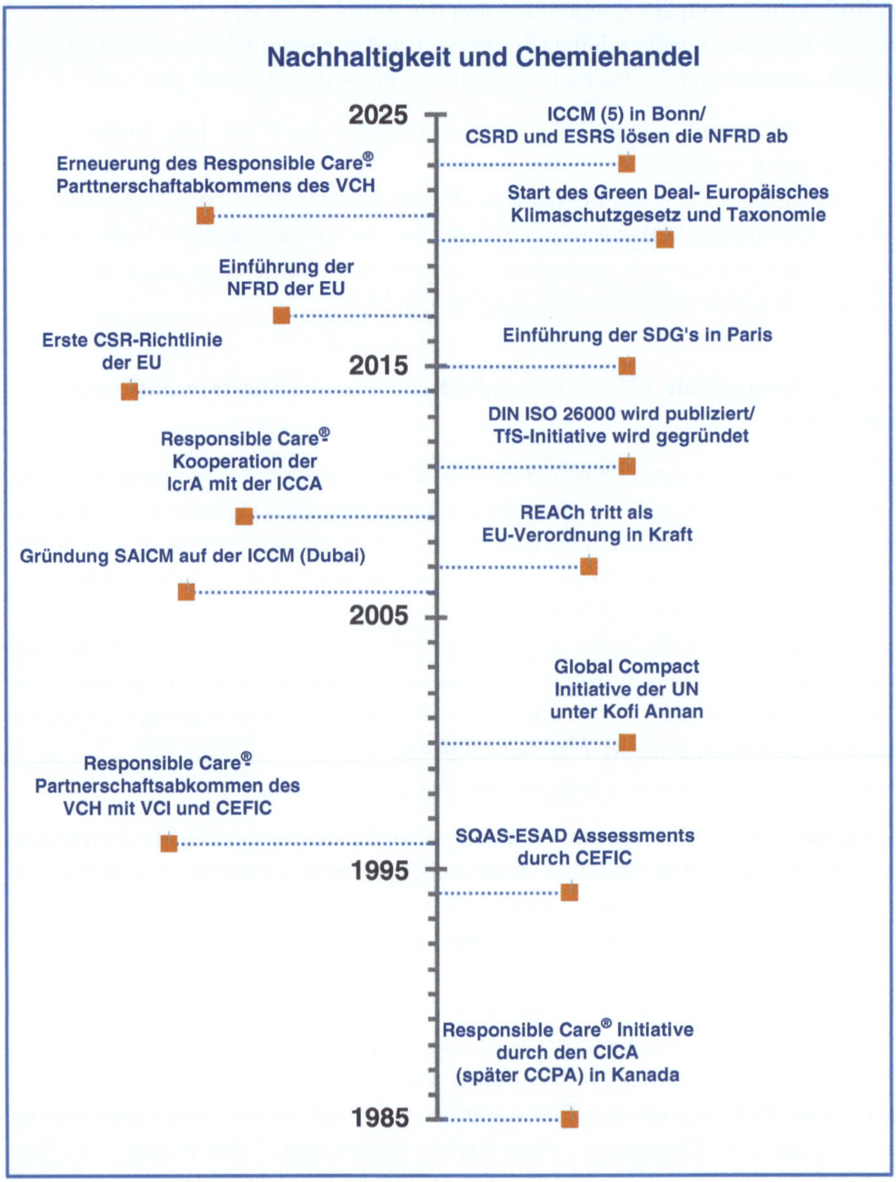

Abb. 12.2 Entwicklung der Responsible Care Aktivitäten von 1985 bis 2025.

Die CEFIC hatte für die Überprüfung der Lieferkette der chemischen Industrie mit SQAS *(Safety, Quality and Sustainability in chemical transport and logistics)* bereits ein System entwickelt, um Inspektionen zu standardisieren.

In Anerkennung der Tatsache, dass der Chemiehandel einen wesentlichen Teil dieser Lieferkette darstellt, wurde schließlich ein Modul für die Standorte von Chemiehändlern entwickelt: ESAD *(European Single Assessment Document).* Dazu wurden speziell für den Chemiehandel standardisierte Fragebögen entwickelt, die von unabhängigen Auditoren vor Ort überprüft werden. Unternehmen, die sich diesem Assessment unterziehen erhalten eine validierte Darstellung ihrer Performance.

Etliche Chemiehändler unterzogen sich in den Folgejahren einem ESAD-Assessment. In erster Linie war der Grund dafür, dass man sich die zunehmenden Lieferantenaudits ersparen wollte. Der erhebliche Zeit- und Personalaufwand, der durch individuelle Audits der zahlreichen Lieferanten verursacht wurde, konnte so immens reduziert werden, da die Lieferanten das ESAD-Assessment immer mehr anerkannten. Für spezielle Anforderungen einiger Lieferanten wurden noch Zusatzmodule für das ESAD-Assessment entwickelt, sodass das Instrument immer mehr abdecken konnte.

Der VCH trug dieser Entwicklung Rechnung, indem er ebenfalls das ESAD-Assessment als Audit für die Einhaltung der Erfordernisse des Responsible Care Programms anerkannte. ESAD, welches ja aus dem SQAS-Programm der CEFIC stammt, wird ständig weiterentwickelt und wurde nun auch mit den Responsible Care Initiativen der ECTA *(European Chemical Transport Association)*, sowie mit dem von der FECC aufgelegten „European Responsible Care Program for Distributors" verknüpft.

Damit ist die Standardisierung in der Auditierung im Chemiehandel bereits weit fortgeschritten und durch die Europäische Chemische Industrie wird die Weiterentwicklung gewährleistet.

In den letzten Jahren hat sich der Fokus zunehmend auf das Thema Nachhaltigkeit verlagert und es ist nur konsequent, dass dieses Thema ebenfalls Eingang in die Responsible Care Initiative fand. Parallel dazu gab es eine Entwicklung, welche Nachhaltigkeit aus anderer Perspektive auf die Tagesordnung brachte. Die folgende Abbildung verdeutlicht die Entwicklung der Responsible Care Aktivitäten von 1985 bis 2025.

12.3 Nachhaltigkeit – was nun?

12.3.1 Das weite Feld der Nachhaltigkeit

Das Thema Nachhaltigkeit wird schon seit einiger Zeit „beackert". 2010 wurde die ISO 26000 als „Leitfaden für gesellschaftliche Verantwortung, Nachhaltigkeit und Nachhaltigkeitsmanagement in Unternehmen" veröffentlicht. Damals wurde der Gedanke der CSR (*Corporate Social Responsibility*) in einer ISO-Norm verankert und 2011 als DIN ISO 26000 publiziert. Allerdings ist diese Norm aufgrund ihrer Komplexität nicht zertifizierbar. Die Suche nach einem Standard, der diese Themen validierbar macht, lief weiter.

Im Jahr 2012 fand unter der Initiative des UBA *(Umweltbundesamt)* ein sogenanntes Ressourcen-Forum in Berlin statt. Wohlweislich wurde die Veranstaltung damals in zwei Foren aufgeteilt und zwar in das Nationale Ressourcen-Forum und das European Resources Forum. Unter der Leitung des damaligen Präsidenten des UBA, Herrn Jochen Flachsbarth, wurde parteiübergreifend das Thema „qualitatives versus quantitatives Wachstum“ diskutiert. Peter Altmaier hielt ein Grußwort. Im Europäischen Teil der Veranstaltung kamen so prominente Namen wie Ernst-Ulrich von Weizäcker oder auch Jo Leinen als MEP *(Member of European Parlament)* zu Wort. Als Vertreterin des World Future Council sprach damals Maja Göpel, die in der Folge einige wesentliche Beiträge zur Nachhaltigkeit schuf.

Mit den 10 universellen Prinzipien des UN *(United Nations)* Global Compact wurde das Thema international. 2015 kam es in Paris schließlich zur Einigung auf die SDGs *(Sustainable Development Goals)* als global anerkannte Definition von Nachhaltigkeit in all ihren Aspekten.

Die Wirtschaft verlangte zunehmend nach validierbaren Vorgaben zum Umgang mit den SDGs.

Es entstanden Initiativen, welche versuchten, Standards zu entwickeln.

Zu nennen ist hier z. B. die Global Reporting Initiative, die schon 1997 in Boston, Massachusetts in den Vereinigten Staaten entstand und einen Standard entwickelte, der seit 2016 in deutscher Sprache zur Verfügung steht. Ab 2018 wurde dieser für die Strukturierung von Nachhaltigkeitsberichten genutzt. Das steht im Zusammenhang mit der NFRD *(Non-Financial Reporting Directive)*, die als erste gesetzliche Verpflichtung ab 2017 galt.

Das alles waren Wegbereiter des European Green Deal und der damit verbundenen Fokussierung auf sich immer deutlicher abzeichnende Verhaltensregeln für alle Wirtschaftsbeteiligten.

12.3.2 TfS – Nachhaltigkeit im Fokus der Chemischen Industrie

„Die Initiative TfS *(Together for Sustainability)* der Chemischen Industrie wurde im Jahr 2011 gegründet. TfS ist eine Initiative globaler Chemieunternehmen, die sich auf die Nachhaltigkeitsbewertung und -verbesserung von Lieferketten in der chemischen Industrie konzentriert. [...] [Das erfolgt], indem sie gemeinsame Prüfungsprozesse und -standards entwickelt. Dies [wiederum] trägt dazu bei, soziale und Umweltauswirkungen in der gesamten Lieferkette zu minimieren und die Nachhaltigkeit in der Branche insgesamt zu fördern“ [10].

Diese Initiative bereitete die Lieferkette auf Pflichten vor, die sich „am Horizont“ bereits abzeichneten. Die EU erlies 2014 die erste CSR – Richtlinie und seit 2017 sind bereits die 500 größten Unternehmen in Deutschland verpflichtet, einen Nachhaltigkeitsbericht zu erstellen. Hiervon waren zahlreiche Produzenten der Chemischen Industrie betroffen.

TfS wurde von den Einkaufsabteilungen der Produzenten entwickelt, sodass Chemiehändler als Käufer nicht betroffen waren. Chemiehändler wurden mit den Anforderungen von TfS konfrontiert, sobald sie die Produzenten selbst belieferten. Es brauchte einige Gespräche des VCH mit dem VCI und der CEFIC, um die Daten vorhandener ESAD-Assessments durch TfS anerkannt zu bekommen. Hier wurde deutlich, wieviel parallel entwickelt wird und wie schwer es ist Standards zusammenzuhalten.

12.3.3 Neue Messgrößen für Nachhaltigkeit und Klimaschutz

Die permanente Suche nach einem Maßstab für die Beurteilung von Nachhaltigkeit und deren Vergleichbarkeit in Bezug auf Produkte oder Unternehmen und deren Tätigkeiten fokussierte sich immer mehr auf den CO_2-Fußabdruck oder auch PCF *(Product Carbon Footprint)* als entscheidende Größe.

Bezogen auf die Umweltaspekte und den Energieverbrauch lässt sich dieser Wert hervorragend nutzen, um Vergleiche anzustellen. Alle Treibhausgase lassen sich in CO_2-Äquivalente umrechnen, sodass man an einer Kenngröße die Auswirkungen auf das Klima messen und vergleichen kann.

Es gibt zwar auch kritische Stimmen, die anmerken, dass der PCF für eine gesamtheitliche Betrachtung nicht ausreicht und z. B. der Water-Footprint oder der Environmental-Footprint, welche jeweils weitere Nachhaltigkeitsaspekte miteinschließen, ebenfalls berücksichtigt werden müssen. Im Zeitverlauf wird der Fokus auf den PCF wohl den Ausgangspunkt einer ersten Phase bilden.

Parallel dazu wird die Kreislaufwirtschaft oder Circular Economy als die entscheidende Lösung zur Minderung des Ressourcenverbrauchs ins Feld geführt. Im Wesentlichen geht es um die Erhaltung von chemischen Erzeugnissen im Wirtschaftskreislauf, um natürliche Rohstoffe zu schonen und die aufwendige Produktion von Basisrohstoffen deutlich zu reduzieren.

Klimaschutz und Kreislaufwirtschaft werden höchste Bedeutung erlangen. Schon die Kombination dieser beiden Zielsysteme macht die Bewertung einzelner Geschäftsmodelle äußerst komplex. Dabei sind die sozialen Aspekte und die übrigen Bausteine für ein nachhaltiges Wirtschaften noch gar nicht berücksichtigt.

12.3.4 Zeitenwenden und Transformationskunst

Im neuen Jahrtausend verdeutlichten weltweite Entwicklungen, dass die bisherigen Wirtschaftsmodelle nicht nachhaltig sind. Die wachsende Weltbevölkerung und die damit einhergehende Ausbeutung der Ressourcen führten dazu, dass wir über unsere Verhältnisse leben [11].

Die nach den Weltkriegen geschaffenen Wirtschaftssysteme waren darauf ausgelegt, schnell und effizient die Produktion zu steigern, um die Zerstörungen und das Leid zu überwinden. Dies führte zu wahren Wirtschaftswundern und Wohlstand, aber niemand machte sich darüber Gedanken, dass man nicht ewig weiter sprinten kann, ohne dass der „Treibstoff" einmal knapp wird.

Die weltweiten Finanzsysteme schufen immer neue Möglichkeiten, wie sich auch bei abgeflachtem realem Wachstum noch finanzielle Gewinne maximieren lassen. Es entstanden Blasen, die hohe Risiken mit sich brachten. Das zeigte sich erstmals deutlich in die Finanzkrise 2008/2009.

Auch wenn die Instrumente damals raffiniert genug waren, diese Krise relativ unbeschadet hinter sich zu bringen, begannen einige Akteure umzudenken und genauer hinzusehen. Eine herausragende Stellung in Deutschland nimmt das Wuppertal Institut ein. 2018 brachte der damalige Leiter, Herr Uwe Schneidewind, ein Buch heraus, welches die Herausforderungen zusammenfasste.

Er war u. a. Mitglied im WBGU *(Wissenschaftlicher Beirat der Bundesregierung Globale Umweltveränderungen)* und im Club of Rome und wurde später Oberbürgermeister der Stadt Wuppertal.

In seinem Buch „Die große Transformation – Einführung in die Kunst gesellschaftlichen Wandels“ [12] beschreibt er notwendige Wenden für sieben Themen:

1. Wohlstand und Konsum
2. Energie
3. Ressourcen
4. Mobilität
5. Ernährung
6. Städte
7. Industrie

Alle diese Themen sind an einem Punkt angelangt, der ein komplettes Umdenken, also eine Transformation verlangt. Das heißt, dass die bisherigen Vorstellungen in der Gesellschaft, wie wir wirtschaften neu gedacht werden müssen.

Dies sind sehr unbequeme Wahrheiten und daher bezeichnet er das auch als echte „Kunst“, also als Prozess, der Innovation und Kreativität erfordert. Er weist auch deutlich darauf hin, dass die Beteiligten nur durch Kooperation Erfolg haben können. Als beteiligte Akteure nennt er:

1. Zivilgesellschaft
2. Politik
3. Unternehmen
4. Wissenschaft

Als weitere Vordenkerin für Lösungen und Auswege aus den vorhandenen Dilemmata ist Frau Prof. Dr. Maja Göpel, Politökonomin, Transformationsforscherin und Nachhaltigkeitsexpertin zu nennen. Wie bereits erwähnt war sie 2012 als Vertreterin des „World Future Council“ Rednerin auf dem European Resources Forum des UBA. Seitdem hat sie einige sehr ambitionierte Texte publiziert. Während „The Great Mindshift – how a new Economic Paradigm and Sustainability Transformations go Hand in Hand“ noch sehr wissenschaftlich gehalten war, hat sie mit ihrem Buch von 2020 „UNSERE WELT NEU DENKEN Eine Einladung“ [13] und einem weiteren Werk von 2022 Texte herausgebracht, die mehr populärwissenschaftlich gehalten sind.

So kam die Welle der Erkenntnis immer mehr ins Rollen, da solche Vordenker*innen zunehmend ambitioniert ihre Erkenntnisse der Politik nahegelegt haben. Der „Green Deal“ mit allen seinen einzelnen Modulen kam daher nicht überraschend.

In diesem Aufbruch kamen nun einige „schwarze Schwäne" daher, die naturgemäß niemand vorhersah, die aber massive Auswirkungen auf die Welt hatten und haben.

Dazu gehört auch die Fukushima-Katastrophe, die kurz nach der Finanzkrise die Welt aufrüttelte und einen radikalen Schnitt in der deutschen Energiepolitik nach sich zog. Bemerkenswerter Weise beeinflusste dieses Ereignis vor allem die Politik in Deutschland und sorgte zunächst für eine Beschleunigung von Transformationsprozessen.

Später folgte die globale Pandemie-Krise. Durch die daraus resultierenden Verwerfungen im globalisierten Wirtschaftssystem wurde plötzlich deutlich, welche Abhängigkeiten im auf Effizienz getrimmten Welthandel entstanden waren. Es wurde zunehmend klar, dass die Treiber der Weltwirtschaft keine Rücksicht auf Nachhaltigkeit nehmen, so lange die Gewinne stimmen. Die kurzzeitige massive Reduktion des weltweiten CO_2-Ausstoßes durch den Einbruch der Weltwirtschaft war ein ironischer Kommentar der Weltgeschichte.

Dann kam noch der Ukraine-Krieg zu diesen weltweiten Ereignissen hinzu, der die Handelsströme zwischen Ost- und Westeuropa hart abschnitt. Die massiven Auswirkungen auf die europäische Energieversorgung mit kumulierten Auswirkungen auf Deutschland waren nicht vorhersehbar.

Die Gesellschaften der westlichen Welt stehen nun vor schwierigen Herausforderungen. Die Angst vor wirtschaftlichem Niedergang und dem Verlust von Wettbewerbsfähigkeit geht um. Die Zustimmung, die Transformationspfade für den Klimaschutz zu gehen, gerät ins Wanken.

Die Herausforderungen sind groß und dennoch gibt es viele Akteure, die unablässig an einer besseren Zukunft arbeiten.

Trotz der Krisen und der kritischen Stimmen stehen nun die Nachhaltigkeitsberichtspflichten der EU als umfangreiches Werk im Raum und noch gibt es keine Anzeichen, dass sie wieder verschwinden. Viele Unternehmen haben noch gar nicht realisiert was das bedeutet.

12.3.5 Was hat das nun für Konsequenzen für den Chemiehandel in Deutschland?

Schon vor den weltweiten Krisen gab es für den Chemiehandel ganz konkrete Gründe, sich mit Nachhaltigkeit und CSR zu befassen.

Dass die Branche dies bereits erkannt hatte, zeigen die aufgezeigten Aktivitäten rund um Responsible Care und der Weiterentwicklung des Programms.

Neben einer Vorbereitung auf absehbare gesetzliche Reglungen ließen sich Risiken besser managen, Kosten durch die Steigerung von Effizienz reduzieren, das Image und die Reputation verbessern und eine bessere Anpassung an künftige Anforderungen der Märkte erreichen. Hier zeigt sich, dass „Nachhaltigkeit" nicht gegen, sondern mit den betriebswirtschaftlichen Zielen einhergeht und Ökonomie ein wichtiger Teil der Nachhaltigkeit ist.

Durch die neuen Rahmenbedingungen entstehen nun neue Chancen für die Vorreiter in diesem Bereich. Der Teufel steckt hier allerdings im Detail. Die erlangten Errungenschaften in Sachen Nachhaltigkeit müssen nun neu sortiert und zusammengesetzt werden. Das bleibt keinem Unternehmen erspart.

Die 1178 Datenpunkte des Set 1 des ESRS weisen den Weg und hier ist Innovation gefragt.

12.4 Daten als neue Herausforderung

Angesichts der zahllosen Publikationen zu Nachhaltigkeitsberichtspflichten nach der CSRD *(Corporate Sustainability Reporting Directive)* wird hier darauf verzichtet, diese zu rekapitulieren.

Jedes Unternehmen wird sich dem stellen müssen. Es trifft selbst die Unternehmen, die noch nicht unter die Berichtspflichten fallen, da sie schließlich alle ein Teil der Lieferkette sind.

Angesichts der Komplexität wird der Wesentlichkeitsanalyse eine entscheidende Rolle zukommen, um die laufenden Vorbereitungen praktikabel zu halten. Die Berichte selbst sollen Teil der Lageberichte der Unternehmen werden. Das unterscheidet die Aufgabe im Vergleich zu freiwilligen Maßnahmen aufgrund der Validierung durch die Wirtschaftsprüfungsgesellschaften. Diese gehen auch davon aus, dass die Validierung in absehbarer Zukunft noch strenger gehandhabt wird und begrüßen das im eigenen Interesse.

Welche Auswirkungen hat nun ein Chemiehandelsunternehmen auf Umwelt, Ressourcen, die eigene Belegschaft und das weitere Umfeld? Im Gegensatz zu den Produzenten haben wir es im Chemiehandel nicht mit energieintensiven Betrieben zu tun, wenn man von einigen Ausnahmen absieht, die sich z. B. mit dem Recycling befassen.

Die Handelsunternehmen können bei den Auswirkungen der eignen Betriebe (Scope 1 und 2) i. d. R. auf eine gute Datenbasis aus den vorhandenen Managementsystemen zurückgreifen. Wenn allerdings die gehandelten Produkte ins Spiel kommen, dann wird schnell klar, dass deren Auswirkungen wesentlich mehr ins Gewicht fallen, wenn man dies unter Scope 3 mit einbezieht.

Gleichzeitig sind die Kunden sehr daran interessiert, welche ökologischen Auswirkungen, d. h. zum Beispiel, welchen PCF die Produkte mit sich bringen.

Damit ergibt sich ein geteiltes Vorgehen. Die eigenen Auswirkungen werden von den Teams bearbeitet, die auch bisher schon die Daten für die Energieverbräuche, aber auch Wasserverbräuche, Abwasserbehandlungen, Entsorgungsmengen sowie Daten bez. der Arbeitssicherheit usw. gesammelt haben. Das wird u. U. noch ergänzt durch Daten zur Tarifkonformität, Lohngerechtigkeit, usw., die in den Personal- und Finanzabteilungen vorliegen.

Die andere Seite der Medaille wird sich allerdings um die Produkte drehen. Diesen kommt im Groß- und Außenhandel eine entscheidende Rolle zu. Hier gibt es

Potentiale, z. B. zur Verbesserung des PCF durch Substitution besonders belasteter Produkte. Dabei kommen auch biobasierte Rohstoffe und Recyclingware ins Spiel. Darüber hinaus können auch Rezepturen optimiert werden mit einem neuen Fokus auf deren Fußabdruck. Schließlich wird es auch bei besonderen Geschäftsmodellen, die im Sinne der Kreislaufwirtschaft konstruiert sind, eine wesentliche Rolle spielen, wie stark der positive Effekt auf die Reduzierung des Fußabdrucks ausfällt.

Die Teams, die sich mit dieser Seite der Nachhaltigkeit befassen, sind allerdings auf Daten aus der Lieferkette angewiesen. Im Chemikalienhandel werden die Produkte nicht selbst produziert. Rezepturen, die selbst erstellt werden, sind i. d. R. nur Zubereitungen und keine Synthesen, d. h. auch hier kann nur etwas ermittelt werden, wenn die Daten der Vorprodukte vorhanden sind.

Dazu kommt nun eine weitere Hürde: In der aktuellen Phase der Projekte konzentrieren sich die Betrachtungen im Wesentlichen auf den PCF. Dazu kommen evtl. noch die Anteile an Recyclingware sowie die Anteile an CMR *(Cancerogenic, Mutagen, Reprotoxic)* -Stoffen. Während die letzteren beiden noch relativ leicht zu ermitteln sind, besteht beim PCF immer noch keine Klarheit. Das „Greenhouse Gas Protocol" gibt zwar eine gute Orientierung und der TÜV bietet bereits eine eigene Validierung der Methodik zur Ermittlung des PCF an, aber bei der Definition von Systemgrenzen gibt es gewissen Freiräume.

Das ist auch der Grund für das aktuelle große Schweigen der Produzenten, die zwar intern schon fleißig rechnen, aber noch nicht bereit sind, eine offizielle Aussage zum PCF ihrer Produkte abzugeben. Das ist durchaus erstaunlich, da ja bereits gesetzliche Regelungen, wie der CBAM *(Carbon Border Adjustment Mechanism)* in Kraft getreten sind, die auf die PCF-Daten angewiesen sind.

Eine solche Flut an neuen Daten wird nur digital zu bewältigen sein. Die knappen Fristen bis zur Umsetzung damit verbundener Projekte bewirken viele parallele Aktivitäten. Alle großen ERP *(Enterprise Resource Planning)* -Systemanbieter und Wirtschaftsprüfungsgesellschaften entwickeln jeweils eigene Ideen.

Das erklärt, warum ein Projekt der EU, welches der Ökodesign-Gesetzgebung entspringt, von überraschend vielen Wirtschaftsakteuren ausdrücklich begrüßt wird.

Durch die notwendige Überarbeitung der gesetzlichen Regelungen für Batterien in Europa und das bereits abgeschlossene Projekt, einen Batteriepass zu entwickeln, kam ordentlich Schwung in das Thema der Produktdaten und der Batteriepass wird nun zur Blaupause für den geplanten Digitalen Produktpass (DPP).

Dieser wurde ursprünglich aus der Idee geboren, dass der Verbraucher auf allen Produkten erkennen soll, wie diese ökologisch zu bewerten sind, ob sie zum Klimaschutz oder zur Kreislaufwirtschaft beitragen, usw.

Die Chemische Industrie wurde zwar gar nicht adressiert aber es ist klar, dass die im DPP vorgesehenen Daten nur schwer ermittelt werden können, wenn sie nicht für die Rohstoffe aus denen die Produkte hergestellt werden in möglichst gleicher Struktur vorliegen.

Der Zoll hat zudem erkannt, dass der DPP auch die Chance bietet, die Digitalisierung des Außenhandels voranzubringen und damit einen massiven Beitrag zum

Klimaschutz leisten zu können. Aktuell sind bei Außenhandelsgeschäften in vielen Prozessschritten noch Papierdokumente erforderlich, die zum Teil auch vorab per Luftfracht der Ware vorausgesendet werden. Das sind Verfahren, die längst reformiert werden müssten.

In Deutschland wurde die Verantwortung der Durchführung des DPP-Projektes in die Hände der Marktüberwachungsbehörde gelegt, die auch für die Vergabe der CE *(Conformité Européenne)* -Zeichen für Produkte zuständig ist und viel Erfahrung mit sich bringt. Schnell wurde auch deutlich, dass das Projekt internationaler Abstimmung bedarf. Daher wurde das Konzept bereits den größten internationalen Handelspartnern, wie z. B. China vorgestellt.

Normalerweise dauert die Einführung derart umfangreicher neuer Standards viele Jahre, aber durch den akuten Standardisierungsbedarf hat man sehr ambitionierte Zeitpläne.

Viele Querverbindungen zur Industrie 4.0 [15], Cantena-X [16] und Manufacturing-X [17], CIRPASS [18], usw. wurden schon geknüpft. Der Normungsprozess ist bereits in vollem Gange. Das erfolgt in einem Gemeinschaftsprojekt des DIN *(Deutsches Institut für Normung)* und DKE *(Deutsche Kommission Elektrotechnik Elektronik Informationstechnik)* zusammen mit dem CEN *(European Committee for Standardization)* und dem CENELEC *(European Electrotechnical Committee for Standardization).*

Der DPP kann eine zentrale Rolle spielen für die Verringerung der Umweltauswirkungen von Produkten über den gesamten Lebenszyklus. Er kann Daten z. B. zur Energieeffizienz, zum CO_2-Fußabdruck, zur Kreislaufwirtschaft oder zur Versorgungssicherheit transportieren.

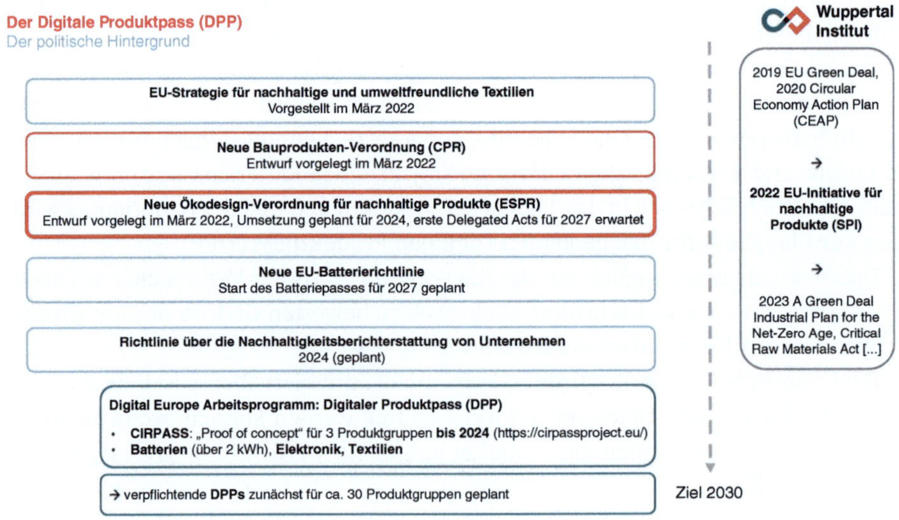

Abb. 12.3 Digitaler Produktpass (DPP) verändert nach *[14]*.

Folgende Produktgruppen können als Kandidaten für den Start der Umsetzung genannt werden:

- Batterien, Elektronik,
- Verpackungen, Kunststoff
- Textilien, Möbel
- Stahl, Chemikalien, Zement

Prinzipiell sind derzeit fast alle Produkte denkbar mit Ausnahme von Nahrungs- und Futtermitteln oder medizinischen Produkten, da diese aufgrund eigener Regulatorik ausgeschlossen wurden [14].

Gerade für die Wirtschaftsstufe des Großhandels wird die Standardisierung der Daten in einem einheitlichen System wie dem DPP eine große Hilfe darstellen.

Es wird viel davon abhängen, ob die zahlreichen Stakeholder im laufenden Normungsprozess zeitnah einen gemeinsamen Nenner finden können.

12.5 Chemical Leasing – es geht auch anders.

Wie bereits unter 3.1 dargestellt, wurden konkrete Lösungen für die Verringerung unseres Ressourcenverbrauchs schon vor mehr als einem Jahrzehnt entwickelt.

Ein weiteres Beispiel dafür stellt das Geschäftsmodell des „Chemical Leasing" dar. Federführend ist hier Dr. Thomas Jakl zu nennen, der im österreichischen Umweltministerium seit 1997 die Abteilung für Chemikalienpolitik leitete. Im Jahre 2008 veröffentlichte er sein Buch „Chemical Leasing Goes Global" im Springer Verlag. Er war u. a. von 2008 bis 2012 Präsident der Europäischen Chemikalienagentur ECHA *(European Chemicals Agency)* in Helsinki.

Die UNIDO *(United Nations Industrial Development Organization)* nahm das von ihm entwickelte Geschäftsmodell des „Chemical Leasing" auf und vergibt seit 2009 den Global Chemical Leasing Award, zuletzt im Jahr 2021 in Wien. [19]

Die Idee des „Chemical Leasing" lässt sich wie folgt kurz zusammenfassen.

In einem Arbeitsprozess, bei dem Chemikalien zum Einsatz kommen, wird ein Vertrag zwischen dem Anwender und dem Lieferanten dieser Chemikalien geschlossen der nicht die Chemikalien selbst als die Leistung des Lieferanten ansieht, sondern sich auf deren Wirkung konzentriert. Die Wirkung wird als die eigentliche Wertschöpfung angesehen. Dadurch muss sich der Lieferant um diese Wirkung kümmern, d. h. er liefert nicht nur die Chemikalien, sondern prüft, was mit seinen Produkten erreicht werden soll und optimiert diesen Prozess.

Wenn die Wirkung am Ende bezahlt werden muss, hat der Lieferant ein eigenes Interesse, dass die Chemikalien so effektiv und effizient wie möglich eingesetzt werden. Das Geschäftsmodell bewirkt eine Minimierung des Chemikalienverbrauchs bei gleicher Wirkung, denn die Minimierung des Verbrauchs erhöht die Einnahmen für den Lieferanten. Bezahlt wird die Wirkung und nicht Menge der Chemikalien.

Das ist ein sehr nachhaltiges Geschäftsmodell. Es enthält auch weitere Aspekte, die man bei der Vertragsgestaltung integrieren kann. Im Sinne des Product Stewardship, also der Produktverantwortung wird dem Lieferanten auch daran gelegen sein, dass der Arbeitsprozess hinsichtlich der Arbeitssicherheit optimiert wird, um den bestmöglichen Schutz der Personen, die mit den Chemikalien umgehen, zu gewährleisten. Das kann z. B. durch Schulungen erfolgen. Weiterhin kann auch die Verringerung des Energieverbrauchs bei dem gesamten Prozess eine Rolle spielen.

Es gibt allerdings einige Voraussetzungen, die unabdingbar für die Einführung von Chemical Leasing sind. Der Kunde muss hier eine echte Kooperation mit dem Lieferanten eingehen, da er ihm die Möglichkeit geben muss, auf eigene Arbeitsprozesse Einfluss nehmen zu dürfen. Das setzt ein hohes Maß an Vertrauen zwischen dem Kunden und dem Lieferanten voraus.

Eine weitere Voraussetzung ist, dass der Wert der angebotenen Dienstleistung auch erkannt wird und der Kunde bereit ist, dafür zu bezahlen. Ob es gelingt, den Kunden davon zu überzeugen, hängt wesentlich davon ab, wie der Prozess bisher gehandhabt wurde. Der Anbieter muss überzeugend begründen können, wie zu den Einsparungen im Chemikalienverbrauch und der damit verbundenen Reduktion der Kosten auch andererseits Gewinne an Sicherheit, Effizienz und Ressourcenschutz dazukommen. Würde die verbrauchsbedingte Kostenreduktion vollständig an den Kunden weitergegeben werden, rechnet sich das Modell für den Anbieter nicht, da der Mehraufwand durch Analyse, Beratung, Schulung und Optimierung nicht ausgeglichen würde. Es muss also ein goldener Mittelweg gefunden werden, der für alle Parteien von Vorteil ist.

Ein wichtiges Detail ist die Entscheidung, an welchem Wert die Wirkung der Produkte gemessen werden soll. Wenn man z. B. eine Reinigungsanlage nimmt, die Chemikalien für das Reinigungsbad benötigt, könnten entweder die Betriebsstunden der Anlage oder auch die Zahl der gereinigten Teile als Messgrößen in Frage kommen. Beides ist bei einem konstant guten Reinigungsergebnis legitim.

Wenn das gelingt und ein guter Vertrag über das Chemical Leasing zwischen Kunde und Anbieter zustande kommt und man sich über die Zahlungskonditionen einig ist, gibt es noch etliche weitere Hürden, die genommen werden müssen.

Für die hochstandardisierten ERP-Systeme ist der ganze Geschäftsprozess eine große Herausforderung, weil er den üblichen Standard verlässt. Normalerweise wird ein Produkt geliefert und zwar in einer bestimmten Menge und dann wird dafür eine Rechnung erstellt. Beim Chemical Leasing werden Chemikalien, also Produkte geliefert. Bezahlt wird aber anhand völlig anderer Messgrößen. Hier wird anders abgerechnet und kalkuliert. Daher müssen neue Prozesse aufgesetzt und programmiert werden, um das korrekt abrechnen zu können und, dass man am Ende noch sieht, was man an einem Chemical Leasing Kunden verdienen kann. Das beinhaltet auch einen iterativen Prozess, der klare Regeln für die evtl. notwendige Anpassung der Zahlungen beinhalten muss.

Politische Institutionen wie z. B. das Umweltbundesamt sind von dem Geschäftsmodell begeistert. Mit etwas Engagement und einem schlüssigen System lassen sich auch Kunden dafür begeistern. Zudem wird damit eine besondere Kundenbindung erreicht, sofern die angestrebten Optimierungen gelingen.

Die aufgezeigten Hürden für alle Beteiligten schaffen allerdings Komplexität. Das ist vermutlich der Grund dafür, dass sich dieses gut durchdachte, nachhaltige Geschäftsmodell bisher viel zu wenig durchgesetzt hat.

Anerkennung fand das Geschäftsmodell immer wieder und zwar nicht nur durch die UNIDO, sondern z. B. auch in der VDI ZRE *(Verein Deutscher Ingenieure – Zentrum Ressourceneffizienz GmbH)* – Publikation „Analyse zu Ressourceneffizienzpotentialen in KMU der chemischen Industrie" von 2014.

Chemical Leasing ist gerade wegen den aufgezeigten Voraussetzungen für den Chemiehandel geeignet. Dieser bringt sowohl die nötige Kundennähe als auch die Flexibilität bei der Implementierung solcher Prozesse und Dienstleistungen mit sich. Mit CSC JÄKLECHEMIE bekam ein deutscher Chemiehändler beim Chemical Leasing Award 2021 eine Anerkennung der UNIDO als „Chemical Leasing Frontrunner". Das kann einen wichtigen Baustein in er Nachhaltigkeitsstrategie eines Chemiehändlers im Sinne der Kreislaufwirtschaft darstellen.

12.6 Alles Bio oder was?

Wirft man abschließend noch einen Blick auf die Produkte selbst, d. h. auf das Sortiment des Chemiehandels, kommt man an einem Thema nicht vorbei, welches in letzter Zeit sehr populärer geworden ist: „Biobasierte Rohstoffe". Bestes Beispiel war hier die letzte European Coating Show, die internationale Messe für Lacke und Beschichtungen im Frühjahr 2023 in Nürnberg.

Sehr viele Anbieter hatten das Thema adressiert. Beispielhaft möchte ich die diesbezüglichen Aktivitäten der CSC JÄKLECHEMIE darlegen und habe dazu Herrn Dr. Clasen, Spezialist für Nachhaltigkeit in der CG-Group und für diese Produktsparte bei der CSC JÄKLECHEMIE befragt:

R. Späth: „Herr Dr. Clasen, welche Bedeutung haben biobasierte Rohstoffe bei Lackrohstoffen?"

Dr. Clasen: „Biobasierte Rohstoffe sind für die CSC JÄKLECHEMIE ein wichtiges Wachstumsfeld und ein entscheidender Hebel, um unseren CO_2-Fussabdruck zu reduzieren. Als Rohstoffe eignen sich Anbaupflanzen, wie Mais oder Zuckerrohr, aber auch Grünabfälle. Beide Quellen haben potentiell einen geringeren Einfluss auf das CO_2-Gleichgewicht der Atmosphäre, da kein zusätzlicher fossiler Kohlenstoff durch Verbrennung hinzugefügt wird. Neu entwickelte biobasierte Rohstoffe sind eine verantwortungsvolle Möglichkeit fossile Rohstoffe zu ersetzten, ohne dabei auf Materialeigenschaften verzichten zu müssen. Ein weiterer Aspekt ist, dass wir uns damit unabhängiger von dem ‚einen' Rohstoff Erdöl machen und unsere Primärrohstoffquellen diversifizieren. Das kann uns helfen, Preisschwankungen und

Materialengpässe auszugleichen.Biobasierte Rohstoffe haben eine enorme Wirkung auf unseren CO_2-Fussabdruck. Wie Sie wissen, fallen die gehandelten Produkte in unseren Scope 3. Mit Blick auf die Tonnagen, zählt diese CO_2-Quelle – wenig überraschend – zu den größten Hebeln, auf die wir einen Einfluss haben. An dieser Stelle können wir mehr machen als ‚nur' Distribution. Wir verknüpfen die Bedürfnisse unserer Kunden mit den Bedürfnissen der Produzenten. Kunden suchen stetig nach besseren Rohstoffen und Produzenten benötigen gewisse Mindestmengen um entsprechende Rohstoffe entwickeln und produzieren zu können. Der Handel übernimmt hier die Rolle eines Katalysators, um den Transfer hin zu nachhaltigen Produkten zu beschleunigen.Vor dem Hintergrund des Klimawandels erneuern sich für den Handel zwei wesentliche Kernaufgaben: Zum einen müssen wir den Kunden die Produkte und das Know-How zur Verfügung stellen, um unter diesen neuen gesellschaftlichen Herausforderungen zu bestehen und zum anderen müssen wir diese Kundenbedürfnisse so bündeln, dass wir geeignete Produzenten finden, welche die benötigten Produkte bereitstellen."

R. Späth: „Was zeichnet diese Produkte aus?"

Dr. Clasen: „Unsere biobasierten Beschichtungsrohstoffe zeichnen sich durch ihre Vielseitigkeit aus und sind für verschiedenste Anwendungsbereiche geeignet. Von den Bereichen Textil über Automobil bis hin zu Bau- und Industrie bieten sich Lösungen, die höchsten Qualitätsstandards entsprechen. Egal, ob Sie in der Lebensmittelverpackungsindustrie tätig sind oder nach Lackrohstoffen für ein- oder zwei-komponentige Formulierungen suchen.Biobasierte Lackrohstoffe sind genau so vielseitig wie traditionelle Rohstoffe und können auf einer Vielzahl von Substraten eingesetzt werden – egal, ob es sich um Holz, Papier, Metall oder Kunststoffe handelt.Biobasierte Rohstoffe können bestehende Beschichtungsformulierungen aufwerten. Mit teilweise minimalem Aufwand können Sie umweltfreundliche Alternativen in Ihre Produktion integrieren und gleichzeitig die nachhaltige Ausrichtung Ihres Unternehmens stärken.Ein elementarer Erfolgsfaktor dieser Produkte ist die enge Zusammenarbeit mit den Herstellern. Wir sind stolz darauf, starke Partnerschaften mit führenden Unternehmen in der Branche zu pflegen. Durch diese Zusammenarbeit gestalten wir in Abstimmung mit unseren Kunden die Zukunft der Beschichtungstechnologien und setzen dabei auf eine nachhaltige und verantwortungsbewusste Herangehensweise."

R. Späth: „Können Sie mir dazu konkrete Beispiele nennen, die bereits zur Verfügung stehen?"

Dr. Clasen: „Herausgreifen möchte ich vier Beispiele aus unterschiedlichen Bereichen.

Da sind zum einen die Impranil® CQ Bindemittel von Covestro mit einem biologischen Kohlenstoffanteil von 34–56 %. Diese Produkte eignen sich hervorragend für flexible Beschichtungen und weisen gute Beständigkeiten gegen Hydrolyse auf. Ein Anwendungsgebiet ist insbes. die Textilbeschichtung.Das Desmodur® CQ N 7300 ist ein aliphatischer Härter mit einem biologischen Kohlenstoffanteil von 71 %. Bei diesem Isocyanat handelt es sich um eine gute Alternative zum bekannten Desmodur ultra N 3300. Man findet das Desmodur CQ N 7300 in unterschiedlichen

Applikationen, von der Autoreparatur- bis hin zur Holzmöbellackierung.Ein wichtiges Konzept ist bei biobasierten Produkten das Mass. balancing. Es handelt sich hier um eine schrittweise Umstellung von fossilen zu biobasierten Rohstoffen in der Massenproduktion. Als Kunde erhält man das Produkt in bekannter Qualität und zudem ein Zertifikat welches den theoretisch eingesetzten Bio-Anteil ausweist. Auch wenn die eigene konkrete Charge nicht den exakt analytisch nachweisbaren Anteil innehat, so erkauft man doch sich das Recht, diesen Bio-Anteil für einen eigenen Produktfußabdruck zu verwenden. Es lässt sich im weitesten Sinne mit dem Strommarkt vergleichen. Massenbilanzierte Produkte sind bereits vielfältig verfügbar.Schließlich führen wir unter unserer Eigenmarke CSTICO® eine Reihe von rizinusölbasierten Bindemitteln. Auch wenn dies für sich genommen nichts Neues ist, so haben wir doch zwei neue CSTICOphen-Typen die zusammen mit einem aliphatischen Härter im Ergebnis auch nach 1000 Stunden UVA-Exposition nur eine geringe Vergilbung aufweisen. Das eröffnet im Bereich von Bodenbeschichtungen neue Möglichkeiten.So gehen wir Hand in Hand mit unseren Lieferanten und Kunden auf eine innovative Entdeckungsreise in eine nachhaltige Zukunft der Beschichtungstechnologien.“

R. Späth: „Herr Dr. Clasen, vielen Dank für diese interessanten Einblicke in die Transformation der Beschichtungsbranche.“

12.7 Fazit

Der Chemiehandel in Deutschland trägt das Streben sowohl nach Effektivität mit einem Fokus auf ein verantwortliches Handeln, Arbeitsschutz und Sicherheit, als auch nach Effizienz mit Fokus auf schnelle zuverlässige Prozesse und sichere Versorgung bereits in seiner DNA und entwickelt das stetig weiter.

Als Produktionsverbindungshandel innerhalb der industriellen Wertschöpfung ist diese Branche darauf angewiesen, dass sowohl Hersteller als auch Kunden nachhaltig handeln und die nötigen Transformationen von Produkten und Prozessen angehen und unterstützen.

Es wäre fatal, wenn die regionalen Stärken, die über Generationen in den großen Verbundstandorten der Chemischen Industrie in Deutschland entwickelt wurden, aufgrund der aktuellen Krisen verloren gingen und Chemieproduktion ins Ausland abwandert. Die damit einhergehende Globalisierung des Sourcings ist ein Rückschritt für die Nachhaltigkeit. Hier ist eine global gedachte Umwelt- und Industriepolitik erforderlich.

Die Transformation unserer Energie- und Ressourcenversorgung hin zu mehr Nachhaltigkeit und Zirkularität braucht Raum für Investitionen. Dazu müssen einerseits Bürokratie beseitigt und andererseits Freiräume geschaffen werden, um Innovation zu beflügeln und Planungssicherheit zu ermöglichen.

Der Chemiehandel steht als flexibler Multiplikator für die Umsetzung zur Verfügung.

Literaturverzeichnis

1. Verband des Deutschen Chemikalien-Groß- und Außenhandels e. V. (1983). *Chemikaliengroßhandel – was ist das?* (Hrsg. V. d. D. C. u. A. e. V.), 28. Köln: Verband des Deutschen Chemikalien-Groß- und Außenhandels e. V.
2. Staista GmbH (2024). Chemieindustrie: Transformation in vollem Gange. Hamburg. Abrufbar unter: https://de.statista.com/themen/1092/chemieindustrie/#topicOverview (Zugriff am 14. Dezember 2024).
3. Statista GmbH Hamburg (2024). Statistiken zum Chemiehandel. Abrufbar unter: https://de.statista.com/themen/4838/chemiehandel/#topicOverview (Zugriff am 14. Dezember 2024).
4. Verband Chemiehandel e. V. (2025). Handelsstatistik, Seite 2. Köln: Verband Chemiehandel e. V. Abrufbar unter: https://www.vch-online.de/sites/default/files/handelsstatistik/bericht_ciz-2024_0.pdf (Zugriff am 26. Juni 2025).
5. International Chemical Trade Association AISBL (2019). Responsible Care/Responsible Distribution. ICTA. Abrufbar unter: https://www.icta-chem.org/explore-topics/responsible-care (Zugriff am 14. Dezember 2024).
6. Verband Chemiehandel e. V. (2020). Verantwortung für die Chemie. Köln. Abrufbar unter: https://www.vch-online.de/nachhaltigkeit/responsible-care/programm (Zugriff am 14. Dezember 2024).
7. ICCA (2021). 2021 ICCA Responsible Care Leadership Group (RCLG) Status Report. Abrufbar unter: https://icca-chem.org/wp-content/uploads/2021/12/RCLG-2021-Status-Report-FINAL.pdf (Zugriff am 14. Dezember 2024).
8. Bundesministerium für Umwelt (2024). Naturschutz, nukleare Sicherheit und Verbraucherschutz, „ICCM 5“. Abrufbar unter: https://www.bmuv.de/weltchemikalienkonferenz (Zugriff am 14. Dezember 2024).
9. Bundesministerium für Umwelt, Naturschutz, nukleare Sicherheit und Verbraucherschutz (2023). Golbales Rahmenwerk für eine Welt ohne Schäden durch Chemikalien und Abfälle verabschiedet. Abrufbar unter: https://www.bmuv.de/pressemitteilung/globales-rahmenwerk-fuer-eine-welt-ohne-schaeden-durch-chemikalien-und-abfaelle-verabschiedet (Zugriff am 14. Dezember 2024).
10. OpenAI (2023). „Frage: Seit wann gibt es die Initiative TfS der Chemischen Industrie?“ Chat GPT.
11. Global Footprint Network (2003–2025). Earth Overshoot Day. Abrufbar unter: https://www.footprintnetwork.org/our-work/earth-overshoot-day (Zugriff am 14. Dezember 2024).
12. Schneidewind, U. (2019). *Die große Transformation Eine Einführung in die Kunst des gesellschaftlichen Wandels.* 3. Auflage. Frankfurt am Main: S. Fischer Verlag GmbH, September 2018.
13. Göpel, M. (2020). *UNSERE WELT NEU DENKEN Eine Einladung*. Berlin: Ullstein Buchverlage GmbH.
14. Thomas Götz, C.-L. F. E. W. I. W. (2023). Der Digitale Produktpass in der EU – Aktueller Stand und Ausblick In: *DIN DKE Gemeinschaftsgremium Digitaler Produktpass (DPP) – Gründungssitzung*. Hybrid.
15. Bundesministerium für Wirtschaft und Klimaschutz Referat Soziale Medien/Online-Kommunikation Was ist Industrie 4.0? Berlin. Abrufbar unter:

https://www.plattform-i40.de/IP/Navigation/DE/Industrie40/WasIndustrie40/was-ist-industrie-40.html (Zugriff am 14. Dezember 2024).

16. Catena-X Automotive Network e. V. Cantena-X. Berlin. Abrufbar unter: https://catena-x.net/de (Zugriff am 14. Dezember 2024).

17. VDMA e. V. Manufactoring-X. Frankfurt. Abrufbar unter: https://www.vdma.org/manufacturing-x (Zugriff am 14. Dezember 2024).

18. VDE Verband der Elektrotechnik Elektronik Informationstechnik e. V. CIRPASS. Offenbach am Main. Abrufbar unter: https://www.dke.de/de/arbeitsfelder/industry/cirpass (Zugriff am 14. Dezember 2024).

19. UNIDO Chemical Leasing – THE PERFORMANCE BASED BUSINESS MODEL FOR SUSTAINABLE CHEMICALS MANAGEMENT. Wien. Abrufbar unter: https://chemicalleasing.com (Zugriff am 14. Dezember 2024).

Teil III

Fähigkeiten, Vorgehensweisen und Roadmaps zur nachhaltigen und zirkulären Entwicklung chemischer Unternehmen

13

Die Bedeutung von Transformationskonzepten für das Erreichen von Treibhausgasneutralitätszielen und besonderer Stellenwert der Chemieindustrie

Dr. Christian Pacher und Dr. Roland Geres

FutureCamp Climate GmbH

Abstract

Die Europäische Union hat sich dazu verpflichtet, bis 2050 klimaneutral zu werden, um dem weltweiten Klimawandel entgegenzuwirken. Das Europäische Klimagesetz ist Teil eines weitgehenden Gesetzespakets mit dem Namen „Fit for 55" und damit wesentlicher Bestandteil des europäischen Green Deals, über den das Emissionsreduktionsziel der EU für 2030 auf mindestens 55 Prozent angehoben und die Klimaneutralität bis 2050 auch rechtlich bindend wird. Das Gesetzespaket umfasst mehrere miteinander verknüpfte überarbeitete Gesetze sowie neue Gesetzesvorschläge für die Bereiche Klima und Energie.

Mit der Verabschiedung dieses Gesetzespakets erreichten die Bemühungen um den Klimaschutz in der EU eine bisher nicht gekannte Dynamik und führen nun zu einem expliziten Umsetzungsdruck hinsichtlich definierter Klimaneutralitätspfade für Unternehmen und ganze Branchen. In diesem Zuge fallen oft Begriffe wie „Klimaneutralitätsroadmaps", „Transformationskonzepte" oder auch „Klimaneutralitätspläne". Diese Begrifflichkeiten werden im Zusammenhang mit diversen Gesetzesgrundlagen oder auch Förderprogrammen unterschiedlich genutzt. Im Grunde verbergen sich hinter diesen Begriffen aber immer ähnliche methodische Ansätze: Es werden Wege aufgezeigt und Maßnahmen definiert, wie Unternehmen oder Sektoren dekarbonisiert und ihre Treibhausgasemissionen bis zu einem Zieljahr bis auf netto Null reduziert werden können. Im Weiteren wird in diesem Beitrag nur noch der Begriff des Transformationskonzepts verwendet.

Der Chemieindustrie kommt in diesem Zusammenhang eine besondere Bedeutung zu, da sie als Grundstoffindustrie einen wesentlichen Beitrag zum Klimaschutz leisten kann. Zudem unterscheidet sich die Chemieindustrie grundlegend von anderen Industriezweigen, da der Kohlenstoff nicht überwiegend als Energieträger, sondern als Rohstoff für die Produkte zum Einsatz kommt. Daher steht im Chemiesektor

Zirkuläre Wirtschaft und Nachhaltigkeit in der chemischen Industrie: 1. Aufl. C. Suntrop und T. Wagner (Hrsg.).
© 2026 Wiley-VCH GmbH. Alle Rechte vorbehalten, einschließlich derer für Text- und Data-Mining und Training von Technologien der Künstlichen Intelligenz oder ähnlichen Technologien.

nicht eine Dekarbonisierung, sondern eine Defossilisierung der Prozessketten im Vordergrund.

In diesem Beitrag soll

- der Stellenwert von Transformationskonzepten erläutert werden,
- anhand ausgewählter Branchenbeispiele ein Ausblick gegeben werden, in welcher Branche aktuell welche Dekarbonisierungstechnologien thematisiert werden und
- wie sich die Chemieindustrie in diesem Gesamtkontext einbettet.

13.1 Einführung

13.1.1 Wesentliche Treiber für Transformationskonzepte

In der unternehmerischen Praxis gibt es viele Treiber für Transformationskonzepte, die sowohl aus dem Unternehmen selbst getragen werden als auch und insbesondere von außen auf die Unternehmen vieler Branchen wirken. Dies gilt auch für die Chemieindustrie.

Als besonders relevant können nachfolgende Treiber hinsichtlich Regulatorik und Markt benannt werden, sie alle beinhalten aus Sicht von Unternehmen Chancen und Risiken:

- Regulatorik 1: Der Europäische Emissionshandel ist bereits ab 2016 deutlich gestärkt worden. Ein wesentlicher Teil des EU Fit-For-55-Pakets ist die erneute Reform des Europäischen Emissionshandels, die durch die deutliche Verschärfung des Reduktionszieles bis 2030 erforderlich wurde. Dies führte zu starken Preissteigerungen. Neben den kurzfristig wirksamen Bestandteilen wie der weiteren Kürzung der kostenlosen Zuteilung und deren vollständigem Auslaufen bis 2034 mit Einführung des Carbon Border Adjustment Mechanism (CBAM) für einige Produkte (unter anderem Stahl, Zement, Ammoniak, Wasserstoff) ist vor allem das Absinken des Caps im Europäischen Emissionshandel (entspricht der Obergrenze der im System erfassten Treibhausgasemissionen) bis Ende der 30er Jahre bedeutend (siehe Abb. 13.1). Dies bedeutet, dass in den 30er Jahren auch für die Prozesse der Chemieindustrie die direkten Emissionen bis auf Residualemissionen auf nahe 0 sinken müssen. Hinzu kommt mit dem Europäischen Emissionshandel II analog dem deutschen nationalen Emissionshandel ab 2027 ein weiteres Bepreisungssystem für Brenn- und Kraftstoffe in Transport, Gebäude und Kleingewerbe, in dem mit hohen Preisen gerechnet wird.
- Regulatorik 2: Teil des umfangreichen Fit-For-55 Gesetzespakets der EU sind auch neu eingeführte oder stark erweiterte und konkretisierte Berichterstattungspflichten zur Nachhaltigkeit von Unternehmen („CSRD, CSDDD, Taxonomie") und damit verbundene nationale Umsetzungen, in denen Klimaschutz

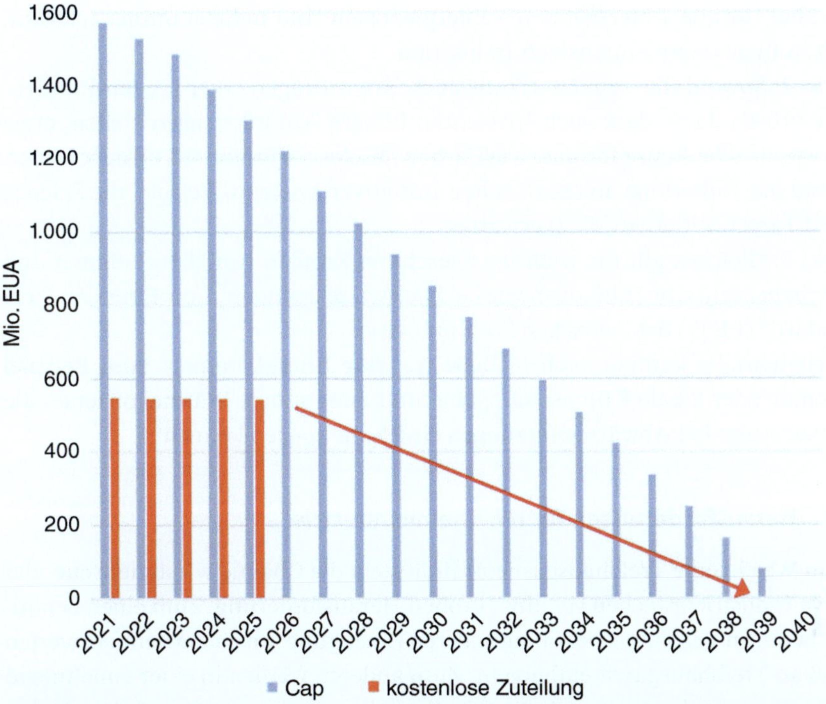

Abb. 13.1 Entwicklung des Caps (Obergrenze der im System erfassten Treibhausgas Emissionen) und der kostenlosen Zuteilung im Europäischen Emissionshandel (Quelle: eigene Darstellung zusammen mit The Climate Desk TCD Consulting GmbH).

eine herausgehobene Rolle einnimmt und die unter anderem die Vorlage von Transitionsplänen und die Berichterstattung zur Zielerreichung verlangen. Diese Berichte sind nicht nur für Investoren im eigentlichen Sinne relevant, sondern können beispielsweise auch eine Bewertungsgrundlage für Versicherungen oder Lieferantenratings darstellen.

- Regulatorik 3: Die Förderlandschaft ist sowohl in der EU als auch in Deutschland stark ausgeweitet worden. Einzelne Fördermechanismen („Klimaschutzverträge“) setzen de facto transformatorische Investitionen voraus (beispielsweise Einsatz von Wasserstoff oder Elektrifizierung von Wärmeprozessen). Selbst wo dies nicht der Fall ist, werden für die Gewährung von Beihilfen Gegenleistungen verlangt, die sich in eingesparten kWh Energie und/oder t CO_2e ausdrücken lassen.
- Markt 1: Neben CO_2-Preisen spielen Energiepreise in jedem Transformationskonzept und bei jeder Wirtschaftlichkeitsbewertung von definierten Maßnahmen eine herausragende Rolle. War dies in der energieintensiven Industrie schon lange so, gilt dies mit den Folgen des russischen Überfalls auf die Ukraine

nun aber für alle Unternehmen – Energiekosten sind nahezu immer relevant, auch in nicht energieintensiven Industrien.

- Markt 2: Sowohl die Regulatorik als auch Erwartungen einer breiten Kundenbasis führen dazu, dass auch Investoren höhere Anforderungen stellen, etwa über spezifische Ratingformate wie Carbon Disclosure Project (CDP) oder weitergehend die Teilnahme an spezifischen Initiativen wie zum Beispiel die Science Based Target Initiative (SBTi) erwarten.
- Markt 3: Gleiches gilt für wichtige (Geschäfts)Kunden von Unternehmen und branchenspezifische Initiativen wie beispielsweise der neue „Low Emission Steel Standard" (LESS) der deutschen Stahlindustrie.
- Gegebenenfalls können auch örtliche Aspekte hinzukommen, zum Beispiel regionale oder lokale Klimaschutzpläne und kommunale Wärmekonzepte, die beispielsweise bei Abwärmenutzungen eine Rolle spielen können.

13.1.2 Herausforderungen für die Chemieindustrie

Auf dem Weg in eine Treibhausgasneutralität steht die Chemie wie andere energieintensive Industriebranchen vor einer großen Herausforderung: Zum einen benötigen die heutigen Verfahren viel Energie, deren Erzeugung mit einem nennenswerten Ausstoß an Treibhausgasen einhergeht. Zum anderen werden in einer zunehmend treibhausgasneutralen Welt auch die CO_2-Emissionen relevant, die aus dem in den Produkten enthaltenen Kohlenstoff entstehen. Dadurch unterscheidet sich die Chemie zu anderen Industrien. Auch deshalb muss das mechanische Recycling durch chemisches Recycling ergänzt und komplementär eingesetzt werden, um die größtmögliche Menge Kohlenstoff entlang der Wertschöpfungskette im Kreislauf zu führen. Hierfür muss vorher aber das Kreislaufwirtschaftsrecht/Abfallrecht entsprechend angepasst werden.

Eine besondere Herausforderung liegt demnach bei der Festlegung der Bilanzgrenzen, will man die relevanten CO_2-Emissionen von chemischen Produktionsprozessen ermitteln, und im Umgang mit den Scope 3-Emissionen speziell mit Blick auf die Lieferketten. Die diversen tiefgreifenden Wertschöpfungsketten mit vielen, diversifizierten Produkten erfordern je nach Subsektor sehr unterschiedliche Fragestellungen und beinhalten verschiedene technologische Hürden.

Um zur Erfüllung der langfristigen Klimaschutzziele bis 2050 beizutragen, steht die Branche vor einer Transformation, die die kommenden Jahrzehnte andauern wird. Die Unternehmen müssen nachhaltige – also ökonomisch, ökologisch und sozial tragfähige – alternative Prozesse entwickeln und diese durch Investitionen in neue Anlagen realisieren. Dazu brauchen sie wirtschaftliche und energiepolitische Rahmenbedingungen, die solche Zukunftsprojekte ermöglichen. Als wichtigste Voraussetzungen müssen Energie und Rohstoffe sowohl ausreichend verfügbar als auch bezahlbar sein. Angesichts der veränderten geopolitischen Rahmenbedingungen braucht es laut Verband der Chemieindustrie

(VCI) eine Industriestrategie zur Sicherung eines für die Resilienz des Standortes Deutschland erforderlichen Mindestmaßes an inländischer Grundstoffproduktion (vgl. VCI [2]).

Neben diesen methodischen und technologischen Herausforderungen spielen aber auch organisatorische Herausforderungen eine wichtige Rolle:

- Die wachsenden gesetzlichen Anforderungen im Bereich der Nachhaltigkeitsberichterstattung sowie zunehmende Verknüpfungen von Transformationskonzepten und ökologischen Gegenleistungen mit bestehenden Beihilfen und beispielsweise im Emissionshandel mit der kostenlosen Zuteilung von Emissionszertifikaten führen auch zu einer stärkeren Relevanz und Wahrnehmung in den Unternehmen.
- Dies bedingt gleichzeitig den Aufbau und Ausbau von Climate Governance Strukturen und entsprechender CO_2- und Nachhaltigkeitsberichtswesen in vielen Unternehmen der Chemieindustrie. Die Integration relevanter Klimarisiken in das Risk Management von Unternehmen ist hierbei ebenfalls ein relevanter Baustein.
- Der Aufbau neuer Ressourcen sowohl für strategisches Management als auch die Umsetzung von CO_2-Reduktionsprojekten wird unabdingbar, setzt gleichermaßen die Unternehmen der Chemieindustrie unter Druck – bei aktuell rückläufigen Marktentwicklungen.
- Das Verfügbarmachen von Daten und die Prozessoptimierung zwingen die Unternehmen immer mehr zur Digitalisierung von Prozessen, Unternehmenseinheiten und Standorten. Gerade bei international tätigen Unternehmen rückt die Vernetzung und der globale Blick immer mehr in den Vordergrund, um mit Blick auf Energie- und CO_2-Kosten die optimale Unternehmensstrategie abzuleiten.

13.2 Grundsätzliches methodisches Vorgehen bei der Erstellung eines Transformationskonzepts

Bevor ein Transformationskonzept erstellt werden soll, muss die Definition der Bilanzgrenzen klar formuliert werden. Grundsätzlich wird zwischen organisatorischen und inhaltlichen Systemgrenzen unterschieden. Im Rahmen der Festlegung inhaltlicher Systemgrenzen wird über den Einbezug von Emissionsquellen und somit auch über spezifische Tätigkeiten des Unternehmens, eines Verbands oder Sektors entschieden. Durch das Definieren organisatorischer Systemgrenzen wird festgelegt, welche Teile einer Organisation innerhalb der Bilanzgrenzen liegen.

Das Vorgehen bei der Bilanzierung orientiert sich in der Regel an den Berichtsvorgaben international anerkannter Standards wie dem GHG Protocol, der ISO 14064 oder des PAS 2060. Dieser Standard ist international bei der Treibhausgasbilanzierung die maßgebliche Referenz, so beispielsweise auch bei der Erstellung einer durch externe Prüfer zertifizierten Treibhausgasbilanz. Wichtig zu erwähnen ist hierbei, dass bestimmte Berichtsformate (beispielsweise Science Based Targets Initiative) nur bestimmte Standards als prüffähig erachten und akzeptieren. Zusätzlich sind auch Vorgaben aus Förderprogrammen zu beachten, sollten diese für die Umsetzung von Transformationskonzepten oder auch Treibhausgasreduktionsmaßnahmen genutzt werden.

Das GHG Protocol definiert drei unterschiedliche Bereiche, so genannte Scopes (Abb. 13.2). **Scope 1-Emissionen** sind einerseits die direkten Emissionen, die in einem Unternehmen oder einer Organisation durch die Nutzung eigener Heizkessel oder des eigenen Fuhrparks oder durch sonstige Emissionen aus Produktionsprozessen entstehen. **Scope 2-Emissionen** sind indirekte Emissionen, welche durch den Bezug von bereitgestellter Energie (Strom, Wärme, Fernwärme) entstehen. **Scope 3-Emissionen** umfassen letztendlich die übrigen Emissionen eines Lebenszyklus, die mit der Unternehmens-/Organisationstätigkeit im direkten Zusammenhang stehen. Das sind beispielsweise Emissionen aus Dienstreisen, aus der Logistikkette, aus der Deponierung von Abfall beziehungsweise aus den Abwässern, Emissionen durch die Nutzung von Papier, etc. Die Scope 3-Emissionen entstehen oftmals außerhalb des Kontrollbereichs des Unternehmens oder der Institution. Daten zu diesen zu sammeln, ist daher nur unter erschwerten Bedingungen möglich. Wesentliche Scope 3-Emissionen sollen aber dennoch Bestandteil der Emissionsberechnung sein. Für die Chemie spielen dabei insbesondere die (bislang fast vollständig fossilen) Rohstoffe eine überragende Rolle.

Ist der Bilanzrahmen definiert, erfolgt die Ermittlung der Treibhausgasemissionen und die Identifizierung der relevanten Emissionsquellen. Die Treibhausgasbilanz sollte so aktuell wie möglich sein. Förderprogramme und o. g. freiwillige Initiativen machen hier in der Regel auch klare Vorgaben. Das Basisjahr für die Bilanzierung sollte in der Regel maximal 2–3 Jahre zurückliegen. Wichtig ist,

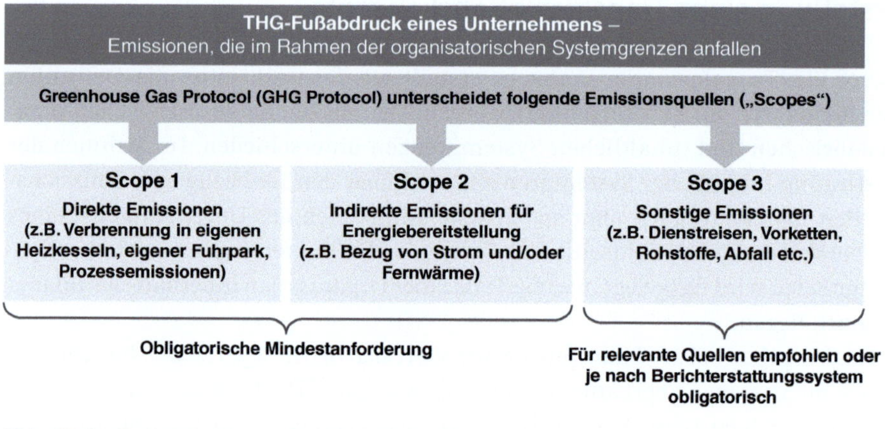

Abb. 13.2 Zu betrachtende Scopes bei der Erstellung einer Treibhausgasbilanz nach dem GHG Protocol (Quelle: eigene Darstellung).

zwischen Scope 1, Scope 2 und (falls berücksichtigt) Scope 3 zu unterscheiden, um auch die Treibhausgasreduktionspotenziale identifizieren und richtig einordnen zu können. Zielführend ist hierbei, die eigenen Energieerzeugungs- und Produktionsanlagen aufzuteilen und auch die Prozesse, die zu Treibhausgasemissionen führen, klar aufzuschlüsseln. Gerade in Sektoren mit relevanten Prozessemissionen (beispielsweise Zementindustrie) ist auch eine Aufteilung nach energie- und prozessbedingten Emissionen wichtig, da Prozessemissionen oft nicht vermeidbar sind und entsprechend nur über Produktersatz, vollständige Umstellung von Verfahrensprozessen oder CO_2-Abscheidung reduziert bzw. der Atmosphäre entzogen werden können.

Dies ist dann im nächsten Schritt der Technologiediskussion wichtig. Kennt man die relevanten Treibhausgasemissionsquellen, sind nun entsprechende Maßnahmen zu definieren, die zu einer vollständigen Reduktion bis zu einem definierten Zieljahr führen. In der Regel geben übergeordnete gesetzliche Klimaschutzziele den Handlungsrahmen vor – beispielsweise das Ziel der Treibhausgasneutralität bis zum Jahr 2045 in Deutschland. Unternehmen setzen sich – mit Blick auch auf steigende Kosten für Emissionen – aber oft auch Zwischenziele, die eine teilweise Umsetzung von Treibhausgasreduktionsmaßnahmen zu früheren Zeitpunkten notwendig machen. Entsprechend werden die definierten Prozesse und Teilprozesse hinsichtlich möglicher Dekarbonisierungsmaßnahmen bewertet. Dies umfasst sowohl eine Bewertung hinsichtlich der erwartbaren Treibhausgasreduktion, als auch hinsichtlich der damit verbundenen Investitions- und zusätzlichen Betriebskosten. Über diese lässt sich dann auch eine Priorisierung der Maßnahmen vornehmen oder wenn unterschiedliche Umsetzungsszenarien denkbar sind, auch die aus Unternehmenssicht sinnvollste Umsetzungsvariante ableiten. Im Rahmen der Technologiediskussion spielen unterschiedliche Parameter und Annahmen eine Rolle. Die wichtigsten Annahmen, die zu treffen sind, erstrecken sich sowohl auf Unternehmenskennzahlen und die Unternehmensentwicklung, als auch auf Energie- und CO_2-Preise in der Zukunft. Beispiele für Annahmen sind unter anderen

- Produktionsmengenentwicklung und Veränderungen im Produktportfolio bis zum Zieljahr,
- Veränderungen mit Bezug auf die Eigenenergieerzeugung (Stichwort Ausbau von Eigenerzeugungskapazitäten) und den Bezug von Energien,
- Energie-Effizienzgewinne der Bestandsanlagen und damit zukünftiger Energiebedarf unabhängig von Veränderungen der Produktionsmengen,
- für die wirtschaftliche Bewertung Diskontsätze und Abschreibungszeiträume sowie erwartete Strom-, Dampf-, Erdgas-, Heizöl- und damit verbundene CO_2-Kosten und auch
- die erwartete Entwicklung von Emissionsfaktoren für oben genannte Energieträger und Energiearten.

Für die Entscheidung der im Transformationskonzept vorrangig zu berücksichtigenden Maßnahmen ist es hilfreich, relevante Parameter und Kriterien zu definieren,

Tab. 13.1 Beispielhafte Darstellung einer Bewertungsmatrix zur Definition relevanter, unternehmensspezifischer Treibhausgasreduktionsmaßnahmen (Quelle: eigene Darstellung, die konkrete Bewertung in einem Einzelfall ergibt sich immer auch aus unternehmensindividuellen und standortspezifischen Gegebenheiten).

	Maßnahmen			
Kriterien	**Tiefengeothermie**	**Elektrifizierung Dampferzeugung**	**Photovoltaik**	**Windkraft**
TRL[a)]	6–7	5–6	9	9
Signifikante THG-Reduktion bis 2030	Fraglich	Mit Grünstrom ja	Ja	Ja
Signifikante THG-Reduktion bis Zieljahr	Ja	Ja	Ja	Ja
Voraussichtlich wirtschaftlich	Nein	Abhängig von zukünftigen Energiepreisen	Ja	Ja
Investitionskosten	Hoch	Gering bis Mittel	Mittel	Mittel bis Hoch
Betriebskosten	Hoch	Abhängig von zukünftigen Energiepreisen	Gering	Gering
Lock-In-Effekte im Unternehmen	Nein	Vorhandene Prozesse	Nein	Nein

a) Technology Readiness Level

die eine Gegenüberstellung und Diskussion in Form einer Bewertungsmatrix ermöglichen. Ziel dieses methodischen Vorgehens ist es, die hohe Anzahl an möglichen Technologieoptionen auf ein Maß zu reduzieren, das für eine detailliertere Bearbeitung pragmatisch zu handhaben ist (vgl. Tab. 13.1). Die Kriterien können sich an relevanten allgemeinen Kriterien wie auch unternehmensspezifischen Kriterien orientieren, wenn beispielsweise die Nutzung von Atomstrom zur Erreichung von Klimazielen aus anderen ökologischen Gründen ausgeschlossen werden soll.

Am Ende dieses Prozesses wird sich eine überschaubare Anzahl an technologischen Maßnahmen ableiten lassen, die für die konkrete Ausarbeitung einer unternehmensspezifischen Dekarbonisierungsstrategie von Relevanz sind. Diese sollten in der Folge mit detaillierten verfahrenstechnischen Berechnungen konkreter gefasst und hinsichtlich ihrer Wirtschaftlichkeit mit konkreten Angeboten hinterlegt werden. Der Zeitpunkt der Umsetzung der definierten Maßnahmen wird davon abhängen, wie sich die Energie- und Rohstoffpreise entwickeln. Daher müssen die erstmalig definierten Maßnahmen fortlaufend hinsichtlich der definierten Annahmen und Parameter überprüft und gegebenenfalls neu eingeordnet werden. Der Prozess der Dekarbonisierung wird die Unternehmen in den nächsten 20 Jahren weiter intensiv begleiten.

13.3 Defossilisierung der Chemieindustrie

Die FutureCamp Climate GmbH hat zusammen mit der DECHEMA Gesellschaft für Chemische Technik und Biotechnologie e. V. und unter Mitwirkung eines Begleitkreises des Verbands der Chemischen Industrie e. V. (VCI) und dort vertretener Unternehmen im Jahr 2019 für den VCI im Rahmen der Roadmap Chemie 2050 Treibhausgasreduktionspfade entwickelt. Die dort aufgezeigten Technologieentwicklungen und ihre zeitliche Implementierung zeigen, basierend auf einer Vielzahl von Annahmen, verschiedene Transformationspfade mit jeweils definiertem Technologieportfolio auf. Ein Fokus lag dabei auf Prozessen zur Herstellung der wichtigsten Basischemikalien, ohne zu vernachlässigen, dass die Vielzahl weiterer Herstellungsverfahren in der Basischemie und der Spezialchemie ebenfalls wesentlich zum Transformationsprozess beitragen müssen (vgl. VCI [1], S. 3).

Das Ziel der Roadmap war nicht, einen detaillierten Fahrplan zur Erreichung einer treibhausgasneutralen Chemieindustrie in Deutschland auszuarbeiten. Ziel war auch nicht, Empfehlungen für konkrete politische Instrumente zu geben. Vielmehr wurde aufgezeigt, mit welchen Technologien eine Treibhausgasreduktion gelingen kann und welche Voraussetzungen dafür erforderlich sind. Das unterscheidet die Roadmap Chemie 2050 von anderen Industrieroadmaps bzw. Transformationskonzepten. Gleichermaßen war die Roadmap Chemie 2050 auch die erste ihrer Art, die in einem solchen Detaillierungsgrad die relevanten Needs eines Industriesektors skizziert hat und v. a. explizit auch den Scope 3 einbezogen hat, da dieser für die Chemieindustrie ein wesentlicher Hebel zur Defossilisierung darstellt.

Nach Abschluss der Roadmap Chemie 2050 wurde mit Chemistry4Climate ein Folgeprozess gestartet, um die erzielten Ergebnisse weiter und detaillierter zu betrachten. Es galt vor allem auch weitere betroffene Stakeholder in den Prozess zu integrieren, damit die relevanten Veränderungen, die mit der Defossilisierung der Chemieindustrie einhergehen, in der Breite auch zum Tragen zu bringen sind. In einem zwei Jahre andauernden Prozess (Mai 2021 bis April 2023) wurde untersucht, wie die chemisch-pharmazeutische Industrie in Deutschland treibhausgasneutral werden kann. An dem Prozess haben sich rund 80 Stakeholder aus Industrie, Politik, Wissenschaft und Zivilgesellschaft beteiligt (vgl. VCI [2]).

13.3.1 Untersuchte Szenarien

Aufbauend auf den in der Roadmap Chemie 2050 definierten Szenarien wurden im Rahmen von Chemistry4Climate drei Szenarien zur Erreichung des Ziels der Treibhausgasneutralität bis 2045 explizit untersucht:

- Szenario 1: Fokus auf maximale direkte Stromnutzung für die Herstellung der chemischen Erzeugnisse
- Szenario 2: Fokus auf Wasserstoff und PtX-Brenn- und Rohstoffe[1]
- Szenario 3: Fokus auf Sekundärrohstoffe (Kunststoffabfälle und Biomasse)

1 PtX: Power-To-X.

Der Technologiehochlauf folgt grundsätzlich der in der Roadmap Chemie 2050 getroffenen Annahme, dass eine Implementierung aufgrund der notwendigen Technologieentwicklungen bis zur Marktreife und des Investitionsvorlaufs im Wesentlichen erst ab Mitte 2030 bis 2040 maßgeblich zunimmt. Dies gilt insbesondere für die Szenarien 1 und 2. Szenario 3 weicht hiervon ab. Dieses Szenario beinhaltet die differenzierte Analyse von Biomassepotenzialen sowie den Beitrag von Kunststoffabfällen zur Kohlenstoffversorgung und die Rolle der (Kunststoff-) Kreislaufwirtschaft. Das Szenario geht von einer größtmöglichen Nutzung jener Rohstoffe bis hin zum maximal verfügbaren Potenzial aus. Der Technologiehochlauf für die Nutzung von Biomasse wird, insbesondere für Waldrestholz im Zuge des Waldumbaus, beschleunigt angenommen, der Einsatz von Kunststoffabfällen folgt mit zeitlichem Versatz. Die Deckung des Kohlenstoffbedarfs wird aufgrund der limitierten Verfügbarkeit dieser Rohstoffe ergänzt um CO_2 aus verschiedenen Quellen (vgl. VCI [2] S. 20)

13.3.2 Wesentliche Rahmenbedingungen zum Gelingen der Transformation im Chemiesektor

Die Szenarien weisen erhebliche Unterschiede in Bezug auf die jeweils benötigten Mengen an Strom, Wasserstoff und CO_2 auf, sowie für die abgeschätzten Investitionskosten (siehe hierzu auch Tab. 13.2). Je mehr Biomasse und Kunststoffabfälle als Rohstoffe für die Chemieindustrie verfügbar sind, desto geringer sind die Bedarfe an Strom, Wasserstoff und CO_2 samt den dazugehörigen Infrastrukturen wie auch die Investitionsbedarfe (vgl. VCI [2] S. 21).

Der Strombedarf für die deutsche Chemieindustrie in den strom- und wasserstoffbasierten Szenarien 1 und 2 von bis zu 500 TWh ist angesichts der geschätzten Verfügbarkeit von Strom aus erneuerbaren Energiequellen in Deutschland von 750 bis 1.000 TWh kritisch zu bewerten. Ein Import von Strom, Wasserstoff oder Wasserstoffträgern wie Ammoniak oder Methanol in erheblichem Umfang scheint in diesen Szenarien unvermeidlich. Der CO_2-Bedarf aus großen stationären Punktquellen ist bis 2045 prinzipiell ausreichend, wobei die tatsächliche Verfügbarkeit dieser Quellen Unsicherheiten unterliegt. Insbesondere unter wirtschaftlichen Gesichtspunkten sind entlegenere Quellen nur schwer erschließbar. Biomasse und Kunststoffe sind in begrenztem Umfang verfügbar und gerade Biomasse unterliegt einer starken Nutzungskonkurrenz mit anderen Sektoren. Inwieweit mögliche Importe von nachhaltiger Biomasse und Kunststoffabfällen Lücken schließen können, erscheint aus heutiger Sicht zumindest fraglich (vgl. VCI [2] S. 21).

Die Nutzung von Methan für eine Methanpyrolyse ist aufgrund der Versorgungslage und der gegenüber der Dampfreformierung geringen Wasserstoffausbeute in den Szenarien quantitativ nicht berücksichtigt worden. Auch Carbon Capture and Storage (CCS) in der Chemieindustrie ist in den Szenarien nicht betrachtet worden. Die Nutzung von blauem Wasserstoff würde den Erhalt bestehender Anlageninfrastruktur erlauben, ist aber mit der weiteren Nutzung fossiler Rohstoffe verbunden und erfordert eine zusätzliche Infrastruktur zum Transport und zur Speicherung von CO_2 (vgl. VCI [2] S. 21).

Tab. 13.2 Vergleich der untersuchten Szenarien bei Chemistry4Climate unter Berücksichtigung bestimmter Produktrouten (Quelle: VCI [2] S. 20 Verband der Chemischen Industrie).

Parameter [Einheit]	Szenario 1	Szenario 2	Szenario 3	Anmerkung
Strombedarf [TWh]	464	508	325	In Szenario 2 am höchsten wegen hohem H_2-Bedarf inkl. Strombedarf für Wasserstoff
Wasserstoffbedarf [TWh]	214	283	148	H_2-Bedarf für Fischer-Tropsch-Naphtha und Brennstoff in Szenario 2 besonders hoch
CO_2-Bedarf [kt]	44.051	51.977	21.310	Fischer-Tropsch-Naphtha-Route (Szenario 2) hat den höchsten CO_2-Bedarf
Biomassebedarf [kt Trockenmasse]	2.700 für Spezialchemie		26.576 für Grundstoff, 2.700 für Spezialchemie	Nutzung zusätzlicher Biomasse und Einsatz in Grundstoffchemie nur in Szenario 3; dann max. verfügbares Potenzial ausgeschöpft
Kunststoffabfallbedarf [kt]	3.160 für Mech. Recycling		3.160 für Mech. Recycling, 2.228 für Chem. Recycling	Chemisches Recycling und Einsatz in Grundstoffchemie nur in Szenario 3; dann max. verfügbares Potenzial ausgeschöpft
Fischer-Tropisch-Naphtha-Bedarf [kt]	–	15.334	6.134	
Bio-Naphtha-Bedarf [kt]	–	–	5.691	Nur in Szenario 3
Methanolbedarf [kt]	30.558	–	–	Nur in Szenario 1 für MTO/MTA zu Olefinen und Aromaten
Nomin. Investitionen [Mio. €]	40.296	40.623	25.676	In Szenario 1 und 2 wegen Investitionen in Elektrolyseure am höchsten

MTO: Methanol To Olefin

MTA: Methanol To Aromatics

Um die oben skizzierten Energie- und Kohlenstoffbedarfe zu decken, sind für die Chemieindustrie einige Rahmenbedingungen essenziell. Die relevantesten sind hierbei (vgl. VCI [2], S. 12):

- Angesichts der veränderten geopolitischen Rahmenbedingungen bedarf es einer Industriestrategie zur Sicherung eines für die Resilienz des Standortes Deutschland erforderlichen Mindestmaßes an inländischer Grundstoffproduktion.
- Mit Blick auf die Transformation auf strom- und wasserstoffbasierte Verfahren werden für eine treibhausgasneutrale Chemieproduktion rund 500 TWh Strom aus erneuerbaren Energien sowie rund 280 TWh Wasserstoff notwendig sein. Das entspricht künftig im Verhältnis zum heutigen Bedarf (Stand: 2023) in etwa der achtfachen Menge. Hierzu bedarf es demnach eines ambitionierten Ausbaus der Erzeugungsanlagen und Netzstrukturen, diversifizierter Importstrategien und einer bürokratiearmen Förderung von grünem Wasserstoff.
- Der VCI fordert zudem auch einen Transformationsstrompreis von 4–6 ct/kWh.
- Durch umfassendes Recycling von Kunststoffen und die Nutzung nachhaltiger Biomasse kann der Strombedarf um bis zu 180 TWh gesenkt werden – das entspricht der gesamten Produktion aus Wind und Photovoltaik im Jahr 2022. Auch der Wasserstoffbedarf könnte so halbiert und der Investitionsbedarf der Branche von 40 auf 25 Mrd. Euro deutlich reduziert werden.
- Um die größtmögliche Menge Kohlenstoff entlang der Wertschöpfungskette im Kreislauf zu führen, muss das mechanische Recycling durch chemisches Recycling ergänzt und komplementär eingesetzt werden. Hierfür muss das Kreislaufwirtschaftsrecht/Abfallrecht entsprechend angepasst werden.
- Für Biomasse braucht es aus Sicht der Chemieindustrie eine Nutzungshierarchie auf Basis einer Mehrfach- und Kaskadennutzung mit hoher Priorität für eine nachhaltige stoffliche Nutzung mit möglichst langlebiger Bindung des enthaltenen Kohlenstoffs.
- CO_2 ist eine der wichtigsten Kohlenstoffquellen der Zukunft, daher sollte CCU ein Kernelement der Transformationsstrategie in der Chemie sein, ergänzt um CCS.

13.4 Beispiele für die Dekarbonisierung anderer Industriesektoren

Um einen Kontext zu den vorgestellten übergeordneten Rahmenbedingungen herzustellen, sollen hier auch andere ausgewählte Industriesektoren genannt werden. Es werden hier bewusst nicht der Stahl- oder Zementsektor angesprochen, da diese als emissionsintensivste Sektoren an vielen Stellen bereits ausführlich diskutiert sind.

13.4.1 Papier- und Zellstoffindustrie

Die Papier- und Zellstoffindustrie spielt hinsichtlich der CO_2-Emission in Deutschland eine untergeordnete Rolle. Etwa 1,5 % des deutschen Gesamt-CO_2-Ausstoßes wird durch die Papierindustrie verursacht. Dennoch sind die Verfahren energieintensiv und bieten hohes Treibhausgasminderungspotenzial aufgrund verfügbarer Biomasse in den Prozessen und auch guten Möglichkeiten hinsichtlich der Sektorkopplung, das heißt strombasierten Wärmeerzeugungsverfahren (Power-To-Heat).

Lange Zeit waren die grafischen Papiere die relevante Produktgruppe innerhalb der Papierindustrie. Im Zuge der anhaltenden Digitalisierung nimmt die Bedeutung klassischer Zeitungspapiere ab und die Bedeutung von Verpackungspapieren wächst. Die größte Sortengruppe sind mit nahezu 60 % inzwischen die Verpackungspapiere, die neben dem Einsatz als klassisches Versandmaterial vor allem in der Lebensmittelindustrie immer mehr als Schutz relevanter Produkte Anwendung finden. Rund 21,6 Millionen Tonnen Papier und etwa 3.000 unterschiedliche Papiersorten werden allein in Deutschland produziert (Abb. 13.3).

Die Papierindustrie unterscheidet sich von anderen Industriesektoren dahingehend, dass sie aufgrund des Rohstoffs Holz auch wesentliche Einflüsse im Bereich der Forstwirtschaft nimmt. So wird beispielsweise CO_2 im Holz gebunden, das sich letzten Endes in den Produkten der Papierindustrie wiederfindet. Zudem werden Holz aus Durchforstungen und Abfälle aus Sägewerken auch energetisch genutzt. Durch eine zusätzliche CO_2-Abscheidung an den Kraftwerken der Papierindustrie und unterirdischer Speicherung des überwiegend biogenen CO_2 (Bioenergy Carbon Capture and Storage – BECCS) können CO_2-Senken entstehen, die zu einer Reduktion der CO_2-Konzentration in der Atmosphäre führen. Auch der Recyclinganteil in der Papierindustrie ist sehr hoch. Dadurch lassen sich nicht nur direkte, sondern auch indirekte Effekte beim Klimaschutz erzielen (vgl. Die Papierindustrie [3]).

Blickt man nun aber auf die Möglichkeiten, die Papier- und Zellstoffherstellung selbst zu dekarbonisieren, liegen die Schwerpunkte hauptsächlich auf der Umstellung der Energieversorgung auf regenerative Energiequellen. Die Herausforderung liegt hier vor allem bei der Erzeugung des notwendigen Dampfs, der in unterschiedlichen Verfahrensschritten notwendig ist. Zudem finden sich auch in der Papierindustrie unterschiedliche Energieversorgungskonzepte wieder. Viele Papier- und Zellstofffabriken verfügen über eigene Energieerzeugungsanlagen, einige Fabriken

Abb. 13.3 Relevanz der einzelnen Produkte in der Papierindustrie (Quelle: eigene Darstellung auf Basis Die Papierindustrie [3] Die Papierindustrie).

werden aber von Dritten versorgt. In diesen Fällen müssen auch bei der Erstellung eines Transformationskonzepts diese Dritten eingebunden werden und gerade mit Blick auf langfristig laufende Verträge die möglichen Konstellationen besprochen und langfristig gedacht werden.

Die deutsche Papierindustrie sieht folgende drei Eckpfeiler, um ihren Energiemix zukünftig treibhausgasneutral zu gestalten (vgl. Die Papierindustrie [3]):

- Erneuerbarer Strom aus Windkraft und Photovoltaik könnte rund ein Viertel bis ein Drittel des Gesamtenergiebedarfs der deutschen Papierindustrie von rund 60 TWh Energie zukünftig decken, sofern auch Überschussstrom in Zeiten hohen Windaufkommens und hoher Sonneneinstrahlung beispielsweise für die Dampferzeugung in Elektrokesseln verwendet werden könnte.
- Alternativen zum fossilen Energieträger Erdgas sind unabdingbar für ein Gelingen der Transformation in der Papierindustrie. Hierbei spielt grüner Wasserstoff die wichtigste Rolle, aber auch andere grüne Gase wie Biogas oder Biomethan.
- Für nachhaltige Brennstoffe, die an unterschiedlichen Stellen bei der Zellstoff- und Papierherstellung entstehen (Holzabfälle, Terpentin, Tallpech, Reststoffe aus der Altpapieraufbereitung etc.) oder auch zugekauft werden müssen, sieht die deutsche Papierindustrie einen Gesamtbedarf von etwa 23 TWh bezogen auf den Gesamtenergieverbrauch von 60 TWh.

Zu diesen drei Eckpfeilern werden auch weiterhin Energieeffizienzmaßnahmen oder auch neue alternative Technologien wie beispielsweise die Tiefengeothermie standortspezifisch Beiträge zur Dekarbonisierung leisten können.

13.4.2 Keramikindustrie

Die Herstellungsprozesse in der Keramikindustrie unterscheiden sich zwar je nach Subsektoren in gewissen Teilprozessen, sind aber grundsätzlich vergleichbar. Sie sind gekennzeichnet durch die Prozessschritte Rohstoffgewinnung und -aufbereitung (Tone, Zuschlagstoffe etc.), Formgebung, Trocknung, ggf. Oberflächenbehandlung, Brennen, Nachbearbeitung und Verpackung der Endprodukte.

Gerade der z. B. in der Ziegelindustrie weit verbreitete so genannte Ofen-Trockner-Verbund ist sehr energieintensiv und erfordert demnach den Einsatz relevanter Energieträger. Rund zwei Drittel der gesamten Treibhausgasemissionen bei der Herstellung keramischer Produkte sind energiebedingt. Zusätzlich entstehen rund 20 % der Emissionen aus dem Herstellprozess selbst, sind demnach prozessbedingte Emissionen, die nur schwer substituierbar sind (vgl. Cerame-Unie [4], S. 30). Die restlichen Emissionen sind indirekte Emissionen aus dem Strombezug.

Die Keramikindustrie setzt auf ihrem Weg zur Treibhausgasneutralität wie auch andere Sektoren auf einen Maßnahmenmix. Die Treibhausgasemissionen sollen vor allem durch Fuel Switches hin zu erneuerbarer Energie (grüner Wasserstoff, Biofuels und Grünstrom), Verfahrensoptimierungen zur Reduktion der Prozessemissionen sowie der Materialintensität, Carbon Capture and Usage/Storage-Technologien

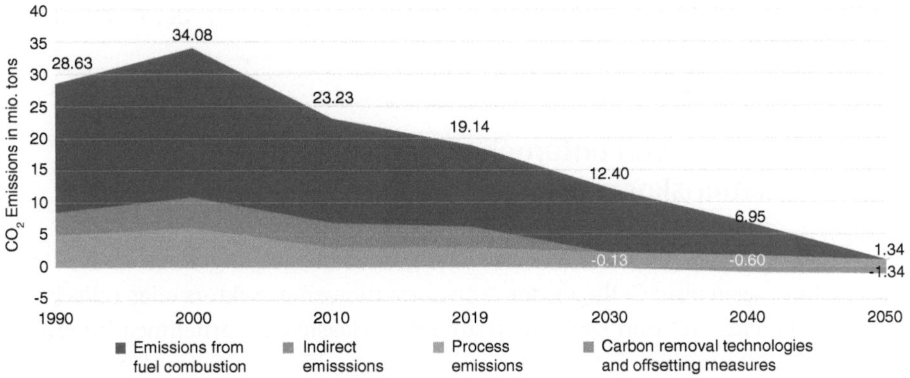

Abb. 13.4 Treibhausgasneutralitätspfad der Europäischen keramischen Industrie bis zum Jahr 2050 (Quelle: Cerame-Unie 2021, S. 31 / Cerame-Unie A.I.S.B.L).

und andere Carbon Removal-Technologien bzw. Offsetting Maßnahmen auf netto Null reduziert werden (vgl. Cerame-Unie [4], S. 31). Bis zum Jahr 2050 geht die Europäische Keramikindustrie davon aus, die Treibhausgase auf die nicht vermeidbaren Prozessemissionen von etwa 1,34 Mio. Tonnen CO_2 reduzieren zu können, die dann durch Carbon Removals oder andere anerkannte Offsetting Maßnahmen ausgeglichen werden sollen (vgl. Abb. 13.4).

13.4.3 Zu erwartende Konkurrenz zwischen den Sektoren

Wie der Blick auf die Chemieindustrie sowie ausgewählte andere Industriesektoren zeigt, finden sich einige relevante Treibhausgasreduktionsmaßnahmen in allen Sektoren wieder. Das betrifft neben dem Einsatz von Biomasse vor allem den Einsatz von grünem Wasserstoff und erneuerbar erzeugtem Strom. Dies wird zwangsläufig zu Nutzungskonkurrenzen führen, die gerade in der Übergangsphase der kommenden 10–15 Jahre im Wesentlichen davon abhängen, wie schnell welche Sektoren alternative Herstellungsverfahren etablieren werden. Zudem wird auch entscheidend sein, welche Produkte dann noch in Deutschland oder der EU produziert werden oder aufgrund der Abhängigkeit von erneuerbarem Strom zukünftig dort hergestellt werden, wo erneuerbarer Strom und erneuerbare Wärme in hohem Maße, mit hoher Verfügbarkeit und zu günstigen Preisen verfügbar sein werden. Auch hier werden sich die Unternehmen dann wieder entscheidenden Fragen stellen müssen, die sich auf Verfügbarkeit, Kosten aber auch Risiken mit Blick auf die Transport- und Handelswege erstrecken.

Daher fordert auch die Chemieindustrie beispielsweise für Biomasse eine definierte Nutzungshierarchie auf Basis einer Mehrfach- und Kaskadennutzung mit hoher Priorität für eine nachhaltige stoffliche Nutzung mit möglichst langlebiger Bindung des enthaltenen Kohlenstoffs. Konkret bedeutet das die Umlenkung gegenwärtig genutzter Biomasse, den Anbau flächenreduzierter Biomasse, eine stärkere

Förderung des Waldumbaus sowie die Förderung der Potenziale der Bioökonomie (vgl. VCI [2], S. 12).

13.5 Relevanz von unternehmensspezifischen Transformationskonzepten

Die Arbeit auf Verbandsebene ist sehr wichtig, da sie die wichtigen relevanten Rahmenbedingungen zum Gelingen der Transformation eines Sektors oder Teilsektors abbildet. Je nach Art und Diversifizierung der erfassten Unternehmen innerhalb eines Verbandes müssen jedoch oft Annahmen getroffen werden, welche die Interessen aller Beteiligten abbilden. Zudem können keine standortspezifischen Rahmenbedingungen adäquat erfasst werden, da der Fokus auf die sektorspezifischen Schwerpunkte gelegt werden muss. Transformationskonzepte von Verbänden können demnach als wichtige Orientierung dienen, welche Themen zukünftig eine entscheidende Rolle für deren Mitgliedsunternehmen einnehmen werden. Zudem sind sie ein wichtiges Vehikel zur Sensibilisierung aller Akteure hinsichtlich notwendiger Rahmenbedingungen für die erfolgreiche Transformation eines Sektors.

Die tatsächliche Umsetzung der Dekarbonisierung findet aber in den Unternehmen statt. Die übergeordnet in Verbänden definierten Maßnahmen zur Dekarbonisierung lassen sich in der Regel nicht vollständig auf einzelne Mitgliedsunternehmen übertragen, da lokale Gegebenheiten viel stärker abgebildet werden müssen. Daher ist es wichtig, dass sich Unternehmen auf ihrem Weg zur Dekarbonisierung individueller aufstellen und stärker auch standortspezifische Rahmenbedingungen in den Fokus nehmen. So können beispielsweise die Effekte der CO_2-Kosten auf die Wertschöpfung auf Unternehmensebene wesentlich expliziter bewertet werden, zumal diese von Produkt zu Produkt durchaus stark variieren. Der damit verbundene Handlungsdruck hinsichtlich nationalem wie auch internationalem Wettbewerb ist damit auch sehr unterschiedlich, je nachdem inwieweit sich diese Zusatzkosten in die Produkte einpreisen lassen. Zudem sind auch die Zugänge zu erneuerbaren Energien und alternativen Rohstoffen unternehmensabhängig und standortspezifisch. Beispielsweise wird die direkte Biogasnutzung auf Verbandsebene oft eher eine untergeordnete Rolle spielen, weil eine flächendeckende Versorgung eines Sektors über bestehende Biogasanlagen nicht realisierbar ist. Auf Standortebene dagegen können darüber ggf. wesentliche Beiträge zur Treibhausgasreduktion generiert werden, wenn sich eine Biogasanlage in der Nähe der Produktionsstätte befindet, die mit verhältnismäßigen Investitions- und Betriebskosten fossiles Erdgas substituieren kann. Das gilt natürlich auch umgekehrt. Auch der Ausbau des Wasserstoffnetzes ist ein wesentlicher Eckpfeiler der Dekarbonisierung in Deutschland. Hotspots mit hohem Energiebedarf sollen hierüber erschlossen werden, um die fossilen Treibhausgasemissionen durch den Einsatz grünen Wasserstoffs erheblich zu reduzieren. Bereits heute zeigt sich aber, dass viele Produktionsstätten abseits der aktuell definierten Netzstruktur hiervon nicht profitieren werden, da Stichleitungen zu teuer werden oder technisch nicht möglich sind oder der Transport über Straße und/oder Schiene logistisch wie auch wirtschaftlich nicht abbildbar ist.

Ein weiterer wichtiger Aspekt ist die betriebswirtschaftliche Betrachtung von Transformationskonzepten, die nur in den Unternehmen anhand der tatsächlich implementierten Produktions- und Energieerzeugungsprozesse explizit erfolgen kann. Natürlich lassen sich auch auf übergeordneter Ebene Abschätzungen treffen, mit welchen Investitions- und Betriebskosten zu rechnen ist, wenn sich definierte Technologien zur Dekarbonisierung durchsetzen. Für die unternehmensspezifische Betrachtung sind diese aber spätestens dann hinfällig, wenn standortspezifische Emissionsfaktoren für den Strombezug oder die Stromerzeugung zu berücksichtigen sind, die weit über die deutschlandweiten Durchschnittswerte hinausgehen und damit zu einer wesentlichen indirekten Mehrbelastung führen. Auch die Energiepreise für Strom, Dampf oder Erdgas variieren je nach Unternehmensgröße und nehmen damit entsprechend großen Einfluss auf die Wirtschaftlichkeitsbetrachtungen von möglichen Treibhausgasreduktionsmaßnahmen. Hinzu kommen generelle Standortfaktoren – bis hin zur Frage, ob für ggf. benötigte zusätzliche großtechnische Anlagenteile überhaupt Platz vorhanden ist.

Zu guter Letzt spielt auch die Versorgungssicherheit eine wichtige Rolle. Unternehmen, die aufgrund ihrer Ausrichtung und Produktionstätigkeit Zugang zu Biomasse haben (beispielsweise in der Papier- und Zellstoffherstellung), bewerten die Versorgungssicherheit sicherlich anders als diejenigen, für die Biomasse ein reines Zukaufprodukt ist, das durch die angesprochenen Nutzungskonkurrenzen ggf. auch stärkeren Preisschwankungen unterliegt oder auf langfristige Sicht hin nicht sicher verfügbar sein wird.

Es ist daher für jedes Unternehmen wichtig, sich seine eigene Dekarbonisierungsstrategie zu entwickeln und die damit verbundenen zusätzlichen Investitions- und Betriebskosten klar zu benennen. Stark strombasierte Verfahren profitieren indirekt vom Ausbau der erneuerbaren Energien im Bereich der Stromerzeugung und stehen unter einem geringeren Handlungsdruck als wärmebasierte Verfahren, die heute noch weitgehend auf dezentraler fossiler Energieerzeugung basieren. Auf der anderen Seite macht man sich von Dritten abhängig und hat die Dekarbonisierung nicht in der eigenen Hand. Letztlich bleibt es eine Entscheidung auf Unternehmensebene, welcher Weg der Dekarbonisierung gegangen werden soll.

13.6 Fazit

Die Chemieindustrie steht wie auch andere Sektoren vor einer großen Herausforderung und tiefgreifenden Veränderungen hinsichtlich der Produktionsketten und alternativer Produkte auf Basis nicht-fossiler Edukte. Die Gestaltung des Transformationsprozesses in der chemischen Industrie als zwingend kohlenstoffbasiertem Wirtschaftszweig in Richtung Treibhausgasneutralität ist nicht leicht zu bewältigen und erfordert zielgerichtetes Handeln unter Vermeidung unerwünschter sozialer und wirtschaftlicher Wirkungen. Gerade mit Blick auf die vorhandenen Nutzungskonkurrenzen beispielsweise von Strom oder Biomasse ist eine gezielte Dekarbonisierungsstrategie und/oder Nutzungshierarchie notwendig und sowohl der Gesetzgeber auf Bundesebene wie auch auf EU-Ebene muss Leitplanken schaffen, um diese adäquat abzubilden.

Für die Chemieindustrie als Branche wird wesentlich sein, in welchem Maße CO_2, Kunststoffabfälle und Biomasse für die stoffliche Nutzung verfügbar sein werden. Auf Unternehmensebene können aber ggf. auch andere Fragestellungen wichtiger sein, je nachdem in welchem Teil der Produktionskette sich das eigene Unternehmen befindet. Daher ist für die Unternehmen auch wichtig, den eigenen Weg zur Treibhausgasneutralität bis spätestens im Jahr 2045 zu zeichnen, da die übergeordneten strategischen Überlegungen auf Verbands- oder Branchenebene ggf. für ein einzelnes Unternehmen nur zum Teil relevant sind.

Literaturverzeichnis

1. Verband der chemischen Industrie e. V. – VCI (2019). Roadmap Chemie 2050 – Auf dem Weg zu einer treibhausgasneutralen chemischen Industrie in Deutschland. Abrufbar unter: https://www.vci.de/vci/downloads-vci/publikation/2019-10-09-studie-roadmap-chemie-2050-treibhausgasneutralitaet.pdf (Zugriff am 14. Dezember 2024).
2. Verband der chemischen Industrie e. V. – VCI (2023). Wie die Transformation der Chemie gelingen kann – Abschlussbericht 2023. In: Klimaschutzplattform Chemistry4Climate. Abrufbar unter: https://www.vci.de/vci/downloads-vci/publikation/broschueren-und-faltblaetter/final-c4c-broschure-langfassung-es.pdf (Zugriff am 14. Dezember 2024).
3. Die Papierindustrie e. V. (2023). Klimastudie Papierindustrie – Transformation zur Klimaneutralität. Abrufbar unter: https://www.papierindustrie-transformation.de (Zugriff am 14. Dezember 2024).
4. Cerame-Unie AISBL – The European Ceramic Industry Association (2021). Ceramic Roadmap to 2050 – Continuing our path towards climate neutrality. In: Ceramic Roadmap 2050. Abrufbar unter: https://www.ceramicroadmap2050.eu/wp-content/uploads/2024/01/ceramic-roadmap-to-2050.pdf (Zugriff am 14. Dezember 2024).

14

Nachhaltigkeit in der Chemieindustrie: Herausforderungen, Lösungsansätze und der Weg zu einem ganzheitlichen Ansatz

Prof. Dr. Wulf-Peter Schmidt

CBS University of Applied Science

Abstract

Die chemische Industrie steht vielfältigen Herausforderungen aus Nachhaltigkeitssicht gegenüber, nicht nur bei der Dekarbonisierung oder der Abhängigkeit von Ressourcen. Die verschiedenen Beispiele aus den vorangegangenen Beiträgen werden zusammen mit anderen Praxisbeispielen zu grundsätzlichen Lösungsansätzen in den Bereichen neue Geschäftsmodelle, Kreislaufwirtschaft, erneuerbare Energien, Carbon Pricing und Digitalisierung verdichtet und in einen größeren Kontext gerückt. Damit die damit einhergehenden wirtschaftlichen Vorteile - wie z. B. Wettbewerbsvorteile, neue Märkte und Produktinnovationen - für die Industrie genutzt werden können, muss Nachhaltigkeit als Querschnittsthema in allen Geschäftseinheiten und Funktionsbereichen integriert und Entscheidungen ganzheitlich getroffen werden. Die Kombination aus technologischen und Geschäftsmodellinnovationen, regulatorischer Unterstützung und einem ganzheitlichen Ansatz kann nicht nur die Umwelt entlasten, sondern auch wirtschaftliche Chancen schaffen.

Die Chemieindustrie ist eine der zentralen Säulen heutiger Industriegesellschaften. Sie liefert Vorprodukte, Materialien und Produkte, die in nahezu allen Branchen unverzichtbar sind. Gleichzeitig ist sie abhängig von nachhaltig verfügbaren Rohstoffen und Energien zu wettbewerbsfähigen Preisen. Gerade die europäische und deutsche chemische Industrie steht hier vor erheblichen transformativen Herausforderungen, die in diesem Buch bei dem Zielbild der Chemie und Pharmaindustrie durch die CMC^2 GmbH herausgearbeitet wurden. Dieses Zielbild erfordert innovative Lösungsansätze und ein ganzheitliches Umdenken. Gleichzeitig können bestimmte chemische Produkte die UN-Nachhaltigkeitsziele (SDGs) positiv voranbringen.

Zirkuläre Wirtschaft und Nachhaltigkeit in der chemischen Industrie: 1. Aufl. C. Suntrop und T. Wagner (Hrsg.).
© 2026 Wiley-VCH GmbH. Alle Rechte vorbehalten, einschließlich derer für Text- und Data-Mining und Training von Technologien der Künstlichen Intelligenz oder ähnlichen Technologien.

14.1 Nachhaltigkeitsherausforderungen in der Chemieindustrie

Die Dekarbonisierung stellt eine der größten Aufgaben der Chemieindustrie dar. Der Sektor ist für rund 5 % der globalen CO_2-Emissionen verantwortlich [1] und stark von fossilen Brennstoffen als Energie- und Rohstoffquelle abhängig. Dies macht die Industrie zunehmend verletzlich aus Sicht der geostrategischen Abhängigkeiten aber auch der langfristigen gesellschaftlichen Akzeptanz angesichts der Förderbedingungen und -verlusten. Eine weitere Herausforderung liegt in der Langlebigkeit von Chemikalien und Produkten wie den aktuell sehr kontrovers diskutierten Per- und polyfluorierten Verbindungen (PFAS) oder Kunststoffen, die ungewünscht lange in der Umwelt verbleiben oder durch ihre Abbauprodukte zu unerwünschten Schäden führen können.

Die soziale Dimension der Nachhaltigkeit ist bereits mit den Förderbedingungen angesprochen, umfasst aber auch Aspekte wie faire Arbeitsbedingungen, sichere Lieferketten, die Interaktionen mit autoritären Regimen und die Bewältigung demografischer Veränderungen. Der steigende Fachkräftemangel in der Branche erfordert Initiativen zur Aus- und Weiterbildung, während globale Lieferketten von Risiken wie geopolitischen Konflikten und ethischen Fragestellungen geprägt sind.

Die Chemieindustrie ist stark von stabilen Energie- und Rohstoffpreisen abhängig. Angesichts volatiler Märkte und der zunehmenden Gefahr für den freien Welthandel, beispielsweise durch nationalistische Bestrebungen und Kriege, steigen die Kosten. Unternehmen stehen vor der Aufgabe, den Zugang zu Ressourcen langfristig zu sichern, ohne Nachhaltigkeitsstandards zu vernachlässigen.

14.2 Lösungsansätze für eine nachhaltige Chemieindustrie

14.2.1 Erweiterte Kreislaufwirtschaft und neue Geschäftsmodelle

Am nachhaltigsten wird sich die Chemiewirtschaft und deren globale Akzeptanz entwickeln, wenn deren Produkte direkt einen signifikanten, positiven Beitrag zur Erreichung der Ziele für die nachhaltige Entwicklung (Sustainable Development Goals, SDGs) leisten. Idealerweise ist dies zentraler Baustein bei der Entwicklung der Geschäftsstrategie. Zur Unterstützung sind Innovationen im Bereich der Life Sciences und Umwelttechnik essenziell. Beispielsweise kann durch neue Medikamente die weltweite Gesundheitssituation verbessert werden, können biologisch abbaubare Polymere in Lebensmittelverpackungen oder effizientere Dünger dazu beitragen den globalen Hunger zu reduzieren, etc. Durch Fortschritte in der Batteriechemie kann die Energie- und Mobilitätswende vorangebracht werden.

Dies hat aber nur Bestand, wenn auch diese Geschäftsmodelle in eine erweiterte Kreislaufwirtschaft eingebettet sind. Die Transformation von linearen Produktionssystemen hin zu einer Kreislaufwirtschaft bietet enorme Potenziale. Geschlossene Materialkreisläufe minimieren Abfallströme und verringern den Bedarf an Primärrohstoffen. Dies gilt nicht nur für die in diesem Buch beispielhaft beschriebenen

Styrolpolymeren mit ihren vielfältigen Kreislaufoptionen. Durch die weiter steigende Relevanz von Kreislaufwirtschaftskonzepten wird weiter in innovative mechanische und chemische Recyclingtechnologie sowie Aufbereitungsverfahren investiert werden. Hier betrachtete Beispiele sind Verfahren zum Reifenrecycling oder Verfahren basierend auf den Prinzipien der Chemolyse und der katalytischen Pyrolyse von Polyurethan-Hartschäumen, die nicht mechanisch sinnvoll recycliert werden können. Es ist wichtig, dass diese Verfahren wie hier geschehen auch immer ganzheitlich bewertet werden. Gleichzeitig bleibt es schon aus Effizienzgründen bei der Priorisierung der Abfall- und Emissionsminimierung. Die Reduzierung von Abfällen z. B. bei der Herstellung von prä-klinischen und klinischen pharmazeutischen Wirkstoffen (kurz: API, Active Pharmaceutical Ingredient) ist ein in diesem Buch beschriebenes Beispiel im Zusammenhang mit der sogenannten iGAL-Metrik, um den Anteil an pharmazeutischen Abfallstoffen in der Herstellung von APIs zu reduzieren. Unternehmen, die Kreislaufwirtschafts und Second-Life-Modelle für chemische Produkte implementieren, schaffen nicht nur Umweltvorteile, sondern auch neue Umsatzquellen.

Das gleich zu Beginn dieses Buches skizzierte Konzept der erweiterten Kohlenstoffkreisläufe in der chemischen Industrie kann durch Carbon Capture and Usage (CCU) in Verbindung mit biogenen Kohlenstoffquellen neben den klassischen mechanischen und chemischen Recyclingansätzen einen umfassenden (Kohlenstoff-)kreislauf etablieren. Dieses ist allerdings nur zukunftsfest darstellbar, wenn der derzeit hohe Energieverbrauch dieser CCU Technologie signifikant verbessert wird. Dies wird eine wichtige Forschungsaufgabe sein, welche die Nachhaltigkeit der chemischen Industrie sichern kann. In jedem Fall wird die erweiterte Kreislaufwirtschaft Innovationstreiber bleiben und viel Hoffnung liegt in innovativen Start-ups – beispielhaft wurde in diesem Buch das plasmabasierte Verfahren zur Kohlenstoffkreislaufwirtschaft beleuchtet.

14.2.2 Nutzung erneuerbarer Energien und Carbon Pricing

Ein großes Potential bei der Dekarbonisierung der chemischen Industrie besteht im Ersatz der fossilen Ausgangsstoffe. Dieses Buch hebt diese Optionen als sogenannte „Bio-Attribution“ für Styrolpolymere beispielhaft hervor, bei dem der fossile durch einen biogenen Feedstock ersetzt werden kann. Spannend sind auch Beispiele wie die beschriebene Nutzung des Sonnblumenschalenmehls in biologisch abbaubaren Kunststoffen als Polypropylenersatz in Produkten, wo eine Kompostierung eine sinnvolle Option darstellt – wodurch gleich noch manche der derzeitigen downstream Probleme der Entsorgung perspektivisch angegangen werden.

Biogener Kohlenstoff als Ausgangsmaterial für die chemische Industrie ist allerdings aufgrund konkurrierender Flächennutzungen von wahrscheinlich eher begrenztem Potential. Dennoch könnten grüner Wasserstoff, biogener oder aus der Luft gewonnener Kohlenstoff und gesammelte Kunststoffabfälle als primäre Ausgangsstoffe die Gesamtemissionen der chemischen Industrie erheblich reduzieren [2]. Die im CMC^2 Zielbild angesprochene Kombination von „grünem Strom“ mit

„grünen Gasen“ weist hier den richtigen Weg in die Zukunft, um möglichst schnell die angestrebte Transformation zu „net zero“ zu erreichen, wie sie nicht nur im Cluster Process4Sustainability für die hessische Chemieindustrie anvisiert wird. Ein ganz konkretes Beispiel für die Petrochemie ist die konsequente Anwendung der ISO 50001. Weitere spannende Ansätze für systematische Transformationskonzepte werden von FutureCamp beschrieben. All diese Beispiele zeigen, dass auf verschiedenen Wegen die angestrebte „Netto Null“ möglich sein wird.

Die chemische Industrie hat zusätzlich eines der größten Potenziale für die direkte oder indirekte Elektrifizierung und Nutzung erneuerbarer Energien. Ein Beispiel ist die mögliche Elektrifizierung in der Ammoniumproduktion, die für 30 % der CO_2 Emissionen der chemischen Industrie verantwortlich sein soll [2]. Wenn diese Produktion elektrifiziert und statt grauem (aus Erdgas) oder gar braunem (aus Kohle) nun grüner Wasserstoff verwendet werden könnte, wären erhebliche Verbesserungen erreicht. Durch den Ausbau erneuerbarer Energien und den Einsatz von Power Purchase Agreements (PPAs) können Unternehmen ihre Energiekosten langfristig senken und ihre CO_2-Bilanz verbessern.

All diese Lösungsoptionen werden aber nur nachhaltig funktionieren, wenn sie auch wirtschaftlich sind. Da die auf fossilen Brennstoffen basierenden Rohstoffe derzeit oft deutlich preiswerter sind als ihr möglicher Ersatz durch Biomasse und Strom, benötigt diese Transformation weitere Anreize. Am effizientesten ist die Ausweitung der Kohlenstoffbepreisung. Der Fortschritt bei der Dekarbonisierung in vielen Industriebranchen – einschließlich der chemischen Industrie – hängt davon ab, inwieweit eine Bepreisung externer Effekte des Klimawandels umfassend durchgesetzt werden kann. Dazu bieten neben dem EU Emission Trading Scheme vor allem der EU Carbon Border Mechanism Ansätze. Die zukünftige Nachhaltigkeit der chemischen Industrie kann bei entsprechend umfangreicher Bepreisung des Carbon Footprints von Produkten gelingen. All diese gesetzlichen Werkzeuge wurden in diesem Buch als wesentliche Treiber für die nötigen Transformationskonzepte benannt und müssen weiter ausgebaut werden.

14.2.3 Digitalisierung und künstliche Intelligenz (KI)

Digitale Plattformen können eine Voraussetzung für einige der oben beschriebenen neuen Geschäftsmodelle und Kreislaufwirtschaftsansätze sein. Das Buch beschreibt den Siemens Xcelerator als ein Beispiel einer offenen, digitalen Geschäftsplattform, die unter Berücksichtigung der Cyber-Sicherheit die Verknüpfung von Hard- und Software in der chemischen Industrie ermöglicht, um As-a-Service Geschäftsmodelle skalierbar zu machen.

KI kann die Effizienz von Produktionsprozessen erheblich steigern. Sie ermöglicht präzise Vorhersagen zu optimaler Zugabe von Energie und Vorprodukten, zur besseren Steuerung der Prozesse einschließlich von Wartungszeitpunkten. Dadurch können Ressourcen geschont und Kosten gesenkt werden. Algorithmen können auch Recyclingprozesse optimieren, indem sie Materialien identifizieren und deren Wiederverwendbarkeit verbessern.

Wie im Buch angesprochen, haben digitale Zwillinge bei der Prozesssimulierung und -optimierung ein großes Potenzial, das durch KI-gestützte Analytik und Vorhersagen etwa zu Wartungsintervallen gesteigert werden wird.

Nicht zu unterschätzen ist die Bedeutung des Einsatzes der KI für die Forschung in der Chemieindustrie z. B. im Bereich Pharma, wodurch die oben angesprochenen nachhaltigeren Produkte schneller und besser entwickelt werden könnten.

Gleichzeitig kann die Digitalisierung bei der Sicherstellung und Überwachung nachhaltigerer Lieferketten helfen, sowie bei Digitalen Produktpässen (DPP). Die Bedeutung der Digitalisierung zur Erfüllung gesetzlicher Berichtspflichten und Nutzung der z. B. im Nachhaltigkeitsreporting gewonnenen Daten zur Steuerung von Nachhaltigkeits-KPIs wurde in diesem Buch ausführlich beschrieben und diese Bedeutung wird perspektivisch nur steigen – auch wenn die EU Kommission Vereinfachungen bei den Berichtspflichten um 25 % bzw. für KMUs um 35 % anpeilt.

Der geplante „EU Competitiveness Compass" und das für Ende 2025 angekündigte „Chemical Industry Package" unterstreichen die Bedeutung einer nachhaltigen Chemieindustrie. Ziel ist es, Innovationskraft zu fördern, umweltfreundliche Technologien zu entwickeln und regulatorische Klarheit zu schaffen.

14.3 Wie Nachhaltigkeit die deutsche Chemieindustrie retten kann

Die deutsche Chemieindustrie steht vor spezifischen Herausforderungen, die ihre Wettbewerbsfähigkeit und ihr Überleben langfristig beeinflussen können. Nachhaltigkeit bietet eine Möglichkeit, diese Probleme zu adressieren und gleichzeitig neue Marktchancen zu erschließen.

- **Wettbewerbsvorteile durch nachhaltige Innovationen.** Deutschland gilt als technologischer Vorreiter. Durch die Entwicklung nachhaltiger Technologien können deutsche Chemieunternehmen globale Maßstäbe setzen und sich einen Wettbewerbsvorteil verschaffen. Beispiele umfassen grüne Chemieprozesse, die den Energieverbrauch und Abfälle minimieren, sowie Materialien, die speziell für Kreislaufsysteme entwickelt wurden.
- **Arbeitsplatzsicherung durch Qualifizierung.** Die Transformation zu mehr Nachhaltigkeit und Digitalisierung eröffnet neue Berufsfelder, insbesondere im Bereich Forschung und Entwicklung. Unternehmen sollten in die Weiterbildung ihrer Mitarbeitenden investieren, um die Fähigkeiten und Kompetenzen zu fördern, die für die Implementierung nachhaltiger Technologien erforderlich sind.
- **Zugang zu neuen Märkten.** Die Nachfrage nach nachhaltigen Produkten wächst weltweit und insbesondere in Europa. Durch die stärker wahrnehmbaren Folgen des menschengemachten Klimawandels ist davon auszugehen, dass auch andere Regionen langfristig solche Produkte honorieren.
- **Finanzielle Vorteile durch nachhaltige Investments.** Nachhaltigkeit wird weiterhin von Investoren – zumindestens in Europa – eingefordert. Unternehmen,

die Umwelt-, Sozial- und Governance-Kriterien (ESG) erfüllen, haben bessere Chancen auf Zugang zu Kapital. Grüne Finanzierungen wie Green Bonds können genutzt werden, um nachhaltige Projekte zu finanzieren. Der EU Competitiveness Compass spricht auch von weiteren Instrumenten wie Vorteile bei der öffentlichen Beschaffung.
- **Resilienz gegenüber geopolitischen Risiken.** Eine nachhaltige Wertschöpfungskette und der Ersatz fossiler Rohstoffe reduzieren die Abhängigkeit von geopolitisch unsicheren Lieferanten. Regionale Kreisläufe und die Nutzung lokaler Ressourcen stärken die Resilienz gegenüber externen Schocks.

Einige deutsche Unternehmen haben bereits wegweisende Schritte unternommen. BASF beispielsweise setzt auf CO_2-neutrale Produktionsmethoden und investiert in grünen Wasserstoff. Covestro entwickelt innovative Materialien für die Kreislaufwirtschaft, während Evonik auf biotechnologische Verfahren zur Herstellung nachhaltiger Chemikalien setzt.

14.4 Die Wichtigkeit eines ganzheitlichen Ansatzes

Nachhaltigkeit darf nicht auf einzelne Projekte oder Abteilungen beschränkt bleiben. Eine effektive Implementierung erfordert die Integration in alle Bereiche von Unternehmen einschließlich [3]:

- **Strategie und Produktentwicklung:** Geschäftsmodelle und strategische Produktgruppen müssen deren Nachhaltigkeit ins Zentrum stellen.
- **Einkauf und Partnerschaften:** Lieferanten nach Nachhaltigkeitskriterien bewerten und als Partner weiterentwickeln sowie der Aufbau von Kreislaufwirtschaftspartnerschaften über Branchengrenzen hinweg.
- **Produktion und Kreislaufwirtschaft:** Ressourcenschonende, effiziente und erneuerbare Technologien einsetzen und in der Kreislaufwirtschaft vernetzen.
- **Verkauf und Kommunikation:** Nachhaltige Werte aktiv kommunizieren.
- **Human Resources:** Nachhaltigkeit in HR schließt eine langfristige und wertschätzende Entwicklung und Bindung von Mitarbeitenden, sowie die Anregung und Nutzung des Nachhaltigkeitsengagements der Mitarbeitenden ein.

Das Zusammenspiel der verschiedenen Unternehmensbereiche wird ergänzt durch ein Life Cycle Management entlang der Wertschöpfungskette. Die historische und zukünftige Rolle des Chemiehandels als Produktionsverbindungshandel innerhalb der industriellen Wertschöpfung wurde eindrücklich in diesem Buch beschrieben. Insbesondere hinsichtlich der Notwendigkeit, dass sowohl Hersteller als auch Kunden nachhaltig handeln und die nötigen Transformationen von Produkten und Prozessen angehen und unterstützen.

Ein wichtiges Werkzeug zur ganzheitlichen Beurteilung der Handlungsalternativen bleibt auch in Zukunft die Lebenszyklusanalyse (Life Cycle Assessment, LCA [4]), die die Umweltwirkungen eines Produkts entlang seines gesamten

Lebenszyklus – von der Rohstoffgewinnung bis zur Entsorgung – erfasst. Durch LCAs können Unternehmen fundierte Entscheidungen treffen und gezielt Schwachstellen in der Wertschöpfungskette identifizieren. Neben der ökologischen Analyse sollten auch soziale (Social Life Cycle Assessment, S-LCA [5]) und ökonomische Aspekte (Life Cycle Costing, LCC [6]) integriert werden. Diese Ansätze helfen Unternehmen, ihre Nachhaltigkeitsstrategie umfassend zu gestalten und alle Stakeholder einzubeziehen. Dieses Buch zeigt einige dieser Methoden in der praktischen Anwendung – z. B. die auf LCAs basierenden Product Carbon Footprints und wie diese ganzheitlichen Ansätze schon in der Produktentwicklung etwa durch das Robust-Eco-Design-Konzept von Siemens integriert werden können.

Die Chemieindustrie hat das Potenzial, ein Vorreiter in Sachen Nachhaltigkeit zu sein. Die Kombination aus technologischen Innovationen, regulatorischer Unterstützung und einem ganzheitlichen Ansatz kann nicht nur die Umwelt entlasten, sondern auch wirtschaftliche Chancen schaffen, wenn Unternehmen ihre Strategien auf Produkte mit einem Mehrwert für die SDGs aufbauen, geschlossene Kreisläufe etabliert werden und die Nachhaltigkeit in der gesamten Wertschöpfungskette sichergestellt wird.

Literaturverzeichnis

1. Gabrielli, P., Rosa, L., Gazzani, M. et al. (2023). Giovanni Sansavini, Net-zero emissions chemical industry in a world of limited resources. *One Earth* 6 (6): 682–704, ISSN 2590-3322, https://doi.org/10.1016/j.oneear.2023.05.006.
2. Bashmakov, I.A., Nilsson, L.J., Acquaye A. et al. (2022). Industry. In: *IPCC, 2022: Climate Change 2022: Mitigation of Climate Change. Contribution of Working Group III to the Sixth Assessment Report of the Intergovernmental Panel on Climate Change* (eds. P.R. Shukla, J. Skea, R. Slade A. et al.). Cambridge, UK and New York, NY, USA: Cambridge University Press. doi: 10.1017/9781009157926.013.
3. Schmidt, W.-P. (2024). *Solutions for sustainability challenges – Technical Sustainability Management and Life Cycle Thinking*. Cham (CH): Springer Nature.
4. ISO 14040 (2006). Environmental Management – Life Cycle Assessment – Principles and Framework.
5. United Nations Environment Programme, Benoît Norris, C., Traverso, M. et al. (2020). UNEP Guidelines for Social Life Cycle Assessment of Products and Organizations.
6. Hunkeler, D., Lichtenvort, K. und Rebitzer, G. (2008). *Environmental Life Cycle Costing*. Pensacola, Florida: SETAC.

Autorenverzeichnis

Nicky Ahnert, Teamleiter Technologie Ecosystem Chemie
Er unterstützt mit seinem Team den Vertrieb für die Chemiekunden in Deutschland und treibt dabei die Digitalisierung und Innovationen von Siemens, um die Transformation in der Chemieindustrie voranzubringen.
Mit 19 Jahren Projektmanagement- und Vertriebserfahrung bringt er seine Expertise ein.
Nicky Ahnert absolvierte ein duales Studium bei Siemens zum Bachelor of Engineering und ergänzte berufsbegleitend ein Studium zum Master of Business Administration.
nicky.ahnert@siemens.com

Dr. Philip Clasen ist Portfoliomanager bei der CSC JÄKLECHEMIE.
Seine Tätigkeitsschwerpunkte sind u. a. Produkt-Portfolio-Management, Projektmanagement und Nachhaltigkeitsstrategien. Er hat 11 Jahre praktische Erfahrung im Außendienst und Projektmanagement.
Philip Clasen ist promovierter Chemiker.
p.clasen@csc-jaekle.de

Michael Densborn, Account und Business Development Chemical Industries
Er unterstützt und berät als Mitarbeiter des HQ für die chemische Industrie Sales und Account Manager in allen Themen der Automatisierung und Digitalisierung. Umfangreiche Erfahrungen in verschiedenen Engineering-, Projektmanagement, Sales und Account Management Funktionen bilden eine solide Grundlage für den Austausch mit Account Managern und Regionen.
Michael Densborn studierte Elektrotechnik an der Universität des Saarlandes und ist heute nebenberuflich selbst als Dozent an der Dualen Hochschule in Baden-Württemberg tätig.
michael.densborn@siemens.com

Sebastian Eggers ist wissenschaftlicher Mitarbeiter bei dem Zentrum für Beratungssysteme in der Technik Dortmund e.V. (ZEDO)
Derzeit liegt sein Tätigkeitsschwerpunkt auf der Entwicklung von Szenarien zur wirtschaftlich tragfähigen Umsetzung einer zirkulären Wertschöpfungskette für Polyurethanschaum. Zu diesem Thema verfasst er auch seine Masterarbeit. Zuvor absolvierte er ein Praktikum im Bereich Public Funding bei der Covestro Deutschland AG, in dessen Rahmen dieser Beitrag entstanden ist.
Sebastian Eggers hat einen Bachelor in Technischer Chemie und macht aktuell seinen Master in Wirtschaftschemie
Sebastian.eggers@zedo-ev.de

Dr. Frank Eisenträger ist ECO & Market Development Manager bei INEOS Styrolution.
Er leitet die Polystyrol-Recyclingprojekte in EMEA sowie die Marktentwicklung für die Polymere der INEOS Styrolution. In vorherigen Positionen war er Entwicklungsleiter in Europa, dann Business Director für das Polystyrol Geschäft in Europa.
Frank Eisenträger ist promovierter Chemiker.
frank.eisentraeger@ineos.com

Prof. Dr.-Ing. Sebastian Engell ist ein international anerkannter Experte für Systemverfahrenstechnik. Er hatte führende Rollen in zahlreichen europäischen Projekten inne und ist derzeit Vorsitzender der Advisory and Programming Group von A.SPIRE, die die private Seite in der öffentlich-privaten Partnerschaft Processes4Planet vertritt.
Er hat fast 100 erfolgreiche Doktoranden betreut und über 650 wissenschaftliche Arbeiten (mit-)verfasst. 1981 promovierte er an der Universität Duisburg zum Dr.-Ing. auf dem Gebiet der System- und Regelungstheorie.
sebastian.engell@tu-dortmund.de

Felipe Francischetti ist Ingenieur im Bereich Nachhaltigkeit und Dekarbonisierung mit internationaler Berufserfahrung sowohl in der Strategieentwicklung als auch im Projektmanagement.
Bei der Deutsche Infineum ist er für die Gestaltung der lokalen Nachhaltigkeitsstrategie des Standortes Köln verantwortlich, indem er technische Projekte zur Reduzierung von CO_2, Rohstoffen, Verbrauchsmaterialien und Abfall entwickelt und vorantreibt.
Felipe.Francischetti@Infineum.com

Dr. Roland Geres ist geschäftsführender Gesellschafter der FutureCamp Holding GmbH und Mitgründer von FutureCamp. Seine Tätigkeitsschwerpunkte sind u. a. internationale, europäische und nationale Klimapolitik und Bepreisung von Treibhausgasemissionen. Er hat über 25 Jahre praktische Erfahrung im Emissionshandel und mit verwandten Mechanismen sowie THG-Reduktionsstrategien, u.a. in der Chemie, sowohl für Unternehmen als auch mit der Erstellung der VCI-Roadmap. Roland Geres promovierte in Staatswissenschaften mit Schwerpunkt Umweltrecht und -ökonomie an der Universität der Bundeswehr.
roland.geres@future-camp.de

Jürgen Giegerich, Leitung Ecosystem Chemie. Er verantwortet die Branchenstrategie und das operative Geschäft mit den Chemiekunden von Siemens Digital Industries in Deutschland. Sein besonderes Anliegen ist die Transformation der Chemieindustrie mit Siemens Technologien zu treiben. Dabei helfen Ihm seine 28-jährige Berufserfahrung im Anlagengeschäft und Accountmanagement. Jürgen Giegerich ist Dipl.-Ingenieur (FH) Elektrotechnik Schwerpunkt Digitalisierung und Automatisierung.
juergen.giegerich@siemens.com

Pia Gillessen ist Projektmanagerin im Business Development bei der Interzero Circular Solutions Germany GmbH. Ihr Tätigkeitsschwerpunkt liegt auf der Entwicklung und Weiterentwicklung von Geschäftsmodellen im Bereich der Kreislaufwirtschaft sowie auf der Planung und Steuerung von Pilot- und Forschungsprojekten. Sie hat einen Bachelor of Arts in Medien- und Kommunikationswirtschaft sowie einen Master of Arts im Fach Innopreneurship abgeschlossen.
pia.gillessen@interzero.de

Dr. Martin Halama ist promovierter Chemieingenieur und seit 2008 in der Chemieindustrie tätig in verschiedenen Funktionen des Produktionsbetriebes und seit 2018 Geschäftsführer bei der „Deutsche Infineum GmbH & Co. KG".
In weiteren Funktionen hat er globale Effizienzprojekte im Bereich der Produktion und der gesamten Lieferkette geleitet.
martin.halama@infineum.com

Dr. Janine Heck studierte Wirtschaftschemie an der Heinrich-Heine-Universität Düsseldorf. Anschließend promovierte sie an der Universität Münster zum Thema Transformation zu einer treibhausgasneutralen chemischen Industrie in Deutschland. Parallel arbeitete Janine Heck als wissenschaftliche Mitarbeiterin am Zentrum für Industrie und Nachhaltigkeit der Provadis Hochschule am Industriepark Höchst. Dort betreute sie das Journal of Business Chemistry und unterstützte das Cluster Process4Sustainability, welches das Ziel der CO_2-Neutralität für den spezifischen Kontext des Industrieparks Höchst übersetzt.
Janine.heck@uni-muenster.de

Clara Hiemer hat einen Masterabschluss in Wirtschaftschemie und ist seit mehr als 6 Jahren als Beraterin für CMC² in der chemischen Industrie tätig.
Ihre Themenschwerpunkte sind u. a. Strategieentwicklung, Change-Management, agiles Arbeiten, Lean Six Sigma und Projektmanagement.
clara.hiemer@cmc-quadrat.de

Prof. Dr. rer. nat. Michael Hiete ist Professor für Wirtschaftschemie an der Universität Ulm und leitet dort den gleichnamigen Studiengang. Mit seinem naturwissenschaftlichen Hintergrund und einer Habilitation in Betriebswirtschaftslehre interessiert sich Prof. Hiete insbesondere für Schnittstellen zwischen Chemie und BWL. Seine Forschungsthemen umfassen Fragestellungen der Nachhaltigen Chemie und der Transformation der chemischen Industrie sowie Systemanalyse, LCA, techno-ökonomische Bewertung und Entscheidungsunterstützung. Prof. Hiete ist Mitglied im Editorial Board des Journals „Sustainable Chemistry and Pharmacy".
michael.hiete@uni-ulm.de

Lars Jörges ist Geschäftsführer bei der Firma Golden Compound GmbH.
Lars Jörges hat Maschinenbau und Fahrzeugtechnik in Dresden studiert und ist seit 1999 selbstständiger Unternehmer.

Lara Kämmerer ist Manager bei d-fine.
Ihre Tätigkeitsschwerpunkte liegen im Bereich der Strategieentwicklung, im Projektmanagement sowie im Bereich Nachhaltigkeit. Hier hat sie insbesondere auch Expertise im regulatorischen Nachhaltigkeitsreporting gem. CSRD sowie in der Quantifizierung von Product Carbon Footprints. Zudem ist Sie Co-Autorin verschiedener Publikationen.
Lara Kämmerer hat einen Master in Biochemie sowie einen MBA.
Lara.Kaemmerer@d-fine.com

Dr. Stefan G. Koenig ist Distinguished Scientist bei Genentech, ein Mitglied der Roche-Gruppe.
Seine Tätigkeitsschwerpunkte sind u. a. Projektleitung diverser, synthetischer Moleküle in der Forschung und Entwicklung, Management von Beziehungen mit CDMO Partnern, und Nachhaltigkeitstätigkeiten für den Standort South San Francisco, CA (USA).
Stefan Koenig ist promovierter Chemiker und hat nebenbei ein MBA. Er hat 20 Jahre praktische Erfahrung in der Pharmabranche.
koenig.stefan@gene.com

Denis Ludwig leitet den Bereich Chemical Industry Services bei d-fine.
Seine Tätigkeitsschwerpunkte umfassen die Bereiche Projektmanagement, Strategieentwicklung, Digitalisierung und Nachhaltigkeit. In vielen seiner Projekte kombiniert er mehrere dieser Themen – zum Beispiel im Rahmen der Umsetzung von CSRD und CBAM oder bei der Einführung freiwilliger Nachhaltigkeitszertifizierungen wie EcoVadis oder ISCC Plus. Darüber hinaus ist er Autor verschiedener Publikationen.
Denis Ludwig ist Diplom-Physiker und MBA-Absolvent.
denis.ludwig@d-fine.com

Dr. Michael U. Luescher ist Entwicklungs Chemiker mit Fokus auf die nachhaltige Produktion bei Novartis.
Um die pharmazeutische Produktion von morgen zu ermöglichen, befasst er sich unter anderem mit Nachhaltigkeitsstrategien und deren Einbindungen in die gesamte Produktionskette, sowie mit digitalen Lösungen und der dazu benötigten Datenstrukturen. Er hat 8 Jahre praktische Erfahrung in der Forschung, Entwicklung und Produktion.
Michael U. Luescher schloss sein Doktoratsstudium in Chemie an der ETH in Zürich (Schweiz) und sein Postdoktoratsstudium im Gebiet der Biochemie an der Universität von Harvard (Boston, USA) ab.
Michael-1.luescher@novartis.com

Dr. Norbert Nießner ist Global Innovation Director bei INEOS Styrolution Group GmbH.
Seine Tätigkeitsschwerpunkte sind u. a. Nachhaltigkeits-Projekte und Intellectual Property Management. Nach Promotion in Polymerchemie an der Universität Marburg und Postdoktorand bei IBM Almaden Research Labs San Jose, Kalifornien trat er 1990 in die BASF ein und hielt verschiedene Positionen in Forschung, Entwicklung und Marketing in Europa sowie in Asien inne. Seit 2011 arbeitet er für INEOS Styrolution. Er gehört global zu den führenden Entwicklern neuer Styrol-Polymere und Verfahren und ist Herausgeber des 2022 erschienenen Buchs „Recycling of Plastics".
norbert.a.niessner@ineos.com

Dr. Christian Pacher ist Geschäftsführer der Unternehmensberatung Future-Camp Climate GmbH.
Er arbeitet dort seit 2009 an der strategischen und operativen Umsetzung des nationalen und EU-Emissionshandels sowie an umfassenden Klimastrategieprojekten und ist als Experte in Capacity Building-Projekten tätig.
Er hat Bauingenieurwesen in München studiert. Seine Promotionsarbeit an der Rheinisch-Westfälischen Technischen Universität Aachen verfasste er über die Minderung von Treibhausgasemissionen in der Abfallwirtschaft durch technische Optimierung in thermischen Abfallbehandlungsanlagen.
christian.pacher@future-camp.de

Dorota Pawlucka ist strategische Leiterin der EU-Kooperationen bei Covestro Deutschland AG, im Bereich Innovation Management der Group Innovation and Sustainability. Aktuell ist sie die Koordinatorin des in dem vorliegenden Buchbeitrag behandelten Projektes CIRCULAR FOAM.
Seit 2018 für Covestro in verschiedenen Leitungsfunktionen bei A.SPIRE, der privaten Seite in der öffentlich-privaten Partnerschaft Processes4Planet, aktuell Mitglied des Board of Directors.
Sie ist Master of Business Administration mit Schwerpunkt Innovation und Change Management.
dorota.pawlucka@covestro.com

Martin Pillich ist seit 2021 Doktorand in der Energy and Process Systems Engineering Gruppe der ETH Zürich unter der Leitung von Professor André Bardow. Bis 2021 studierte er Maschinenbau mit Fokus Verfahrenstechnik an der RWTH Aachen und der Carnegie Mellon University in Pittsburgh. Seine aktuelle Forschung beschäftigt sich mit der Rolle des chemischen Recyclings für eine nachhaltige Transformation der chemischen Industrie.
mpillich@ethz.ch

Jan Püttmann ist Projekt- und Entwicklungsingenieur bei der Firma Golden Compound GmbH.
Er ist seit 2022 Teil der Golden Compound GmbH. Er beschäftigt sich hauptsächlich mit der Bewertung geeigneter Rohmaterialien und der Formulierung neuer Compounds, betreut aber auch Kunden bei ersten Musterungen und Produktionen, um Ihnen den Einstieg in die biobasierten Kunststoffe zu erleichtern.
Jan Püttmann hat einen B. Sc. Kunststofftechnik sowie einen M. Sc. in Angewandten Materialwissenschaften.
j.puettmann@golden-compound.com

Dr.-Ing. Stephan Renninger ist Geschäftsführer, CTO und Mitgründer der Cyclize GmbH.
Im Rahmen seiner Arbeit an der Universität Stuttgart schaffte er die Grundlagen für das Startup Cyclize. Dieses entwickelt Anlagen zur Erzeugung von hochwertigem Synthesegas aus niederwertigen Abfallströmen basierend auf patentierter Plasmatechnologie. Im Unternehmen verantwortet er die Forschung und Entwicklung mit dem Fokus der Anlagenskalierung bis in den industriellen Maßstab.
Stephan Renninger ist promovierter Ingenieur im Fachbereich Elektrotechnik mit einer Leidenschaft für die Chemie.
stephan.rennigner@cyclize.de

Dr. Frank Roschangar ist Highly Distinguished Research Fellow, IU Sustainability bei Boehringer Ingelheim Pharmaceuticals.
Seine Tätigkeitsschwerpunkte umfassen die globale Leitung der R&D-Nachhaltigkeit sowie das Programm für nachhaltige Medikamente, wo er eine umfassende Nachhaltigkeitsstrategie für die Arzneimittelentwicklung konzipiert, um den ökologischen Fußabdruck zukünftiger Medikamente durch innovative Ökodesign- und grüne Chemieansätze zu reduzieren.
Frank Roschangar ist promovierter Chemiker und hat einen Executive MBA.
frank.roschangar@boehringer-ingelheim.com

Dr. Jörg Rothermel ist im Ruhestand und freier Berater für Energie- und Klimaschutzfragen.
Er war bis zu seinem Eintritt in den Ruhestand für den Verband der Chemischen Industrie tätig und hat dort als Bereichsleiter die Themen Energie-, Klimaschutz- und Rohstoffpolitik verantwortet. Seine Tätigkeitsschwerpunkte waren u. a. deutsche und europäische Energiepolitik, Transformation der chemischen Industrie und Kreislaufwirtschaft.
Er ist promovierter Chemiker.
joerg.rothermel@gmx.net

Prof. Dr. Wulf-Peter Schmidt leitet die Stiftungsprofessur Technisches Nachhaltigkeitsmanagement an der CBS University of Applied Science. Schwerpunkte seiner Tätigkeit sind die Lehre im Bereich Nachhaltigkeit und die Forschung in den Bereichen Ökobilanzen und nachhaltige Transformation. Zuvor war er mehr als 26 Jahre im Bereich Nachhaltigkeit in der Industrie tätig, davon 10 Jahre als europäischer Direktor für Nachhaltigkeit bei Ford. Seine Expertise liegt in der Integration der Nachhaltigkeit in Strategie- und Produktentwicklung, Produktions- und Kreislaufwirtschaft, Stakeholder-Beziehungen, Einkauf und anderen Funktionsbereichen. Wulf-Peter Schmidt ist promovierter Umweltingenieur.
w.schmidt@cbs.de

Robert Späth ist geschäftsführender Gesellschafter der CSC JÄKLECHEMIE GmbH & Co. KG.
Er verantwortet die Unternehmenskommunikation sowie die Beobachtung relevanter Trends und Gesetzgebung.
Im Vorstand des Verbands Chemiehandel e.V. sowie beim BGA in Berlin engagiert er sich aktiv in der Verbandsarbeit. Er leitet den Umweltausschuss der IHK Nürnberg für Mittelfranken und ist u. a. auf Nachhaltigkeit und verwandte Themen spezialisiert. Der gelernte Bank- und Diplomkaufmann ist seit 1996 im Chemiehandel tätig.
r.spaeth@csc-jaekle.de

Prof. Dr. Carsten Suntrop ist Senior Expert und Inhaber der Managementberatung CMC^2 GmbH.
Seine Tätigkeitsschwerpunkte sind Strategieentwicklung und -umsetzung, Organisationsgestaltung und Digitalisierung für produzierende mittelständische und große Chemie-/ Pharma-Unternehmen sowie für Standortbetreiber und -dienstleister der Chemie- und Pharmaindustrie. Suntrop ist promovierter Wirtschafts- und Sozialwissenschaftler und Professor für Unternehmensentwicklung und Organisationsperformance an der CBS University of Applied Science.
carsten.suntrop@cmc-quadrat.de

Prof. Dr. rer. pol. Hannes Utikal ist Leiter des Zentrums für Industrie und Nachhaltigkeit an der Provadis Hochschule mit Sitz am Industriepark Höchst. Das Zentrum für Industrie und Nachhaltigkeit unterstützt durch innovative Bildungs- und Forschungsprojekte die Industrie bei der nachhaltigen Entwicklung. Prof. Utikal ist Gründer und Leiter des Clusters „Process4Sustainability: Cluster für eine klimaneutrale Prozessindustrie in Hessen". In diesem Cluster arbeiten Industrieunternehmen, industrielle Scale-ups, Verbände und akademische Einrichtung mit Blick auf das Ziel einer ökonomisch erfolgreichen Transformation der Prozessindustrie in Hessen zusammen. Er ist Mitglied des Industrie- und Klimabeirats der Stadt Frankfurt, sowie Mit-Herausgeber des „Journal of Business Chemistry: The Academic Journal for Management Issues in the Chemical and Pharmaceutical Industries".
Hannes.utikal@provadis-hochschule.de

Dr. Jevgeni Vihharev ist Manager bei d-fine.
Schwerpunkte seiner Tätigkeit liegen in den Bereichen Projektmanagement, Nachhaltigkeit, Datenmanagement und Softwareentwicklung. Seine Expertise umfasst die Konzeption und Umsetzung komplexer Daten-Managementarchitekturen, sowie die Entwicklung technischer Lösungen für datengetriebene Anwendungen. Jevgeni Vihharev ist promovierter Mathematiker und hat einen M.Sc. in Finanzmathematik
Jevgeni.Vihharev@d-fine.com

Dr. Thomas Wagner ist Senior Manager bei der CMC^2 GmbH.
Seine Tätigkeitsschwerpunkte sind u. a. Nachhaltigkeitsstrategien, Projektmanagement, Produkt-Portfolio-Management und Lean Six Sigma. Er hat 18 Jahre praktische Erfahrung mit Forschung & Entwicklung, Produktinnovation und Produktdesign im Chemie-Umfeld.
Thomas Wagner ist promovierter Chemiker und hat ein Diplom in Betriebswirtschaft.
thomas.wagner@cmc-quadrat.de

Martina Walzer ist Vertriebsingenieurin für Prozessleittechnik.
Sie unterstützt Kunden aus der chemischen Industrie bei der Ausarbeitung von technischen Konzepten. Ein besonderer Schwerpunkt liegt bei der Erarbeitung von Lösungen hinsichtlich des Ressourcenwandels durch chemisches Recycling. Dies trägt dazu bei, eine Kreislaufwirtschaft voranzubringen.
Martina Walzer absolvierte ein Studium der Elektrotechnik an der Berufsakademie.
Walzer.martina@siemens.com

Stichwortverzeichnis

l

m

n

o

p

r